无线定位技术

胡青松　李世银　编著

U0227971

科学出版社
北　京

内 容 简 介

本书以无线定位和位置服务的需求背景、无线定位概念等基础知识为切入点，以无线定位基本原理和定位精度优化理论为重点，以常用定位应用技术和系统为落脚点，力求实现知识体系完整性、理论性和应用性的有机结合，以及经典理论和前沿知识的协调统一。全书包括 8 个章节，主要内容包括：绪论，无线定位中的通信技术，无线定位的基本原理，无线定位的进阶算法，目标定位的滤波处理，定位中的非视距处理，卫星定位技术，特殊场景的无线定位。

本书可用作电子信息、物联网、计算机科学与技术、测绘科学与技术、通信工程等专业的本科生和研究生课程教材；也可作为移动目标定位领域的工程技术人员和科学研究人员的参考资料。

图书在版编目（CIP）数据

无线定位技术/胡青松，李世银编著. —北京：科学出版社，2020.6

ISBN 978-7-03-065365-9

Ⅰ. ①无…　Ⅱ. ①胡…　②李…　Ⅲ. ①无线电定位　Ⅳ. ①TN95

中国版本图书馆 CIP 数据核字（2020）第 093423 号

责任编辑：李涪汁　曾佳佳/责任校对：杨聪敏

责任印制：吴兆东/封面设计：许　瑞

科学出版社出版

北京东黄城根北街 16 号

邮政编码：100717

http://www.sciencep.com

北京中石油彩色印刷有限责任公司印刷

科学出版社发行　各地新华书店经销

*

2020 年 6 月第　一　版　开本：787×1092　1/16

2024 年 2 月第五次印刷　印张：15　3/4

字数：373 000

定价：79.00 元

（如有印装质量问题，我社负责调换）

前　言

古人为了不让自己迷失在茫茫大自然中，发明了罗盘、指南针。现代社会特别是智能时代，作为智能制造、移动互联、物联网、智慧驾驶、智慧医疗、无人工厂等的重要一环——人员与设备定位、导航等技术的需求快速增长，对定位精度和定位实时性的需求不断提高，各种定位技术迅猛发展。基于无线保真(wireless fidelity，Wi-Fi)、射频识别(radio frequency identification，RFID)、超宽带(ultra wide band，UWB)、蓝牙、ZigBee、红外线、卫星、移动通信、地磁、可见光等各种无线定位技术的相继问世，为解决定位(“我在哪里”)、导航(“找到到达目的地的路”)问题及各种基于位置的服务提供了支撑。

无线定位技术、系统涉及无线通信、电子、网络、传感、智能信息处理等理论和技术，是电子信息类和测控类专业相关知识的综合应用，也是培养学生理论联系实际、综合运用知识解决复杂工程问题能力的良好载体。

本书是以向读者提供无线定位理论技术参考和培养学生综合应用知识解决工程实际问题能力为目标，系统介绍无线定位技术基础知识、理论方法和实现技术。

本书以无线定位需求背景、无线定位概念和所涉及的相关通信技术等基础知识介绍为切入点，以无线定位基本原理和定位精度优化理论为重点，以常用定位应用技术和系统为落脚点，从基础知识到分析处理理论再到实际应用，力求实现知识体系完整性、理论性和应用性的有机结合。

本书作者长期从事通信技术、无线定位领域的教学和科学研究。本书在对无线定位理论、技术的系统介绍的同时，特别注重各种最新研究成果的引用，为读者提供了丰富的参考文献资料，既适合于高年级本科生或研究生，也可为无线定位理论研究或科研开发者提供参考。选用本书作为教材的教师可以与本书作者联系，获取教学课件。

本书的参考学时为32～48学时，建议采用理论实践一体化教学模式，各章节的参考学时见下面的学时分配表。教师也可根据授课专业特点和学时情况，选择如下内容组合：第1~6章；第1~7章；第1~4和第7章等。

学时分配表

章节	课程内容	学时
1	绪论	2～4
2	无线定位中的通信技术	2～4
3	无线定位的基本原理	6～8
4	无线定位的进阶算法	4～6
5	目标定位的滤波处理	4～8
6	定位中的非视距处理	6～8

续表

章节	课程内容	学时
7	卫星定位技术	4～6
8	特殊场景的无线定位	4～6
课程考评		2
课时总计		32～48

本书由胡青松、李世银编著，课题组研究生鲍强、张赫男、王胜男、张淳一、范莘舸、陈志刚、梁天河等同学在资料收集和插图绘制方面提供了大量帮助；部分内容得到国家自然科学基金项目(面向事故救援的煤矿物联网灾后重构机制与态势感知方法No.51874299，煤矿综采工作面超宽带信号传播特性与移动装备精确定位方法研究No.61771474)，中国矿业大学在线教学专项研究项目(协同伙伴式在线教学模式与质量评价方法研究与实践No.2020ZXJX06)，以及教育部产学合作协同育人项目(基于新工科思维的《无线定位技术》教学内容重构与教学方法探索No.201901166005，《无线定位技术》教学内容改革与教材建设No.201902041008)的资助，在此表示感谢。

由于作者水平和经验有限，书中难免有欠妥和错误之处，殷切希望广大读者批评指正。同时，恳请读者一旦发现错误，于百忙之中及时与作者联系，以便尽快更正，作者将不胜感激，E-mail：hqsong722@163.com(胡青松)，lishiyin@cumt.edu.cn(李世银)。

作　者

2020年5月

目　录

第 1 章　绪　　论

无线定位以及基于无线定位的导航技术在现代生活中具有举足轻重的地位，在军事国防、舰船导航、港口管理、仓库管理、工厂生产、智能交通、智慧城市、智慧医院、居家养老、大型商场、日常生活等方面发挥着越来越重要的作用。本书将对无线定位技术的基本概念和原理方法进行介绍，为读者从事相关领域的研究或应用开发奠定基础。本章首先介绍无线定位技术的一些常用概念、技术分类、评价标准、常见应用以及发展趋势。

1.1　无线定位与基于位置的服务

从卫星定位与导航技术算起，“无线定位技术”这门课程实际上已经发展了几十年的时间。然而，与本课程内容相关的研究仍然十分活跃，每年依然有大量研究成果问世。面对这些纷繁复杂的理论知识，首先需要掌握该领域的基本概念。

1.1.1　无线定位的基本概念

所谓定位，指的是借助特定设备和系统来确定目标位置的过程，而定位系统则指的是用来进行定位的一套设备或系统。无线定位，指的是待定位目标与定位系统之间采用无线连接的方式进行定位。在没有特别说明的情况下，目标定位通常采用的是无线定位。

需要被确定位置的对象通常被称为待定位目标。在一个定位系统中，包括待定位目标在内的各个设备通常被简化为一个个节点，因此待定位目标也被称为待定位节点或目标节点，也可简称为目标，某些文献中也称之为未知节点。

目标的位置通常有两类：一类是逻辑空间或符号位置[1]，例如“卫生间”“305 房间”“人民广场”等；另外一类是待定位节点的坐标位置，对应某空间中的坐标值，例如经纬度或欧氏坐标。坐标位置和符号位置并非相互独立，可以和已有地理信息数据库结合，将坐标位置转换为符号位置；而相关定位技术也可以根据多个符号位置得到近似的坐标位置；也可利用已有的符号位置数据库或地理信息系统，对坐标位置的精度进行校正。

在定位过程中，通常使用位置已知的节点确定位置未知的节点，位置已知的节点通常被称为信标节点(图 1-1)，有些文献也称之为锚节点、定位基站或直接称为基站，英文中的 anchor node、beacon node 或 landmark 均表示信标节点。在卫星定位中，卫星即是信标节点，需要被定位的人员或车辆等对象即是目标节点。

在一个二维空间中，如果在目标节点的通信范围内只有一个信标节点，则目标节点被定位在一个圆上，该圆的圆心为信标节点，半径为信标节点与目标节点的距离，见图 1-2(a)。显然，此时所估计出的目标位置是比较粗糙的。

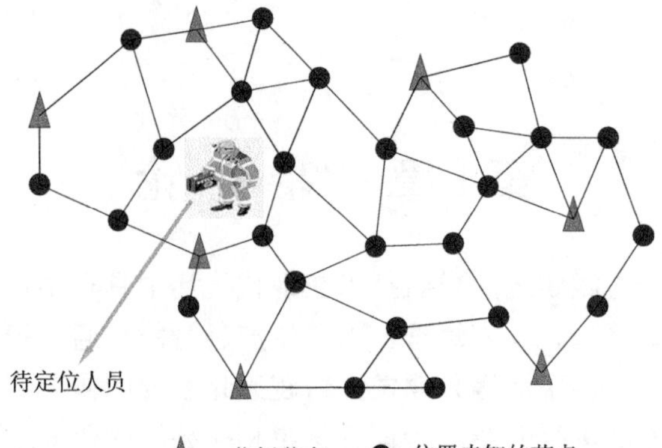

图 1-1　目标定位的基本场景

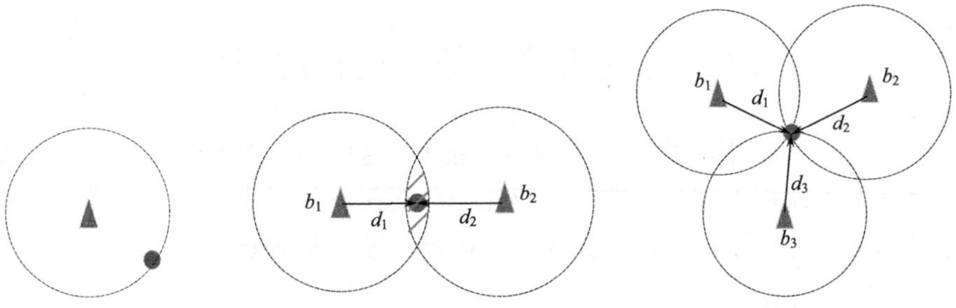

图 1-2　不同信标节点数量下的目标定位

如果目标节点的通信范围内有两个信标节点 b_1 和 b_2，假定目标节点与 b_1 和 b_2 的距离分别为 d_1 和 d_2，则目标节点将被定位于两个圆的重叠区域，这两个圆分别以 b_1 和 b_2 为圆心，以 d_1 和 d_2 为半径，见图 1-2(b)。这种情况下的定位精度虽然比只用一个信标节点的情况有所提高，但是依然不高。为了较为精准地进行目标定位，应当再增加一个信标节点，如图 1-2(c)所示，这样将会有 3 个圆，3 个圆的交点即是目标所处的位置。

如果是在三维空间中进行定位，则至少需要 4 个信标节点，这就是为什么利用卫星导航系统进行导航的时候至少需要有 4 颗可见卫星的原因。

1.1.2　节点的可定位性

当定位网络中的节点之间完成距离测量后，可以用一个测距图来表示节点之间的关系[2]。在给定测距图的情况下，判定整个网络是否能够定位的问题被称为网络的可定位性。

研究网络中的节点可定位性不仅能够辅助定位，还可对基于位置的服务提供指导，例如网络部署、拓扑控制、移动控制、网络诊断和能量调度等。在拓扑控制中，节点的可定位性可以为控制策略提供约束条件，使得在对网络进行控制的时候能够满足节点位置信息的唯一性要求。在移动控制中，节点的可定位性能够为移动信标节点路径规划提供新思路，能够有效避免信标节点的冗余移动和位置广播。在网络诊断中，节点的可定位性不仅能够帮助发现不可定位节点，还能够获知网络中错误位置信息的逐步扩散过程，从而找到错误根源。在能量调度中，节点的可定位性可以在保证节点可定位的前提下减少节点间不必要的通信开销。

用于定位可行性问题的理论有图的唯一实现理论和刚性图理论。在唯一实现理论中，网络定位的唯一性问题即对应于唯一实现问题。刚性图的定义及其理论和唯一实现理论具有同一数学本质，大多数文献采用全局刚性图的表达方式。

Aspnes[2]等利用刚性理论给出了网络可定位性的充要条件：给定一个 $d\left(d=2,3\right)$ 维空间的网络 N，其中含有 $m>0$ 个信标节点，对应的位置分别为 $x_1,x_2,\cdots,x_m$；网络中有 $n-m>0$ 个未知节点，对应的位置为 $x_{m+1},x_{m+2},\cdots,x_n$。同时，对于 $d=2$，有 $m\geqslant 3$；对于 $d=3$，有 $m\geqslant 4$。网络 N 可定位的充要条件是当且仅当该网络的基础图是整体刚性的。

节点的可定位性指的是在定位区域中的未知节点是否可以被定位，可定位性研究就是在进行位置估计前，提前识别出定位场景中的可定位节点和不可定位节点。对于可定位节点，直接采用位置估计算法计算位置；对于不可定位节点，可通过对节点位置或定位网络参数的调整，使得节点变得可被定位，从而增加可定位节点比例和可定位范围。节点的可定位性通常关注的是一个节点是否有唯一的位置，在 1.1.1 节中之所以对信标节点数目有要求，实际上也是对节点位置唯一性的一个要求。

尽管对网络的可定位性的判断具有充要条件，但是对于节点的可定位性判定目前尚没有严格的充要条件。Goldenberg 首先给出了判定节点可定位性的必要条件：如果一个节点可定位，那么它到 3 个不同的信标节点必然有 3 条独立的路径，称为 3P。在此基础上，人们又提出了 RR-3P、RR3P、RRT-3B 等判断条件，见图 1-3。其中，RR-3P、RR3P 是目前最为严格的判断节点可定位性的必要条件和充分条件；虚线框中的算法为分布式的算法，虽然分布式算法的可定位性识别能力比集中式算法弱，但是从其分布式、快速识别的角度来看则更适合于实际应用。

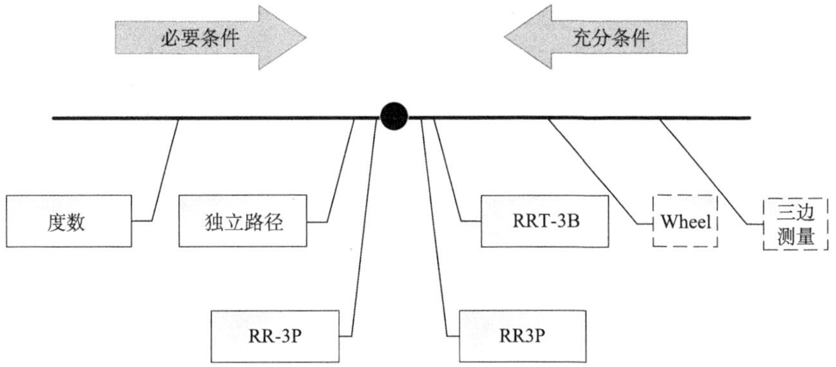

图 1-3 节点可定位性的判定方法

1.1.3 基于位置的服务

目标定位技术给出了目标节点的地理位置，而对移动目标进行连续定位则可实现对特定目标的导航，其结果就是目标的连续位置。基于位置的服务(location-based service，LBS)，就是根据定位和导航系统确定出地理位置，为用户提供与位置相关的信息服务[3]，比如查找附近的美食、酒店、可交往的朋友等。

LBS 区别于其他传统网络服务的一大特点是它具有上下文感知性以及应对上下文变化的适应性[4]。上下文是指描述某个对象状态的任何信息，比如位置、时间、运动方向、导航历史、物理环境等。

根据服务信息的传输是否需要用户的直接交互，LBS 可以分为拉式服务和推式服务。所谓拉式服务，指的是由用户主动发送明确的服务请求，比如“离我最近的酒店有哪些”，服务提供商把用户所需信息发回给用户的服务方式。推式服务则不需要用户发送明确的服务请求，而是当某一条件满足的时候，服务提供商自动将相关信息返回给用户，比如一旦用户到达某个城市，该市旅游局自动推送该市的旅游欢迎消息；另外一种情况则是用户订阅的信息，比如按时发送天气信息等。

基于位置的服务的系统结构如图 1-4 所示[5]，它是一个四层网络构成的复杂网络，包括以下几方面。

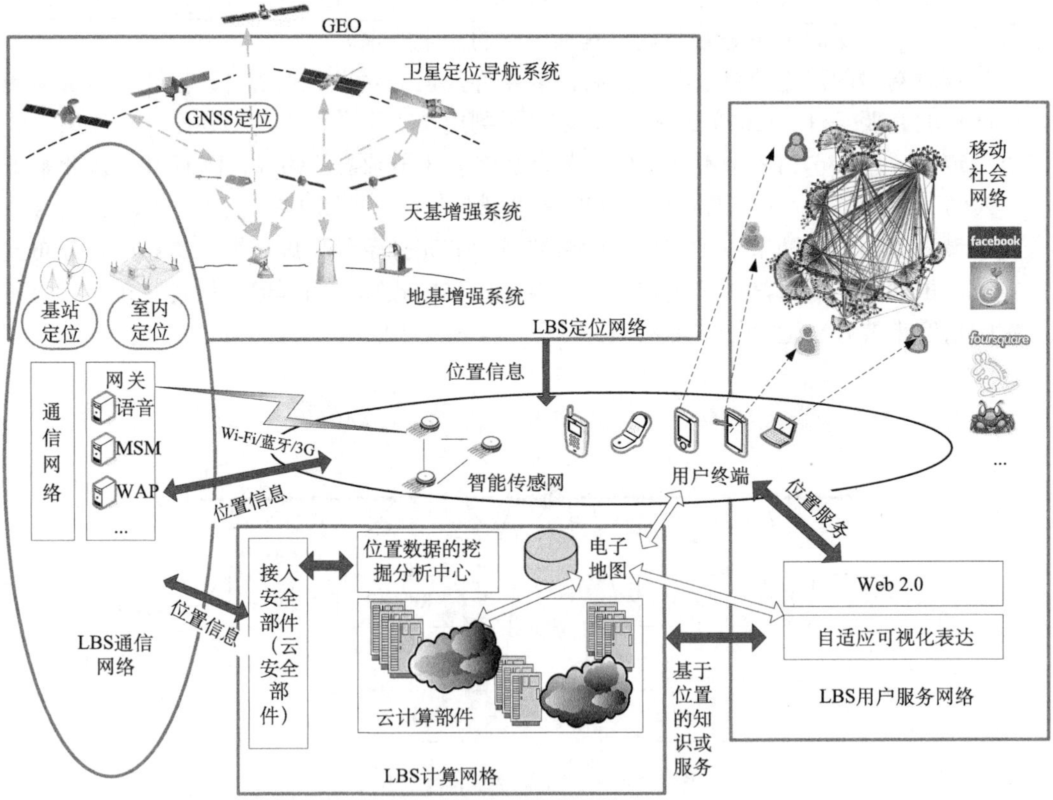

图 1-4　基于位置的服务的系统结构

1) LBS 定位网络

LBS 定位网络包括任何可以确定用户位置的基础设施，用于确定目标的位置，从而为 LBS 提供位置信息源。典型的 LBS 定位网络如全球导航卫星系统(global navigation satellite system，GNSS)及其增强系统，用于提供全球或大区域的位置服务；基于移动通信系统的定位系统，用于提供基于蜂窝基站网络的定位；基于无线保真(wireless fidelity，Wi-Fi)、ZigBee、超宽带(ultra wide band，UWB)等技术的室内定位系统，用于为商场、停车场等场所内的目标进行定位。

2)LBS 通信网络

LBS 通信网络在位置服务中具有以下作用：

(1)为了对目标进行定位，通常需要利用信标节点组成网络(如卫星网络、无线传感器网络等)。在这个网络中，信标节点与信标节点之间、信标节点与目标之间需要通过信息交互才能完成定位，因此通信网络是目标定位的基础。

(2)传输基础定位信息、定位结果和用户指令。在很多定位系统中，信标节点只是用于搜集基础定位信息，如距离信息、拓扑信息等，然后通过通信网络(如互联网、移动互联网等)将其传输到定位服务器中，由定位服务器解算出目标位置。有些定位系统由信标节点或目标节点直接计算出目标位置，然后将定位结果通过通信网络传输到定位服务器。反之，用户可以通过定位服务器向定位系统发出调整指令，让定位系统按照用户的需要进行定位，从而让定位结果满足用户需求。

(3)传输基于位置的服务信息。设想外地旅客到某城市出差的场景，当他到达该城市后，通过打车软件等工具呼叫出租车或网约车。在此过程中，首先需要通过卫星定位等方式获取旅客位置，然后将旅客当前位置、目的地等信息通过传输网络传输到打车服务平台，接着平台通过传输网络向旅客附近的出租车或网约车发出有人想要打车的通告。在这一系列过程中，需要从旅客到服务平台、从服务平台到旅客之间的通信网络支持。许多其他场景与此类似，需要通过网络传输基于位置的服务信息。

3)LBS 计算网格(位置云)

LBS 计算网格的主要作用在于：

(1)处理定位网络发送来的基础定位信息，从而解算出目标的位置；对定位系统得到的定位结果作进一步的增强处理，从而提高定位精度或结果稳定性。

(2)位置数据深入挖掘与分析，比如通过分析用户在不同时间的运动轨迹，可以确定用户的行为习惯，这对于犯罪侦查等很有帮助；通过对用户的运行轨迹进行回放，可以判断员工是否巡检了某个区域或进入了禁入区域；通过商品摆放位置与销售量的关联分析，可以用于优化商场的货物摆放等。

(3)电子地图融合、制作与更新，这是百度地图、谷歌地图、中国天地图等提供商的重点工作。

4)LBS 用户服务网络

LBS 用户服务网络的主要作用是为用户提供丰富的基于位置的增值服务，通常包括一个或多个用户服务中心，各个中心之间可以实现资源共享和协同操作。服务网络通过互联网、移动互联网等为用户提供专业的位置服务；用户通过各种终端，如智能手机、便携计算机、PDA、智能传感器等使用 LBS 用户服务网络提供的服务。

LBS 目前已与云计算、移动互联网、物联网、地球空间信息、人工智能等新兴技术充分融合，在国防、安全、水利、测绘、公众生活方面的应用越来越广泛。根据《2018中国卫星导航与位置服务产业发展白皮书》的数据，中国卫星导航与位置服务产业产值达 2550 亿元，并且还将持续增长。从全球看，2017 年全球导航与位置服务产业的市场规模为 1790.34 亿美元，预计 2022 年全球导航与位置服务产业的市场规模将达到 2183.91 亿美元，年复合增长率约为 4.05%。

从技术层面看，室内外定位技术的无缝集成、信息平台和大数据挖掘技术的突破、地理围栏技术的迅速成熟，都将推动 LBS 进一步发展。目前，在定位技术、时空数据的高效索引等方面已经取得了一定成果，但仍需在高精度定位、无缝化 LBS、云计算平台下海量移动对象当前/将来位置索引、社会化 LBS 应用所需的高效时间-空间-社会信息检索技术、新的索引结构和查询方法、用户的社会化隐私信息保护等方面发展可行性高的理论与方法，提高 LBS 的服务质量和普及程度。

1.2 定位技术的分类

按照不同的分类标准，可将定位技术分成不同类型。

1.2.1 视觉定位与非视觉定位

根据在定位过程中是否使用视觉信息(如图像、视频等)，可将目标定位分为视觉定位和非视觉定位。

1) 视觉定位

传统的基于视觉的定位主要利用雷达、激光、红外线等传感器进行测距定位[6]。不过，使用这些传感器存在以下缺点：一方面，这些传感器通常安装在其他设备上，因此容易受到设备上的其他传感器的影响，导致测距不准，从而影响定位精度；另一方面，它们不能识别目标物体。近年来，随着视觉传感器种类更加丰富、成本更加低廉，基于摄像机、体感传感器等设备的视觉定位逐渐流行。

根据所使用的视觉传感器数目的不同，视觉定位可以分为基于单目视觉的定位、基于双目视觉的定位和基于全方位视觉的定位。基于单目视觉的定位方法仅利用一个视觉传感器来完成定位工作，它基于摄像机数学模型建立空间目标特征点与图像特征点之间的对应投影变换关系，从而确定目标特征点的位置信息，它可以基于单幅图像，也可以基于两幅或两幅以上的图像。基于单目视觉的定位方法所使用的单个摄像头视野范围小，获取的深度信息少，定位精度低。

基于双目视觉的定位方法仿照人类双眼感知周围环境空间深度的功能，利用两个视觉传感器从不同位置拍摄同一场景，对所拍摄的图像进行匹配，并计算视差，然后利用三角形测量原理实现距离测量。而新近的 Kinect 等体感传感器则不但能够获得彩色图像，而且可以获得深度图像。

基于全方位视觉的定位方法利用全方位视觉传感器进行目标定位，可以克服传统的摄像机视野范围不足的局限。目前主要有两类：一类为传统的视觉传感器组成的全方位视觉传感器；另外一类是采用图像拼接技术将各个传统视觉传感器获得的图像拼接成一个完整的全方位图像，然后再进行操作和处理。

2)非视觉定位

不采用视觉信息进行定位的技术均属于非视觉定位，比如基于无线电信号的定位，通过在待定位目标和信标节点之间信息交互的方式确定目标位置，这将是本书的主要研究对象，具体内容将在后续章节讲解。

在不同使用环境下，不同形式的信号传播能力不同[7]，比如在潮湿环境中，无线电信号就比声音信号的效果差，因为空气中的水分对高频无线电波的吸收和反射较强，但是对振动声波却影响不大。考虑到多数节点都有无线电硬件，因此无线电信号是最常见的定位信号形式，其强度、相位或频率都可用来估计距离。基于无线电信号的定位技术主要有无线保真(wireless fidelity，Wi-Fi)、射频识别(radio frequency identification，RFID)、超声波、超宽带(ultra wide band，UWB)、蓝牙、ZigBee、红外线、伪卫星、移动通信(基于蜂窝的定位)、电视(TV)信号等方式，它们的参数对比情况见表 1-1 [8]。

表 1-1 基于无线电信号的无线定位技术

参数	Wi-Fi	RFID	UWB	伪卫星	移动通信	蓝牙	ZigBee	红外线	超声波	TV 信号
通信频率	2.4GHz	低频~微波	3.1~10.6 GHz	1757.42 MHz	899~909 MHz/935~954MHz	2.4GHz	868MHz/915MHz/2.4GHz	300GHz~400THz	>200kHz	54~698 MHz
传输距离	100m	5m	3m	数百米到数百千米	小区半径	10m	10~75m	5~10m	与发射能量有关	5~20km
定位精度	1~3m	5cm~5m	6~15cm	1~15mm	50m~1km	2~10m	1~2m	房间级	1~10cm	30~50m
系统成本	低	中	高	高	中	低	低	高	高	中
典型系统	Horus/Ekahau/Nibble/Weyes	SpotON/LandMare/3D-iD	Ubisence/Localizers/Sapphire	斯坦福伪卫星室内导航系统	GPSone	BIPS	Localization	Active Badge	Active Bat/Cricket	ROSUM
部署范围	建筑物/局部区域	建筑物/局部区域	建筑物/局部区域	建筑物/局部区域	城域	建筑物	建筑物/局部区域	建筑物/局部区域	建筑物	城域

声音信号可采用超声波或可听波，前者如 Active Bat 和 Cricket，后者如狙击兵检测系统。红外 IR(infrared radiation)信号相对来说衰减较大，适合于待定位节点与信标节点较近的场景，典型系统如 Active Badge。也可采用光信号作为定位信号，比如 Lighthouse 和 Spotlight，还可采用脉冲超宽带(IR-UWB)作为定位信号，它的距离分辨率比其他技术高得多，理论定位精度可达厘米级，甚至毫米级。

1.2.2 室外定位与室内定位

按照定位技术的使用场景，可将定位技术分成室外定位和室内定位。通常而言，室内定位技术也可用在室外，但是室外定位技术一般不适用于室内，或者说精度太低。

最常见的室外定位技术是全球导航卫星系统，它是所有在轨工作的卫星导航系统的总称[8]。一个卫星定位系统通常包括空间部分、地面监控部分和用户设备部分。目前，世界上最有名的 GNSS 是美国的全球定位系统(global positioning system，GPS)，其他的有我国的北斗卫星导航系统、欧盟的 Galileo 系统和俄罗斯的 GLONASS。另外一种有名的定位系统是基于蜂窝通信网络的定位，它利用移动通信系统的基站等设备为用户提供定位服务。

尽管卫星导航系统已在车载导航、步行导航以及军事等领域获得了广泛应用，然而在室内环境由于接收不到卫星信号，因此不再适合用于室内。同时，基于蜂窝通信网络的定位在室内的定位效果也不佳，甚至在某些位置根本接收不到通信基站的信号，因此也不能很好地用于室内环境。因此，单独研究室内定位技术很有必要。注意，这里的室内是一种广义的概念，它是相对于室外而言的，像地铁、隧道、矿井、防空洞、城市管廊等地下空间场景的目标定位在广义上均属于室内定位的范畴。表 1-1 中所列定位技术，除了移动通信定位和电视信号定位之外，均是比较有名的室内定位技术。

1.2.3　单目标定位与多目标定位

根据目标节点数目以及与信标节点间的拓扑关系，可将定位技术分成单目标定位和多目标定位。所谓单目标定位，指的是对单个目标节点进行定位。在单目标定位模型中，存在 n 个位置已知的信标节点和一个待定位的目标节点，某些多目标定位也可由多个单目标定位聚合而成。

多目标定位中存在多个待定位目标。相比于单目标定位，多目标定位模型无论是在网络拓扑上、待定位节点数目上，还是在采集信息量上都有所不同。

1.2.4　绝对定位与相对定位

根据是否求解目标的绝对位置，可将目标定位分为绝对定位和相对定位。绝对定位是求解目标的绝对坐标(比如车辆当前的经纬度)的过程。目前绝大多数算法都属于此类。

实际上，有时候只需要求解出不同对象之间的相对位置即可满足用户需求，比如在一个地下停车场中，目标车辆相对于用户的距离和方位，以及应该如何才能到达该位置。在这样一个例子中，就只需要求解车辆相对于用户当前位置的相对坐标即可。此外，在某些场合确定目标的绝对位置可能比较困难，甚至是不可能的，比如在应急救援中，多数时候就只能确定不同对象之间的相对位置。

如果知道定位场景中某个对象的绝对坐标，则可以以该对象为参考，将相对位置通过坐标转换操作转换为绝对位置。

1.2.5　集中式定位与分布式定位

按照定位算法是否需要在中心节点进行计算处理，可将目标定位分为集中式定位和分布式定位。集中式定位系统要求存在一个中心节点，信标节点收集到距离或拓扑等信息后，把这些信息传输到中心节点，由中心节点计算出目标的位置。分布式定位则与之相反，可以直接由定位系统中的信标节点与目标节点之间的交互完成位置计算。

集中式定位的优点在于：由于中心节点有较大的存储空间，并且不会受到能量的限制，从而可以运行计算量较大的定位算法，因此可以获得相对较高的定位精度。但是其缺陷也比较明显：一是增大了信标节点与中心节点之间的能量开销，因为二者之间必须频繁地交换定位信息；这种频繁的信息交换同时带来了第二个缺点，即增大了定位系统的通信开销；第三，这种定位方式的延时一般比分布式定位要大；最后也是最为严重的，就是当中心节点出现故障的时候，整个定位系统就会瘫痪。分布式定位的优缺点与集中式定位几乎完全相反。

目前，多数定位系统是集中式定位与分布式定位的混合结构，即通过信标节点之间的协同提高系统的信息收集能力，通过中心节点的强处理能力提高系统的位置解算能力。

1.2.6 测距定位与非测距定位

按照在定位过程中是否需要测量信标节点与目标节点之间的距离，可将目标定位分为测距定位与非测距定位。所谓测距定位，指的是需要通过特定手段测量节点之间距离的定位方法。在定位之前，由目标节点发送测距信号，信标节点收到该信号后，根据选定的测距方法进行距离测量。常用的距离测量方法有信号强度指示(received signal strength indication，RSSI)、信号到达时间(time of arrival，TOA)、信号到达时间差(time difference of arrival，TDOA)和信号到达角度(angle of arrival，AOA)，这些方法将在第3章详细阐述。

非测距定位无须测量节点之间的距离信息，不过这不意味着它不需要测量其他信息。通常而言，它需要邻居节点数目、与信标节点的跳数、网络拓扑结构等信息。非测距定位的优势是不需要额外的硬件支持，在系统初始化过程中就能获取所需信息[9]，其劣势是定位精度不高，一般用在对定位精度要求不高的场合。

本书重点讲解测距定位方法。

1.3 定位技术的评价标准

为了衡量不同定位算法和定位系统的性能，必须要采用一系列的量化指标进行度量。衡量定位精度的方式有两种，一种是准确度(accuracy)[10]，另一种是精确度(precision)。准确度用定位结果与实际位置的距离表示，而精确度是定位结果相对于准确度的百分比。例如，某定位系统的定位准确度为20cm，而相对于20cm这一准确度指标，具有95%的精确度。

除了准确度之外，也可以从定位的鲁棒程度、算法时间开销、空间开销、能量消耗、信标节点密度、节点覆盖率等方面进行比较[11]。这里主要介绍定位准确度，可以采用均方误差、均方根误差、累积误差分布函数、最大定位误差、几何精度因子等指标表征。另外也介绍一种精确度指标，即圆概率误差。

1.3.1 均方误差与均方根误差

均方误差(mean square error，MSE)是指参数真实值与参数估计值之差的平方的期望

值，是衡量定位结果的常用指标，其数学表达式为

$$\text{MSE}=E\left[(x-\hat{x})^2+(y-\hat{y})^2\right] \tag{1-1}$$

其中，(x,y) 表示待定位目标的真实位置；$(\hat{x},\hat{y})$ 表示定位系统估计出的位置，即定位结果。

均方根误差(root mean square error，RMSE)是均方误差的算术平方根，通常用来衡量定位结果与真实位置之间的偏差，其数学表达式为

$$\text{RMSE}=\sqrt{\text{MSE}}=\sqrt{E\left[(x-\hat{x})^2+(y-\hat{y})^2\right]} \tag{1-2}$$

使用均方根误差指标评价系统定位精度时，为保证公平性，需将定位算法中部分误差较大的数据点滤除，从而保证位置信息的有效性。

1.3.2　克拉默-拉奥下界

在定位误差评判中，常常通过均方误差与克拉默-拉奥下界(Cramér-Rao low bound，CRLB)相比较的方式来评价定位的准确度。CRLB 是任何无偏参数估计方差的下界，适用于平稳高斯信号估计。对非高斯和周期平稳信号，可以采用替代法估计其性能。

假定 $\hat{\theta}$ 是 θ 的无偏估计，那么

$$\sigma_{\hat{\theta}}^2(\theta)\geqslant \text{CRLB}_{\hat{\theta}}(\theta) \tag{1-3}$$

即

$$\sigma_{\hat{\theta}}(\theta)\geqslant\sqrt{\text{CRLB}_{\hat{\theta}}(\theta)} \tag{1-4}$$

假定观测量 $\boldsymbol{x}$ 与估计参数 θ 的联合概率密度函数为 $p(\boldsymbol{x},\theta)$，若 $p(\boldsymbol{x},\theta)$ 满足正则条件 $E\left[\dfrac{\partial \ln p(\boldsymbol{x},\theta)}{\partial\theta}\right]=0,\forall\theta$，那么任何无偏估计量的方差必定满足

$$\sigma^2\geqslant\frac{1}{-E\left[\dfrac{\partial^2 \ln p(\boldsymbol{x},\theta)}{\partial\theta^2}\right]}=\frac{1}{I(\theta)} \tag{1-5}$$

其中，$I(\theta)=-E\left[\dfrac{\partial^2 \ln p(\boldsymbol{x},\theta)}{\partial\theta^2}\right]$ 为 Fisher 信息，式中导数是在 θ 的真实值处计算的，数学期望是对 $p(\boldsymbol{x},\theta)$ 求的。

当且仅当 $\dfrac{\partial \ln p(\boldsymbol{x},\theta)}{\partial\theta}=I(\theta)\left(g(\boldsymbol{x})-\theta\right)$ 时，可以求得对所有 θ 达到下界的无偏估计量，该估计量就是 $\hat{\theta}=\text{g}(\boldsymbol{x})$。

CRLB 的计算步骤如下[12]：

(1) 构建观测量 $\boldsymbol{x}$ 与估计参数 θ 的联合概率密度函数为 $p(\boldsymbol{x},\theta)$，然后求对数，得到对数似然函数 $\ln p(\boldsymbol{x},\theta)$。

(2) 用对数似然函数对参数 θ 求二阶导数。

(3) 若二阶导数依赖于 $\boldsymbol{x}$，则求期望，否则跳过。这个期望就是 Fisher 信息，即

$$I(\theta)=-E\left[\frac{\partial^2 \ln p(\boldsymbol{x},\theta)}{\partial\theta^2}\right]。$$

(4)求 Fisher 信息的倒数，得到 CRLB 下界，即

$$\text{CRLB}=1/I(\theta) \tag{1-6}$$

1.3.3 几何精度因子

几何精度因子(geometric dilution of precision，GDOP)早期主要用来计算 GPS 系统的导航性能，后面被引入到其他定位系统中。对于卫星定位而言，空间中至少需要 4 颗定位卫星，并且这 4 颗卫星的空间几何分布要合理[13]。什么情况合理呢？直观而言，4 颗卫星分布比较分散更加合理。

导航卫星的空间几何分布可以用 GDOP 来衡量，它代表 GPS 测距误差造成的接收机与空间卫星之间的距离矢量的放大因子[14]。GDOP 与用户和定位星座间几何关系有关。在相同的观测精度下，GDOP 值越大，用户机定位精度越差。GDOP 分量包括：

PDOP(position DOP)：三维位置的精度因子，有时称球的 DOP；

HDOP(horizontal DOP)：水平精度因子(纬度/经度)；

VDOP(vertical DOP)：垂直精度因子(高度)；

TDOP(time DOP)：时间精度因子(时间)。

假定某时刻用户机观测到 n 颗卫星，并建立如下距离(在卫星定位和导航中，通常称为伪距)观测方程：

$$p_i=R_i+c\cdot(\tau-\tau_i)+d_{\text{pheride}}+d_{\text{inon}}+d_{\text{trop}}+d_{\text{multi}}+\upsilon,\ i=1,2,\cdots,n \tag{1-7}$$

其中，R_i 为用户到 GPS 卫星的几何距离；τ 和 τ_i 分别为用户接收机和卫星的时钟偏差；c 为光速；d_{pheride} 为 GPS 卫星星历误差；d_{inon}、d_{trop} 和 d_{multi} 分别为电离层、对流层和多路径导致的误差；υ 为接收机噪声误差。简便起见，将考虑了星钟、电离层、对流层误差校正的观测方程表示为

$$p_i=R_i+\varepsilon=\sqrt{(x-x_i)^2+(y-y_i)^2+(z-z_i)^2}+\varepsilon \tag{1-8}$$

将式(1-8)在某一估计点 $\boldsymbol{X}_0(x_0,y_0,z_0,b_0)$ 处进行泰勒展开，得到

$$\Delta p_i=p_i-p_0\approx u_i(x-x_0)+v_i(y-y_0)+w_i(z-z_0)+b \tag{1-9}$$

其中，$u_i=\dfrac{x_0-x_i}{\Delta_i}$、$v_i=\dfrac{y_0-y_i}{\Delta_i}$、$w_i=\dfrac{z_0-z_i}{\Delta_i}$ 分别表示卫星方向在选定坐标系中的方向余弦；$\Delta_i=\sqrt{(x_0-x_i)^2+(y_0-y_i)^2+(z_0-z_i)^2}$。对于 4 颗可见卫星，公式(1-9)可用矩阵形式表示如下：

$$\begin{bmatrix}\Delta p_1\\\Delta p_2\\\Delta p_3\\\Delta p_4\end{bmatrix}=\begin{bmatrix}u_1 & v_1 & w_1 & 1\\u_2 & v_2 & w_2 & 1\\u_3 & v_3 & w_3 & 1\\u_4 & v_4 & w_4 & 1\end{bmatrix}\begin{bmatrix}x-x_0\\y-y_0\\z-z_0\\b\end{bmatrix} \tag{1-10}$$

进一步可简写为

$$\Delta \boldsymbol{p} = \boldsymbol{G} \Delta \boldsymbol{X} \tag{1-11}$$

若$\boldsymbol{G}$是满秩矩阵，则

$$\Delta \boldsymbol{X} = \boldsymbol{G}^{-1} \Delta \boldsymbol{p} \tag{1-12}$$

如果有 4 颗以上的卫星可见，则利用最小二乘法，可得

$$\Delta \boldsymbol{X} = \left(\boldsymbol{G}^{\mathrm{T}} \cdot \boldsymbol{G}\right)^{-1} \cdot \boldsymbol{G}^{\mathrm{T}} \cdot \Delta \boldsymbol{p} \tag{1-13}$$

$\boldsymbol{H} = \boldsymbol{G}^{-1}$或$\left(\boldsymbol{G}^{\mathrm{T}} \cdot \boldsymbol{G}\right)^{-1} \cdot \boldsymbol{G}^{\mathrm{T}}$，反映了观测量的测量误差向定位误差的传递系数。定义GDOP为测量误差到定位误差的放大系数，则

$$\mathrm{GDOP} = \frac{\sigma_{\Delta x}}{\sigma_p} = \frac{\sqrt{\sigma_x^2 + \sigma_y^2 + \sigma_z^2 + \sigma_b^2}}{\sigma_p} = \sqrt{\mathrm{tr}\left(\boldsymbol{G}^{\mathrm{T}} \cdot \boldsymbol{G}\right)^{-1}} \tag{1-14}$$

1.3.4 圆/球概率误差

圆/球概率误差(circular error probable，CEP)原是弹道学中的一种测量武器系统精度的指标，又称为圆公算偏差。其定义是以目标为圆心画一个圆，如果武器命中此圆圈的概率至少有 50%，则此圆的半径就是圆概率误差。CEP 越小，说明导弹的命中精度越高。

CEP 现在也被广泛用作目标定位精度的指标，它是定位估计器相对于其定位均值的不确定度量。在二维空间的目标定位中，CEP 包含了一半以均值为中心的随机矢量实现的圆半径。采用无偏定位估计器时，CEP 为待测点相对其真实位置的不确定度量。如果采用的估计器有偏差(以 B 为界)，在目标的估计位置至少有 50%的概率在真实位置的 B+CEP 的距离内。

1.4 无线定位技术的应用领域与发展趋势

1.4.1 无线定位技术的应用领域

定位技术是现代社会最为重要的技术之一，已经深刻影响着饮食、出行、社交、工作、军事等方方面面。下面简单介绍一些无线定位技术的应用领域。

1) 在军事中的应用

利用卫星定位系统可以对己方作战部队和装备进行动态跟踪，也可通过植入方式跟踪敌方作战部队和装备，从而掌握作战指挥的主动权[15]。在军事后勤保障方面，利用卫星定位系统结合自动识别技术、通信技术和地理信息技术，可对作战物资进行实时跟踪，使作战物资从采购、包装、装卸、搬运、储存、运输、配送，直到消耗的军事物流全过程实现可视化，达到快速、精确、可靠、安全、低耗的军事后勤保障目标。在反恐等现代巷战中，定位技术可以让战士之间时刻知道其他队员位置，从而实现紧密配合。

2) 在工厂环境中的应用

在石油、天然气、化工、钢铁制造等高危环境中，对工作人员进行实时定位跟踪对

于保障他们的生命安全具有重要意义[16]。无线定位技术可以实现工作人员的实时定位和跟踪，帮助管理人员对其进行指挥调度。同时，可以将定位系统与人员考勤和工资系统结合起来，通过定位系统的自动点名和考勤来核发全勤奖。另外，考虑到某些高危区域不适合人员进入，单单依靠警示牌无法起到足够的警戒作用，为此可以通过定位系统设置电子围栏，未获许可的人员或许可过期的人员一旦进入敏感区域，就可触发声光报警。该报警信息可以进一步与视频监控和应急处理系统联动起来，从而对相关事件进行快速响应。

3) 在智慧医院中的应用

定位技术在智慧医院中的应用重点以人员和物品的管理为主[17]。比如通过在移动医疗设备上安装 RFID 标签，配合医院无线网络的覆盖，可以实时跟踪一些贵重的仪器设备和药物的具体位置，从而避免设备的遗失。又比如医护人员的定位，给予医护人员 RFID 工作卡，可以对他们准确定位，提高医院的运行效率。还可以对一些特殊病人，如传染病患者、精神病患者和新生儿定位，包括病人的实时数据采集，实现脉搏、体温生命体征的自动采集和移动轨迹跟踪。贵重药品及血库温度的监控也可以通过定位技术来实现，比如医疗废弃物资的监管，通过在污物车上安装条码电子秤以及 RFID 标签，可以定位污物车的位置。另外，当病人到医院就诊的时候，通过无线定位与导航系统，病人可以方便快捷地找到想要前往的病房和就诊的医生办公室。

4) 在智能交通中的应用

智能交通系统是将先进的卫星导航定位技术、计算机技术、图形图像处理技术、数据通信技术、传感器技术等有效地运用于交通运输、服务控制、交通管理和车辆制造中，从而使车辆靠自身的智能将交通流调整至最佳状态[18]。通过无线定位技术，车辆便能确定自己所在的精确位置，与终端内的电子交通图配合，在几秒钟内即可计算出从出发点到目的地的若干条路线及其距离，经过优化选择出最佳路线。在车辆行驶过程中，卫星定位系统能自动显示车辆坐标位置及轨迹；当行车发生偏离时，还可提醒司机将车辆及时纠正到正确的路线上来。在未来的无人驾驶中，定位技术更是保障路线正确和行车安全的关键。通过这样的人、车、路密切结合，将极大地提高交通运输的效率，保障交通安全，改善环境质量和提高能源利用率。

5) 在矿井生产中的应用

无线定位是矿井安全高效生产的重要保障，也是矿山物联网的重要研究内容之一[7]。只有知道目标的位置信息，才能知晓什么位置发生了什么事件，帮助企业合理调配资源。对于工作面而言，精确定位还可辅助确定一次移架距离、支撑强度、人员距离、割煤高度和深度，对生产过程起到调度监控的作用。在进行矿井事故救援的时候，救援人员必须掌握事故发生在哪里、受影响的巷道有哪些、被困人员在何处等与位置有关的重要情况[19]，无线定位可以帮助救援人员确定受困矿工位置，快速制订营救方案。

6) 在大型商场中的应用

定位技术可以帮助用户快速找到商场的停车位和自己想要的商品，随时随地地发起具有社交属性的团购[20]。而对于商家来说，则可向用户推送精准的商品信息，建立线上商城。此外，基于室内定位/导航技术、室内地图、室内影像、搜索系统、室内商家信息、增强现实技术、互动分享系统所组成的综合性系统正构建未来室内新的 LBS 生态体系。基于这样的室内综合定位导航系统，在一个用户开车进入商场车库之前，系统就会自动提示用户是否有空车位，并引导他驶入空车位；语音搜索餐馆，商场立刻根据用户的需要推送各个餐馆信息、比价、特色菜；选定餐馆后，帮助预定餐位、室内引导用户去餐馆，并邀请周围好友过来聚餐；在就餐结束买单时，商场推送周围的商品信息和娱乐信息，并可在线支付。所有这些过程都可通过实景图、增强现实或语音的方式展现。在这样的基于位置的虚拟现实和增强现实系统的推进下，商场已经逐步成了休闲娱乐设施、实体体验店、网上商城、精准广告系统的综合体，并为应急救援、公共安全提供保障。

7) 在野生动物追踪中的应用

使用无线定位技术能够对野生动物进行全天候、大范围的追踪，这对于了解它们的生活习性、对濒危物种的保护等具有重要作用[21]。比如，美国的加州大学伯克利分校"In-Situ"研究组在大鸭岛上对海燕进行了无人化、无入侵式的智能监测。英国的剑桥大学对欧洲獾进行了监测跟踪，实现了对它们的生存信息和生活习性的记录和了解。加拿大的海洋动物科研小组通过在大马哈鱼体内植入电子芯片，跟踪了它们的游动过程中的物理参数。在我国，武汉理工大学、西北大学等单位利用无线定位技术对麋鹿和金丝猴等野生动物进行了生存监测和活动分析。

8) 在智慧旅游中的应用

无线定位技术在智慧旅游中具有非常重要的用途[22]。比如，游客通过互联网和移动终端便捷地享受旅游导航、导游、导览和导购等功能。在旅游过程中，游客可以通过位置导航功能准确找到心仪的景点；到达景点后，可以基于位置自动触发景点介绍功能；在游览景点过程中，可以查找对该景点感兴趣的其他游客，从而进行旅游社交；如果景点大、游客多导致亲友走散，还可以快速启动基于位置的亲友查找；同时，可以查找附近的设施，比如卫生间、小卖部等。对旅游管理部门而言，则可以进行游客流量统计、景区人数预警、游客活动轨迹和游客偏好分析、车辆运营调度等。

1.4.2 无线定位技术的发展趋势

从定位技术的研究内容看，目前学界对定位问题的研究无论是从定位的可行性理论、测距技术信息获取手段，还是定位位置计算方式，以及对定位结果的评估等方面都已取得了丰硕的研究成果，为系统设计者提供了多样化的技术选择，相关的研究还在不断进行。

从定位技术和定位系统的发展看，主要呈现如下几点趋势。

1) 通过多种定位技术的融合从而提高定位精度

无线定位技术牵涉到众多技术或技术组合。为了实现定位，首先要进行信息采集，对于测距定位而言，该信息就是距离信息；对于非测距定位而言，该信息将是节点跳数、邻居数目等信息。不同的技术，其信息采集精度具有很大差别。与此类似，对于不同的无线信号载体、不同的位置解算算法、不同的滤波优化算法等均存在各自的优势和劣势。为此，可将多种技术联合起来，以达到扬长避短的目的，比如基于 TOA 和 AOA 的联合测距、基于航迹推算与 RSSI 的联合定位等。

2) 研究室内外无缝定位技术从而提高定位范围

当前，以卫星定位技术为主的室外定位导航技术已经相当成熟，同时以无线电技术为主的室内定位技术也已商用多年，但是室内外无缝定位切换技术还不是特别成熟。无缝定位体系结构主要涉及无缝定位基础设施、统一坐标系、时间系统、通信设施和软件框架等方面。无缝定位基础设施主要指的是各种定位网络基础设施的集合，包括 GNSS 全球一体化网络基础设施，各种无线通信与电视广播基站，室内各种定位传感器网络设施等。统一坐标系包括全球框架、区域框架、城市框架等各种层次的坐标系。时间系统则为定位网络提供时间基准。软硬件框架中的硬件框架指的是不同接口之间的协同与集成，软件框架则主要指的是统一的定位技术标准和协议等。

3) 进一步降低非视距误差和多径效应的干扰

无线电波具有视距(line of sight，LOS)传输特性，在传输过程中如果遇到障碍物，则在信号发射节点和接收节点之间就会因为障碍物的原因而出现非视距(none line of sight，NLOS)传输，信号会出现散射、折射、绕射等现象，从而使得信号的传播距离加大，进而影响接收端的正确测距。为此，人们提出了很多方法来对 NLOS 进行识别和抑制，比如误差模型法、散射体模型重构法、残差对比法、加权定位法、几何约束法、距离尺度因子法、卡尔曼滤波重构法等。

所谓的多径效应，指的是信号在传输过程中由于障碍物、信号周围的空间有限(比如巷道空间)等原因，导致信号通过多条不同的路径传输到接收节点。对于定位而言，最有效的定位信号当然是通过 LOS 直接到达接收端的信号，简称直达径信号。然而，现实中很多时候难以提取直达径信号，或者根本没有直达径信号。如何寻找具有抗多径能力的定位算法也是定位技术的研究重点之一，常见的有基于扩展卡尔曼滤波的到达时间估计、多径联合估计算法、RAKE 结构的 TDOA 估计器、高分辨率抗多径干扰时延估计等。

4) 借助新兴技术提高定位精度或拓展应用领域

无线定位技术的发展历程是不断吸收新技术提高定位精度和拓展应用领域的历史。从早期发现卫星能够用于定位，到卫星定位技术的不断提高，进而到卫星定位被广泛应用于各行各业，便是不断借鉴信号处理、空间通信、智能处理、军事技术等新理论和新方法的过程。随后，脱胎于卫星导航定位技术的伪卫星技术则被用于室内定位中，而其他技术，如 Wi-Fi、蓝牙、UWB 等新技术，则催生了一系列新的定位方式，而这些技术的每一次升级，也带动了定位精度的提高。目前，以深度学习为代表的人工智能正在无线定位领域发挥着越来越大的作用，特别是基于视觉的定位领域。此外，基于定位结果的轨迹数据分析等应用也如火如荼，新的位置服务正在深刻改变人们的生活。

参 考 文 献

[1] 钱志鸿, 孙大洋, Leung Victor. 无线网络定位综述[J]. 计算机学报, 2016, 39(6): 1237-1256.
[2] 曾祥辉. 基于图刚性理论的无线传感器网络可定位性研究[D]. 长沙: 国防科学技术大学, 2013.
[3] 赵军, 车红岩. 基于位置服务的应用技术和发展趋势[J]. 测绘科学, 2016, 41(4): 171-176.
[4] 周傲英, 杨彬, 金澈清, 等. 基于位置的服务: 架构与进展[J]. 计算机学报, 2011, 34(7): 1155-1171.
[5] 刘经南. 中国位置服务定位网构建的思考[R]. 北京: 国家测绘地理信息局, 2017.
[6] 赵霞, 袁家政, 刘宏哲. 基于视觉的目标定位技术的研究进展[J]. 计算机科学, 2016, 43(6): 10-16.

[7] 胡青松，张申，吴立新，等. 矿井动目标定位：挑战、现状与趋势[J]. 煤炭学报，2016，41(5)：1059-1068.
[8] 庄春华，赵治华，张益青，等. 卫星导航定位技术综述[J]. 导航定位学报, 2014, 2(1): 34-40.
[9] 张远. 基于距离和角度信息的无线传感网节点定位问题研究[D]. 济南：山东大学, 2012.
[10] 徐小龙. 物联网室内定位技术[M]. 北京：电子工业出版社, 2017.
[11] 耿飞. 矿井无线传感器网络定位技术研究[D]. 徐州：中国矿业大学, 2015.
[12] Luchang-Li. 克拉美罗下界 CRLB 的计算[EB/OL]. https://blog.csdn.net/u013701860/article/details/78154069[2017-10-13].
[13] 刘天雄. GPS 系统导航卫星几何精度因子是怎么回事？[J]. 卫星与网络, 2013(6): 66-72.
[14] 于军，邓明镜，王星星. 几何精度因子对 GPS 定位结果的影响[J]. 测绘通报, 2012(S1): 93-94.
[15] 华强电子网. 卫星定位系统在军事领域的应用[EB/OL]. https://tech.hqew.com/fangan_1194903[2016- 08-10].
[16] 黄小平，王岩，缪鹏程. 目标定位跟踪原理及应用——MATLAB 仿真[M]. 北京：电子工业出版社，2018.
[17] 华强电子网. 无线定位技术在医院中的应用[EB/OL]. https://tech.hqew.com/ fangan_775134[2016-08-10].
[18] 妈妈聊科技. 什么是智能交通系统？什么是全球定位系统？让我们一起看看[EB/OL]. https://baijiahao.baidu.com/s? id= 1608458691347850370&wfr=spider&for=pc[2018-08-11].
[19] 胡青松，杨维，丁恩杰，等. 煤矿应急救援通信技术的现状与趋势[J]. 通信学报，2019，40(5)：163-179.
[20] 室内定位最新资讯. 基于 iBeacon 的室内定位在商业综合体中的应用趋势[EB/OL]. http://m.sohu.com/a/129865293_465945[2017-03-23].
[21] 马文辉. 基于无线传感网络的野生动物定位跟踪技术应用研究[D]. 贵阳：贵州大学, 2018.
[22] 重庆金瓯科技发展有限责任公司. 智慧景区定位服务方案[EB/OL]. http://www.jinoux.com/product_wisdom%20scenic%20location%20service.html[2019-01-01].

第 2 章　无线定位中的通信技术

通信方式对移动目标定位系统的结构具有重要影响[1]。通常而言，一个定位系统包括若干信标节点和一个定位服务器，信标节点与定位服务器之间既可通过有线方式连接，也可通过无线方式连接。待定位的目标节点携带标签（被动定位中目标节点不用携带标签），与信标节点进行信息交互。根据定位方法的不同，在信息交互过程中测量信号强度、到达角度等信息，进而求得目标节点的坐标位置。因此，信标节点与标签节点（由于标签由目标节点携带，因此标签节点就是目标节点）之间的信息交互是无线定位的必然基础，这种交互通常通过无线通信技术完成。目前，信标节点与标签节点可以采用的无线通信技术有 Wi-Fi（wireless fidelity）、ZigBee、超宽带（ultra wide band，UWB）、蓝牙、RFID（radio frequency identification）等，比如人们常说的 Wi-Fi 定位，指的就是该定位系统中采用了 Wi-Fi 通信技术。本章从目标定位角度出发，对这些通信技术进行概要介绍。

2.1　Wi-Fi 技术

2.1.1　Wi-Fi 技术概述

Wi-Fi 是一种基于 IEEE 802.11 标准的无线局域网（wireless local area network，WLAN）技术，基于 Wi-Fi 的定位技术在家居生活、日常办公、工业生产中使用非常广泛[2]。需要注意的是，Wi-Fi 与 WLAN 并不等同，它只是 WLAN 技术的一种。

Wi-Fi 的第一个版本 802.11 发布于 1997 年，至今已经 20 多年历史。迄今为止，Wi-Fi 已经发展了六代。由于用 802.11x 的方式命名确实不方便记忆，Wi-Fi 联盟已于 2018 年正式启用版本号的方式进行命名，各个 Wi-Fi 版本与 802.11x 对应关系及其发布时间如下：

Wi-Fi 6：IEEE 802.11ax，2019 年发布

Wi-Fi 5：IEEE 802.11ac，2014 年发布

Wi-Fi 4：IEEE 802.11n，2009 年发布

Wi-Fi 3：IEEE 802.11g，2003 年发布

Wi-Fi 2：IEEE 802.11a/ 802.11b，1999 年发布

Wi-Fi 1：IEEE 802.11，1997 年发布

1）Wi-Fi 1：IEEE 802.11

20 世纪 90 年代初，IEEE 成立了 802.11 工作组，专门研究和制定 WLAN 标准协议，并在 1997 年 6 月推出了第一代 WLAN 协议：IEEE 802.11—1997。此处的 802.11 指的是 IEEE 制定的第一代协议，并非是整个系列协议，在 802.11 之后的协议（802.11a/b/g/n/ac/ax）都是由 802.11 发展而来的，且加入了字母后缀来进行区分，不同的后缀代表着不同的工作频段和不同的传输速率。

作为 IEEE 制定的一个无线局域网标准，802.11 协议定义了物理层工作在 2.4GHz 频

段，数据传输速率设计为 2Mb/s。不过，由于它在传输速度和传输距离方面都不尽如人意，因此并未得到大规模使用。

2) Wi-Fi 2：IEEE 802.11a/802.11b

1999 年发布了 Wi-Fi 2 标准，IEEE 吸取了上一次的教训，在制定 802.11a 标准的时候，直接将频段定在了 5GHz，最高速率达到了 54Mb/s。但是，802.11a 协议也并没有被市场认可，表现更出色的是几乎和它同时制定的 802.11b 协议。

802.11b 协议基于 2.4GHz 频率，最大的传输速率为 11Mb/s。11Mb/s 的传输速率在现在看来算不了什么，但在 2000 年的时候，已经能够满足大部分人的需求。此外，基于 2.4GHz 的 802.11b 在传输距离和穿墙能力上比基于 5GHz 的 802.11a 更有优势，加上当时 802.11a 的核心芯片研发进度缓慢，802.11b 就此抓住了机会，占领了市场。

3) Wi-Fi 3：IEEE 802.11g

2003 年 7 月，IEEE 制定了第三代 Wi-Fi 标准：802.11g(由于 802.11 协议还应用在其他很多领域，有些字母被用了，就只能排到 g 了)。802.11g 继承了 802.11b 的 2.4GHz 频段和 802.11a 的最高 54Mb/s 传输速率，同时还使用了补码键控(complementary code keying，CCK)技术后向兼容 802.11b 产品。

此外，Wi-Fi 3 及其后续版本也使用了正交频分复用技术(orthogonal frequency division multiplexing，OFDM)，它是由多载波调制(multi-carrier modulation，MCM)发展而来的一种实现复杂度低、应用广的多载波传输方案，可以消除码间串扰，同时使得信道均衡变得相对容易。

4) Wi-Fi 4：IEEE 802.11n

如果说 802.11b 是奠定了整个 Wi-Fi 帝国基础的一代，那么 802.11n 一定是给帝国开疆扩土的一代。虽然 802.11n 协议还是基于 2.4GHz 频段，但传输速率最高可达 600Mb/s。这是因为采用了多入多出(multiple-input multiple-output，MIMO)、波束成形和 40MHz 绑定技术。802.11n 通过 MIMO 和 40MHz 绑定技术使得传输速率大大提升，而波束成形则增大了传输距离。

5) Wi-Fi 5：IEEE 802.11ac

随着时代的继续发展，人们身边拥有着越来越多的无线设备，而 2.4GHz 这个频段因为本身的优越性，被各种协议广为使用(常见的蓝牙 4.0 系列协议、无线键盘鼠标等)，已经变得拥挤不堪，因此 IEEE 就将新的第五代 Wi-Fi 协议制定在了 5GHz 的频段上。现在说的很多双频 Wi-Fi，其实就是 2.4GHz 和 5GHz 的混合双频 Wi-Fi。

802.11ac 在提供良好的后向兼容性的同时，把每个通道的工作频宽由 802.11n 的 40MHz 提升到 80MHz 甚至是 160MHz，再加上大约 10%的实际频率调制效率提升，最终理论传输速率由 802.11n 的最高 600Mb/s 跃升至 1Gb/s。当然，实际传输速率可能在 300～400Mb/s 之间，接近 802.11n 实际传输速率的 3 倍。

实际上，802.11ac 协议还分为 wave1 和 wave2 两个阶段，两者的主要区别就在于后者提升了多用户数据并发处理能力和网络效率，其主要原因是采用了 MU-MIMO(multi-user MIMO)技术。MU-MIMO 技术赋予了路由器并行处理的能力，让路由器同时和多个设备进行传输，从而极大地改善了网络资源利用率。

6) Wi-Fi 6：IEEE 802.11ax

802.11ax 协议基于 2.4GHz 和 5GHz 两个频段，并非是 ac 双频路由器那样不同的频段对应不同的协议，ax 协议本身就支持两个频段。这显然迎合了当下物联网、智能家居等发展潮流。

802.11ax 又被称为“高效率无线标准”(high-efficiency wireless，HEW)，大幅度提升了用户密集环境中的每位用户的平均传输率，即在高密环境下为更多用户提供一致且稳定的数据流(平均传输率)，将有效减少网络拥塞、大幅提升无线速度与扩大覆盖范围。其实，设计 802.11ax 的首要目的是解决网络容量问题，因为随着公共 Wi-Fi 的普及，网络容量问题已成为机场、体育赛事和校园等密集环境中的一个大问题。

2.1.2　Wi-Fi 的物理层

Wi-Fi 包括物理层和数据链路层，如图 2-1 所示。物理层定义了无线协议的工作频段、调制编码方式及最高速度的支持[3]，MAC 层则定义了无线网络在 MAC 层的一些常用操作，如 QOS、安全、漫游等操作。

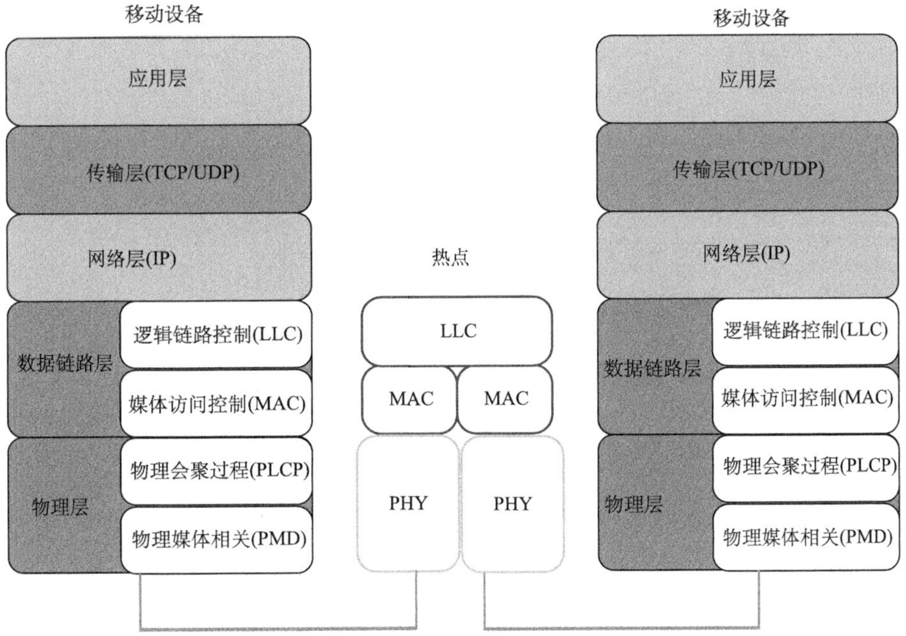

图 2-1　Wi-Fi 的协议栈结构

物理层被分成两个子层，即物理会聚过程(physical layer convergence procedure，PLCP)子层和物理媒体相关(physical medium dependent，PMD)子层。PLCP 负责空闲信道评估、载波监听、信道管理，PMD 负责编码调制，利用天线将 PLCP 所传来的每个比特传送至空中。

802.11 所采用的无线电物理层使用了三种不同的技术：

跳频(frequency hopping，FH 或 FHSS)：跳频系统是以某种随机样式在频率间不断跳换，每个子信道只进行瞬间的传输。

直接序列(direct sequence，DS 或 DSSS)：直接序列系统利用数学编码函数将功率分散于较宽的频带。

正交频分复用(orthogonal frequency division multiplexing，OFDM)：将可用信道划分为一些子信道，然后对每个子信道所要传输的那部分信号进行平行编码。

在 802.11ax 中还使用了 OFDMA 技术，即正交频分复用多址接入的调制方式。在 OFDM 中，设备的网络在同一帧里只有一个标准的数据包，传给客户端的时候不管帧的大小，每帧在信道发送方面的系统开销都是一样的。在 OFDMA 中，可以把各种大小的数据包从调制的角度组合在一起，系统开销可以通过共享而降低，并能同时支持上行和下行，因而效率得到提高，见图 2-2。

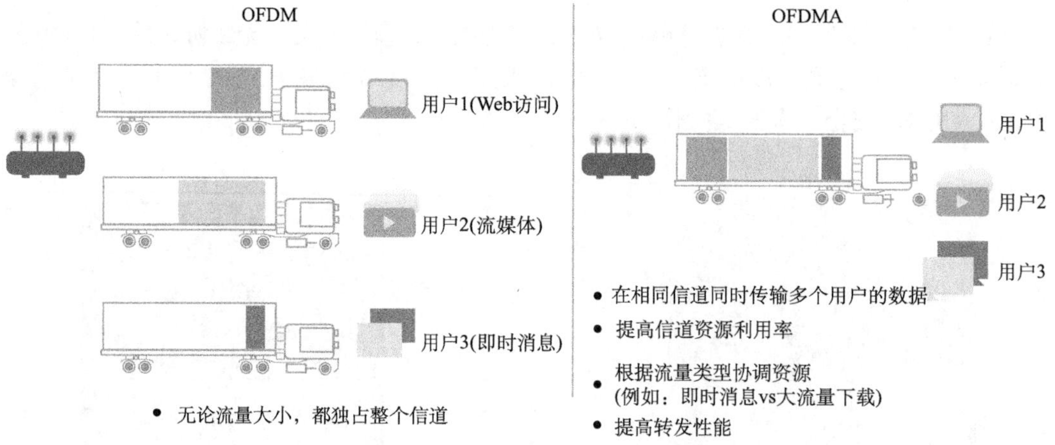

图 2-2　OFDM 和 OFDMA 占用信道的示意图

此外，从 802.11n 开始使用了 MIMO 技术，系统采用多天线进行数据收发。通过多条空间流并发传递，提高系统吞吐量，增强无线链路的健壮性和改善信噪比(SNR)。在 802.11ac 中进一步扩展为 MU-MIMO 技术，即多用户-多输入多输出，它改善了路由器天线闲置的情况，允许路由器分割天线，充分利用天线的空域资源，独立地为不同的设备传输，见图 2-3。

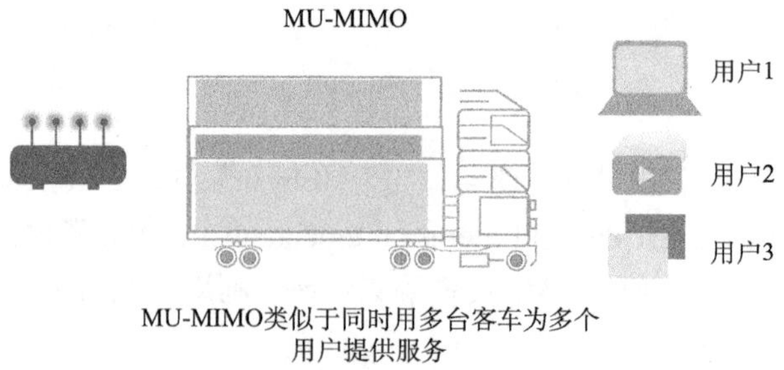

图 2-3　MU-MIMO 提高空域资源利用率示意图

2.1.3　Wi-Fi 的 MAC 层

Wi-Fi 的数据链路层的核心功能位于 MAC 子层中。Wi-Fi 的 MAC 层设计了两种接入机制，分别叫分布式协调功能(distributed coordination function，DCF)和点协调功能(point coordination function，PCF)，前者是基于竞争的接入方法，所有的节点竞争接入媒体；后者是无竞争的，节点可以在特定的时间单独使用媒体。由于 DCF 具有良好的分布式特性，从而应用更加广泛，而 PCF 模式则较为少用[4]。DCF 的核心是 CSMA/CA (carrier sense multiple access with collision avoidance)协议，即载波侦听多路访问/冲突避免，以避免多个节点同时访问网络所带来的冲突问题。

在设计无线信道接入协议的时候，必须充分考虑两个特殊问题[5]：隐藏终端问题和暴露终端问题。隐藏终端指的是处于发送节点信号覆盖范围以外但是位于接收节点的覆盖范围之内的节点。如图 2-4 所示，如终端(或者节点)A、B 和 C 都工作在同一信道上，如果 A 和 C 都检测不到无线信号，它们都认为 B 是空闲的，于是都向 B 发送数据，这必然导致 B 处产生冲突。显然，隐藏终端问题会让节点过分乐观地估计信道被占用情况，从而大大降低信道利用率。

暴露终端指的是处于发送节点信号覆盖范围以内但是位于接收节点覆盖范围之外的节点。如图 2-5 所示，节点 A、B、C 和 D 都工作在同一信道上，假定 B 想向 A 发送数据的同时，C 也想与 D 传输数据。然而，C 检测到有信号在传输(B 传输的信号)，由于害怕会导致冲突就放弃向 D 发送数据。实际上，C 是可以向 D 传输数据的。显然，暴露终端问题会导致节点过分悲观地估计信道被占用情况，同样也会导致信道利用率降低。

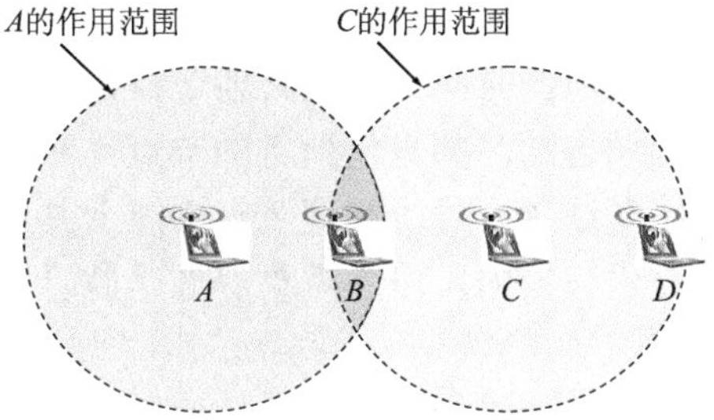

图 2-4　隐藏终端问题

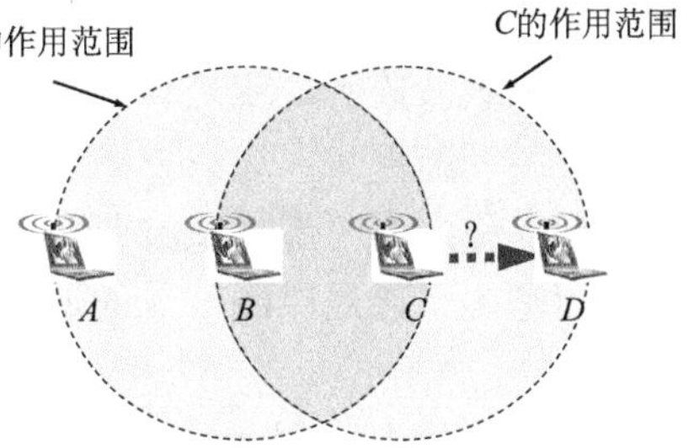

图 2-5　暴露终端问题

为了解决隐藏终端和暴露终端问题，CSMA/CA 协议中使用了请求发送帧(request to send，RTS)和允许发送帧(clear to send，CTS)机制。如果节点 A 要向节点 B 发送数据，将会：

(1) 节点 A 在发送数据帧之前，利用物理载波侦听(CSMA)+虚拟载波侦听(CA)机制检测信道，如果信道是空闲的，则要先向节点 B 发送一个 RTS，在 RTS 帧中说明将要发送的数据帧的长度，如图 2-6 所示。

(2) 节点 B 收到 RTS 帧后，向节点 A 回应一个 CTS，在 CTS 帧中也附上 A 欲发送的数据帧的长度(从 RTS 帧中将此数据复制到 CTS 帧中)。A 收到 CTS 帧后就可以发送数据。

值得注意的是，无论是 RTS、CTS 还是数据，在发送它们之前都会等待(退避)一定时间。常用的时间长度有两种，一种是分布式帧间间隙(distributed inter-frame space，DIFS)，一种是最短帧间间隔(short inter-frame space，SIFS)，见图 2-6。

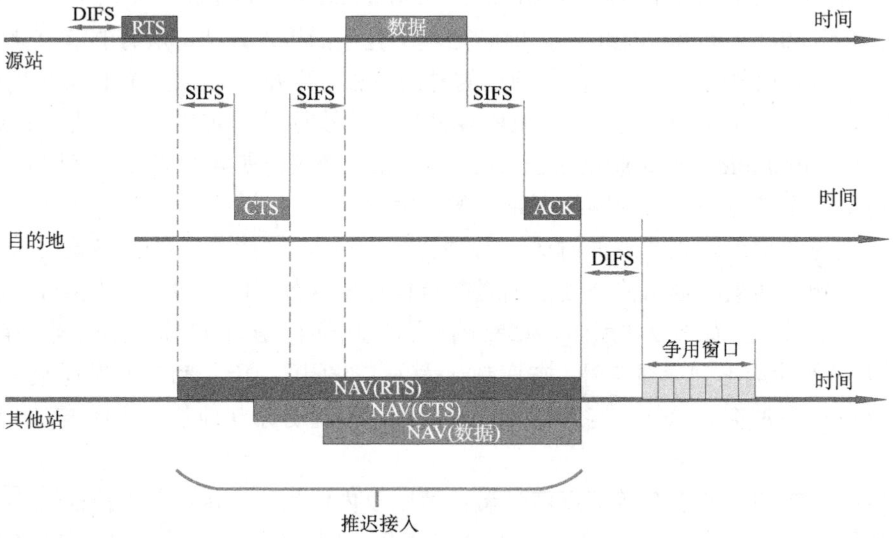

图 2-6　CSMA/CA 的数据发送过程

下面讨论 CSMA/CA 的信道检测机制，它采用了物理载波侦听(CSMA)+虚拟载波侦听(CA)双重机制，前者是对应空闲信道评估(clear channel assessment，CCA)机制，后者对应网络分配向量(network allocation vector，NAV)机制。

所谓虚拟载波监听，就是让源节点将其使用信道的时间告知给其他节点，以便其他站在这一段时间都停止发送数据。注意，源节点通告的时间也包括目的节点发回确认帧所需的时间。称之为“虚拟载波监听”的原因，是这种方式中其他节点实际上并没有监听信道，而是由于通过“源节点的通知”才不发送数据的，但是效果好像是监听了信道一样。

在 CSMA/CA 中，CCA 由能量检测和载波侦听一起完成：

(1) 能量检测(energy detection，ED)：直接使用物理层接收的能量来判断是否有信号接入，若信号强度大于 ED_threshold，则认为信道是忙，否则判定为空闲。ED_threshold 的设置与发送功率有关。

(2) 载波侦听(carrier sense，CS)：指的是用来识别 802.11 数据帧的物理层头部(PLCP header)中的 preamble 部分。802.11 中的 preamble 部分采用特定的序列构造，该序列对于发送方和接收方都是已知的，用来做帧同步以及符号同步。在实际监听过程中，节点会不断采样信道信号，用其做自相关或者互相关运算，其中自相关在基于 OFDM 的 802.11 技术中常用，比如 802.11a；而互相关在基于 DSSS 技术中常用，比如 802.11b。与能量检测类似，相关计算值需要与一个阈值进行判断，若大于该阈值，则认为检测到了一个信号，若小于该阈值，则认为没有检测到信号。

802.11 协议规定，能量检测和载波侦听两种方式同时使用，如果有一种判断信道是忙状态，那么就认为信道是忙状态；如果两者都认为信道是空闲状态，那么再判断虚拟载波监听机制是否为 0，以上条件都满足时，才认为信道空闲，开始进行退避。

下面通过图 2-7 说明 CSMA/CA 协议的完整原理[6]。在一个节点发送消息之前首先要进行监听信道。不论信道是否为忙，发送端必须以一个帧间间隔的等待来开始自己的发送。具体为：当信道为空的时候，首先等待一个帧间间隔，之后再监听信道，如果还为空，那么开始一个随机退避过程，之后再次监听，如果还为空，那么就开始发送。在上述等待过程中，如果任何时候出现信道忙的情况，那么终止上面的过程，并等待信道为空，之后重复上面的过程(从等待一个帧间间隔开始)。

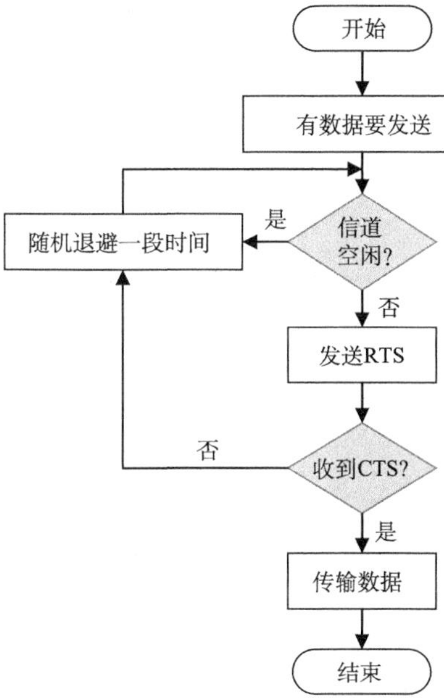

图 2-7　CSMA/CA 协议原理图

2.1.4　Wi-Fi 网络的入网过程

Wi-Fi 的网络结构包括两种模式[7]：基础结构(infrastructure)模式和自组网(Ad Hoc)模式。

在基础结构模式中，无线网络包括至少一个无线接入点(AP)、若干个无线终端设备(STA)、一个 AP 和若干个 STA 组成的基本服务集(basic service set，BSS)，以及两个或多个基本服务集构成的扩展服务集(extended service set，ESS)，见图 2-8。

自组网模式是一种无中心的、自组织无线网络(图 2-9)，整个网络没有固定的基础设施，每个节点都是移动的，并且都能以任意方式动态地保持与其他节点的联系。这种模式又称为点对点(pear to pear)模式。一个自组织 Wi-Fi 网络相当于一个独立式基本服务集(independent basic service set，IBSS)。IBSS 由若干终端设备(STA)组成临时性网络，各个 STA 之间可以直接通信。

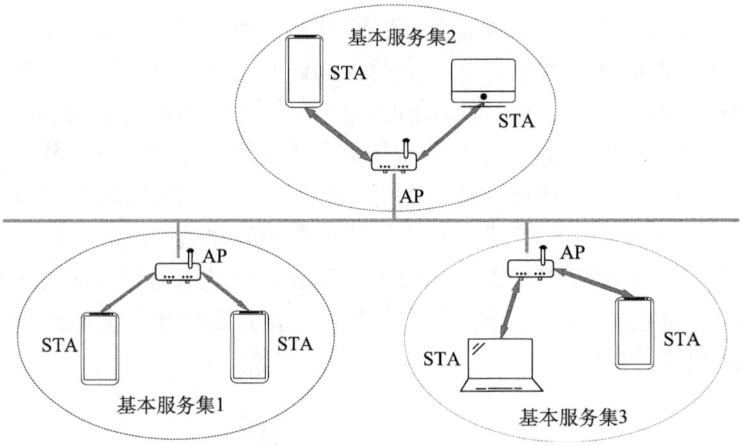

图 2-8　基础结构模式 Wi-Fi 网络

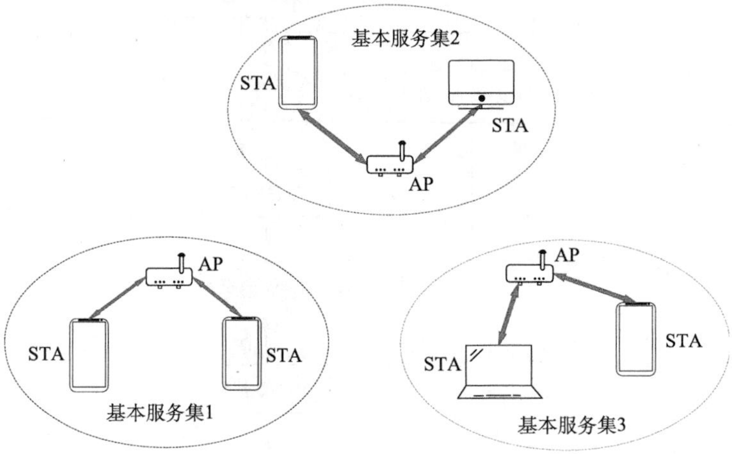

图 2-9　自组网模式 Wi-Fi 网络

AP(access point)是 Wi-Fi 中的必需组网设备，根据功能多寡又分成胖 AP 和瘦 AP 两种[8]，它们在组网方面的区别如下所述。

1)胖 AP 组网

(1)每个 AP 都是一个单独的节点，独立配置其信道和功率，安装简便；

(2)每个 AP 独立工作，较难扩展到大型、连续、协调的无线局域网和增加高级应用；

(3)每个 AP 都需要独立配置安全策略，如果 AP 数量增加，将会给网络管理、维护及升级带来较大的困难；

(4)很难进行无线网络质量优化数据采集。

2)瘦 AP 组网

(1)通过 AC 对 AP 群组进行自动信道分配和选择，自动调整发射功率，降低 AP 之间的互干扰，提高网络动态覆盖特性；

(2)支持二层/三层漫游切换；

(3)容易实现非法 AP 检测和处理；

(4)管理节点上移后，运维数据采集针对 AC 而非 AP，解决了网管系统受限于 AP 处理能力和性能的问题。

一个节点要经过扫描、认证和关联三个阶段才能接入 Wi-Fi 网络。在扫描阶段，若无线节点设成基础结构模式，那么 802.11 MAC 通过扫描来搜索 AP，有两种方式：①主动扫描方式。节点依次在 11 个信道发出探寻请求帧，寻找与节点具有相同 SSID 的 AP，若找不到相同 SSID 的 AP，则一直扫描下去。这种方式的特点是能够迅速找到 AP。②被动扫描方式。节点被动等待 AP 每隔一段时间定时送出的信标帧，该帧提供了 AP 及所在 BSS 相关信息，相当于告诉节点“我在这里”。这种方式的特点是找到时间较长，但节点比较省电。

当节点找到与其有相同 SSID 的 AP 后，在 SSID 匹配的多个 AP 中选择一个信号最强的 AP，然后进入认证阶段。只有身份认证通过的站点才能进行无线接入访问。常见的认证方法有开放系统身份认证、共享密钥认证、WPA PSK 认证、802.1x EAP 认证等。

当 AP 向 STA 返回认证响应信息，身份认证获得通过后，进入关联阶段：节点向 AP 发送关联请求，AP 收到请求后向节点返回关联响应。

2.2　ZigBee 技术

在目标定位领域，基于 ZigBee 技术的定位算法研究非常活跃。ZigBee 是一种近距离、低复杂度、低功耗、低数据速率、低成本的双向无线通信技术[9]，主要适合于自动控制和远程控制领域，可以嵌入各种设备中，同时支持地理定位功能。ZigBee 的名字起源于蜜蜂之间传递信息的方式[10]：蜜蜂通过一种类似于 Zigzag 舞蹈的肢体语言在同伴之间传递花粉所在的方位和远近信息，依靠这样的方式构成了群体中的通信网络，因此人们形象地将这种通信网络技术命名为 ZigBee。

2.2.1　ZigBee 技术概述

ZigBee 联盟诞生于 2001 年 8 月，至今已经走过近 20 个年头。ZigBee 的技术发展经历了以下历程[11, 12]：

2004 年，ZigBee V1.0 诞生。由于推出仓促，存在一些错误。

2006 年，推出 ZigBee 2006，比较完善。

2007 年底，推出 ZigBee Pro。

2009 年 3 月，推出 ZigBee RF4CE，具备更强的灵活性和远程控制能力。

2009 年 8 月，推出加强型 ZigBee Home-Based Automation 应用标准，它的应用场景是智能住宅，用来控制空调系统、电源插座、机动设备、门铃和安全装置等。

2010 年 12 月 22 日，推出 ZigBee Input Device 标准，用于消费电子产品和计算机配件(鼠标、键盘、触摸板和其他输入设备)的人机交互设备。

2012 年 4 月 18 日，推出 ZigBee Light Link 标准，它为照明行业的消费照明和控制装置的互操作性产品提供全球标准。

2013 年 3 月 28 日，推出 ZigBee IP，它是第一个基于 IPv6 的全无线网状网解决方案的开放标准，可实现低功耗、低成本设备的无缝连接和控制。

2016 年 5 月 12 日，推出 ZigBee 3.0 标准，它基于 IEEE 802.15.4 标准，工作频率为 2.4 GHz，使用 ZigBee PRO 网络，是第一个统一、开放和完整的无线物联网产品开发解决方案。

2017 年 1 月 5 日，ZigBee 联盟正式推出物联网通用语言 Dotdot，它适用于整个 IoT 网络，这种语言改变了现在多种设备之间通信语言不统一的现状。

与其他近距离通信技术相比，ZigBee 具有如下特点：

(1) 低功耗。在低耗电待机模式下，2 节 5 号干电池可支持 1 个节点工作 6～24 个月，甚至更长，这是 ZigBee 的突出优势。相比之下蓝牙的工作时间为数周，Wi-Fi 为数小时。

(2) 低成本。ZigBee 大幅简化了协议设计，降低了对通信控制器的要求，且 ZigBee 的协议专利免费，因此成本大大降低(不足蓝牙的 1/10)。

(3) 低速率。ZigBee 工作在 250kb/s 的通信速率，满足低速率传输数据的应用需求。

(4) 近距离。传输范围一般介于 10～100m 之间，在增加 RF 发射功率后，亦可增加到 1～3km。注意，这指的是相邻节点间的距离，如果通过路由和节点间通信进行多跳传输，传输距离可以更远。

(5) 短时延。ZigBee 的响应速度较快，一般从睡眠转入工作状态只需 15ms，节点连接进入网络只需 30ms，进一步节省了电能。相比较，蓝牙需要 3～10s，Wi-Fi 需要 3s。

(6) 高容量。ZigBee 可采用星状、片状和网状网络结构，由一个主节点管理若干子节点，一个主节点最多可管理 254 个子节点；同时主节点还可由上一层网络节点管理，最多可组成 65000 个节点的大网。

(7) 高安全。ZigBee 提供了三级安全模式，包括无安全设定、使用接入控制清单(ACL)防止非法获取数据以及采用高级加密标准(AES128)的对称密码，以灵活确定安全属性。

(8) 免执照频段。使用工业科学医疗(ISM)频段：915MHz(美国)、868MHz(欧洲)和 2.4GHz(全球)，无须支付频段使用费用。

2.4GHz 的物理层通过采用高阶调制技术获得更高的吞吐量、更小的通信时延和更短的工作周期[13]，从而更加省电。由于 868 MHz 和 915 MHz 这两个频段上无线信号传播损耗较小，因此可以降低对接收机灵敏度的要求，获得较远的有效通信距离，从而可以用较少的设备覆盖给定的区域。现在市场上的 ZigBee 产品大多数是 2.4 GHz 频段。

2.2.2　ZigBee 的设备与拓扑

按照 ZigBee 设备在网络中所起的作用，可将其分成三种类型[13]，即协调器、路由器和终端设备。一个 ZigBee 网络一般由一个协调器、多个路由器和多个终端设备节点组成。

ZigBee 协调器包含所有的网络信息，在 3 种设备中最复杂，且存储容量大、计算能力最强。主要作用包括：发送网络信标，建立一个网络，管理网络节点，存储网络节点信息，寻找一对节点间的路由信息并且不断地接收信息。

ZigBee 路由器执行的功能包括允许其他设备接入网络，寻找路由，辅助子树下电池供电终端的通信。

终端设备是 ZigBee 网络中具体执行数据采集或执行特定动作的设备，对于维护 ZigBee 网络没有具体的责任，所以它可以睡眠和唤醒，具体如何可以自行选择。

按照 ZigBee 设备的功能强弱，可将其分成全功能设备(full functional device，FFD)和精简功能设备(reduced function device，RFD)两种[14]。全功能设备可以担任网络协调器，形成网络，让其他的 FFD 或是精简功能设备连接。FFD 具备控制器的功能，可以和网络中的任何一种设备进行通信，可提供双向信息传输。全功能设备具有由标准指定的全部 IEEE 802.15.4 功能和所有特征；具有更多的存储和计算能力，在空闲时可起网络路由器的作用，也能用于终端设备，支持任何一种拓扑结构。

精简功能设备只能传送信息给 FFD 或从 FFD 接收信息。精简功能设备附带有限的功能来控制成本和复杂性，在网络中通常用于终端设备，只支持星形结构，不能成为协调器。

一个 ZigBee 网络的形成，必须由 FFD 率先担任网络协调器，由协调器进行扫描搜索以发现一个未用的最佳信道来建立网络；再让其他的 FFD 或是 RFD 加入这个网络。事实上，人们可根据装置在网络中的角色和功能，预先对装置编制好程序。如协调器的功能是通过扫描搜索，以发现一个未用的信道来组建一个网络；路由器(一个网络中的 Mesh 装置)的功能是通过扫描搜索，以发现一个激活的信道并将其连接，然后允许其他装置连接；而终端设备的功能总是试图连接到一个已存在的网络。

ZigBee 支持三种自组织无线网络类型，即星形(star)、树形(tree)和网状(mesh)，如图 2-10 所示。星形以协调器为中心，是一种发散的网络结构，其他设备通过协调器通信。网络中的任何设备如果想要相互传递数据，必须经过协调器进行数据的转发，这是一种典型的主从网络。不过这种网络结构有着很大的局限性。首先是物理位置受限，如果其他节点离协调器较远，可能因为传输距离的限制而无法正常传输数据。其次是协调器能量消耗大，如果所有节点数据传输都竞争协调器的话，协调器的电池电量消耗会非常大，容易造成电能耗尽而使网络瘫痪。

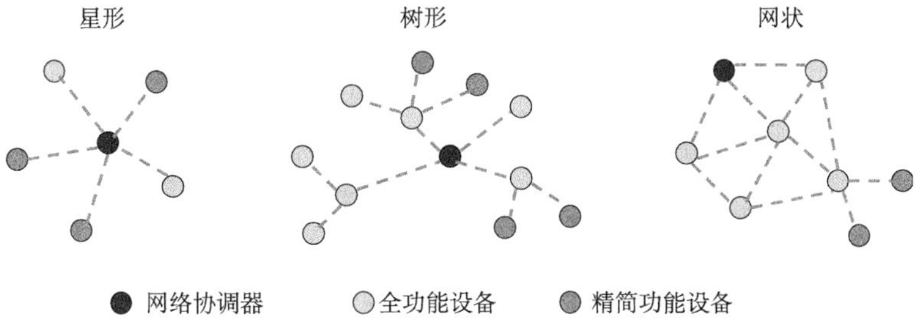

图 2-10　ZigBee 网络的拓扑结构

树形结构中数据传输严格按照树形网络传输，也就是每个节点只能和其父节点和子节点传输数据，不能随意和其他节点传输数据，所有的数据必须按照树的路径进行上下传输。

网状结构是一种多跳的系统，所有节点每次传输数据都有多条路径可供选择，如果某条路径出现问题，可以走其他路径传输数据。路由可以自动建立和维护，并且具有强大的自组织、自愈功能。

总之，在星形拓扑中，节点之间的数据路由只有唯一的一条路径。在树形拓扑中，当从一个节点向另一个节点发送数据时，信息将沿着树的路径传递。在网状拓扑中，网络可以通过“多跳”的方式来通信，可以组成极为复杂的网络，具有很大的路由深度和网络节点规模。

2.2.3 ZigBee 的体系架构

与计算机网络中的体系架构类似，ZigBee 网络的体系结构也是一种层次性的结构。ZigBee 是构建在 IEEE 802.15.4 协议基础之上的标准，自底向上包括物理层、媒体访问控制层、网络层和应用层，见图 2-11[13, 15]。其中，物理层和媒体访问控制层的规范由 IEEE 802.15.4 定义，ZigBee 定义网络层和应用层的规范。

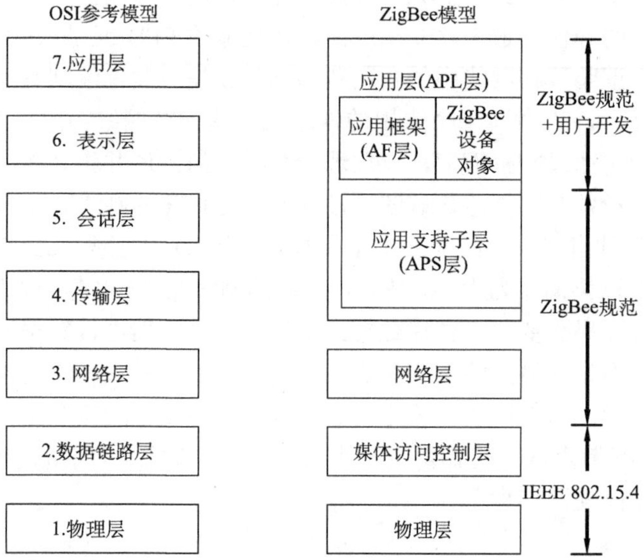

图 2-11　ZigBee 网络的体系结构

在 ZigBee 的体系架构中，某一特定层既是其下一层的用户，也是其上一层的服务提供者或服务实体，服务用户与服务提供者之间通过服务原语交互信息。用户和协议实体间的接口，实际上是一段程序代码，由若干条指令组成，用于完成一定功能，但这些指令具有不可分割性。通过服务原语能实现服务用户和服务提供者间的交流。与协议不同的是，服务原语用于服务提供者与服务用户，而协议是用于服务用户之间的通信。

一个服务实体内部实现对于服务用户而言是透明的，服务用户不知道(也不用知道)服务实体内部是如何实现的，它只需通过服务实体提供的类似于函数调用接口之类的接口使用其服务即可，该接口被称为服务访问点(service access point，SAP)。

ZigBee 中定义了四种类型的原语(图 2-12)：

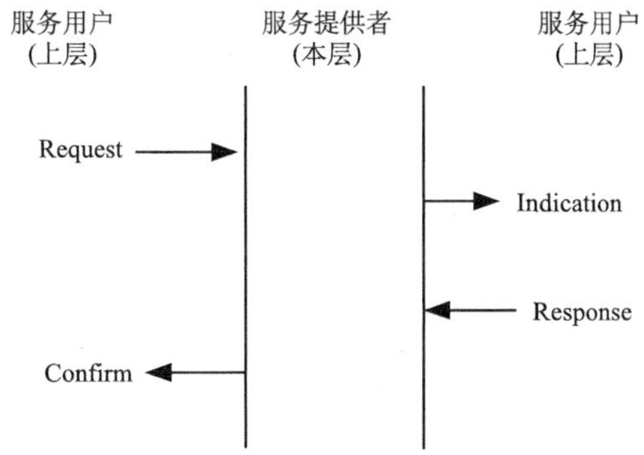

图 2-12　服务原语及其调用方式

(1) Request：请求原语，上层用于向本层请求指定的服务。

(2) Confirm：确认原语，本层用于响应上层发出的请求原语。

(3) Indication：指示原语，由本层发给上层用来指示本层的某一内部事件。

(4) Response：响应原语，用于上层响应本层发出的指示原语。

服务原语的调用过程如下：

(1) 当上层(服务用户)需要使用本层(服务提供者)的功能时，通过 SAP 向本层发送 Request 原语，指示本层执行所期望的动作。

(2) 当本层执行完上层所指定的动作后，通过 SAP 向上层传输 Confirm 原语，用于报告动作执行的结果，告知它所执行的动作是否成功，如果失败，那么失败的原因是什么。

(3) 当本层需要通知上层某个事件的时候(比如接收到一条消息)，通过 SAP 向上层发送 Indication 原语。

(4) 上层通过 SAP 向本层发送 Response 原语，对 Indication 原语做出响应。

原语一般遵循“SAP 名称-原语功能. 原语类型”的书写规则，比如：“MLME-ASSOCIATE. request”表示 MLME-SAP 上提供的关联请求原语，其中 MLME 表示 MAC 层管理实体(MAC sub-layer management entity)，ASSOCIATE 表示关联。

2.2.4　ZigBee 各层的主要功能

2.2.3 节介绍了 ZigBee 的体系架构的层次概况，本节介绍各层的主要功能。

1. 物理层

IEEE 802.15.4 的物理层定义了物理信道和 MAC 子层间的接口[16]，提供数据服务和物理层管理服务。物理层数据服务从无线物理信道上收发数据，物理层管理服务维护一个物理层相关数据组成的数据库。

物理层的作用主要是利用物理介质为数据链路层提供物理连接，以便透明化传送比特流。ZigBee 协议的物理层主要负责以下任务：

(1) 启动和关闭 RF 收发器。

(2) 信道能量检测。

(3) 测量接收到的数据报的质量，通常指对接收数据的能量、信噪比或者两者相结合的测量，称为 LQI (link quality indication)。

(4) 为 CSMA/CA 算法提供空闲信道评估 CCA (clear channel assessment)。

(5) 对通信信道频率进行选择。

(6) 数据包的传输和接收。

2. 媒体访问控制层(MAC 层)

MAC 层沿用了传统无线局域网中的带冲突避免的载波多路侦听访问技术 CSMA/CA (carrier sense multiple access/collision avoidance) 方式，以提高系统的兼容性。这种设计不但使多种拓扑结构网络的应用变得简单，还可以非常有效地进行功耗管理。

MAC 层完成的具体任务如下：

(1) 协调器产生并发送信标帧 (beacon)。

(2) 普通设备根据协调器的信标帧与协调器同步。

(3) 支持 PAN (personnel area network) 网络的关联 (association) 和取消关联 (disassociation) 操作。

(4) 为设备提供安全性支持。

(5) 使用 CSMA/CA 机制共享物理信道。

(6) 处理和维护时隙保障 GTS (guaranteed time slot) 机制。

(7) 在两个对等的 MAC 实体之间提供一个可靠的数据链路。

在 IEEE 802.15.4 的 MAC 层中引入了超帧结构和信标帧的概念，从而极大地方便了网络的管理。可以以超帧为周期组织网络内设备间的通信，每个超帧都以网络协调器发出信标帧的时间为起始，在这个信标帧中包含了超帧的持续时间以及对这段时间的分配等信息。网络中的普通设备接收到超帧开始时的信标帧后，就可以根据其中的内容安排自己的任务，例如进入休眠状态直到这个超帧结束。

MAC 层提供两种服务：MAC 层数据服务和 MAC 层管理服务。前者保证 MAC 协议数据单元在物理层数据服务中正确收发，后者维护一个存储 MAC 层协议相关信息的数据库。

3. 网络层

ZigBee 协议栈的核心部分在网络层[13]，网络层主要实现节点加入或离开网络、接收或丢弃其他节点、路由查找及传送数据等功能，其核心是路由和寻址以及网络的建立和维护。网络层需要在功能上保证与 IEEE 802.15.4 标准兼容，同时也需要为上层提供合适的功能接口。

具体而言，网络层主要完成以下功能：

(1) 产生网络层的数据包：当网络层接收到来自应用子层的数据包时，先对数据包进行解析，然后加上网络层包头传输给 MAC 层。

(2) 网络拓扑的数据转发功能：一个节点收到数据包之后，如果包的目的节点是本节点，则将该数据包交付给自己的应用子层。如果不是，则将该数据包转发给路由表中下一节点。

(3) 配置新的器件参数：网络层能够配置合适的协议，比如建立新的协调器并发起建立网络或者加入一个已有的网络。

(4) 建立 PAN 网络。

(5) 连入或脱离 PAN 网络：网络层能提供加入或脱离网络的功能，如果节点是协调器或者是路由器，还可以要求子节点脱离网络。

(6) 分配网络地址：如果本节点是协调器或者是路由器，则接入该节点的子节点的网络地址由网络层控制。

(7) 邻居节点的发现：网络层能发现维护网络邻居信息。

(8) 建立路由：网络层提供路由功能。

(9) 控制接收：网络层能控制接收器的接收时间和状态。

为了向应用层提供接口，网络层提供了两个功能服务实体，分别为数据服务实体 NLDE (network layer data entity) 和管理服务实体 NLME (network layer management entity)。NLDE 通过 NLDE-SAP 为应用层提供数据传输服务，NLME 通过 NLME-SAP 为应用层提供网络管理服务，同时 NLME 还完成对网络信息库 NIB (network information base) 的维护和管理。

4. *应用层*

ZigBee 应用层包括应用支持子层 APS (application support sub-layer)、应用框架 AF (application framework)、ZigBee 设备对象 ZDO (ZigBee device object)。它们共同为应用开发者提供统一的接口。

1) 应用支持子层 APS

APS 层主要的功能如下：

(1) APS 层协议数据单元 APDU 的处理。

(2) APSDE (APS 数据实体) 提供在同一个网络中的应用实体之间的数据传输机制，其中 DE 表示数据实体。

(3) APSME (APS 管理实体) 提供多种服务给应用对象，这些服务包括安全服务和绑定设备，并维护管理对象的数据库 AIB。

2) 应用框架 AF

应用框架是应用对象驻留在 ZigBee 设备上所依赖的环境[13]，为各个用户自定义的应用对象提供了模板式的活动空间。应用对象的输出参数或输入参数称为属性，例如作为照明灯输入参数的开/闭状态。在相同的方向上，与外部进行数据通信的应用对象的属性的集合称为簇。例如，对于可调节亮度的调光灯，有开闭状态和亮度两个输入属性，因为以相同的输入方向进行数据通信，所以，能定义一个调光照明的簇。相同应用对象采用的所有的簇的集合称为应用子集。一个应用子集可以用一个端点来与其对应，端点 0 为 ZDO 接口，端点 1～240 供用户的自定义对象使用，端点 255 为广播地址，端点 241～254 预留为将来使用。ZigBee 中端点如同 TCP 协议中的端口号一样，是节点地址下面的逻辑子地址，仅赋予特定的应用对象。属性、簇、子集和端点的关系如图 2-13 所示。

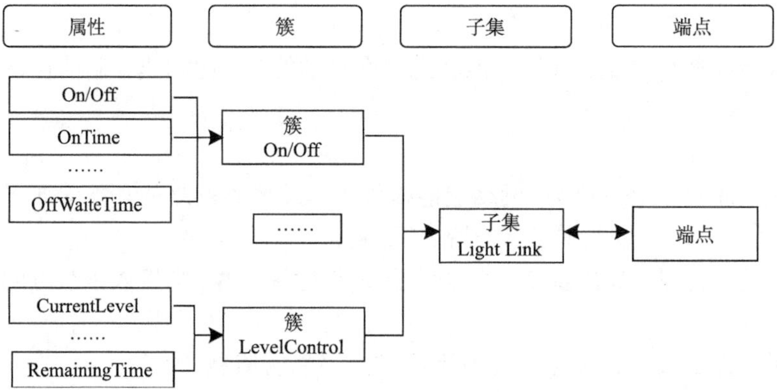

图 2-13 ZigBee 应用框架

3) 设备对象

一般来讲，用户的应用是利用开发商提供的 ZigBee 协议栈进行的。因为直接使用协议栈的底层功能会影响实时性极强的协议栈软件的稳定性，所以，应用程序开发人员不希望直接操作结构复杂的 ZigBee 协议栈的底层。鉴于这样的原因，需要将应用开发所必要的功能抽取出来，以对象的形式提供给应用程序开发人员，这就是设备对象子集。与一般的应用子集一样，ZigBee 设备子集也可以看作是一类应用，通过簇的方式来定义各种应用功能。它提供的主要功能如下：

(1) 初始化应用支持子层和网络层。

(2) 发现节点和节点所具有的功能。在无信标的网络中，加入的节点只对其父节点可见，但是可以通过 ZDO 来确定网络的整体拓扑结构以及其他节点所能提供的功能。

(3) 安全加密管理。主要包括安全密钥的建立和发送，以及安全授权。

(4) 网络的维护功能。

(5) 绑定管理。绑定的功能由应用支持子层提供，但是绑定功能的管理却是由 ZDO 提供，它确定了绑定表的大小、绑定的发起和绑定的解除等功能。

(6) 节点管理。对于网络协调器和路由器，ZDO 提供网络监测、获取路由和绑定信息、发起脱离网络过程等一系列节点管理功能。

2.2.5 ZigBee 的组网

组建一个完整的 ZigBee 网络包括网络初始化、节点加入网络两个步骤[17]。其中节点加入网络又包括通过与协调器连接入网和通过已有父节点入网两种情况。

1) 网络初始化

ZigBee 网络的建立由网络协调器发起，任何一个 ZigBee 节点要组建一个网络必须要满足以下两点要求：

(1) 节点是 FFD 节点，具备 ZigBee 协调器的能力；

(2) 节点还没有与其他网络连接。当节点已经与其他网络连接时，此节点只能作为该网络的子节点，因为一个 ZigBee 网络中有且只有一个网络协调器。

ZigBee 网络初始化只能由网络协调器发起。在组建网络前，需要判断本节点是否已与其他网络连接，如果节点已经与其他网络连接，此节点只能作为该网络的子节点。一旦网络建立好了，协调器就退化成路由器的角色，甚至是可以去掉协调器，这一切得益于 ZigBee 网络的分布式特性。

网络初始化包括确定网络协调器、进行信道扫描过程和设置网络 ID，下面分别介绍(图 2-14)。

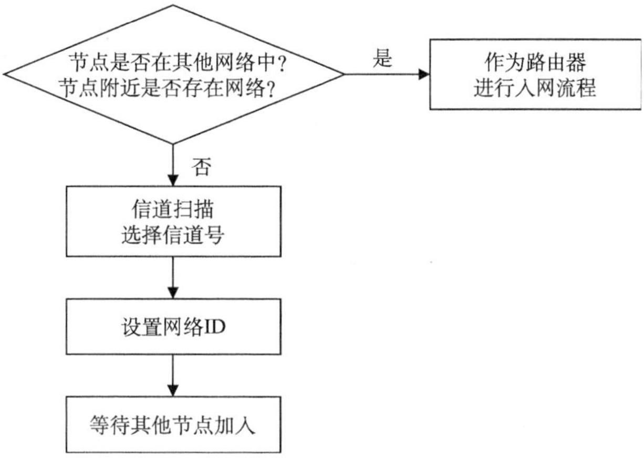

图 2-14　ZigBee 网络初始化流程

(1)确定网络协调器。

首先判断节点是否是 FFD 节点，接着判断此 FFD 节点是否在其他网络中或者网络中是否已有协调器。通过主动扫描，发送一个信标请求命令，然后设置一个扫描期限。如果在扫描期限内都没有检测到信标，就认为 FFD 范围内没有协调器，因此可以建立自己的 ZigBee 网络，并且作为这个网络的协调器，不断地产生信标并广播出去。

(2)进行信道扫描过程。

包括能量扫描和主动扫描两个过程。首先对指定的信道或者默认的信道进行能量检测，以避免可能的干扰。以递增的方式对所测量的能量值进行信道排序，丢弃能量值超出允许能量水平的信道，选择允许能量水平内的信道并将它们标注为可用信道。

接着进行主动扫描，搜索节点通信半径内的网络信息。这些网络信息以信标帧的形式在网络中广播，节点通过主动信道扫描方式获得这些信标帧，然后根据这些信息找到一个最好的、相对安静的信道，该信道应存在最少的 ZigBee 网络，最好是没有 ZigBee 设备。在主动扫描期间，MAC 层将丢弃物理层数据服务接收到的除信标以外的所有帧。

(3)设置网络 ID。

找到合适的信道后，协调器将为网络选定一个网络标识符(PAN ID)，这个 ID 在所使用的信道中必须是唯一的，也不能和其他 ZigBee 网络冲突，且不能为广播地址。可以通过侦听其他网络的 ID，然后选择一个不会冲突的 ID 的方式来获取 PAN ID；也可以指定扫描的信道后，人为确定不和其他网络冲突的 PAN ID。

在 ZigBee 网络中有两种地址模式：扩展地址(64 位)和短地址(16 位)，其中扩展地址由 IEEE 组织分配，用于唯一的设备标识；短地址用于本地网络中设备标识，在一个网络中，每个设备的短地址必须唯一，当节点加入网络时由其父节点分配。协调器的短地址通常设定为 0x0000。

上面步骤完成后，就成功初始化了 ZigBee 网络，然后等待其他节点的加入。节点入网时将选择其范围内信号最强的父节点(包括协调器)加入网络，成功后将得到一个网络短地址，并通过这个地址进行数据的发送和接收。

2) 节点通过协调器加入网络

确定协调器之后，节点需要先和协调器建立连接才能加入网络。为了建立连接，节点需要向协调器提出连接请求，协调器收到请求后根据情况决定是否允许其连接并做出响应。节点与协调器建立连接后，才能实现数据的收发。

节点加入网络的具体流程可以分为下面的步骤(图 2-15)：

(1) 查找网络协调器。首先主动扫描周围的协调器，如果在扫描期限内检测到信标，将获得协调器的有关信息，然后向协调器发出连接请求。在选择合适的网络之后，上层将请求对 MAC 层和物理层的有关属性进行设置。如果节点没有检测到协调器，则间隔一段时间后重新发起扫描。

(2) 发送关联请求命令。节点将关联请求命令发送给协调器，协调器收到后立即回复一个确认帧，同时向它的上层发送连接指示原语，表示已经收到节点的连接请求。但是这并不意味着已经建立连接，只表示协调器已经收到节点的连接请求。当协调器的上层接收到连接指示原语后，将根据自己的资源情况(存储空间和能量)决定是否同意此节点的加入请求，然后给节点的 MAC 层发送响应。

(3) 等待协调器处理。当节点收到协调器加入关联请求命令的确认后，节点 MAC 层将等待一段时间，用于接收协调器的连接响应。如果节点在预定的时间内接收到连接响应，就将该响应告知其上层。而协调器给节点的 MAC 层发送响应时会设置一个等待响应时间，用于等待协调器对其加入请求命令的处理。若协调器的资源足够，协调器会给节点分配一个 16 位的短地址，并产生包含新地址和连接成功状态的连接响应命令。若协调器资源不够，待加入的节点将重新发送请求信息，直至入网成功。

(4) 发送数据请求命令。如果协调器在响应时间内同意节点加入，那么将产生关联响应命令并存储这个命令。当响应时间过后，节点向协调器发送数据请求命令，协调器收到后立即回复确认消息，然后将存储的关联响应命令发给节点。如果在响应时间结束后，协调器还没有决定是否同意节点加入，那么节点将试图从协调器的信标帧中提取关联响应命令，如若成功就可以成功入网，否则重新发送请求信息直到入网成功。

(5) 回复。节点收到关联响应命令后，立即向协调器回复一个确认帧，以确认接收到连接响应命令，此时节点将保存协调器的短地址和扩展地址，并向上层发送连接确认原语，通告关联加入成功的信息。

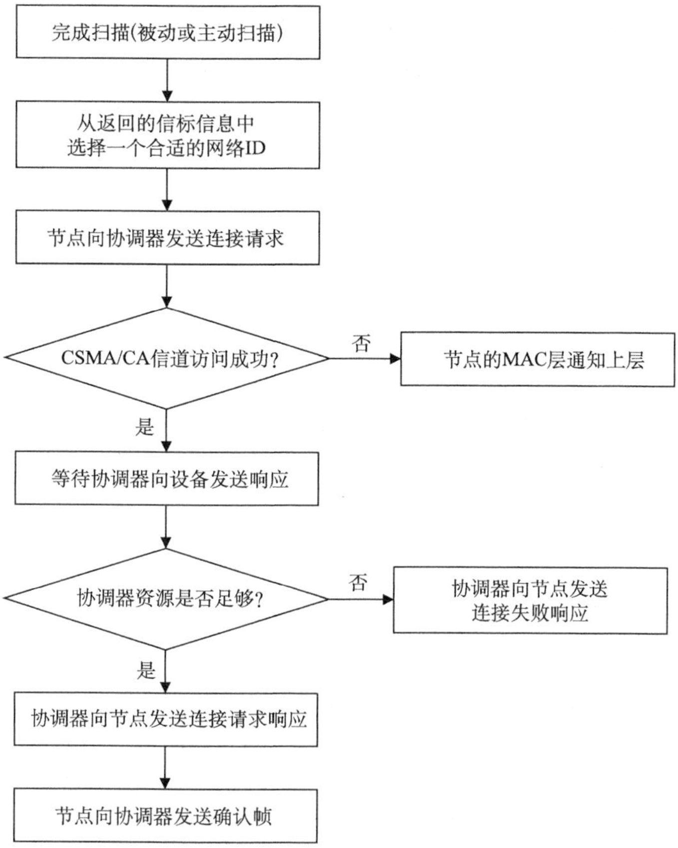

图 2-15　节点加入 ZigBee 网络的流程

3) 节点通过已有节点加入网络

当靠近协调器的 FFD 节点和协调器关联成功后，处于这个网络范围内的其他节点就以这些 FFD 节点作为父节点加入网络。具体加入网络有两种方式，一种是通过关联方式，就是待加入的节点发起加入网络；另一种是直接方式，就是待加入的节点加入那个节点下，作为该节点的子节点。其中关联方式是 ZigBee 网络中新节点加入网络的主要途径。

待加入网络的节点中，有些曾经加入过网络，但是却与它的父节点失去了联系，这样的被称为孤儿节点；有些则是新节点。如果是孤儿节点，在它的相邻表中存有原父节点的信息，于是可以直接给原父节点发送加入网络的请求信息。如果父节点同意它加入，就直接告诉它以前被分配的网络地址，它便可成功入网；如果原来的父节点的网络中的子节点数已达到最大值，父节点便无法批准它加入，它只能以新节点身份重新寻找并加入其他网络。

对于新节点而言，它首先会在预先设定的一个或多个信道上通过主动或被动扫描的方式寻找有能力批准自己加入网络的父节点，并把找到的父节点的信息存入自己的相邻表。存入相邻表的父节点信息包括 ZigBee 协议的版本、协议栈的规范、PAN ID 和可以加入的信息。这些潜在的父节点可能不止一个，节点从中选择一个深度最小的，并向其发出请求信息。如果出现两个以上最小深度相同的父节点，那就随机选取一个发送请求。

如果没有合适的父节点，那么表示入网失败，终止入网过程。如果发出的请求被批准，父节点会分配一个 16 位的网络地址，此时节点入网成功。如果请求失败，那么重新查找相邻表，继续发送请求信息，直到加入网络。

4) ZigBee 分离(脱离网络)流程

正常的分离过程：

(1) 协调器主动要求设备分离。协调器向节点发送结束连接命令，不管节点是否有回应，协调器都认为该节点已经分离。

(2) 已连接节点主动分离。节点主动向协调器发送结束连接命令，不管有没有收到协调器的回应，节点都认为自己已经分离。

异常分离过程：

由于节点突然断电或者无线覆盖被阻挡而造成的分离。对于前一种，节点在重启后，会发起孤儿请求连接。对于后一种，节点会尝试重试重传并等待响应，如果没有响应，节点则为认为自己已经失去联系，间隔一段时间后，节点重新并且不断地发起扫描。

2.3 UWB 技术

UWB 采用了持续时间极短、占空比极低的窄脉冲信号[18]，因此通过多径信道后的直射波、反射波或折射波不易重叠，接收机在接收的时候容易分辨出不同路径的信号，这对于降低复杂环境中强多径效应的影响是大有裨益的，从而大幅提升目标定位精度。在现在所知的定位技术中，基于 UWB 的定位精度是最高的。随着 UWB 芯片成本的下降，UWB 定位系统的价格已经大大降低，在各行各业中呈现出加速应用之势。

2.3.1 UWB 技术概述

超宽带技术采用纳秒级别具备非正弦性的极窄脉冲信号在发射端与接收端之间进行数据通信[19]。超宽带技术属于脉冲无线电技术，因为采用的是非常窄的脉冲信号，使得信号能够利用的频谱范围极其宽，因此叫作超宽带。2002 年 2 月，美国联邦通信委员会(Federal Communications Commission, FCC)初次允许将超宽带技术运用在民用领域，该项举措作为 UWB 技术发展史上的一个重要事件，加速了 UWB 技术的快速成长。

UWB 的定义经历了以下三个阶段[20]：

第一阶段：1989 年前，UWB 信号主要是通过发射极短脉冲获得，广泛用于雷达领域并使用脉冲无线电这个术语，属于无载波技术。

第二阶段：1989 年，美国国防部高级研究计划局(Defense Advanced Research Projects Agency，DARPA)首次使用 UWB 这个术语，并规定若一个信号在衰减 20dB 处的绝对带宽大于 1.5GHz 或相对带宽大于 25%，则这个信号就是 UWB 信号，见图 2-16。

这里相对带宽定义为

$$B = \frac{f_{\mathrm{H}} - f_{\mathrm{L}}}{f_{\mathrm{C}}} \tag{2-1}$$

其中，f_H、f_L 分别为功率较峰值功率下降 10dB 时所对应的高端频率和低端频率，f_C 是信号的中心频率，$f_C=(f_H+f_L)/2$。

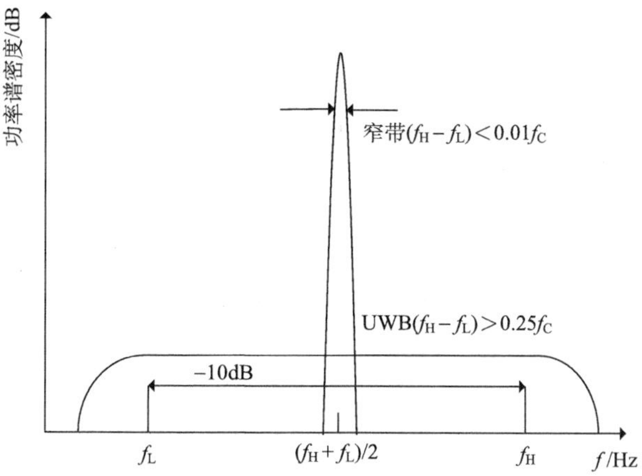

图 2-16　超宽带定义示意图

第三阶段：2002 年 4 月美国联邦通信委员会定义 UWB 信号的带宽应大于等于 500MHz，或其相对带宽大于 20%。

图 2-17 是无载波 UWB 通信的原理图[21]，在发送端，通过跳时扩频实现多址，利用 PPM 或 PAM 调制实现信息传输。在接收端，天线接收到的信号经由低噪声放大器放大后，再通过匹配滤波或相关接收机处理后，由高增益门限电路恢复发送的信息。

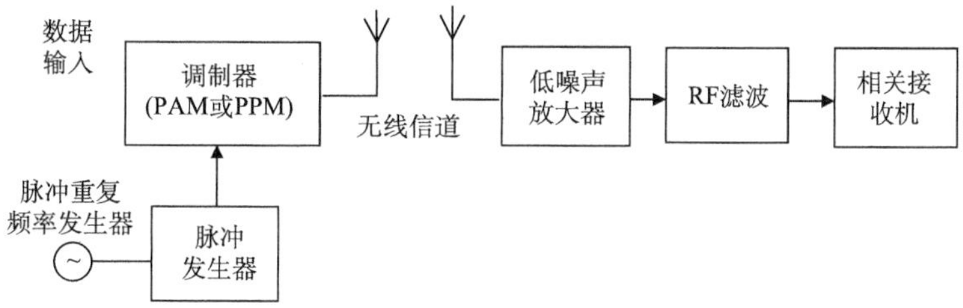

图 2-17　无载波 UWB 通信系统原理图

FCC 规定 UWB 系统的频谱范围为 3.1～10.6GHz，发射机的有效各向同性发射功率不得高于–41.3dBm/MHz。由于超宽带系统占用的频带极宽，许多频段已被其他系统占用，即超宽带系统使用的频谱与很多其他的无线通信系统频谱重叠，因此超宽带应用中存在一个与现有其他无线通信系统的共存问题，要求对其发射频率进行严格限制。

超宽带无线通信具有如下优点[22]：

1) 使用的带宽大、传输速率高

超宽带无线通信技术和其他通信技术相比，具有制造成本低的优势，并且在生产过程中所需的技术相对简单，发送功率也比天线系统要低很多。在无线通信系统发展中，超宽带无线通信技术空间容量更大，其利用上千兆赫兹的超宽频带，把发射信号频率控制得相当低，从而实现较高的信息速率传输；在频域上，超宽带无线通信技术具有很宽广的范围，在复杂的环境中，也能保持相对的安全性，同时其高速率无线通信数据传输速率可以满足许多大容量多媒体的同时传输。

2）采用扩频处理延长使用寿命

超宽带无线通信技术不需要调制解调器，也不需要振荡器和混频器，这使得其结构相对比较简单，并且扩频处理增益较大，使用低增益的全向天线，来实现几公里的通信，这样可以有效地提高系统电源的使用寿命，并且因为其采用的是低功率辐射，可以降低对人体的伤害。

3）具有高强度的保密性

超宽带无线通信技术采用的信息接收系统是跳时扩频的，只有超宽带无线通信系统的接收机知道发送端的脉冲序列，这样保证了数据信号发射和接收过程中的安全性；同时因为超宽带无线通信技术具有低功率发射的特点，使其很难被检测到，因此更好地提高了安全性。

4）通电情况下耗能低

超宽带无线通信系统在通电的情况下，具有耗电量低的优点。超宽带无线通信系统通过连续的发射载波，只需要通过超宽带无线通信技术的脉冲电波就可以成功达到要求，使得耗电量大大降低。同时在发射信号的过程中，发射消耗的功率很小，这样引起的噪声干扰也相对较小。

5）平均发射功率低

在短距离的应用上，超宽带无线通信发射机的发射功率可以做到低于 1mW，但是这是要通过牺牲带宽来实现。从理论上来讲，超宽带无线通信产生的干扰相当于宽带白噪声，这样使其具备两个优势：第一是超宽带无线通信可以与同频段的其他通信系统保持共存的状态，这样可以使无线频谱资源的利用率升高；第二是稳定性和隐秘性较好，不容易被截获。

6）适合便携式应用

超宽带无线通信技术使用的是基带传输，不需要进行射频调制和解调，这样使其设备尺寸相对较小，成本相对较低，使用也更加方便，从而使得超宽带无线通信设备更为便捷。

7）多径分辨率高

由于超宽带无线通信系统采用的是持续时间很短的窄脉冲，其时间和空间分辨率都很强，所以超宽带无线通信系统具有极高的多径分辨率，并且接收机通过分集具有很强的抗衰落能力，因此在进行测距、定位、跟踪时能达到更高的精准度，信号的穿透能力也更强。

2.3.2　UWB 的物理层

按照物理层实现方式的不同，UWB 无线传输技术可以分为脉冲无线电超宽带（impulse radio UWB，IR-UWB）、扩频超宽带（direct sequence UWB，DS-UWB）和多频带正交频分复用超宽带（multi-band OFDM UWB，MB-OFDM-UWB）三种体制[23]。

1）脉冲无线电超宽带体制

脉冲无线电是 UWB 最经典的通信实现方式，它采用脉冲序列来携带信息，该脉冲占空比极低、脉冲宽度极窄，其宽度仅为纳秒甚至亚纳秒级。常用的窄脉冲有高斯微分脉冲波形、瑞利脉冲波形、拉普拉斯脉冲波形、升余弦波形以及这些波形的组合。通常采用的调制方式有脉冲位置调制（pulse-position modulation，PPM）、二进制相移键控（binary phase-shift keying，BPSK）、脉冲振幅调制（pulse amplitude modulation，PAM）等。

图 2-18 是典型的等间隔高斯二次微分脉冲序列 IR-UWB 信号的时域波形，其中 T_f 是脉冲重复间隔，T_p 是脉冲宽度，通常有 $T_f \gg T_p$。显然，IR-UWB 信号具有较低的占空比，这和传统的载波调制型通信信号有很大的区别。这种低占空比特性使得信号的能量在时域上很集中，因此可以采用时域滤波的办法抑制噪声干扰。另外，如果 IR-UWB 通信系统采用跳时码扩频，则具有很好的抗截获性能。

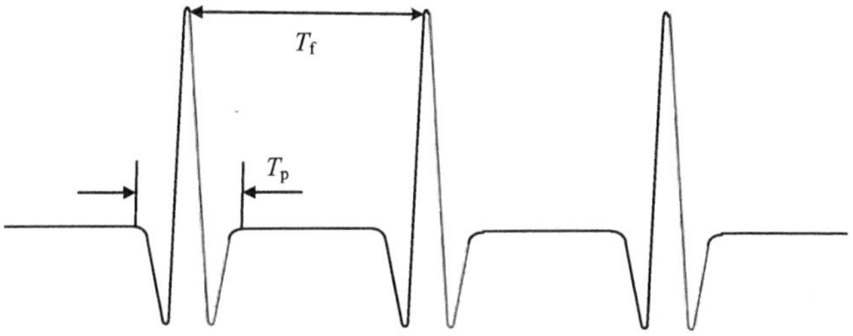

图 2-18　等间隔高斯二次微分脉冲序列

IR-UWB 通过频谱成形后的宽带窄脉冲携带信息，它不需要上变频和下变频，接收机由一个相关检测器构成，收发信机比传统窄带通信系统简单得多，从而能够实现低复杂度、低功耗、低成本的数据传输。窄脉冲信号的另外一个好处是多径分辨能力强，因而能够增加多径分集的潜力，在通信时有助于提高接收信号的信噪比，在测距时能获得更高的测距精度，这对于目标定位十分重要。IR-UWB 通信技术的主要缺点在于其频谱难以控制，频谱利用效率不高，天线制造难度较大。

2）扩频超宽带体制

扩频超宽带是 DS-CDMA 系统[24]，使用了载波调制，将窄脉冲的平铺搬移到 FCC 规定的范围。它在早期被称作 DS-CDMA UWB，在摩托罗拉提出改进后称作 DS-UWB。它将 FCC 规定的 3.1～10.6GHz 的可用频段分为高、低两个频段，低频段 3.1～5.15GHz 和高频段 5.825～10.6GHz。这两个频段之间留出了部分频段，这是为了避免对不需许可的国家信息基础设施（unlicensed national information infrastructure，U-NII）造成干扰。单独使用低频段可以实现 400Mb/s 的传输速率，单独使用高频段可以实现 800Mb/s 的传输速率，两个频段同时使用可以实现高达 1.2Gb/s 的传输速率。

DS-UWB 用具有低互相关性的三进制码作为扩频码，码长为 24。系统中采用多进制双正交键控（multiple bi-orthogonal keying，M-BOK）的联合编码扩频调制方案，发送符号波形为平方根升余弦波形。DS-UWB 可以支持最多 8 个微微网同时工作，其中 4 个工作在低频段，另外 4 个工作在高频段，同一频段的 4 个微微网之间使用不同的扩频码子集进行区分。在一个微微网内部，不同用户通过时分多址的方式共享信道。

DS-UWB 的接收需要一个判决反馈均衡器(decision feedback equalizer，DFE)来消除符号间干扰，并要求 DFE 具有足够多的抽头来收集多径能量，这增加了接收机结构的复杂度和设计难度。另外，它需要软频谱适应来满足各个国家和地区对 UWB 使用频带的规定和划分，这个设计代价比较高。最后，如何解决 DS-UWB 与 Wi-Fi、蓝牙及其他频带外的局域网设备相互干扰的问题也具有较大挑战。

3)多频带正交频分复用超宽带体制

MB-OFDM-UWB 将频谱划分成了 14 个不同的频带(图 2-19)，这 14 个频带又被进一步划分为 6 个频带群。第 1 到第 4 频带群都是由 3 个频带组成，第 5 频带群由 2 个频带组成，第 6 频带群联合了第 3 和第 4 频带群的部分频带，从而整合成了一个更适于调整领域和范围的频带群。每个频带宽 528MB，允许 MB-OFDM 波形使用 128 条并行信道传输调制的编码数据。在这 128 条子信道中只有 122 条携带能量，这 122 条子信道的 100 条用于传输数据，12 条用于传输导频信号，剩下 10 条作为保护信道。

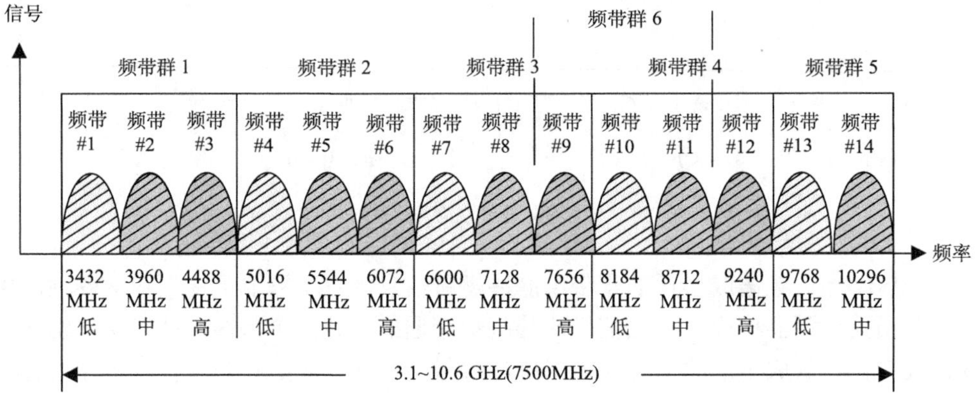

图 2-19　MB-OFDM-UWB 的频谱划分

当调制器处在低功率状态时，MB-OFDM 使用频域扩展、时域扩展和前向纠错编码技术来提供一个完整的信号。编码数据通过使用两种时频编码(time frequency code，TFC)进行扩展：对脉冲宽度为 2 到 3 个频带的采用时频交错(time frequency interleave，TFI)，对数据在一个频带内的采用混合频域交错(fixed frequency interleave，FFI)。第 1、2、3、4 和 6 基带群各有 10 种信道 TFCs，包括 7 种 TFIs 和 3 种 FFIs，而第 5 基带群有 1 种 TFI 和 2 种 FFIs，总共 53 个子信道。

在发射端将数据做一个 128 点的快速傅里叶逆变换(inverse fast Fourier transform，IFFT)，将其调制到各个子信道上，在接收端则采用 FFT 解调出来。由于相邻的子载波可以有一半的重叠，因此 MB-OFDM-UWB 具有频谱利用率高的特点。此外，还可以精确控制频谱的形状，使得发送信号的频谱和 FCC 的规定较为匹配，从而提高频谱的利用效率。MB-OFDM 方案利用检测与避免的办法可以很容易地实现频谱自适应，这使得 MB-OFDM 在不同的频谱规范下具有很强的通用性。

MB-OFDM 方案的主要缺点在于其系统的复杂度较高，其收发信机需要做一个 128

位的 IFFT 和 FFT 运算，并且需要能够快速跳频的振荡器，这增加了系统的复杂度。此外，此技术还存在峰值功率与平均功率之比相对较高的问题，如何提高功率效率也是一个很大的技术难题。

2.3.3 UWB 的 MAC 协议

信道接入协议是 UWB 通信 MAC 层研究中的重要问题之一[25]，有效的 MAC 层接入协议设计必须充分考虑网络采用的物理层机制。CT-MAC（concurrent transmission MAC）基于 DS-UWB 通信物理层，能有效地反映物理层特征。

与 CSMA/CA 类似，CT-MAC 协议采用 RTS-CTS-DATA-ACK 的顺序传输报文，并采用虚拟载波监听作为信道的冲突检测机制，采用二进制指数退避作为冲突解决方法。不同的是，CT-MAC 协议要求网络中的节点根据当前信道的速率、带宽和接收到的帧的长度等信息，动态计算冲突域范围，判断发送节点是否处在本节点的冲突域内或本节点是否处在接收节点的冲突域内，如处于冲突域内，则该节点不能进行通信，反之则可以正常通信。由于该协议适用于信道带宽较宽的场景，且网络性能随带宽增加而改善，所以该协议很适合于以 UWB 通信系统为物理层的 Ad Hoc 网络。

CT-MAC 的协议流程如下：

(1) 当节点 A 想要向节点 B 发送数据时，首先利用虚拟载波监听机制判断信道是否空闲，若信道繁忙，则退避一段时间再次监听；若信道空闲，则向节点 B 发送 RTS 帧，该帧中将包含占用信道的时间 N_{RTS}（包括 CTS、DATA 以及 ACK 的传输时间）。

(2) 对于收到节点 A 所发送的 RTS 帧的节点而言（假设为节点 P）：①如果节点 P 不是目的节点，则根据 RTS 帧的 N_{RTS} 信息计算出 DATA 帧长度，然后根据信道带宽、信息速率、DATA 帧长动态计算节点 A 的冲突域范围。若节点 A 在节点 P 的冲突域内，则 P 根据点 A 的 N_{RTS} 信息设置自身的 NAV 值，然后进入休眠状态。若节点 A 不在节点 P 的冲突域内，则节点 P 忽略节点 A 的 RTS 帧，并启动 CTS 计时器，计时期间可以正常接收信息，但是不能发送；计时结束后，方可正常收发。②如果节点 P 本身就是目的节点（即节点 B），则回复 CTS 帧，在该 CTS 帧中应包含延时信息 N_{CTS}（DATA 和 ACK 的传输时长），并启动 DATA 计时器。

(3) 对于收到 CTS 帧的节点而言（假设为节点 Q）：①如果节点 Q 不是接收节点，则根据 CTS 帧中的 N_{CTS} 计算出 DATA 帧长度，然后根据信道带宽、信息速率、DATA 帧长动态计算节点 B 的冲突域范围。若节点 Q 处在节点 B 的冲突域内，则节点 Q 根据 N_{CTS} 信息设置 NAV 值，然后进入休眠状态；否则，忽略该 CTS 帧，本节点可以正常收发数据。②如果节点 Q 是接收节点，即节点 A，则向节点 B 发送 DATA 帧，该 DATA 帧应包含延时信息 N_{ACK}，并启动 ACK 计时器。

(4) 节点 B 如果在 DATA 计时器时间内收到的 DATA 帧是损坏的，或者压根没有收到数据，则进入空闲等待状态。如果在计时器时间内正确收到 DATA 帧，则清除计时器，并向节点 A 发送 ACK 帧。

(5) 如果节点 A 在 ACK 计时器时间内没有正确收到 ACK 帧，则进入退避状态，准备在随后的时间内重发。如果在 ACK 计时器时间内正确收到 ACK 帧，则清除 ACK 计时器，节点进入空闲等待状态。

2.3.4 UWB 的组网

UWB 网络的应用方案主要有类似蜂窝网的网络结构和 Ad Hoc 结构两种。基于 UWB 的自组织网(Ad Hoc 网)本身是一个多跳的临时性的自治系统[26]，由一组安装了 UWB 无线装置的带有路由功能的可移动节点组成。这种无线网络由于无须通信基础设施，网络中的节点利用自身的无线收发装置交换信息，当相互之间不在彼此的通信范围内时，可以借助中间节点来实现多跳通信。在工业现场，这些无线节点通常安装在不宜敷设有线线缆或环境恶劣的地方，因此需要解决的主要问题是如何及时转发通信数据，即数据路由方法。这里介绍一种基于 UWB 的位置辅助路由(location assisted routing)方法，简称 UWBLAR。

UWBLAR 是一种分簇路由算法，即把不同的节点分成簇，每一个簇中有一个簇首节点。其中簇首节点可以进一步分簇，从而形成一种层次性网络。分簇算法的关键是簇首节点的选择，UWBLAR 通过一种动态的簇首节点优先路由列表的构建来限制路由请求的范围，同时也可以缩短转发任务的传输距离，降低了网络的洪泛开销和数据的传输时间。当传输中某一节点出现故障时，可以及时从路由列表中找到新的传输路径，既保证了数据的可靠性传输，又减小洪泛协议的回溯区域，节省了数据的传输时间。

1)簇首节点路由列表的构建算法

假定网络共有 N 个节点$\left(R_0,R_1,\cdots,R_i,\cdots,R_{N-1}\right)$的网络，现在探讨簇首节点 R_i 的路由列表的构建方法。

以节点 R_i 为根，使用广度优先方法遍历网络，得到距离该节点跳数相等的节点集合，形成优先列表的各层节点的静态排序，并进行编号。其次，根据 UWB 定位性好的特点得到的各个节点的位置信息对各层节点进行动态排序。

假设节点 R_i 在特定层节点集中的编号为 $i_{p-1},i_{p-2},\cdots,i_0$。令 I_k 为一个 p 位数，该数第 k 位为 1，其他所有位为 0；符号 $\oplus$ 表示按位进行异或操作。节点 R_i 的第一项中的节点静态次序为$\left\{\left(i_{p-1},i_{p-2},\cdots,i_0\right)\oplus I_j\right\},j=0,1,\cdots,p-1$，第 k 项中的节点静态次序为$\left\{\left(i_{p-1},i_{p-2},\cdots,i_0\right)\oplus I_{j1}\oplus I_{j2}\oplus\cdots\oplus I_{jk}\right\},j=0,1,\cdots,p-k$， $j_1+1\leqslant j_2\leqslant\cdots\leqslant j_{k-1}+1\leqslant j_k\leqslant p-1$。

以图 2-20 为例，对其进行排序产生的优先列表的各层节点静态次序见表 2-1。

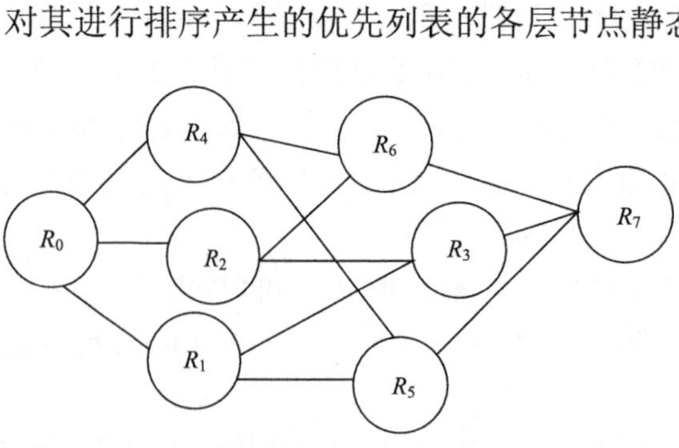

图 2-20 簇首节点路由列表构建示例网络

表 2-1　图 2-20 所示网络的优先列表

节点	优先级序列						
R_0	1	2	3	4	5	6	7
R_1	0	3	5	2	4	7	6
R_2	3	0	6	1	7	4	5
R_3	2	1	7	0	6	5	4
R_4	5	6	0	7	1	2	3
R_5	4	7	1	6	0	3	2
R_6	7	4	2	5	3	0	1
R_7	6	5	3	4	2	1	0

2)簇首节点维护

簇首维护着一张表，该表记录着它收到的所有任务信息和更新信息，该簇首的维护协议如下：

(1)即将离开原簇的簇首选择一个新的簇首，并将信息表中所有的信息传递给新簇首，同时在原簇内广播新簇首的 ID。

(2)当一个节点进入一个空簇时，该节点会从相邻区域中请求信息并宣布它是该区域的新簇首。

(3)若簇首是簇中的最后一个节点，当它要离开该簇时，要向所有邻居区域的簇首发送消息，并将其信息表中的信息传递出去。

(4)当任何一个节点要离开一个簇时，它要通知该簇内的簇首，以便更新信息表。

2.4　蓝 牙 技 术

蓝牙是一种短程宽带无线电技术，是实现语音和数据无线传输的全球开放性标准[27]。它使用跳频扩谱(FHSS)、时分多址(TDMA)、码分多址(CDMA)等先进技术，在小范围内建立多种通信与信息系统之间的信息传输。蓝牙标准从 4.2 版本即开始在标准中加入了部分定位功能，在 5.1 版本中更是加入了基于测向等技术的定位能力，使得定位能力达到了厘米级别。

2.4.1　蓝牙技术概述

蓝牙最初由爱立信公司创制，后来由蓝牙技术联盟制定技术标准[28]。蓝牙无线技术的名称取自古代丹麦维京国王 Harald Blaatand 的名字，直接翻译成中文，便是“蓝牙”。目前，蓝牙已经成为最庞大的无线通信技术之一，被应用在智能家居、消费电子、智能穿戴设备、仪器仪表、智慧交通、智慧医疗、安防设备、汽车设备、远程遥控等各类产品中，渗入各个行业及领域。

下面对蓝牙的发展过程进行简要介绍。

1998 年：蓝牙推出 0.7 版，这是蓝牙的首个版本，支持 Baseband 与 LMP 通信协议两部分。

1999 年：这是蓝牙发展历史上的重要一年。在这一年，蓝牙技术联盟的前身特别兴趣小组(SIG)成立。在这一年蓝牙先后发布了 0.8 版、0.9 版、1.0 Draft 版、1.0a 版以及 1.0B 版。值得一提的是，7 月 26 日发布的 1.0a 版确定使用 2.4GHz 频谱，最高数据传输速度 1Mb/s，同时开始了大规模宣传。

2001 年：蓝牙 1.1 推出，它是首个正式商用的版本。因是早期设计，容易受到同频率的产品干扰而影响通信质量。

2003 年：蓝牙 1.2 推出，为了解决容易受干扰的问题，加上了(改善软件)抗干扰跳频功能。

2004 年：蓝牙 2.0 推出，它实际上就是 1.2 版的升级版，在传输速率大幅提升的同时，开始支持双工模式——既可以进行语音通信，也可以同时传输数据。从这个版本开始，蓝牙得到了广泛的应用。

2007 年：蓝牙 2.1 发布，对存在的问题进行了改进，包括改善配对流程、降低功耗等。

2009 年：蓝牙 3.0 发布，采用了全新的交替射频技术，并新增了可选技术 High Speed，实现高速数据传输。

2010 年：三位一体的蓝牙 4.0 发布，包括传统蓝牙、低功耗蓝牙和高速蓝牙技术，这三个规格可以组合或者单独使用。

2013 年：蓝牙 4.1 发布，提升了对 LTE 和批量数据交换率共存的支持，以及通过允许设备同时支持多重角色帮助开发者实现创新。

2014 年：蓝牙 4.2 发布，不但速度提升 2.5 倍，隐私性更高，还可以通过 IPv6 连接网络。

2016 年：蓝牙 5.0 发布，相比蓝牙 4.0 版本，蓝牙 5.0 在传输速度提升了 2 倍，传输距离增加了 4 倍，数据传输量提升 8 倍，同时可以与 Wi-Fi 共存，不互相干扰。

2019 年：蓝牙 5.1 发布，新增寻向功能，将蓝牙定位的精准度提升到厘米级，功耗更低、传输更快、距离更远、定位更精准。

蓝牙技术具有如下特点[27]：

(1) 工作频段：2.4GHz 的工业、科学、医用(ISM)频段，无须申请许可证。大多数国家使用 79 个频点，载频为(2402+k) MHz (k=0，1, 2, …, 78)，载频间隔 1MHz。采用 TDD 时分双工方式。

(2) 传输速率：1Mb/s (V2.0 以上版本)。

(3) 调制方式：BT=0.5 的高斯频移键控(Gauss frequency shift keying，GFSK)调制，调制指数为 0.28～0.35。

(4) 采用跳频技术：跳频速率为 1600 跳/s，在构建链路时(包括寻呼和查询)提高为 3200 跳/s。蓝牙通过快跳频和短分组技术减少同频干扰，保证传输的可靠性。

(5) 语音调制方式：连续可变斜率增量调制(continuously variable slope delta modulation，CVSD)，抗衰落性强，即使误码率达到 4%，话音质量也可接受。

(6) 支持电路交换和分组交换业务：蓝牙支持实时的同步定向连接和非实时的异步非定向连接，前者主要传送语音等实时性强的信息，后者以数据包为主。

(7) 支持点对点及点对多点通信：蓝牙设备按特定方式可组成两种网络，即微微网(piconet，有些文献也音译成匹克网)和分布式网络(scatternet)，其中微微网的建立由两台设备的连接开始，最多可由 8 台设备组成。在一个微微网中，只有一台为主设备(master)，其他均为从设备(slave)。几个相互独立的微微网以特定方式连接在一起便构成了分布式网络。所有的蓝牙设备都是对等的，所以在蓝牙中没有基站的概念。

(8) 工作距离：蓝牙设备分为三个功率等级，分别是 100mW(20dBm)、2.5mW(4dBm)和 1mW(0dBm)，相应的有效工作范围为 100m、10m 和 1m。

2.4.2 蓝牙的协议栈架构

这里介绍使用广泛的蓝牙 4.0 的协议栈架构，德州仪器的 TI CC2541 芯片就采用了这种架构，如图 2-21 所示[29]。

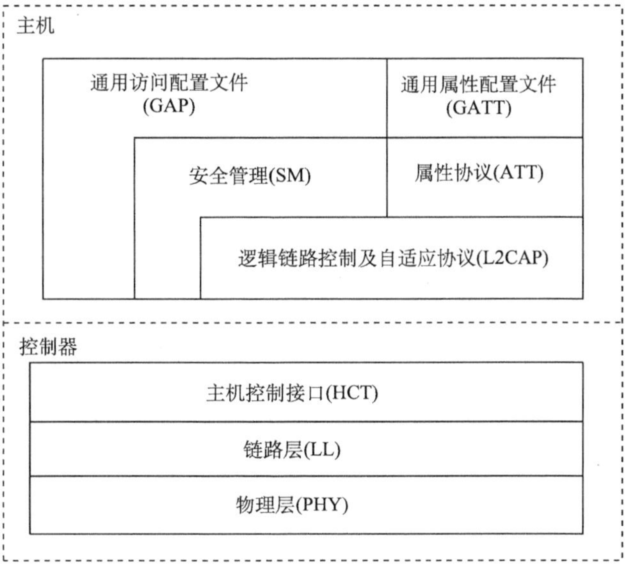

图 2-21　蓝牙 4.0 的协议栈架构

1) 物理层

用来指定所用的无线频段、调制解调方式和方法等[30]。PHY 层做得好不好，直接决定整个芯片的功耗、灵敏度以及邻信道选择性(selectivity)等射频指标。

2) 链路层

在物理层的基础上，提供两个或多个设备之间和物理链路无关的逻辑传输通道(逻辑链路)。链路层用于控制设备的射频状态，设备将会处于等待、广播、扫描、初始化、连接 5 种状态之一，发起连接的设备称为主机，接收连接请求的设备称为从机。LL 层是整个蓝牙(BLE)协议栈的核心，也是 BLE 协议栈的难点和重点。LL 层只负责把数据发出去或者收回来，对数据进行怎样的解析则交给上面的 GAP 或者 GATT。

3) 主机控制接口

主机控制接口为主机与控制器提供标准通信接口，这一层可以是软件 API 或硬件外设 UART SPI USB。主机控制接口是可选功能，主要用于 2 颗芯片实现 BLE 协议栈的场合，用来规范两者之间的通信协议和通信命令等。

4) 逻辑链路控制及自适应协议层

为上层提供数据封装服务，允许逻辑上的点对点数据通信。它所提供的功能主要包括：通道的多路复用；对上层应用数据的分割和重组；生成协议数据单元(PDUs)，以满足用户数据传输对延时的要求，并便于后续的重传、流量控制等机制的实现。

5) 安全管理层

定义配对与密钥分配方式，并为协议栈其他层与另一个设备之间的安全连接和数据交换提供服务。

6) 属性协议层

一个设备向另一个设备展示一块特定的数据，这块数据称为“属性”，展示属性的设备称为服务器，与之连接配对的叫客户端。

7) 配置文件层

配置文件层包括通用访问配置文件(generic access profile，GAP)与通用属性配置文件(generic attribute profile，GATT)。

GAP 负责处理设备访问模式和访问流程，包括设备发现、建立连接、终止连接、初始化安全特色和设备配置。

GATT 是最重要最贴近开发的层，设备数据的通信是通过 GATT 层实现。从 GATT 的角度而言，两个设备建立连接后，一个为 GATT 服务器，一个为 GATT 客户端。一个 GATT 服务器中可包含一个或多个 GATT 服务，不同的服务采用通用唯一识别码(universally unique identifier，UUID)区分。一个服务具体可以表现为多个特性，特性也用不同的 UUID 区分。特性可以理解为程序里面的变量，变量必须有变量类型与变量值。特性在蓝牙规范里包括三个要素：声明、数值和描述，前两者是必须的，描述是可选的。

2.4.3 蓝牙连接的建立

蓝牙定义了一系列物理信道用于不同的应用[31]，包括用于微微网内设备通信的微微网物理信道，用于查找设备的查找扫描物理信道和用于寻呼设备的寻呼扫描物理信道。两台设备必须采用相同的物理信道才能进行通信。主从设备建立连接的过程就是建立相同的微微网信道的过程，这样主从设备才能以同样的定时和次序进行载波频率的跳变和数据传输，同时可以根据微微网接入码和帧头编码进行数据过滤和解析，避免和其他设备在同一个频段上的数据冲突。

蓝牙设备在建立连接以前，通过在固定的一个频段内选择跳频频率(或由被查询的设备地址决定)[32]，迅速交换握手信息时间和地址，快速取得设备的时间和频率同步。建立连接后，设备双方根据信道跳变序列改变频率，使跳频频率呈现随机特性。蓝牙系统定义了跳频序列寻呼、寻呼响应、查询、查询响应和信道跳变序列，不同状态下的跳频序列产生策略有不同。

下面结合图 2-22 说明蓝牙设备之间建立连接的过程。

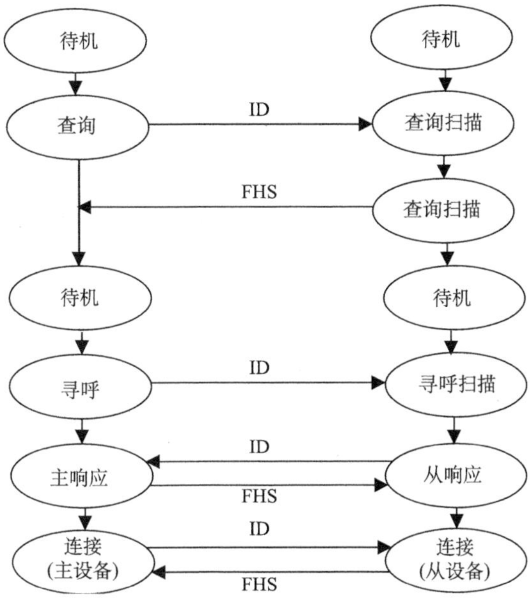

图 2-22　蓝牙设备建立连接的过程

1) 查询扫描过程

蓝牙设备通过查询来寻找在其周围邻近的设备，查询设备每隔 312.5μs 选择一个新的频率来发送查询，被查询设备每隔 1.28s 选择一次新的监听频率。查询和被查询设备使用通用查询接入码(general inquiry access code, GIAC) LAP (low address part) 作为查询地址。蓝牙标准规定不允许任何蓝牙设备使用和 GIAP LAP 一样的地址。产生的 32 个查询跳变序列均匀分布在 79 个频率信道上。

2) 寻呼扫描过程

寻呼扫描过程用于主设备寻呼从设备，是设备建立连接的必经阶段，主从设备是微微网内设备的概念，这里用来指发起寻呼的设备和寻呼扫描设备。寻呼设备每隔 312.5μs 选择一个新的频率来发送寻呼，在寻呼扫描时，被寻呼设备每隔 1.28s 选择一个新的监听频率，产生的寻呼跳变序列是一个定义明确的周期序列。查询扫描和寻呼扫描的区别在于：如果不知道被连接设备地址，则采用查询扫描；否则采用寻呼扫描。

3) 连接过程

主设备按照跳频序列进行载波频率的跳变，并在发送时隙内发送寻呼请求，处于可被连接模式的从设备以某个跳频频率监听主设备的寻呼请求，监听到请求便在下个时隙立即发送从设备寻呼响应，主设备在收到从设备寻呼响应的下个时隙发送主设备寻呼响应，该响应中包含了由主设备地址运算出来的跳频序列信息和时钟相位，从设备接收到这些信息便进入连接状态并自动成为微微网的从设备，并再次返回从设备寻呼响应，主设备收到该响应后进入连接状态并自动成为微微网的主设备。

应用层的连接是建立在微微网物理信道之上的逻辑连接，主设备通过服务发现协议(service discovery protocol，SDP) 查询从设备相应服务的逻辑通道号，依据该通道建立应用层级的连接。

蓝牙系统有三种主要状态：待机状态(standby)、连接状态(connection)和节能状态(park)。从待机状态向连接状态转变的过程中，有 7 个子状态：寻呼(page)、寻呼扫描(page scan)、查询(inquiry)、查询扫描(inquiry scan)、主响应(master response)、从响应(slave response)、查询响应(inquiry response)，见图 2-23。

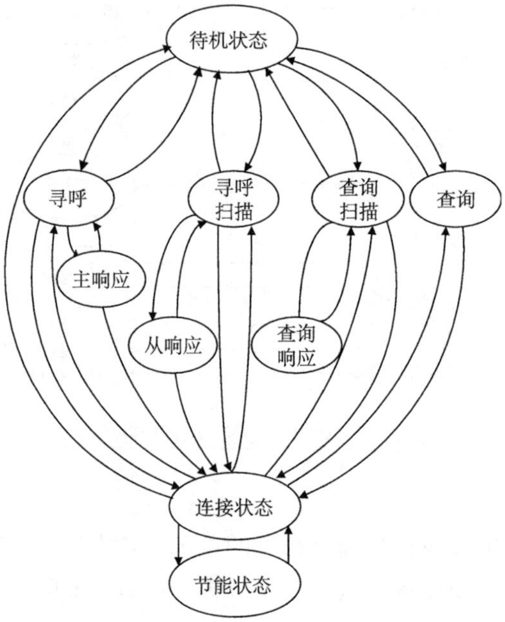

图 2-23　蓝牙设备的状态及其相互转换

待机状态：是蓝牙设备的默认状态，此模式下设备处于低功耗状态。

寻呼状态：进行连接/激活对应的从设备的操作，发起连接的设备(主设备)知道要连接设备的地址，所以可以直接传呼。

寻呼扫描：它与寻呼状态对应，它是等待被寻呼的从设备所处的状态。一个设备若想被主设备寻呼到，它必须处于寻呼扫描状态。

查询状态：这就是通常所说的扫描状态，这个状态的设备就是去扫描周围的设备。处于查询扫描状态的设备可以回应这个查询。再经过必要的协商之后，它们就可以进行连接。需要说明的是，查询之后，不需要进入寻呼就可以连接上设备。

查询扫描：一个设备要被发现，必须处于查询扫描状态，这就是我们通常看到的可被发现的设备。

从响应：在寻呼过程中，若从设备收到了主设备的寻呼消息，它会回应对应的寻呼响应消息，同时自己就进入了从响应的状态。

主响应：主设备收到从响应消息后，就进入主响应状态，同时它会发送一个跳频同步(frequency hopping synchronization，FHS)的数据包。

查询响应：处于查询扫描状态的设备在收到查询消息后，就会发送查询响应消息，在这之后它就进入查询响应的状态。

2.5　RFID 技术

RFID 是应用电磁感应、无线电波或微波进行非接触式双向通信，以达到识别目的并交换数据的自动识别技术[33]。与 Wi-Fi、蓝牙、ZigBee、UWB 等技术相比，RFID 的最大区别在于 RFID 的被动工作模式，即利用反射能量进行通信。基于 RFID 技术的定位系统使用得非常广泛，不过其定位精度不甚理想，通常用于区域定位。

2.5.1　RFID 技术概述

从概念上来看，RFID 技术与条码技术差不多，但是它们之间也有差别[34]：条码技术是把已经编码的条形码粘贴在被测物体上，然后采用特定的读写器进行扫描，这种技术是利用光信号将信息从条形磁传输到读写器中；RFID 技术是把电子标签安放在被测物体上，然后采用特定的 RFID 读写器识别，这种技术是利用射频信号完成电子标签和读写器之间的通信。RFID 具有自己特殊的优点，主要包括：

(1) 读取方便快捷。读取数据时不需要光源，可以透过外包装进行数据的读取，并且它的识别距离更大，甚至可以达到 30m 以上。

(2) 识别速度快。当电子标签进入磁场时，读写器能够瞬时读写其发送的信息，也可以同时识别多个电子标签。

(3) 数据存储容量大。RFID 电子标签的数据存储容量能够根据用户的需求扩大到更大的容量。

(4) 使用寿命长、应用范围广。由于 RFID 电子标签的无线电通信方式，它能够在粉尘、油渍等恶劣环境和放射性环境下正常工作，同时其封闭式包装方式延长了它的使用寿命。

(5) 标签数据可动态更改。可以用编程器向电子标签写入数据，因此，RFID 电子标签可以交互式便携数据文件，并且写入的时间比打印条形码的时间还要短。

(6) 更好的安全性。能够嵌入或者附着在不同类型、不同形状的物体上，而且还能够对电子标签数据的读写进行密码保护，从而提高了安全指数。

(7) 动态实时通信。电子标签的工作频率为 50~100 次/s，它以这个工作频率与读写器通信，因此在读写器的识别范围内能够对被测物体进行动态追踪和监控。

RFID 的发展经历了如下历程[35]：

1941～1950 年：雷达的改进和应用催生了 RFID 技术，1948 年奠定了 RFID 技术的理论基础。

1951～1960 年：早期 RFID 技术的探索阶段，主要处于实验室实验研究。

1961～1970 年：RFID 技术的理论得到了发展，开始了一些应用尝试。

1971～1980 年：RFID 技术与产品研发处于一个大发展时期，各种 RFID 技术测试得到加速，出现了一些最早的 RFID 应用。

1981～1990 年：RFID 技术及产品进入商业应用阶段，各种规模应用开始出现。

1991～2000 年：RFID 技术标准化问题日趋得到重视，RFID 产品得到广泛采用，

RFID 产品逐渐成为人们生活中的一部分。

2001 年至今：标准化问题日趋为人们所重视，RFID 产品种类更加丰富，有源、无源及半无源电子标签均得到发展，电子标签成本不断降低，规模应用行业扩大。

从全球的范围来看，美国政府是 RFID 应用的积极推动者，在其推动下美国在 RFID 标准的建立、相关软硬件技术的开发与应用领域均走在世界前列。欧洲 RFID 标准追随美国主导的 EPCglobal 标准，在封闭系统应用方面，欧洲与美国基本处在同一阶段。日本虽然提出了 UID 标准，但主要得到的是本国厂商的支持，如要成为国际标准还有很长的路要走。RFID 在韩国的重要性得到了加强，政府给予了高度重视，但至今韩国在 RFID 的标准上仍模糊不清。目前，美国、英国、德国、瑞典、瑞士、日本、南非等国家均有较为成熟且先进的 RFID 产品。

从全球产业格局来看，目前 RFID 产业主要集中在 RFID 技术应用比较成熟的欧美市场。飞利浦、西门子、ST、TI 等半导体厂商基本垄断了 RFID 芯片市场；IBM、HP、微软、SAP、Sybase、Sun 等国际巨头抢占了 RFID 中间件、系统集成研究的有利位置；Alien、Intermec、Symbol、Transcore、Matrics、Impinj 等公司则提供 RFID 标签、天线、读写器等产品及设备。

相较于欧美等发达国家或地区，我国 RFID 企业总数虽然较多，但是缺乏关键核心技术，特别是在超高频 RFID 方面。从包括芯片、天线、标签和读写器等硬件产品来看，低高频 RFID 技术门槛较低，国内发展较早，技术较为成熟，产品应用广泛，目前处于完全竞争状况；超高频 RFID 技术门槛较高，国内发展较晚，技术相对欠缺，从事超高频 RFID 产品生产的企业很少，更缺少具有自主知识产权的创新型企业，产品的核心技术基本还掌握在国外公司的手里，尤其是芯片、中间件等方面。中低、高频标签封装技术在国内已经基本成熟，但是只有极少数企业已经具备了超高频读写器设计制造能力。

2.5.2　RFID 的工作原理

最基本的无线射频识别系统是由电子标签和读写器两部分构成，其结构框图如图 2-24 所示。RFID 电子标签由耦合组件及芯片构成，每个电子标签都有独特的电子编码，安放在被测目标上以达到标记目标物体的目的；RFID 读写器不仅能够读取电子标签中的信息，而且还能够向电子标签写入信息。除了电子标签和读写器，RFID 系统通常还有应用软件系统，用于对接收到的数据做进一步处理。

电子标签里存储着被测物体的信息，它通常被安放在被测物体上。读写器可以不与电子标签接触，读出电子标签里存储的信息。电子标签内置天线，它的作用是与射频天线通信。可以把电子标签划分为两种类型：有源电子标签和无源电子标签。无源电子标签可以通过识别器在识别过程中产生的电磁场得到能量；有源电子标签本身可以自主发出无线电信号。

读写器是无线射频识别系统的主要组成部分之一，也可以被称作阅读器。它不仅可以读出电子标签信息，而且可以把处理完的数据写入电子标签。无线射频识别的距离和无线射频识别系统的工作频段都与读写器的频率有着直接影响。所以，读写器在 RFID 系统中占据着重要的位置，发挥着重要的作用。

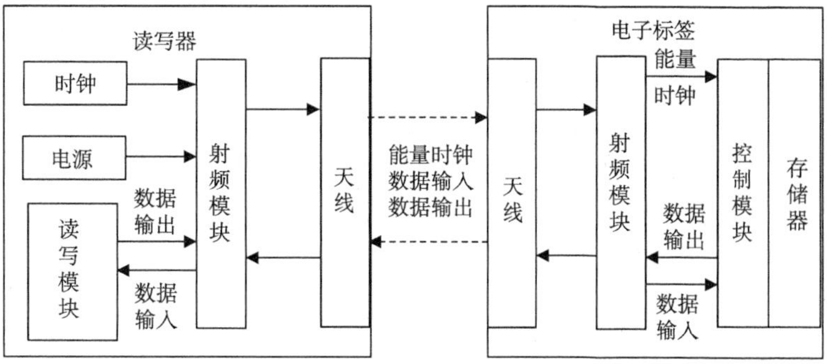

图 2-24　RFID 结构框图

从电子标签到读写器之间的通信及能量感应方式来看，RFID 系统一般可以分成两类[36]，即电感耦合系统和电磁反向散射耦合系统。电感耦合通过空间高频交变磁场实现耦合(图 2-25)，依据的是电磁感应定律，阅读器发射出的射频能量被束缚在阅读器电感线圈的周围，它通过交变、闭合的磁场在阅读器与标签的线圈之间建立起射频通道。电感耦合方式一般适合于中、低频工作的近距离 RFID 系统，识别距离小于 1m，常见的作用距离是 10～20cm。

电磁反向散射耦合采用了与雷达原理类似的模型，发射出去的电磁波碰到目标后反射，同时携带回目标信息，依据的是电磁波的空间传播规律，见图 2-26。电磁反向散射耦合方式一般适合于超高频、高频、微波工作的远距离 RFID 系统，识别距离大于 1m，常见的作用距离为 3~10m。

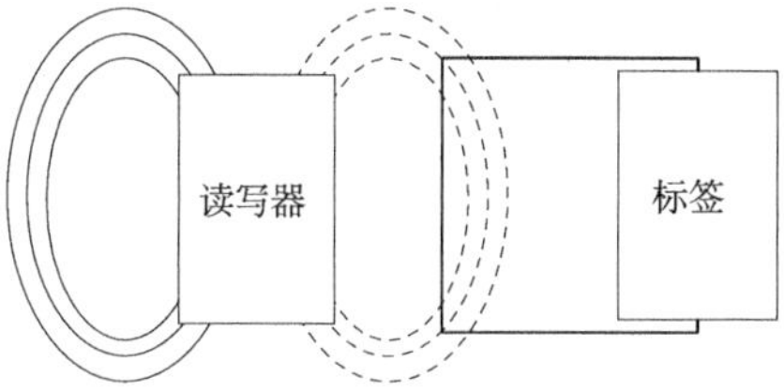

图 2-25　电感耦合式 RFID

图 2-26　电磁耦合式 RFID

对于无源电子标签或者被动电子标签，RFID 系统的基本工作原理如下：

(1) 电子标签进入电磁场后，接收读写器发出的射频信号；

(2) 电子标签利用空间中产生的电磁场得到的能量，将被测物体的信息传送出去；

(3) 读写器读取信息并且进行解码后，将信息传送到应用软件系统进行数据处理。

对于有源电子标签或者主动电子标签，则是主动发射射频信号，然后读写器读取信息并进行解码后，送到应用软件系统处理，应用软件系统根据一定的规则进行逻辑判断，针对不同的场景和规则发出指令信号，控制 RFID 系统执行相应的动作。

2.5.3　RFID 的工作频段

对一个 RFID 系统来说，它的工作频段指的是读写器通过天线发送、接收并识读的标签信号频率范围[37]。从应用角度而言，射频标签的工作频率也就是射频识别系统的工作频率，直接决定系统应用的各方面特性。在 RFID 系统中，系统工作就像我们平时收听调频广播一样，射频标签和读写器也要调制到相同的频率才能工作。

射频标签的工作频率不仅决定着射频识别系统的工作原理和识别距离，还决定着射频标签及读写器实现的难易程度和设备成本。RFID 应用占据的频段或频点在国际上有公认的划分，即位于 ISM 频段。目前国际上广泛采用的频率分布于 4 种频段：低频(LF)、高频(HF)、超高频(UHF)和微波等不同种类。不同频段的 RFID 工作原理不同，LF 和 HF 频段 RFID 电子标签一般采用电感耦合原理，而 UHF 及微波频段的 RFID 一般采用电磁耦合原理。每一种频段都有它的特点，被用在不同的领域，要正确使用就要先选择合适的频率。

低频段射频标签，简称为低频标签，其工作频率范围为 30～300kHz，典型工作频率有 125kHz 和 133kHz。低频标签一般为无源标签，其工作能量通过电感耦合方式从阅读器耦合线圈的辐射近场中获得。低频标签与阅读器之间传送数据时，低频标签需位于阅读器天线辐射的近场区内。低频标签的阅读距离一般情况下小于 1m。低频标签的典型应用有：动物识别、容器识别、工具识别、电子闭锁防盗(带有内置应答器的汽车钥匙)等。

高频段射频标签的工作频率一般为 3～30MHz，典型工作频率为 13.56MHz。该频段的射频标签的工作原理与低频标签完全相同，即采用电感耦合方式工作，所以宜将其归为低频标签类。另外，根据无线电频率的一般划分，其工作频段又称为高频，所以也常将其称为高频标签。鉴于该频段的射频标签可能是实际应用中最大量的一种射频标签，因而我们只要将高、低理解成为一个相对的概念，即不会造成理解上的混乱。为了便于叙述，我们将其称为中频射频标签。标签与阅读器进行数据交换时，标签必须位于阅读器天线辐射的近场区内。中频标签的阅读距离一般情况下也小于 1m。中频标签由于可方便地做成卡状，广泛应用于电子车票、电子身份证、电子闭锁防盗(电子遥控门锁控制器)、小区物业管理、大厦门禁系统等。

超高频与微波频段的射频标签简称为微波射频标签，其典型工作频率有 433.92MHz、862(902)～928MHz、2.45GHz、5.8GHz。微波射频标签可分为有源标签与无源标签两类。工作时，射频标签位于阅读器天线辐射场的远区场内，标签与阅读器之间的耦合方式为电磁耦合方式。阅读器天线辐射场为无源标签提供射频能量，将有源标签唤醒。相应的射频识别系统阅读距离一般大于 1m，典型情况为 4～6m，最大可达 10m 以上。阅读器天线一般为定向天线，只有在阅读器天线定向波束范围内的射频标签可被读/写。由于阅读距离的增加，应用中有可能在阅读区域中同时出现多个射频标签，从而提出了对多个标签同时进行读取的需求。目前，先进的射频识别系统均将多标签识读问题作为系统的一个重要特征。超高频标签主要用于铁路车辆自动识别、集装箱识别，还可用于公路车辆识别与自动收费系统中。

目前，无源微波射频标签比较成功的产品相对集中在 902～928MHz 工作频段。2.45GHz 和 5.8GHz 射频识别系统多以半无源微波射频标签产品面世，一般采用纽扣电池供电，具有较远的阅读距离。微波射频标签的典型特点主要集中在是否无源、无线读写距离、是否支持多标签读写、是否适合高速识别应用、读写器的发射功率容限、射频标签及读写器的价格等方面。对于可无线写入的射频标签而言，通常情况下写入距离要小于识读距离，其原因在于写入要求更大的能量。微波射频标签的数据存储容量一般限定在 2kbit 以内，再大的存储容量似乎没有太大的意义。从技术及应用的角度来说，微波射频标签并不适合作为大量数据的载体，其主要功能在于标识物品并完成无接触的识别。典型的数据容量指标有 1kbit、128bit、64bit 等。微波射频标签的典型应用包括移动车辆识别、电子闭锁防盗(电子遥控门锁控制器)、医疗科研等行业。

不同频率的标签具有不同的特点(表 2-2)，例如，低频标签比超高频标签便宜，节省能量，穿透废金属物体力强，工作频率不受无线电频率管制约束，最适合用于含水成分较高的物体，例如水果等；超高频作用范围广，传送数据速度快，但是比较耗能，穿透力较弱，作业区域不能有太多干扰，适用于监测港口、仓储等物流领域的物品；而高频标签属中短距识别，读写速度也居中，产品价格也相对便宜，比如应用在电子票证一卡通上。

表 2-2　不同频段 RFID 的特点对比

参数	低频(LF)	高频(HF)	超高频(UHF)	微波(microwave)
频率	30～300kHz	3～30MHz	433～950MHz	1GHz 以上
常见频段	125kHz 133kHz	13.56MHz	433MHz 862～928MHz	2.45GHz 5.8GHz
系统形态	被动式	被动/主动式	被动/主动式	被动/主动式
全球接受频率	是	是	部分	部分
通信距离	50cm 以内	1.5m 以内	3～10m	3～10m
传输功率	72dBμA/m	42dBμA/m	10mW～4W	4W
成熟度	成熟	成熟	新技术	开发中
读取方式	电感耦合	电感耦合	电磁耦合	电磁耦合
价格	低	中	高	高
环境影响	—	金属	潮湿	潮湿
数据传输率	低	高	较高	最高
存储空间/byte	64～1k	256～512k	64～512	16～64
ISO 对应标准	ISO/IEC 18000-2	ISO/IEC 18000-3	ISO/IEC 18000-6	ISO/IEC 18000-4
应用	门禁系统 动物识别 存货控制 晶片防盗锁	智慧卡 图书馆管理 商品管理	铁路车厢监控 仓存管理	道路收费系统

我国在 LF 和 HF 频段 RFID 标签芯片设计方面的技术比较成熟，HF 频段方面的设计技术接近国际先进水平，已经自主开发出符合 ISO14443 Type A、Type B 和 ISO15693 标准的 RFID 芯片，并成功地应用于交通一卡通和第二代身份证等项目中。

参 考 文 献

[1] 胡青松，张申，吴立新，等. 矿井动目标定位：挑战、现状与趋势[J]. 煤炭学报，2016，41(5)：1059-1068.

[2] 王伟. 上下二十年 WiFi 标准六代发展史[EB/OL]. http://www.chinaaet.com/article/3000091348 [2018-10-12].

[3] Shelly. 802.11 物理层技术讲解[EB/OL]. https://blog.csdn.net/weixin_42353331/article/details/86504529 [2019-1-16].

[4] 少茗. 802.11 协议精读 2：DCF 与 CSMA/CA[EB/OL]. https://blog.csdn.net/rs_network/article/details/51099918[2016-4-8].

[5] Lmm. CSMA/CA 载波侦听多路访问及冲突避免协议[EB/OL]. https://blog.csdn.net/LMM_5201/article/details/81673371[2018-8-14].

[6] Wzing04211. 802.11 的 CSMA/CA 机制[EB/OL]. https://blog.csdn.net/hanzhen7541/article/details/79024068 [2018-1-10].

[7] 狼牙 x. Wi-Fi 网络结构[EB/OL]. https://blog.csdn.net/xiaozy115/article/details/101285878[2019-9-24].

[8] blade2001. 无线控制器+瘦 AP 架构对比胖 AP 优劣总结[EB/OL]. https://blog.csdn.net/blade2001/article/details/50528469[2016-1-16].

[9] 设计狮聊科技. 科普：什么是 ZigBee？ZigBee 技术有哪些特点？这些你都了解了吗？[EB/OL]. http://www.sohu.com/a/331775649_120178136[2019-8-6].

[10] 青岛东合信息技术有限公司. ZigBee 开发技术及实践[M]. 西安：西安电子科技大学出版社, 2014.

[11] c_1996. ZigBee 的发展及应用[EB/OL]. https://blog.csdn.net/c_1996/article/details/71170418[2017-5-4].

[12] 上海顺舟智能科技股份有限公司. 解析 ZigBee 标准发展历程[EB/OL]. http://news.rfidworld.com.cn/2018_01/e2f01c1a45274e5d.html[2018-1-29].

[13] 无线龙. ZigBee 无线网络原理[M]. 北京：冶金工业出版社, 2011.

[14] 电子网. ZigBee 网络结构[EB/OL]. https://www.51dzw.com/embed/embed_78585.html[2012-3-29].

[15] ZigBee Alliance. Zigbee Specification[S]. 2015.

[16] 电子发烧友. ZigBee 协议栈各层的功能[EB/OL]. http://www.elecfans.com/baike/wuxian/20171108576836.html [2017-11-8].

[17] Frying 人生. ZigBee 组网原理详解[EB/OL]. https://blog.csdn.net/ysh1042436059/article/details/80839912[2018-6-28].

[18] 胡青松，杨维，丁恩杰，等. 煤矿应急救援通信技术的现状与趋势[J]. 通信学报，2019，40(5)：163-179.

[19] 杨莹. 基于 UWB 的多节点自组网协同定位技术研究[D]. 哈尔滨：哈尔滨工程大学, 2018.

[20] 梁久祯. 无线定位系统[M]. 北京：电子工业出版社, 2013.

[21] 王艳芬. 矿井超宽带无线通信信道模型研究[D]. 徐州：中国矿业大学, 2009.

[22] 张玲. 超宽带无线通信技术的应用及发展前景研究[J]. 电子世界, 2017(17)：87.

[23] 熊海良. 超宽带无线通信与定位关键技术研究[D]. 西安：西安电子科技大学, 2011.

[24] 王九九. 直接序列扩频超宽带抗干扰技术研究[D]. 北京：北京交通大学, 2009.

[25] 吴婕，朱轶，雍建平. DS-UWB 通信系统 MAC 协议设计[J]. 计算机测量与控制，2011，19(7)：1784-1787.

[26] 曾文，王宏，徐皑冬. 工业通信中基于超宽带的自组网路由策略[J]. 辽宁工程技术大学学报(自然科学版), 2008(4): 564-567.

[27] xubin341719. 蓝牙核心技术概述（一）: 蓝牙概述[EB/OL]. https://blog.csdn.net/xubin341719/article/details/38145507[2014-7-26].

[28] 云里物里科技. 蓝牙发展历史一文讲清楚[EB/OL]. https://www.jianshu.com/p/91c2b218563d [2019-05-20].

[29] Automanfelix. 蓝牙 4.0 协议栈理解, 主要 GATT 层[EB/OL]. https://blog.csdn.net/weixin_40451398/article/details/83659619[2018-11-2].

[30] 昇润科技. 了解一下 BLE 协议栈整体架构[EB/OL]. https://www.jianshu.com/p/1bf3958f8fd3[2018-5-30].

[31] Graylocus. 蓝牙连接的建立过程[EB/OL]. http: //blog.chinaunix.net/uid-23193900-id-3278983.Html [2012-7-18].

[32] Zhenhuaqin. 蓝牙设备发现与同步(page and inquire 过程详解)[EB/OL]. http://blog.chinaunix.net/uid-21411227-id-5715874.html[2016-5-6].

[33] 捷通科技超高频 rfid. RFID 技术原理及优势分析[EB/OL]. http://baijiahao.baidu.com/s?id=1602607679113894023&wfr=spider&for=pc[2018-6-7].

[34] 电子开发圈. RFID 的基本结构及工作原理[EB/OL]. https://blog.csdn.net/weixin_42625444/article/details/84331481[2019-6-10].

[35] 顾震宇. 国内外 RFID 技术研究现状与发展趋势[EB/OL]. http: //www.istis.sh.cn/list/list.aspx?id=6509 [2010-4-28].

[36] 鸿陆技术. 详解 RFID 射频识别系统的工作原理[EB/OL]. http://baijiahao.baidu.com/s?id=1639207856221098891&wfr=spider&for=pc[2019-7-16].

[37] pan0755. RFID 标签可以分为低频(LF)、高频(HF)、超高频(UHF)[EB/OL]. https://blog.csdn.net/pan0755/article/details/54092932[2017-1-5].

第 3 章　无线定位的基本原理

根据是否需要测量距离，无线定位方法分成测距定位和非测距定位两类[1]。从测距方法看，以 RSSI (received signal strength indication) 为主，也有使用 TOA (time of arrival)、TDOA (time difference of arrival)、AOA (angle of arrival) 以及多种测距手段联合的系统。从定位求解方法看，以基于几何信息的定位为主，辅以指纹定位等方法，并用信号传播环境建模、智能信息处理方法等手段进行优化，以消除 NLOS (non line of sight) 干扰，提高定位精度。非基于测距的方法则利用网络的拓扑约束、相对位置等进行定位。本章将对这些无线定位的基本原理进行研究和探讨。值得注意的是，有些文献使用 RSS 表示信号的真实强度，计算公式为 1RSS=10lg$P$，其中 P 表示发射节点的发射功率。RSS 一般是负值，不太好理解，可以通过人为变换转化为正值，即得到 RSSI。

3.1　距离测量方法

进行目标定位的时候，需要在目标节点与信标节点之间交换信息，因此在一个定位系统中必须选择合适的信号类型，它是信息交互的载体[2]。在不同使用环境，不同类型信号的传播能力不同，比如在潮湿环境，无线电信号就要比声音信号的效果差，因为空气中的水分会吸收和反射高频无线电波，但是对振动声波却影响不大。考虑到多数节点都有无线电硬件，因此射频(radio frequency，RF)传播是最常见的定位信号形式，其强度、相位或频率都可用来估计距离。采用 RF 的定位方法和定位系统非常多，也将是本书探讨的主要对象。

声音定位信号可采用超声波或可听波，采用前者的典型系统如 Active Bat 和 Cricket，后者如狙击兵检测系统以及广义的声源定位。红外 IR (infrared radiation) 信号相对来说衰减较大，适合于待定位节点与信标节点离得较近的场景(如室内定位)，典型系统有 Active Badge。但是，室外定位不太适合使用 IR，因为室外场景中目标节点与信标节点之间的距离一般较大，同时存在太阳光的干扰，使得 IR 信号难以检测。也可采用光信号作为定位信号，比如 Lighthouse 和 Spotlight 就是如此，但是这些系统只有在有照明的区域才能定位，并且需要专用的光源。脉冲超宽带 IR-UWB 的距离分辨率比其他系统高得多，其脉冲宽度为纳秒级，理论定位精度可达厘米级甚至毫米级，因此在 IEEE 802.15.4a 中被用作定位首选技术[3]。

选定定位信号类型之后，需要选择合适的测距方法，测量信标节点与目标节点之间的距离，进而根据距离求解目标位置。在无线定位中使用得最为广泛的测距方法包括 RSSI、TOA、TDOA 和 AOA 等[4]。RSSI 通过信号强度与传播距离的统计关系计算节点之间的距离，由于多数无线节点都有 RSSI 测量能力，因此不用为测量距离专门增加硬件，但是容易受到噪声、多径、干扰等因素的影响。TOA 通过测量信号的传播时延确定节点间距离，要求节点之间具有严格的时间同步，实施起来较为困难。AOA 通过天线阵列测量信号的到达角度，它与移动目标和信标之间的距离相关，距离较远时，很小的 AOA 误差就会导致较大的定位误差。TOA 和 TDOA 一般比 AOA 的定位精度高，但是它们都需要至少 3 个基站参与，而 AOA 只需要 2 个基站。

3.1.1　基于 RSSI 的距离测量

基于 RSSI 的距离测量，其关键在于建立将 RSSI 值精确转换成距离的关系模型，目前使用得最广泛的是对数距离损耗模型[5, 6]：

$$P^{ij} = P_0 - 10\eta \log_{10}\left(\frac{d_{ij}}{d_0}\right) + \chi \tag{3-1}$$

其中，P^{ij} 是节点 i, j 之间以 dB 为单位的功率路径损耗；P_0 是参考距离 d_0 处测量到的功率，通常 d_0=1 m；η 是路径损耗因子，通常位于 2~4 之间；χ 为阴影效应导致的零均值高斯随机变量，具体计算的时候通常忽略不计。

因此，节点 i, j 之间的距离 d_{ij} 为

$$d_{ij} = d_0 \cdot 10^{\frac{P_0 - P^{ij}}{10 \cdot \eta}} \tag{3-2}$$

射频不规则性是 RSSI 测距不准的重要原因之一[7]，它是由设备和传输介质两种因素导致的。设备因素包括天线类型、发送功率、天线增益、接收机灵敏度、接收阈值、信噪比，传输介质因素包括媒体类型、背景噪声，以及其他环境因素，比如传输介质温度、障碍物等。射频不规则性可以用射频不规则模型(radio irregularity model，RIM)表示，它定义为单位角度的方向变化导致的最大接收信号强度变化百分比。

通过对 χ 的分析建立合适的噪声模型，可以有效补偿环境的误差[8]。使用最小二乘法、卡尔曼滤波器等方法可以较好地滤除信号传播过程中引入的线性噪声，但是对于非线性噪声的滤除还没有统一的方法。

除了常用的对数距离损耗模型，也有学者针对一些特殊场景提出了更为精确的测距模型，比如煤矿巷道场景的能量传递测距模型。理论研究和现场实测都表明，矿井中对能量传递测距模型准确性影响最大的是巷道中的金属结构，而巷道截面面积、截面形状、围岩介质等对测距模型的影响则不太大。井下存在大量的周期性环状金属结构，比如爆破用雷管引线、金属支柱等，它们等效于环形天线，对电磁能量具有较强的吸附作用。因此，可以引入电磁衰减指数对能量传递测距模型进行改进[9]，用以反映金属结构的几何尺寸和介电常数对测距模型的影响，从而得出衰减指数与电磁波工作频率的近似关系式，建立节点间距离与信标节点发射功率、工作频率的能量传递测距模型。

信标节点在测距的时候向目标节点发射测距信号，目标节点所接收到的信号功率为[10]

$$P_{\mathrm{RX}} = \frac{c^2 G_{\mathrm{RX}}}{4\pi f_0^2} \times \frac{P_{\mathrm{TX}} G_{\mathrm{RX}} \sigma}{(4\pi)^2 d_n^4} = \frac{c^2 G_{\mathrm{RX}}^2 P_{\mathrm{TX}} \sigma}{(4\pi)^3 d_n^4 f_0^2} \tag{3-3}$$

其中，G_{RX} 为信标节点天线增益；P_{TX} 为信标节点发射功率；σ 为目标节点天线散射截面；c 为光速；f_0 为信标节点的工作频率；d_n 为信标节点与目标节点的距离。

若电磁波辐射区域存在金属结构，电磁波会损耗部分能量，经金属吸收后传到目标节点的电磁波辐射能量为

$$P_{\mathrm{RS}}=\frac{c^2P_{\mathrm{TX}}\left[G_{\mathrm{RX}}^2\sigma-(4\pi)^2d_n^4D(\theta,\varphi)\mathrm{e}^{-2\alpha_{\mathrm{Eh}}d_n}\right]}{(4\pi)^3d_n^4f_0^2} \tag{3-4}$$

其中，α_{Eh}为环状金属结构的衰减指数；$D(\theta,\varphi)$为天线的方向性系数；d_n为沿金属结构方向的衰减距离。由于能量衰减在较长时间内持续存在，因此d_n近似为目标节点与信标节点间的距离。将式(3-4)进行泰勒展开，得到测距模型为

$$\ln d_n^4=\ln\left(c^2P_{\mathrm{TX}}G_{\mathrm{RX}}^2\sigma\right)-\ln\left[(4\pi)^3P_{\mathrm{RS}}f_0^2\right]-\sum_{n=0}^{\infty}(-1)^n\frac{\left[\dfrac{c^2P_{\mathrm{TX}}D(\theta,\varphi)\mathrm{e}^{-2\alpha_{\mathrm{Eh}}d_n}}{4\pi P_{\mathrm{RS}}f_0^2}\right]^{n+1}}{n+1} \tag{3-5}$$

这种改进模型对频率的敏感性较强，对高频信号的吸收明显，利用该模型测距的时候，应根据功率设计合适的工作频率。

3.1.2　基于 TOA 的距离测量

TOA 测距利用了移动目标到信标节点间距离d与信号传播时间t成正比的规律。由于无线信号在空气中的传播速度为光速c，于是有$d=c\times\Delta t$。若能求得信号传播时延Δt，便可求得节点之间的距离。

如图 3-1(a)，假定发送节点在T_1时刻发出测距信号，接收节点在T_2时刻收到测距信号，那么两个节点之间的距离为

$$d=(T_2-T_1)v \tag{3-6}$$

上述方法称为单程 TOA 测距，即只需要从一个节点到另一个节点发送单程测距信号即可完成测距。

另外一种方式称为双程 TOA 测距，即节点之间需要来回发送两次测距信号，见图 3-1(b)。在这种情况下，两个节点之间的距离可计算如下：

$$d=\frac{(T_2-T_1)+(T_4-T_3)}{2}\times v=\frac{(T_4-T_1)-(T_3-T_2)}{2}\times v \tag{3-7}$$

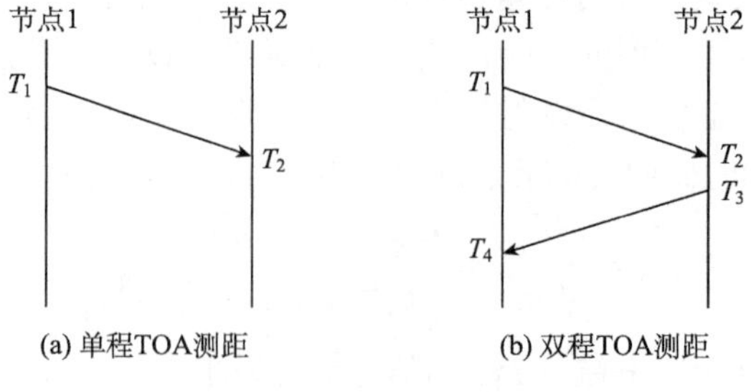

图 3-1　TOA 测距示意图

单程 TOA 测距和双程 TOA 测距都要求知晓测距信号的传输开始时刻和结束时刻[11]。单程 TOA 测距要求目标节点和信标节点的时钟保持高度同步，因为T_2和T_1是两个不同节点的时钟的计时的结果。由于电磁波的传播速度为$c=3.0\times10^8\text{m/s}$，1ns 的时间误差就将导致 0.3m 的测距误差，而现有的网络时间同步技术甚至很难达到 10ns 的同步级别。时间同步的主要影响因素是设备时延、计时器频率偏移、处理器的处理时延等，为了精确定位，必须对这些因素加以抑制。孙继平等提出了一种基于 Wi-Fi 和计时误差抑制的 TOA 定位方法[12]，通过双路 Wi-Fi 和一路光纤信道，在计算中对计时误差加以抵消。在计算距离的时候需要注意，光在真空中的传播速度约为$3.0\times10^8\text{m/s}$，而在其余介质中的光速会大为降低，比如，在光纤中的速率约$2.0\times10^8\text{m/s}$，而铜线中的电信号传播速度约为$2.3\times10^8\text{m/s}$。

与单程 TOA 测距相比，双程 TOA 测距对时间同步的要求要低得多。从式(3-7)可以看出，计算信号传播时延Δt的时候，只需要分别计算T_4-T_1和T_3-T_2即可。显然，T_4和T_1都是同一个时钟计时的结果，T_3和T_2也是同一个时钟计时的结果，因此这种方式对节点之间的时钟同步要求大为降低。

3.1.3　基于 TDOA 的距离测量

TOA 要求信标节点与目标节点之间具有精确时间同步，导致其适用性大大降低，使得人们更多采用基于信号到达时间差(TDOA)的方法。TDOA 有两种实现方法[13]：一种方法是目标节点向同一个信标节点分别发送传播速率不同的信号，如电磁波和超声波，通过测量两种信号到达信标节点的时间计算时间差，简称为多信号 TDOA 法；另外一种方法是目标节点向两个信标节点发送同一种信号，分别测量该信号达到这个信标节点的时间，从而计算时间差，简称为多节点 TDOA 法。

1)多信号 TDOA 法

多信号 TDOA 法要求目标节点和信标节点都配备两种信号收发器，以实现收发两种信号的功能。本方法原理如图 3-2(a)所示，节点 1 在T_1时刻同时向节点 2 发送两种不同类型的测距信号，要求这两种信号的传播速度具有较大差别，比如电磁波信号和超声波信号。由于超声波的速度比电磁波慢，节点 2 先后在T_2和T_3时刻接收到电磁波和超声波信号。

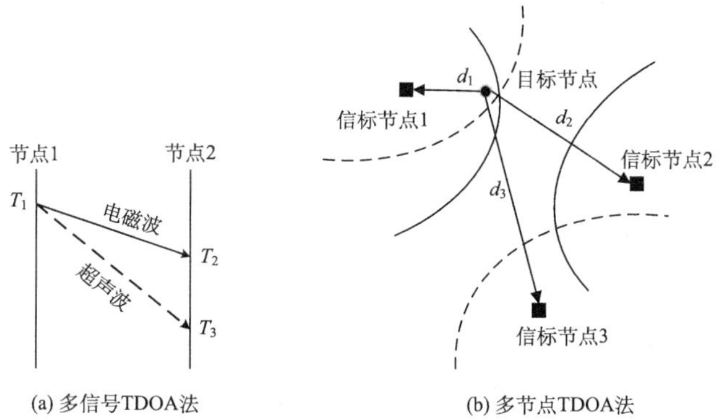

(a) 多信号TDOA法　(b) 多节点TDOA法

图 3-2　TDOA 测距示意图

假定电磁波和超声波的传播速度分别为v_1和v_2，于是

$$d=(T_2-T_1)v_1=(T_3-T_1)v_2 \tag{3-8}$$

可得$T_1=\dfrac{T_2v_1-T_3v_2}{v_1-v_2}$，将其代入$d=(T_2-T_1)v_1$中，得到

$$d=(T_3-T_2)\frac{v_1\times v_2}{v_1-v_2} \tag{3-9}$$

2) 多节点 TDOA 法

多节点 TDOA 法由目标节点向多个信标节点同时发送同一测距信号，因此节点只需要配备一种信号收发器即可，在一定程度上降低了硬件成本，不过要求信标节点之间具有严格的时钟同步。

多节点 TDOA 法的原理如图 3-2(b)所示，目标节点所发射的信号到达三个信标节点所经历的时延分别为t_1、t_2和t_3，则目标节点与三个信标节点的距离分别为

$$d_1=v\times t_1,\ \ d_2=v\times t_2,\ \ d_3=v\times t_3$$

于是可以求得目标节点与信标节点之间的距离差，为

$$\begin{aligned} d_{12}&=d_1-d_2=v\times(t_1-t_2)\\ d_{13}&=d_1-d_3=v\times(t_1-t_3)\end{aligned} \tag{3-10}$$

信标节点的坐标是已知的，不妨设第i个信标节点的坐标为(x_i,y_i)。令(x,y)为目标节点的坐标，那么可以建立如下双曲线方程：

$$\begin{aligned} d_{12}&=\sqrt{(x_1-x)^2+(y_1-y)^2}-\sqrt{(x_2-x)^2+(y_2-y)^2}\\ d_{13}&=\sqrt{(x_1-x)^2+(y_1-y)^2}-\sqrt{(x_3-x)^2+(y_3-y)^2}\end{aligned} \tag{3-11}$$

将式(3-10)代入式(3-11)，即可求得两条双曲线的焦点，它就是目标节点的位置。

3.1.4　基于 AOA/DOA 的距离测量

基于 AOA 的距离测量方法是通过测量信号的到达角度求解目标的位置。如图 3-3 所示[14]，利用安装在信标节点上的天线阵列估计目标节点与信标节点之间的角度α和β，过两个信标节点且满足角度关系的直线的交点，即是目标节点的位置。

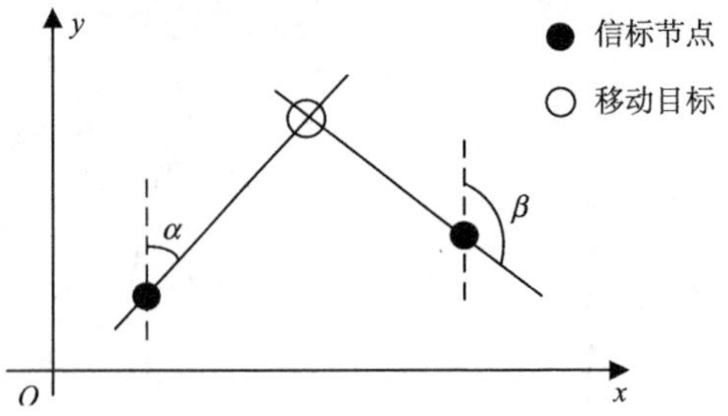

图 3-3　通过角度关系确定目标位置

很多时候还使用 DOA(direction of arrival)的概念，它是指空间信号的到达方向(各个信号到达阵列参考阵元的方向角)，因此 AOA 和 DOA 本质上是一个概念。传统的 DOA 估计主要基于波束成形和零波陷导引的概念[15]，通过波束成形技术调整天线波束的主瓣发射方向去搜寻接收信号输出功率的峰值，使主瓣与接收信号的波达方向一致，在整个过程中，无须计算和统计接收信号矢量与噪声矢量的模型。这种方法虽然简单，但需要设计安装大量的天线阵元。以延迟-相加算法为例，它是一种基于傅里叶变换的波束形成器结构，如图 3-4 所示，通过估计接收信号的子相关矩阵，将各个阵元接收到的不同信号线形相加，分析加权信号的导向矢量和功率谱，同时搜寻空间谱的最大峰值方向，即为信号的波达方向。

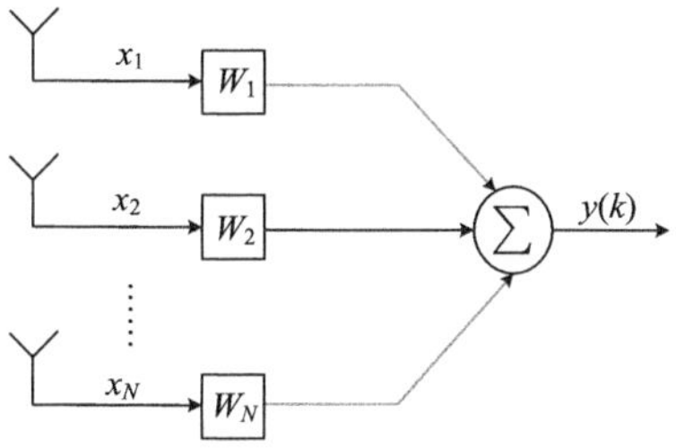

图 3-4　延迟-相加波束形成器

可以采用 Capon 算法估计 DOA，但是 Capon 算法没有引入信号输入数学模型，导致无法将用户信号与噪声信号进行有效的分离，分辨率降低。为此，可采用正交子空间信号分解法，将接收信号的阵列矢量分解成两个相互正交的信号子空间和噪声子空间，再对信号进行空间谱估计。经典的子空间 DOA 估计算法主要有 MUSIC 和 ESPRIT 两种。

MUSIC 算法即多信号分类(multiple signal classification)算法[16]。MUSIC 算法的基本思想是将任意阵列输出数据的协方差矩阵进行特征分解，从而得到与信号分量相对应的信号子空间和信号分量相正交的噪声子空间，然后利用这两个子空间的正交性来估计信号的参数(入射方向、极化信息和信号强度)。MUSIC 算法是一种高分辨率的、高精度的无线信道参数估计算法，而且该算法对于天线阵列的形状没有特殊要求，具有普遍的适用性，只要已知天线阵的布阵形式，无论是直线阵列还是圆阵列，不管阵元是否是等间距分布，都可以得到高分辨率的结果。但是该算法对于入射信号的要求非常高，应用该算法的前提是入射信号必须是互不相干的。

ESPRIT 算法即旋转不变性子空间(estimating signal parameters via rotational invariance techniques)算法[17]。与 MUSIC 类算法一样，ESPRIT 也需要对阵列接收数据的协方差矩阵进行特征分解，但 MUSIC 类算法是利用接收数据协方差矩阵的噪声子空间的正交性，而 ESPRIT 类算法是利用接收数据协方差矩阵的信号子空间的旋转不变性。与 MUSIC 类算法相比，ESPRIT 类算法优点在于计算量小，不需要在空间中不断地搜索谱峰。

3.1.5　基于 PDOA 的距离测量

PDOA 即到达相位差(phase difference of arrival)，它通过测量信号从发送端到接收端的相位差，计算出信号的传播距离[18]。假定信号从信标节点出发到达目标节点，然后再返回到信标节点所需的时间为Δt，信标节点与目标节点之间的距离为d，信号经过Δt时间的相位变化为ϕ，信号的中心频率为f。假定信号的传播速率为v，那么

$$d=\frac{1}{2}v\Delta t \tag{3-12}$$

$$\phi=2\pi f\Delta t \tag{3-13}$$

于是有

$$d=v\frac{\phi}{4\pi f}=\frac{v}{f}\frac{\phi}{4\pi}=\lambda\frac{\phi}{4\pi} \tag{3-14}$$

其中，λ是信号的波长。

不同的距离如果相差λ倍，则测量获得的相位相同，此时有

$$d=\lambda\frac{\phi}{4\pi}+n\lambda=\lambda\left(\frac{\phi}{4\pi}+n\right) \tag{3-15}$$

其中，n是非负整数。

令$\phi=2n\pi+\phi'$，则

$$d=\frac{1}{2}\lambda\left(\frac{\phi'}{2\pi}+3n\right) \tag{3-16}$$

仅仅利用式(3-16)无法确定距离d的准确值，因为n无法计算。为此，可采用两个中心频率分别为f_1和f_2的信号，得到

$$\phi_1=2n_1\pi+\phi_1'=\frac{4\pi df_1}{v} \tag{3-17}$$

$$\phi_2=2n_2\pi+\phi_2'=\frac{4\pi df_2}{v} \tag{3-18}$$

假设ϕ_1和ϕ_2具有相同的整数周期，即$n_1=n_2$，另外假定$f_2>f_1$，那么利用式(3-18)减去式(3-17)可得

$$\begin{cases} d=\dfrac{v\Delta\phi}{4\pi\Delta f}, & \phi_2>\phi_1 \\ d=\dfrac{v(\Delta\phi+2\pi)}{4\pi\Delta f}, & \phi_2\leqslant\phi_1 \end{cases} \tag{3-19}$$

其中，$\Delta\phi=\phi_2'-\phi_1'$，$\Delta f=f_2-f_1$。

3.2 基本测距定位算法

目标的位置计算，就是利用测得的距离、角度等数据和其他信息确定目标节点的近似位置。无线定位一般是对移动目标进行定位。目标的移动性一方面增加了定位的难度，另一方面可以为定位提供额外信息，从而为定位提供帮助[14, 19]。位置计算的常见方法有三边法、三角法等。如果测量数据中有噪声，可用极大似然估计法，它仅需测距信息，

无须位置的先验信息，而序列贝叶斯估计则同时需要测量数据和先验信息。统计方法可以处理节点运动的不确定性，如蒙特卡罗定位(Monte Carlo localization，MCL)法。

3.2.1　三边定位法

三边定位法的原理如图 3-5 所示[14, 20]。A、B、C 为定位区域中的三个信标节点，其坐标为已知条件，表示为$(x_i, y_i), i=1,2,3$；D 为目标节点，其坐标(x, y)为待求量。

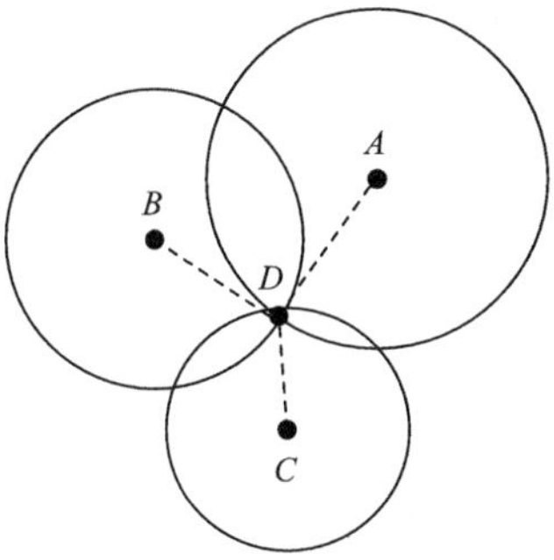

图 3-5　三边定位法

设节点 D 与信标(x_i, y_i)的距离为d_i，$i=1,2,3$，那么，

$$\begin{cases}\sqrt{(x-x_1)^2+(y-y_1)^2}=d_1\\ \sqrt{(x-x_2)^2+(y-y_2)^2}=d_2\\ \sqrt{(x-x_3)^2+(y-y_3)^2}=d_3\end{cases} \tag{3-20}$$

于是可得目标节点 D 的坐标为

$$\begin{bmatrix}x\\ y\end{bmatrix}=\begin{bmatrix}2(x_1-x_3) & 2(y_1-y_3)\\ 2(x_2-x_3) & 2(y_2-y_3)\end{bmatrix}^{-1}\times\begin{bmatrix}x_1^2-x_3^2+y_1^2-y_3^2+d_3^2-d_1^2\\ x_2^2-x_3^2+y_2^2-y_3^2+d_3^2-d_2^2\end{bmatrix} \tag{3-21}$$

3.2.2　三角定位法

三角定位法的原理如图 3-6 所示。与图 3-5 相同，A、B、C 为定位区域中坐标已知的三个信标节点，其坐标为$(x_i, y_i), i=1,2,3$。目标节点 D 相对于信标节点 A、B、C 的角度分别为$\angle ADB$、$\angle ADC$ 和$\angle BDC$。如果弧 AC 在ΔABC内，锚节点 A、C 和$\angle ADC$可以唯一地确定一个圆，其圆心为$O_1(x_{O_1}, y_{O_1})$，半径为d_1，$\alpha=\angle AO_1C$。

根据图 3-6 的几何关系可得

$$\begin{cases}\sqrt{(x_{O_1}-x_1)^2+(y_{O_1}-y_1)^2}=d_1\\ \sqrt{(x_{O_1}-x_3)^2+(y_{O_1}-y_3)^2}=d_1\\ (x_1-x_3)^2+(y_1-y_3)^2=2d_1^2-2d_1^2\cos\alpha\end{cases} \tag{3-22}$$

据此可计算半径d_1。同样方法也可得另外两个圆的半径，从而将三角定位问题转化为三边定位问题。

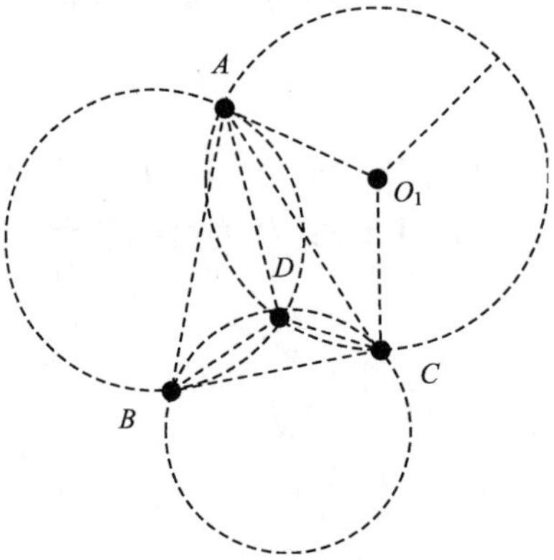

图 3-6　三角定位法

3.2.3　极大似然估计法

极大似然估计法的原理如图 3-7 所示，已知 n 个信标节点的坐标 $(x_i, y_i), i=1,2,\cdots,n$，它们到未知节点 D 的距离分别为 d_i，假设 D 的坐标为 (x, y)。

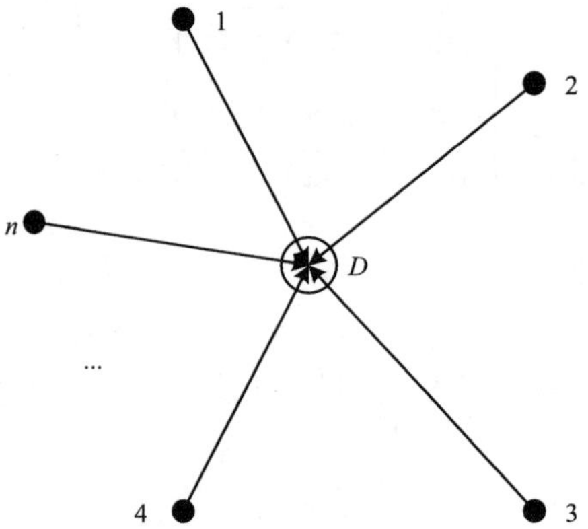

图 3-7　极大似然估计法

根据距离公式，有

$$\begin{cases} (x-x_1)^2+(y-y_1)^2=d_1^2 \\ (x-x_2)^2+(y-y_2)^2=d_2^2 \\ \qquad\vdots \\ (x-x_n)^2+(y-y_n)^2=d_n^2 \end{cases} \tag{3-23}$$

因为此方程组(3-23)为非线性方程组，不便于求解，因此将前 $n-1$ 项分别与第 n 项相减并用矩阵的形式表示，得

$$\boldsymbol{AX}=\boldsymbol{B} \tag{3-24}$$

其中，

$$A=\begin{bmatrix} 2(x_1-x_n) & 2(y_1-y_n) \\ 2(x_2-x_n) & 2(y_2-y_n) \\ \vdots & \vdots \\ 2(x_{n-1}-x_n) & 2(y_{n-1}-y_n) \end{bmatrix},\ B=\begin{bmatrix} x_1^2-x_n^2+y_1^2-y_n^2+d_n^2-d_1^2 \\ x_2^2-x_n^2+y_2^2-y_n^2+d_n^2-d_2^2 \\ \vdots \\ x_{n-1}^2-x_n^2+y_n^2-y_n^2+d_n^2-d_{n-1}^2 \end{bmatrix},\ X=\begin{bmatrix} x \\ y \end{bmatrix}$$

使用标准的最小均方差估计方法得节点 D 的坐标为

$$\hat{X}=(A^{\mathrm{T}}A)^{-1}A^{\mathrm{T}}B \tag{3-25}$$

极大似然估计虽然可以获得近似 CRLB 的定位结果，但是它的费用函数是非线性和非凸的，其数值解严重依赖于初始值，如果初始值离全局最小较远，可能会收敛于一个局部最小或者鞍状点[21]。

3.2.4 最小二乘法

1) 基于泰勒展开的最小二乘法

极大似然估计法利用方程相减的方法消去式(3-23)的二次项，这种单纯的坐标相减会对已知的坐标信息有一定损失[22]。若对式(3-23)利用泰勒展开的方式进行线性化，该问题可以得到一定程度的缓解。令

$$f(x,y)=\sqrt{(x-x_i)^2+(y-y_i)^2} \tag{3-26}$$

对 $f(x,y)$ 在 (x_0,y_0) 点进行泰勒展开，得

$$\begin{aligned} &f(x,y)=f(x_0+h,y_0+k) \\ &=\sqrt{(x_0-x_i)^2+(y_0-y_i)^2}+\frac{(x_0-x_i)}{\sqrt{(x_0-x_i)^2+(y_0-y_i)^2}}h+\frac{(y_0-y_i)}{\sqrt{(x_0-x_i)^2+(y_0-y_i)^2}}k \end{aligned} \tag{3-27}$$

将式(3-27)代入式(3-23)，得

$$\begin{cases} \dfrac{(x_0-x_1)}{\sqrt{(x_0-x_1)^2+(y_0-y_1)^2}}h+\dfrac{(y_0-y_1)}{\sqrt{(x_0-x_1)^2+(y_0-y_1)^2}}k=d_1-\sqrt{(x_0-x_1)^2+(y_0-y_1)^2} \\ \dfrac{(x_0-x_2)}{\sqrt{(x_0-x_2)^2+(y_0-y_2)^2}}h+\dfrac{(y_0-y_2)}{\sqrt{(x_0-x_2)^2+(y_0-y_2)^2}}k=d_2-\sqrt{(x_0-x_2)^2+(y_0-y_2)^2} \\ \qquad\qquad\qquad\vdots \\ \dfrac{(x_0-x_n)}{\sqrt{(x_0-x_n)^2+(y_0-y_n)^2}}h+\dfrac{(y_0-y_n)}{\sqrt{(x_0-x_n)^2+(y_0-y_n)^2}}k=d_n-\sqrt{(x_0-x_n)^2+(y_0-y_n)^2} \end{cases} \tag{3-28}$$

令 (x_0,y_0) 的初始值为各信标的中点，采用最小二乘法解此方程组，得到 h,k 之后，判断式(3-29)是否成立，若成立，则停止计算；否则，将 (x_0,y_0) 的步长增加 $(h/2,k/2)$ 再代入式(3-28)重新计算，直到满足式(3-29)为止，求得的 (x_0,y_0) 即是目标节点的坐标。

$$\sqrt{h^2 + k^2} < \varepsilon_{\text{th}} \tag{3-29}$$

对于约束条件过少，最小二乘法中的循环求解过程有奇异值存在的情况，可以利用次梯度坐标计算方法进行求精，建立应力函数：

$$s(\boldsymbol{X}) = \frac{1}{2}\sum_{j}\left(\left|x_i - x_j\right| - d_{ij}\right)^2 \tag{3-30}$$

在迭代过程 $x_i^k - \gamma\dfrac{\partial s}{\partial x_i} \to x_i^{k+1}$ 中，得到坐标求精的效果，其中 $\dfrac{\partial s}{\partial x_i} = \sum\limits_{j}\left(\left|x_i - x_j\right| - d_{ij}\right)$ $\dfrac{\left(x_i - x_j\right)}{\left|x_i - x_j\right|}$。

2）基于泰勒展开的加权最小二乘法

考虑到节点间的距离误差因节点相距的远近而不同，并且节点的估计位置与真实位置相比存在一定误差，若根据每个节点的位置精度和距离精度为每个节点赋予不同的权值，即对式(3-28)添加不同的加权系数，可得到加权最小二乘法，从而提高定位精度[23]。加权最小二乘法的应用非常广泛，比如 Chan 算法利用两步加权最小二乘法进行定位估计。

如果用 $\boldsymbol{WAX} = \boldsymbol{WB}$ 代替式(3-24)中的 $\boldsymbol{AX} = \boldsymbol{B}$，且 $\boldsymbol{W} = \begin{bmatrix} w_1 & & 0 \\ & \ddots & \\ 0 & & w_n \end{bmatrix}$，那么式(3-28)可以转化为

$$\begin{cases} \dfrac{(x_0 - x_1)}{\sqrt{(x_0 - x_1)^2 + (y_0 - y_1)^2}}h + \dfrac{(y_0 - y_1)}{\sqrt{(x_0 - x_1)^2 + (y_0 - y_1)^2}}k = w_1\left(d_1 - \sqrt{(x_0 - x_1)^2 + (y_0 - y_1)^2}\right) \\ \dfrac{(x_0 - x_2)}{\sqrt{(x_0 - x_2)^2 + (y_0 - y_2)^2}}h + \dfrac{(y_0 - y_2)}{\sqrt{(x_0 - x_2)^2 + (y_0 - y_2)^2}}k = w_2\left(d_2 - \sqrt{(x_0 - x_2)^2 + (y_0 - y_2)^2}\right) \\ \qquad\vdots \\ \dfrac{(x_0 - x_n)}{\sqrt{(x_0 - x_n)^2 + (y_0 - y_n)^2}}h + \dfrac{(y_0 - y_n)}{\sqrt{(x_0 - x_n)^2 + (y_0 - y_n)^2}}k = w_n\left(d_n - \sqrt{(x_0 - x_n)^2 + (y_0 - y_n)^2}\right) \end{cases} \tag{3-31}$$

其解为

$$\hat{\boldsymbol{X}} = \left(\boldsymbol{A}^{\mathrm{T}}\boldsymbol{W}^{\mathrm{T}}\boldsymbol{WA}\right)^{-1}\boldsymbol{A}^{\mathrm{T}}\boldsymbol{W}^{\mathrm{T}}\boldsymbol{B} \tag{3-32}$$

式(3-31)中，w_i 为相对置信度，由节点本身的定位精度和节点间的距离测量的精度共同决定。假定节点 X 收到 n 个信标节点 $\boldsymbol{S}$ 的信息，信标节点 S_i 的定位精度为 δ_i，与节点 X 间的距离测量的精度为 μ_i，那么信标节点 S_i 相对于节点 X 的置信度为

$$w_i = \frac{1}{\sqrt{\delta_i^2 + \mu_i^2}} \tag{3-33}$$

3）总体最小二乘法

上述两种最小二乘法只考虑了矩阵 $\boldsymbol{B}$ 的误差，即只考虑了节点间的距离误差。然而，在实际问题中矩阵 $\boldsymbol{A}$ 也可能有误差，即信标节点本身的位置误差。在出现这种情况时，可以采用总体最小二乘法进行处理。

设 $\boldsymbol{A}$ 和 $\boldsymbol{B}$ 同时存在扰动误差 $\boldsymbol{E}_A$ 和 $\boldsymbol{E}_B$，则式(3-24)可改写为

$$\left(\boldsymbol{A}+\boldsymbol{E}_A\right)\boldsymbol{X}=\boldsymbol{B}+\boldsymbol{E}_B \tag{3-34}$$

求解式(3-34)的最小二乘问题即是求解：$\min\left\|\left(\boldsymbol{E}_A,\boldsymbol{E}_B\right)\right\|_{\mathrm{F}}$，其中 $\|\bullet\|_{\mathrm{F}}$ 表示矩阵的 Frobenius 范数。设 $\boldsymbol{A}\in\boldsymbol{R}^{m\times n},\boldsymbol{B}\in\boldsymbol{R}^{m\times n}$，$\boldsymbol{C}\in\left(\boldsymbol{A},\boldsymbol{B}\right)$，$\boldsymbol{C}$ 的奇异值分解为 $\boldsymbol{C}=\boldsymbol{U}\boldsymbol{\Sigma}\boldsymbol{V}^{\mathrm{H}}$，其中 $\boldsymbol{U}$ 和 $\boldsymbol{V}$ 是酉矩阵，$\boldsymbol{\Sigma}=\mathrm{diag}\left(\sigma_1,\cdots,\sigma_n,\sigma_{n+1},\cdots,\sigma_{n+d}\right)$。

总的来说，最小二乘问题可以通过将矩阵 $\boldsymbol{V}$ 转化成分块矩阵形式求解：

$$\boldsymbol{V}=\begin{bmatrix}\boldsymbol{V}_{1,1} & \boldsymbol{V}_{1,2}\\ \boldsymbol{V}_{2,1} & \boldsymbol{V}_{2,2}\end{bmatrix} \tag{3-35}$$

其中，$\boldsymbol{V}_{1,1}$ 的维数为 $n\times n$，$\boldsymbol{V}_{2,2}$ 的维数为 $d\times d$。

当 $\sigma_j\geqslant\sigma_{j+1},\sigma_n\neq\sigma_{n+1}$，且 $\mathrm{rank}\left(\boldsymbol{V}_{2,2}\right)=d$ 时，总体最小二乘问题可解，其极小范数解为

$$\boldsymbol{X}_{\mathrm{XTS}}=-\boldsymbol{V}_{1,2}\boldsymbol{V}_{2,2}^{-1} \tag{3-36}$$

3.2.5　多维尺度法

多维尺度法(multi-dimentional scaling，MDS)是将高维数据映射到低维空间的一种方法[24]，在数学、市场营销等领域得到了广泛应用，近年来也被用在节点定位上。若将所有节点视为高维空间中不同的点，则这些点之间的相似性或相异性即指节点之间的距离，利用 MDS 方法可以得到这些点在低维空间的坐标。MDS-MAP 算法是最早的基于经典 MDS 的定位算法，该算法可以同时在基于测距和非基于测距的定位中使用，但是 MDS-MAP 要求集中式处理，并且要求网络中的节点分布较为均匀。

MDS-MAP 算法由 3 个步骤组成[25]：

(1) 从全局角度生成网络拓扑连通图，并为图中每条边赋予距离值。当节点具有测距能力时，该值就是测距结果。当仅拥有连通性信息时，所有边赋值为 1。随后使用最短路径算法(如 Dijkstra 或 Floyd 算法)生成节点间距矩阵。

(2) 对节点间距矩阵应用 MDS 技术，生成整个网络的二维或三维相对坐标。

(3) 当拥有足够的信标节点时，将相对坐标转换为绝对坐标。

假定在 D 维平面上随机部署了 N 个节点，所有节点的最大通信半径都为 R。记节点 i 的坐标为 $\boldsymbol{x}_i=\left(x_i,y_i\right)$，定义坐标矩阵 $\boldsymbol{X}=\left[\boldsymbol{x}_1,\boldsymbol{x}_2,\cdots,\boldsymbol{x}_N\right]\in\boldsymbol{R}^{D\times N}$，节点 i 和节点 j 之间的距离为

$$d_{ij}=d\left(i,j\right)=\left\|\boldsymbol{x}_i-\boldsymbol{x}_j\right\|_2=\sqrt{\left(\boldsymbol{x}_i-\boldsymbol{x}_j\right)^{\mathrm{T}}\left(\boldsymbol{x}_i-\boldsymbol{x}_j\right)} \tag{3-37}$$

对式(3-37)两边平方，得到

$$d_{ij}^2 = \boldsymbol{x}_i^{\mathrm{T}}\boldsymbol{x}_i - \boldsymbol{x}_i^{\mathrm{T}}\boldsymbol{x}_j + \boldsymbol{x}_j^{\mathrm{T}}\boldsymbol{x}_j \tag{3-38}$$

进一步定义距离平方矩阵为

$$\boldsymbol{D} = \begin{bmatrix} d^2(1,1) & d^2(1,2) & \cdots & d^2(1,N) \\ d^2(2,1) & d^2(2,2) & \cdots & d^2(2,N) \\ \vdots & \vdots & & \vdots \\ d^2(N,1) & d^2(N,2) & \cdots & d^2(N,N) \end{bmatrix} \tag{3-39}$$

假设 $\boldsymbol{g} = \left[\boldsymbol{x}_1^{\mathrm{T}}\boldsymbol{x}_1, \boldsymbol{x}_2^{\mathrm{T}}\boldsymbol{x}_2, \cdots, \boldsymbol{x}_N^{\mathrm{T}}\boldsymbol{x}_N\right]^{\mathrm{T}}$，则距离平方矩阵可以进一步表示为

$$\boldsymbol{D} = \boldsymbol{g} \cdot \boldsymbol{1}^{\mathrm{T}} - 2\boldsymbol{X}^{\mathrm{T}}\boldsymbol{X} + \boldsymbol{1} \cdot \boldsymbol{g}^{\mathrm{T}} \tag{3-40}$$

其中，$\boldsymbol{1}$ 为 N 维全 1 矩阵。

对矩阵 $\boldsymbol{D}$ 进行中心化处理，得到

$$\boldsymbol{B} = -\boldsymbol{C}\boldsymbol{D}\boldsymbol{C} = \boldsymbol{C}\boldsymbol{X}^{\mathrm{T}}\boldsymbol{X}\boldsymbol{C} \tag{3-41}$$

$$\boldsymbol{C} = \boldsymbol{I} - \left(\boldsymbol{1} \cdot \boldsymbol{1}^{\mathrm{T}} / N\right) \tag{3-42}$$

其中，$\boldsymbol{I}$ 为单位矩阵。

在给定 $\boldsymbol{B}$ 后，通过求解下列优化问题可以求出节点坐标矩阵：

$$\boldsymbol{C} = \min_{Y \in \boldsymbol{R}^{D \times N}} \left\| \boldsymbol{B} - \boldsymbol{Y}^{\mathrm{T}}\boldsymbol{Y} \right\|_{\mathrm{F}}^2 \tag{3-43}$$

其中，$\|\bullet\|_{\mathrm{F}}$ 表示矩阵的 Frobenius 范数。

式(3-43)的最优化问题可以通过奇异值分解得到，即当分解结果为 $\boldsymbol{B} = \boldsymbol{U}\boldsymbol{\Lambda}\boldsymbol{U}^{\mathrm{T}}$ 时，式(3-43)的最优解为

$$\boldsymbol{Y}^* = \mathrm{diag}\left\{\lambda_{(1)}^{1/2}, \lambda_{(2)}^{1/2}, \cdots, \lambda_{(D)}^{1/2}\right\}\boldsymbol{U}^{\mathrm{T}} \tag{3-44}$$

其中，$\left\{\lambda_{(i)}\right\}_{i=1}^{D}$ 为矩阵 $\boldsymbol{B}$ 的 D 个最大特征值。

式(3-44)给出的最优解 $\boldsymbol{Y}^*$ 为节点间的相对坐标，如果网络中没有部署任何信标节点，则无法得到节点的确定位置，若部署了足够多的信标节点，则节点的实际坐标可以通过以下变化得到

$$\boldsymbol{X}^* = \boldsymbol{M}\boldsymbol{Y}^* + \boldsymbol{T} \tag{3-45}$$

其中，$\boldsymbol{M} \in \boldsymbol{R}^{D \times D}, \boldsymbol{T} \in \boldsymbol{R}^{D \times N}$。矩阵 $\boldsymbol{M}$ 和 $\boldsymbol{T}$ 可以求解如下：

$$\min_{\boldsymbol{M},\boldsymbol{T}} \left\| \boldsymbol{X}_A^* - \boldsymbol{M}\boldsymbol{Y}_A^* - \boldsymbol{T} \right\|_{\mathrm{F}}^2 \tag{3-46}$$

其中，$\boldsymbol{X}_A^*$ 和 $\boldsymbol{Y}_A^*$ 分别为信标节点的实际矩阵和相对关系矩阵。

经典 MDS 算法存在两个主要问题：

(1) 构建矩阵 $\boldsymbol{B}$ 时必须知道所有节点间的距离值。由于节点功率受限，其通信半径较小，在实际定位中通常无法知道所有节点间的距离值。为了解决该问题，经典 MDS 算法使用节点 i 和 j 间的最短路径来替代实际距离，这就导致距离矩阵的大多数元素不

是实测所得，从而造成估计误差。

(2) 估算节点位置时，经典 MDS 算法采用了集中式的计算方法，由于节点的通信模块的能量消耗远大于其他模块，因此集中计算将带来整个网络的高能耗问题，尤其是靠近中心节点的那部分节点能耗更加严重。

3.2.6 指纹定位法

“位置指纹”把目标节点的位置与某种“指纹”联系起来，一个位置对应一个独特的指纹。任何“位置独特”的特征或特征组合都能被用来作为位置指纹，比如某个位置上通信信号的多径结构，某个位置上是否能检测到信标节点，某个位置上检测到的来自信标节点的 RSSI 值，某个位置上信号的往返时间。

指纹定位方法包括离线采集和在线定位两个阶段，假定采用信号强度作为指纹，则指纹定位过程如图 3-8 所示，其中，MAC 表示信标节点的地址，RSSI 为接收信号强度指示。离线采集阶段用于构建环境的位置“指纹”数据库；在线定位阶段通过将实时采集的目标节点的特征信息与指纹库进行匹配确定目标节点的位置。

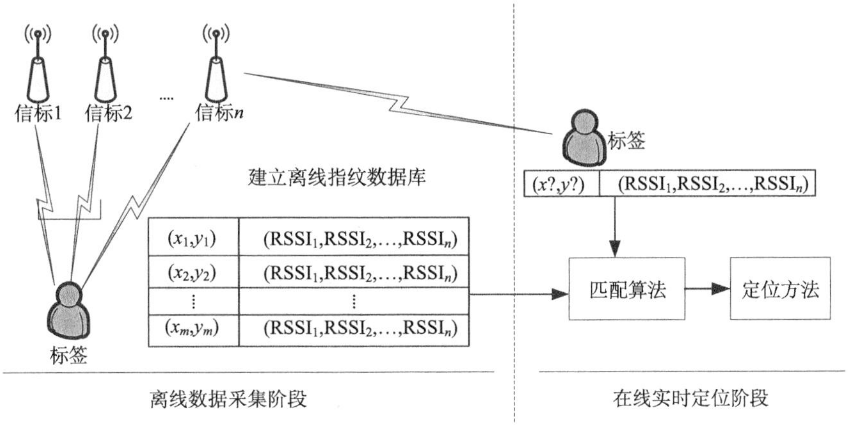

图 3-8　指纹定位的原理

在离线阶段，将整个网络区域划分成足够小的区域，用一个移动终端(安装有标签)沿着这些区域移动，在每个参考点采集多个信标节点的信号强度样本，建立覆盖定位区域的信号覆盖图(也称信号空间)，用以构建信号强度与位置映射的指纹库。假定在定位区域中有 l 个采样点，可以获得 n 个信标的 RSSI，那么在每一个采样点可以采集到的 n 个 RSSI 值作为一个指纹，将其保存在指纹库中，得到

$$\mathrm{FD}=\begin{bmatrix} \mathrm{RSSI}_1^1 & \mathrm{RSSI}_1^2 & \cdots & \mathrm{RSSI}_1^n \\ \mathrm{RSSI}_2^1 & \mathrm{RSSI}_2^2 & \cdots & \mathrm{RSSI}_2^n \\ \vdots & \vdots & & \vdots \\ \mathrm{RSSI}_l^1 & \mathrm{RSSI}_l^2 & \cdots & \mathrm{RSSI}_l^n \end{bmatrix} \tag{3-47}$$

其中，RSSI_i^j 表示在第 i 个采样点测得的来自第 j 个信标节点的 RSSI 值，因此第 i 个采样点的指纹为

$$\mathrm{FD}_i = \left(\mathrm{RSSI}_i^1 \quad \mathrm{RSSI}_i^2 \quad \cdots \quad \mathrm{RSSI}_i^n\right) \tag{3-48}$$

每一个指纹对应唯一的位置(x,y)，那么FD_i对应的位置为(x_i,y_i)。

在线实时定位阶段，对目标接收到的各个信标的信号进行实时采集，从指纹数据中选择最匹配的位置作为目前的位置。判断实时信息与指纹库数据的最佳匹配通常有确定性方法、概率性方法或机器学习方法，下面分别予以介绍。

1) 确定性方法

确定性方法使用采样点处采集的来自每个信标节点信号强度的平均值作为该点的位置“指纹”，然后采用确定性的推理算法估计用户的位置。例如，可以采用信号空间最近邻法和信号空间 k 近邻法，在位置“指纹”数据库中找出与实时接收的信号强度最接近的一个或多个样本，将它们对应的采样点或多个采样点的平均作为位置估计的结果。也可采用基于查表的方法，利用曼哈顿距离度量信号空间的相似度，然后以表中最匹配的样本位置作为定位结果。

2) 概率性方法

概率性方法通过条件概率为位置“指纹”建立模型，并采用贝叶斯原理，估计用户的位置。在使用贝叶斯方法时，需要知道检测到的信号强度在某个位置的条件概率函数，可以采用直方图法及核密度方法获取。直方图法将信号强度在最小值和最大值之间划分成若干个区间，统计每个区间内的信号强度出现的次数。核密度方法将每个测量样本的概率用高斯核函数表示，因此，在某个位置接收到的信号强度的密度估计是所有样本密度的平均值。

3) 机器学习方法

机器学习方法将定位问题作为分类问题处理。在离线阶段，机器学习方法将接收信号强度和对应的位置坐标作为分类器的输入信息进行训练，得到信号强度与位置关系的模型。比如采用重复神经网络的方法，学习多个接入点的信号强度与位置坐标之间的非线性关系；或者使用多层感知机网络、径向基函数网络。这些基于神经网络的方法存在模型训练时间长、需要大量样本数据等不足。支持向量机也已被用于解决指纹定位问题。

使用指纹定位法牵涉到费时费力的指纹构建问题，指纹多少对于定位精度影响非常大。此外，当定位环境发生变化，比如增加了设备或家具、空间大小发生变化甚至季节变化，都将导致指纹定位精度的下降，从而不得不重新构建指纹库。

3.2.7　惯导定位

对于一个目标，如果知道其初始位置和朝向(姿态)，也知道每一时刻如何改变了朝向，即知道每一时刻相对朝向是怎样走的，把这些加在一起不停地递推，走一步递推一步，在不考虑各种误差时，得出的结果正好是目标节点当前的朝向和位置[26]。

如何测得目标的方向和位置是怎么改变的呢？不同的导航系统使用不同的传感器和方法，如车辆上的里程计使用轮子转动的周数，多普勒计程仪像蝙蝠一样发射声波，而惯导则使用的是惯性器件，也就是加速度计和陀螺仪，加速度计测量加速度，利用的原理是 $a=F/M$，测量物体的“惯性力”；陀螺仪测量角速度。

因此，所谓惯导即是利用载体上的加速度计、陀螺仪这两种惯性元件，分别测出载体相对于惯性空间的线运动信息和角运动信息，并在给定初始条件下，推算出载体的姿态、航向、速度、位置等导航参数的方法。组成惯性导航系统的设备都安装在载体内，工作时不依赖于外界信息，也不向外界辐射能量，不易受到干扰，是一种自主式导航系统。

惯性测量装置可划分为“平台式”和“捷联式”两种类型[27]。平台式惯性测量装置的陀螺和加速度计，被安装在一个特制的“陀螺稳定平台”上，简称为“平台”。捷联式惯性测量装置的陀螺和加速度计直接固连在载体上，工程上习惯将其简称为“惯性测量装置”或“惯测装置”。

下面以行人的惯导定位为例讲解二维场景下的惯导定位原理[28]，见图 3-9。

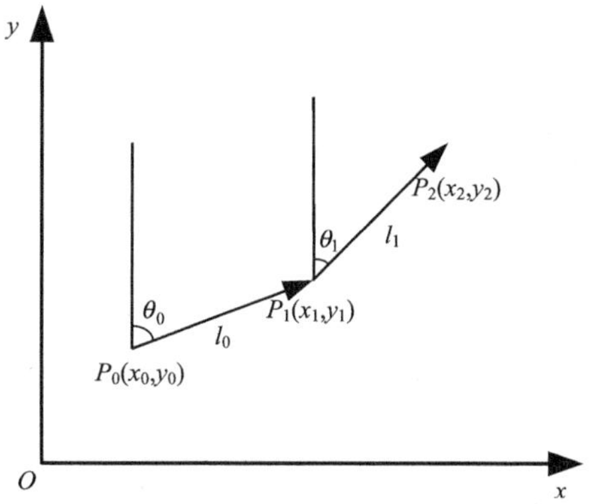

图 3-9　二维惯导定位的原理

假定行人的初始位置点为 $P_0(x_0,y_0)$，沿航向角 θ_0 移动，移动距离 l_0 后到达位置点 $P_1(x_1,y_1)$，则点 P_0 和点 P_1 之间的关系如下：

$$\begin{cases} x_1 = x_0 + l_0 \sin\theta_0 \\ y_1 = y_0 + l_0 \cos\theta_0 \end{cases} \tag{3-49}$$

节点以航向角 θ_1 移动距离 l_1 后到达位置点 $P_2(x_2,y_2)$：

$$\begin{cases} x_2 = x_1 + l_1 \sin\theta_1 = x_0 + \sum\limits_{i=0}^{1} l_i \sin\theta_i \\ y_2 = y_1 + l_1 \cos\theta_1 = y_0 + \sum\limits_{i=0}^{1} l_i \cos\theta_i \end{cases} \tag{3-50}$$

继续按照节点的航迹进行推算，可得到点 P_k 坐标为

$$\begin{cases} x_k = x_0 + \sum\limits_{i=0}^{k-1} l_i \sin\theta_i \\ y_k = y_0 + \sum\limits_{i=0}^{k-1} l_i \cos\theta_i \end{cases} \tag{3-51}$$

随着时间的推移，惯导系统的误差将会累积得越来越大，因此惯导系统只能维持短时间的高精度。然而，考虑到惯导系统能够全程提供载体的姿态信息(偏航角、俯仰角、

横滚角)，因此在远距离导航任务中通常采用“组合导航”方式，使用其他导航系统之长(有界误差)弥补惯导系统之短(无界误差)，又以惯导系统之长(能提供全姿态信息)，弥补其他导航系统之短(不能提供姿态信息)。

3.2.8　地磁定位

地球周围存在稳定的磁场，称为地磁场。很多鸟类，尤其是迁徙的候鸟，在做长途飞行时都能利用地磁场来保持其飞行路线不发生偏离[29]。人类利用地磁进行方向辨认和导航由来已久，古人发明的指南车、航海罗盘都是很好的例证。随着测量仪器的发展和对地磁研究的深入，人们可以对不同空间的地磁场进行精确描述和测量，使得地磁定位导航成为可能。

地磁场按其来源可分为内源场和外源场[30]。内源场是由地球内部结构产生的，外源场则由地球附近的电流体系产生，如电离层电流、环电流、磁层顶电流等。地磁场会受到金属物的干扰，特别是穿过钢筋混凝土结构的建筑物时，原有磁场被建筑材料(金属结构)扰动扭曲，使得每个建筑物内都形成了独特的“磁性纹路”，也就是说在室内形成了一种有规律的“室内磁场”。

如果建筑物本身不发生钢筋体的结构性改变，室内磁场的特性也就固定不变。室内地磁定位就是通过捕捉这种“室内磁场”的规律，从而辨认室内环境里不同位置的磁场信号强度差异，从而匹配自己在空间中的相对位置。

地磁场模型与地磁图是研究地磁导航的基础，地磁场建模和地磁图的精确程度是决定地磁导航技术是否可行的关键因素。当载体在地表附近运行时，地磁场强度的变化主要体现为异常场强度的变化。由于地磁异常场非常稳定，基本不随时间变化，因此一般采用表示地磁异常特征的地磁异常图作为地磁导航的参考数据。

地磁传感器测得的测点是磁场强度总量，包括地磁场和环境干扰磁场，通过野值剔除和误差补偿等方式剔除地磁场信号后，减去由地磁场模型给出的主磁场信号，然后做日变校正等处理，得到地磁异常强度的测量值。根据系统的位置输出在地磁异常图上读取对应的地磁异常强度，与异常强度的实测值进行比较，其差值反映导航定位误差。对系统的位置输出进行修正，使得系统指示的异常强度向着实测值靠拢，也就是使得系统的定位结果向着真实位置逼近。

按照地磁数据处理方式的不同，地磁导航分为地磁匹配和地磁滤波两种方式。地磁匹配定位导航的基本原理如图 3-10 所示，通过地磁传感器提取载体(目标节点)在运动过程中实时测量的地磁特征信息，采用各种信息处理技术，将实时图与地磁数据库的基准图进行匹配，按照一定准则判断两者的匹配程度，找出最佳匹配点，从而定位出目标的位置。

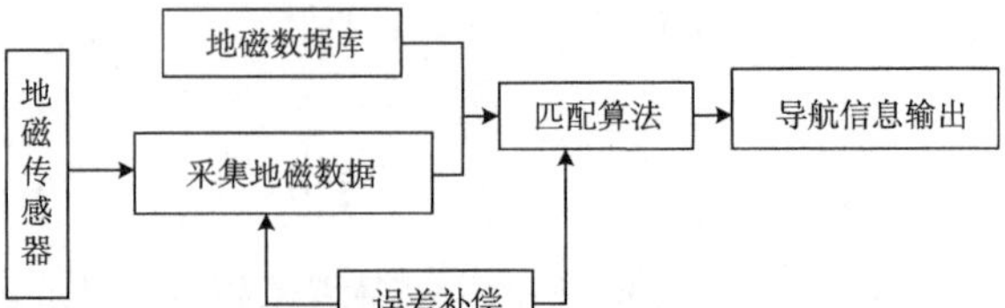

图 3-10　地磁匹配定位导航的基本原理

地磁匹配算法是地磁导航的核心技术，目前主要有两类。一类强调实时图与地磁数据库的基准图之间的相似程度，如互相关算法、相关系数法等。另一类强调它们之间的差别程度，如平均绝对差算法、均方差算法。在求最佳匹配点的时候，前者求最大值，后者求最小值。地磁匹配原理简单，但是需要存储大量的地磁数据。

地磁滤波通过滤波的方式进行处理，目前主要有两种。一种采用三轴磁传感器采集测点的完整地磁矢量信息，它不需要得到异常强度，而是直接把三分量数据作为观测量进行地磁滤波，滤波精度和三轴传感器的观测精度有直接关系。然而，当前的三轴传感器设计得并不完善，测量精度有限，如果采用应用比较广泛的光泵磁力仪，测量得到的只是磁场的模量，对磁场各分量方向的变化不响应。另外一种方式采用质子磁力仪等作为地磁传感器，它只能测得垂直或水平单一方向的地磁强度，需要在地磁滤波过程中对载体的轨迹进行优化。

由于地磁场观测模型是非线性的，在地磁导航滤波算法中，多采用扩展卡尔曼滤波或无迹卡尔曼滤波方法，这两种滤波方法将在后续章节中介绍。

3.3　基本非测距定位算法

与测距定位方法不同，非测距定位不是通过测定目标节点与信标节点之间的距离进行定位，而是节点之间的空间关系、跳数关系、拓扑约束等进行定位。

3.3.1　质心定位法

假定目标节点能够直接收到 n 个信标节点的信号，这些信标节点的坐标为 $(x_i, y_i), i=1,2,\cdots,n$，基本质心定位算法将这些信标节点的质心作为目标节点的坐标，即

$$\begin{aligned} x &= \frac{1}{n}\sum_{i=1}^{n} x_i \\ y &= \frac{1}{n}\sum_{i=1}^{n} y_i \end{aligned} \tag{3-52}$$

质心定位法方便简单，计算量小，通信开销低，但是对网络节点密度具有较高要求，并且定位精度较低。

考虑到不同信标节点对定位的贡献不同，因此可以为不同信标节点的坐标赋予不同的权值，从而发展为加权质心定位算法：

$$\begin{aligned} x &= \frac{1}{\sum_{i=1}^{n} w_i}\sum_{i=1}^{n} w_i x_i \\ y &= \frac{1}{\sum_{i=1}^{n} w_i}\sum_{i=1}^{n} w_i y_i \end{aligned} \tag{3-53}$$

其中，$w_i, i=1,2,\cdots,n$ 表示权值，且 $\sum_{i=1}^{n} w_i = 1$。

3.3.2 APIT 定位法

APIT(approximate point-in-triangulation test)表示近似三角形内点测试，其基本思想是确定多个包含未知节点的三角形区域，然后求这些三角形区域的交集，该交集构成一个多边形，最后将这个多边形区域的质心作为目标节点的位置。

在网络中与目标节点能够直接连通的信标节点中，可能有许多信标节点能够构成三角形，如果有 n 个这样的节点，则能够连成 C_n^3 个三角形。从这些三角形中选择能够覆盖目标节点的三角形，如图 3-11 所示[31]，图中黑色椭圆点表示目标节点，能够覆盖目标节点的三角形有 2 个，这两个三角形的重叠区域构成一个多边形，多边形的质心就被作为目标节点的定位结果。

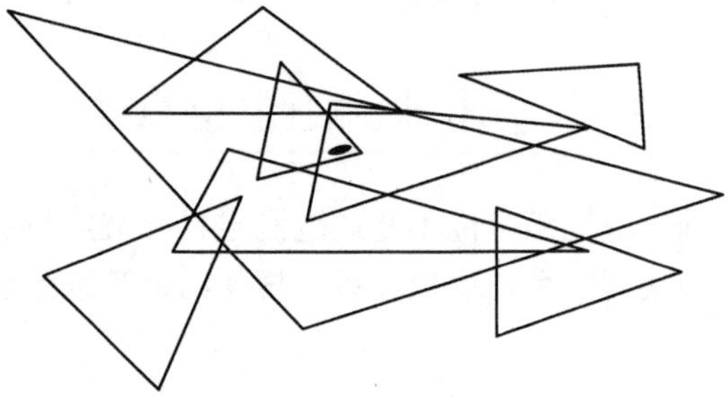

图 3-11　APIT 定位的基本原理

APIT 定位算法的核心是进行最佳三角形内点测试，用以判断目标节点是在三角形内还是三角形外。如图 3-12 所示，假设目标节点为 D，任选 3 个信标节点 A、B 和 C，构成一个三角形，将 D 向任意一个方向移动，若 D 同时远离三个信标节点，则目标节点在三角形之外，见图 3-12(a)；如果离一些节点越来越远，但是离另外的节点越来越近，则目标节点必然在三角形之内，见图 3-12(b)。

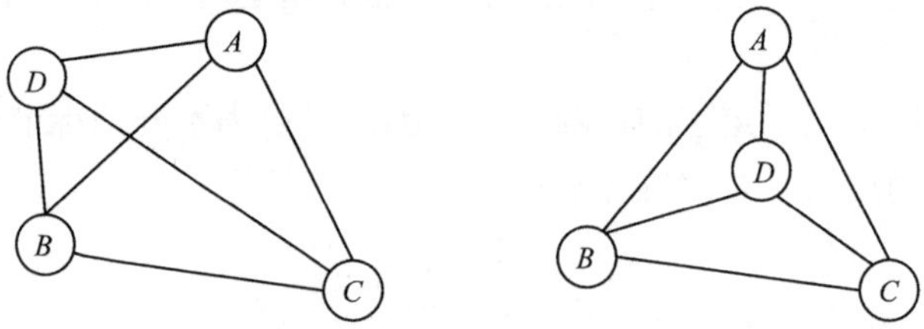

(a) 目标节点在△ABC外　　(b)目标节点在△ABC内

图 3-12　三角形内点测试

APIT 定位算法需要多次反复地选取 3 个与目标节点连通的信标节点进行内点测试，采用网格扫描法对符合条件的三角形区域进行计数，找出重叠区域，从而求得未知节点坐标和定位误差。APIT 定位算法的时间复杂度比较高，在网络初始化阶段需要信标节点广播一次自身位置信息，不需要其他节点参与进来，但在其进行内点测试时，为了计量目标节点所在的三角形区域的个数，需要信标节点再一次广播邻居节点信息，尤其是其信号强度信息，因此通信传输量大，次数多，在程序运行中需要占用较大的存储空间，其空间复杂度较高。此外，利用网格扫描的方法计算未知节点坐标，方法较为复杂，但其误差较小。

3.3.3 DV-Hop 定位法

DV-Hop 定位算法利用多跳信标节点信息来参与节点定位，定位覆盖率较大[32]。在该定位机制中，目标节点首先计算到达每个信标节点的最小跳数，然后估算每跳平均距离，利用最小跳数乘以每跳平均距离，估算得到目标节点与信标节点之间的距离，再利用三边定位法或极大似然估计法计算未知节点的坐标。

DV-Hop 定位算法包括以下 3 个阶段：

1) 计算目标节点与每个信标节点的最小跳数

信标节点向邻居节点发送广播分组，该分组中包括自身位置和跳数字段，其中跳数字段初始化为 0。接收节点记录到每个信标节点的最小跳数，忽略来自同一个信标节点的较大跳数的分组。然后将跳数值加 1 转发给邻居节点。通过这个方法，网络中的所有节点能够记录下到每个信标节点的最小跳数。

2) 计算目标节点与信标节点的实际跳段距离

每个信标节点根据第 1 阶段中记录的其他信标节点的位置信息和相距跳数，利用公式(3-54)估算每跳平均距离：

$$c_i = \frac{\sum\limits_{j \neq i} \sqrt{\left(x_i - x_j\right)^2 + \left(y_i - y_j\right)^2}}{\sum\limits_{j \neq i} h_{ij}} \tag{3-54}$$

其中，(x_i, y_i)、(x_j, y_j)是信标节点 i 和 j 的坐标；h_{ij} 是信标节点 i 和 j 之间的最小跳数。

然后，信标节点将计算的每跳平均距离用带有生存期的字段的分组广播到网络中，目标节点仅记录接收到的第 1 个每跳平均距离，并转发给邻居节点。这个策略可以确保绝大多数目标节点从最近的信标节点接收每跳平均距离。

目标节点接收到每跳平均距离后，根据记录的跳数，利用每跳平均距离×跳数，计算节点到每个信标节点之间的距离。

3) 目标节点计算自身位置

目标节点利用第 2 阶段中记录的到各个信标节点的跳段距离，利用三边定位法或极大似然估计法计算出自身坐标。

下面以图 3-13 为例说明 DV-Hop 的原理。经过第 1 和第 2 阶段，能够计算出信标节点 L_1 与 L_2、L_3 之间的平均距离和跳数。信标节点 L_2 计算得到每跳平均距离为(40+75)/(2+5)= 16. 42m。

假设目标节点 A 从 L_2 获得的每跳平均距离，则它与 3 个信标节点之间的距离分别为

L_1：3 ×16. 42m，L_2：2 ×16. 42m，L_3：3×16. 42m，最后可利用三边定位法确定节点 A 的位置。

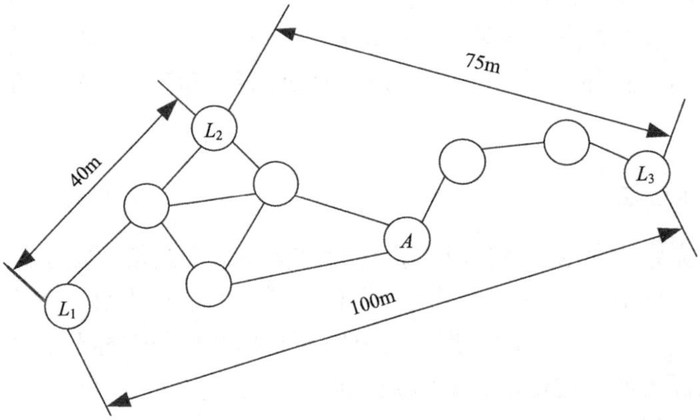

图 3-13　DV-Hop 算法实例

DV-Hop 算法采用每跳平均距离来估算实际距离，对节点的硬件要求低，实现简单。其缺点是由于采用了跳段距离来代替直线距离，存在较大的测距误差，其误差主要有[33]：

(1) 跳数信息误差。在 DV-Hop 定位算法中，节点之间的距离是通过最小跳数来计算的，若跳数值越大，代表节点之间的距离就越远。此外，两个可以相互感测到的相邻节点间的距离都设定为一跳，也就是距离默认为通信半径 R，而实际中相邻节点间距离是不等的，都默认为相等，则会导致节点间的距离有误差。

(2) 平均跳距误差。得知节点间的最小跳数，就可以通过最小跳数计算信标节点之间的平均跳距，平均跳距是通过实际距离除以最小跳数获得，由于最小跳数存在误差，那么平均跳距也相应存在误差。而未知节点直接采用最近的信标节点的平均跳距也会存在误差，并且因为只是使用最近的信标节点作为自己的平均跳距，没有考虑整个网络的情况，误差会进一步加大。

(3) 计算定位误差。一般采用三边测量法或者极大似然估计法计算节点定位结果，若采用三边测量法，当选取的三个信标节点位于同一条直线上时，就无法进行自身的定位。若采用极大似然估计法，公式中本身包含估计距离误差和信标节点误差，即使计算出定位结果，也只是默认为未知节点的最终位置，没有进行优化计算，因此不一定是最佳结果。

3.3.4　MSP 定位法

MSP 即多序列定位(multi-sequence positioning)，它通过从多个一维节点排序中获取相对位置信息[34]。如图 3-14 所示，网络的不同区域在不同时刻产生事件，比如来自不同位置的超声波传播，或者不同角度的激光扫描。当事件传播的时候，各节点将在特定时刻检测到该事件，见图 3-14(a)。对于某个事件而言，我们将节点的顺序称为节点序列，它取决于事件的检测顺序。每个节点序列不但包括目标节点，也包括信标节点，见图 3-14(b)。随后，利用多序列处理算法将各个节点缩小到一个小区域中，见图 3-14(c)。

最后，通过一个分布式的方法估计各个目标节点的精确位置，见图 3-14(d)。

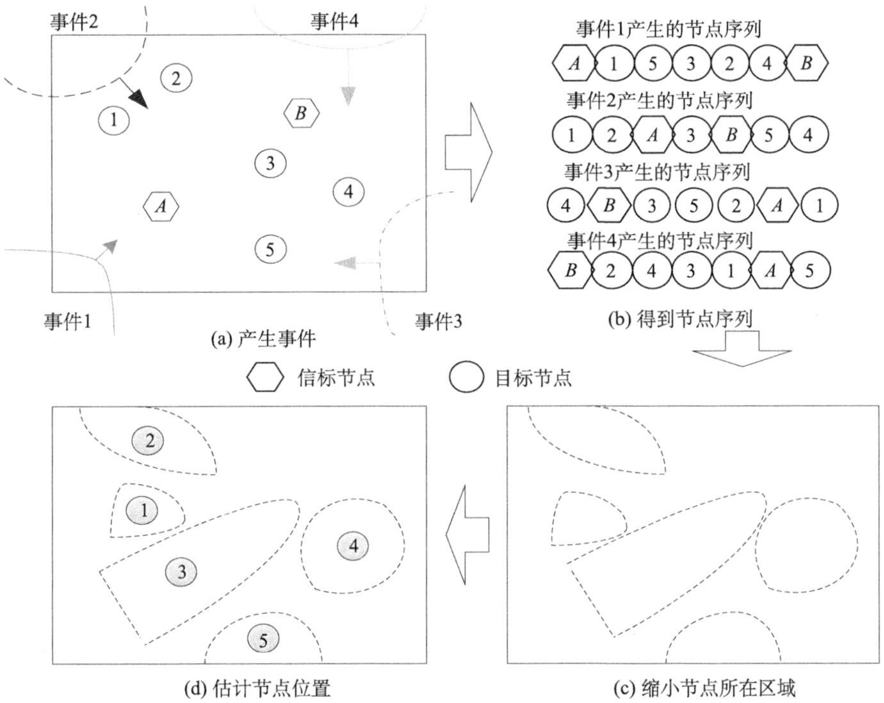

图 3-14　MSP 定位算法概览

从图 3-14 可知，与测量信标节点与信标节点之间的距离相比，节点序列的获取更加经济高效。此外，它也不需要为了定位事件而要求系统具有刚性的时间-空间关系。

以采用直线扫描的简单 MSP 场景为例。假定网络中有 N 个待定位的目标节点和 M 个信标节点，它们随机分布在一个大小为 S 的区域中。MSP 的核心思想是通过对节点序列的处理将整个网络分割成一个个小的区域，见图 3-15，其中带数字编号的圆圈表示目标节点，带字母编号的六边形为信标节点。

基本 MSP 利用两条直线从不同方向对网络区域进行扫描，并将每次扫描视为一个事件。所有节点按需对每个事件进行响应，从而产生两个节点序列。在图 3-15 中，垂直扫描将产生节点序列 $(8,1,5,A,6,C,4,3,7,2,B,9)$，水平扫描将产生节点序列 $(3,1,C,5,9,2,A,4,6,B,7,8)$。由于信标节点的坐标是已知条件，两个节点序列中的信标节点实际上将网络垂直和横向分成了 16 个区域，见图 3-15。从一般情况来看，如果在网络中有 M 个信标节点，并且网络被从不同方向执行了 d 次扫描，从而获得了 d 个节点序列，该节点序列将网络区域分成为许多小区域。显然，区域的块数是 M、d、信标位置以及每条扫描线斜率的函数，其数量为 $O\left(M^2d^2\right)$。

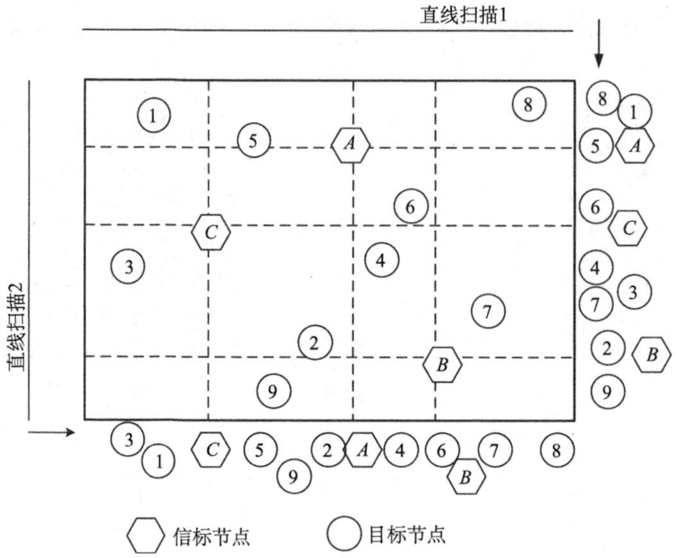

图 3-15　获得多个节点序列

算法 1 给出了 MSP 的基本流程(表 3-1)，其中，第 5 行的作用是在节点序列中搜寻前一个信标节点和后一个信标节点，以便确定本节点的边界。第 6 行的作用是根据得到的边界缩小节点区域。最后利用质心定位法确定各个目标节点的位置。

表 3-1　基本 MSP 算法

算法 1：基本 MSP 算法	
输出：各个目标节点的定位结果	
1	repeat
2	读取一个未被处理的序列；
3	repeat
4	按照顺序从序列中读取一个节点；
5	获得边界；
6	更新地图；
7	until 所有目标节点都已被更新
8	until 所有节点序列都已被处理完毕
9	repeat
10	读取一个还未被定位的目标节点；
11	利用质心算法估计信标节点位置；
12	until 所有目标节点都已被定位

基本 MSP 只利用了节点序列中目标节点和信标节点的先后顺序信息，实际上可以从节点序列中提取更多用于定位的信息，这就是高级 MSP 的基本思想，其中又包括基于序列的 MSP、迭代 MSP、分布式估计 MSP 和自适应 MSP 4 种，这里不再介绍。

3.3.5　凸规划定位法

凸规划定位由加州大学的 Doherty 等提出。该方法要求将信标节点分布在待定位区域外围，以保证整个网络的覆盖，目标节点在其中静止或移动[35]。节点之间的通信连接被转化为节点位置的几何约束，从而限制了节点位置的有效范围。利用节点之间的邻近性以及信标节点之间的连接信息，将定位网络表示为凸面位置约束模型，这些约束被转化为线性矩阵不等式，进而使用线性规划和半定规划得到一个全局优化的解决方案，从而确定目标节点位置。如图 3-16 所示，目标节点将被定位在阴影区域，具体而言，目标将被定位在阴影区域的外接矩形的质心位置。

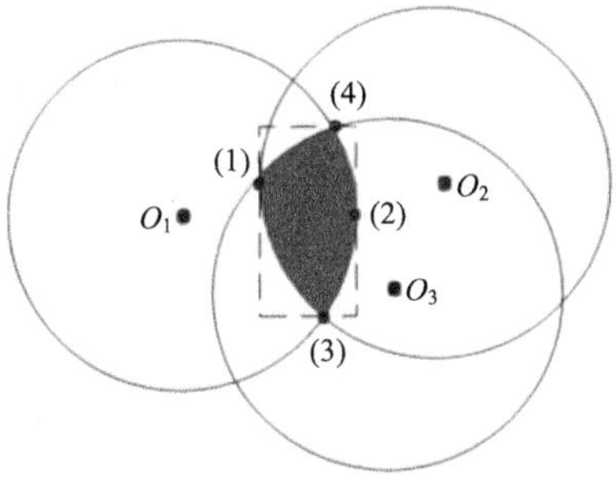

图 3-16　凸规划定位示意图

接下来具体阐述凸规划定位的基本原理。不失一般性，用 a 代表信标节点的位置，b 代表目标节点的位置，则信标节点与目标节点之间的连通约束可以表示为如下的线性矩阵不等式：

$$\|a-b\|_2 \leqslant R \Rightarrow \begin{bmatrix} \boldsymbol{I}_2 R & a-b \\ (a-b)^{\mathrm{T}} & R \end{bmatrix} \geqslant 0 \tag{3-55}$$

其中，$\boldsymbol{I}_2$ 是一个 2 范数的单位矩阵；R 为节点通信半径，每一个双向的连通约束都形成凸面线性矩阵不等式。采用半定规划求解不等式，多个不等式就可以对整个定位网络形成一个大的半定规划。

在二维坐标中，每个节点的位置用 (x,y) 表示。假定网络中的节点总数为 N，其中信标节点数目为 K，其坐标为 $\{(x_1,y_1),\cdots,(x_K,y_K)\}$，剩余的 $(N-K)$ 个节点的坐标为 $\{(x_{K+1},y_{K+1}),\cdots,(x_N,y_N)\}$。包含所有节点位置的向量表示为

$$\boldsymbol{z}=[x_1 \quad y_1 \quad \cdots \quad x_K \quad y_K \quad x_{K+1} \quad y_{K+1} \quad \cdots \quad x_N \quad y_N]$$

目标定位就是要求出剩余的 $(N-K)$ 个变量，这可以采用线性规划[35, 36]：

$$\begin{aligned} &\text{Minimize} && \boldsymbol{c}^{\mathrm{T}}\boldsymbol{z} \\ &\text{Subject to:} && \boldsymbol{A}\boldsymbol{z} < \boldsymbol{b} \end{aligned} \tag{3-56}$$

其中，Minimize 表示求最小值；Subject to 表示需要满足的约束条件；$\boldsymbol{c}$ 为变量向量；$\boldsymbol{b}$ 为约束条件；$\boldsymbol{A}$ 为约束变量。几何学上，这就是要在一个凸多面体上最小化一个线性

函数。

线性规划更一般的形式是如下的半定规划形式：

$$
\begin{aligned}
&\text{Minimize} \quad \boldsymbol{c}^{\mathrm{T}}\boldsymbol{z} \\
&\text{Subject to:} \\
&\qquad \boldsymbol{F}(z) = \boldsymbol{F}_0 + z_1\boldsymbol{F}_1 + \cdots + z_n\boldsymbol{F}_N < \boldsymbol{0} \\
&\qquad \boldsymbol{A}\boldsymbol{z} < \boldsymbol{b} \\
&\qquad \boldsymbol{F}_i = \boldsymbol{F}_i^{\mathrm{T}}
\end{aligned}
\tag{3-57}
$$

其中，$\boldsymbol{F}_i$ 为节点向量变量矩阵，该约束条件是在正的半定矩阵锥体部分得出一个矩阵不等式，$\boldsymbol{F}(z)$ 的特征值是非正数，这就是一个线性矩阵不等式。目标函数对于半定规划必须是线性的。

最后，即可估计第 $k(k=K+1,\cdots,N)$ 个目标节点的位置。对于式(3-56)和式(3-57)，求解线性规划/半定规划得到唯一的全局最优解。

令 $\boldsymbol{c}_i=\begin{cases}\pm1, & i=2k-1\\ 0, & \text{其他}\end{cases}$，分别得到 $(x_k)_{\min}$、$(x_k)_{\max}$，如图 3-16 的点(1)和(2)所示。

令 $\boldsymbol{c}_i=\begin{cases}\pm1, & i=2k\\ 0, & \text{其他}\end{cases}$，分别得到 $(y_k)_{\min}$、$(y_k)_{\max}$，如图 3-16 的点(3)和(4)所示。

由点(1)、(2)、(3)和(4)界定了一个包含目标节点的最小矩形，即该矩形包含了实际的节点位置，选择该矩形的质心作为定位结果。

凸规划算法的定位精度很大程度取决于信标节点的部署情况[33]，当信标节点比例较低时，未知节点只能被一个信标节点感测到或者不能被信标节点感测到，此时未知节点无法通过信标节点的信息进行准确的定位。随着信标节点比例越来越高，未知节点可以被越来越多的信标节点感测到，那么就会造成较大的重叠区域。如果重叠区域过大，会导致未知节点定位精度较低，因此进一步缩小定位区域才能提升定位精度，使得凸规划在更多场合得到更加广泛的应用。

3.3.6　Spotlight 定位法

Spotlight 的主要思想是在定位网络中产生一些事件，比如定位区域中出现的光圈[37]。当该事件被网络中的节点检测到之后，就可推断出检测到事件的时间以及事件的时空属性、网络节点的空间信息(即位置)之间的关系。

图 3-17 是一个 Spotlight 定位系统示意图，由无人机通过播撒的方式在一个区域中随机播撒一些节点，这些节点的位置不可知，是需要定位的对象。部署完成之后，这些节点能够自组成网并进行时间同步。为了进行定位，通过一个无人机或直升机携带一个称为 Spotlight 的设备在待定位区域飞行，用以产生所需的光事件。节点检测到事件后，将向 Spotlight 设备报告它检测到事件时的时间戳，然后由 Spotlight 计算出节点位置。

一个 Spotlight 定位系统具有三个主要功能，分别称为事件分发功能(event distribution function，EDF) $E(t)$，事件检测功能(event detection function) $D(e)$ 和定位功能 $L(T_i)$，其

中事件分发功能是系统的核心功能。下面分别阐述它们的定义。

图 3-17　Spotlight 定位系统示意图

事件：一个事件 $e(t,p)$ 是一个可检测的现象，其发生时刻为 t，位置为 p。事件的一些例子包括：光、热、烟、声音等。假定 $T_i=\{t_{i1},t_{i2},\cdots,t_{in}\}$ 是节点 i 检测到的 n 个事件的时间戳，$T_i'=\{t_1',t_2',\cdots,t_m'\}$ 是 m 个事件产生时的时间戳。

事件检测功能：它是一个二进制算法，对于一个给定事件 e，有

$$D(e)=\begin{cases}\text{true}, & \text{检测到事件}e\\ \text{false}, & \text{未检测到事件}e\end{cases} \tag{3-58}$$

事件分发功能：它定义为定位网络在时刻 t 的点分布：

$$E(t)=\{p \mid p\in A\cap D(e(t,p))=\text{true}\} \tag{3-59}$$

其中，A 是传感节点所在的物理空间。

定位功能：它定义为一个定位算法，其输入为 T_i，也就是节点 i 所检测到的事件序列的一系列时间戳。

在事件分发功能、事件检测功能和定位功能的支持下，Spotlight 按照下述流程对节点进行定位：

(1) 一个 Spotlight 设备在网络区域分发事件；

(2) 在事件分发过程中，节点记录所检测到的事件的时刻，即时间戳 $T_i=\{t_{i1},t_{i2},\cdots,t_{in}\}$；

(3) 节点将时间戳发回给 Spotlight 设备；

(4) Spotlight 设备根据时间戳 T_i 以及 $E(t)$ 功能计算节点的位置。

参 考 文 献

[1] 胡青松，张申. 矿井动目标精确定位新技术[M]. 徐州：中国矿业大学出版社, 2016.

[2] Cui H Q, Wang Y L. A Survey of Localization Schemes in Wireless Sensor Networks with Mobile Beacon[C]//3rd international conference on computer and automation engineering, Chongqing, 2009:

235-254.

[3] 肖竹, 黑永强, 于全, 等. 脉冲超宽带定位技术综述[J]. 中国科学(F 辑: 信息科学), 2009, 39(10): 1112-1124.

[4] Sahu P K, Wu E H, Sahoo J. DuRT: Dual RSSI Trend Based Localization for Wireless Sensor Networks[J]. IEEE Sensors Journal, 2013, 13(8): 3115-3123.

[5] Cota-Ruiz J, Rosiles J, Rivas-Perea P, et al. A Distributed Localization Algorithm for Wireless Sensor Networks Based on the Solutions of Spatially-Constrained Local Problems[J]. IEEE Sensors Journal, 2013, 13(6): 2181-2191.

[6] Trevisan L M, Pellenz M E, Penna M C, et al. A simple iterative positioning algorithm for client node localization in WLANs[J]. EURASIP Journal on Wireless Communications and Networking, 2013, 2013(1): 1-11.

[7] Zhou G, He T, Krishnamurthy S, et al. Impact of Radio Irregularity on Wireless Sensor Networks[C]// The Second International Conference on Mobile Systems, Applications, and Services, ACM Press: Boston, MA, USA, 2004: 1-14.

[8] 宋琛. 移动无线传感器网络蒙特卡罗定位算法研究[D]. 长沙：湖南大学, 2008.

[9] 孙继平, 王帅. 改进型能量传递测距模型在矿井定位中的应用[J]. 中国矿业大学学报, 2014, 43(1): 94-98.

[10] Zhang Q, Yang H, Wei Y. Selection of Destination Ports of Inland-Port-Transferring RHCTS Based on Sea-Rail Combined Container Transportation[C]// Innovation and sustainability of modern railway: Third international symposium on Innovation and sustainability of modern railway(ISMR 2012), Nanchang: 2009: 1-6.

[11] 王赛伟. 基于位置指纹的 WLAN 室内定位方法研究[D]. 哈尔滨：哈尔滨工业大学, 2009.

[12] 孙继平, 李晨鑫. 基于 WiFi 和计时误差抑制的 TOA 煤矿井下目标定位方法[J]. 煤炭学报, 2014, 39(1): 192-197.

[13] 徐小龙. 物联网室内定位技术[M]. 北京：电子工业出版社, 2017.

[14] 耿飞. 矿井无线传感器网络定位技术研究[D]. 徐州：中国矿业大学, 2015.

[15] 刘伟. 井下移动目标无线定位技术研究[D]. 徐州：中国矿业大学, 2014.

[16] Icaoys. 阵列信号基础之 1：MUSIC 算法[EB/OL]. https://blog.csdn.net/qq_23947237/article/details/82318222[2018-9-2].

[17] Icaoys. 阵列信号基础之 2：ESPRIT 算法[EB/OL]. https://blog.csdn.net/qq_23947237/article/details/82318370[2018-9-2].

[18] 裴曙阳. 基于 AOA 和 PDOA 的无源 UHF RFID 室内定位算法研究[D]. 天津：天津大学, 2018.

[19] Wang J, Ghosh R K, Das S K. A survey on sensor localization[J]. 控制理论与应用(英文版), 2010, 8(1): 2-11.

[20] 张明华. 基于 WLAN 的室内定位技术研究[D]. 上海：上海交通大学, 2009.

[21] Yang T, Wu X. Accurate location estimation of sensor node using received signal strength measurements[J]. International Journal of Electronics and Communications, 2015, 69(4): 765-770.

[22] 诸燕平. 无线传感器网络节点定位算法研究[D]. 南京：南京航空航天大学, 2009.

[23] 张健. 基于时间测量的无线传感器网络定位技术研究与实现[D]. 南京：解放军信息工程大学, 2009.

[24] 诸燕平, 蒋爱民, 陈阳, 等. 基于扩散策略的分布式多维尺度节点定位算法[J].华中科技大学学报(自然科学版), 2016, 44(12): 81-85.

[25] 石琴琴. 无线传感器网络节点自定位系统及其算法研究[D]. 上海：上海交通大学, 2009.

[26] I-Legend. 带你走进惯性导航[EB/OL]. https://blog.csdn.net/flight_solar/article/details/78748151[2017-12-8].

[27] Gdutjin. 惯性导航基本概念[EB/OL]. https://blog.csdn.net/gdutjin/article/details/89956295[2019-5-8].

[28] 马京，胡青松，宋泊明，等. 基于指纹膜与航迹推算的井下人员定位系统[J]. 工矿自动化，2016, 42(5): 19-23.

[29] 美迪索科室内定位. 聊一聊神奇的室内地磁定位[EB/OL]. https://www.sohu.com/a/224732599_99976586[2018-3-2].

[30] 郭才发，胡正东，张士峰，等. 地磁导航综述[J]. 宇航学报, 2009, 30(4): 1314-1319.

[31] 韩颖，缪建华. 无线传感网质心和 APIT 定位算法分析仿真比较[J]. 江苏理工学院学报，2015, 21(6): 18-22.

[32] 奔跑着的孩子. DV-Hop 定位算法[EB/OL]. https://blog.csdn.net/wangh0802/article/details/73550756[2017-6-21].

[33] 叶娟. 无线传感器网络非测距定位算法研究[D]. 桂林：广西师范大学, 2019.

[34] Zhong Z, He T. MSP: Multi-Sequence Positioning of Wireless Sensor Nodes[C]// the 5th ACM international conference on embeded networked sensor systems, Sydney, Australia: ACM, 2007:1-14.

[35] 向满天，罗嗣力，戴美思. 无线传感器网络中一种改进的凸规划定位算法[J]. 传感技术学报，2014, 27(8): 1138-1142.

[36] Doherty L, Pister K S J, Ghaoui L E. Converx position estimation in wireless sensor networks[C]// IEEE INFOCOM 2001, Anchorage, USA: 2001:1-9.

[37] Stoleru R, He T, Stankovic J A, et al. A high-accuracy, low-cost localization system for wireless sensor networks[C]//The 3rd international conference on Embedded networked sensor systems, San Diego, USA: ACM, 2005: 13-26.

第 4 章　无线定位的进阶算法

在无线定位的基本原理中提到，对于基于距离测量的定位系统而言，其关键技术包括距离测量、位置求解和位置优化三个阶段，其中位置求解是其核心，并在该章中介绍了一些最简单的测距方法和位置求解方法。然而，这些最基本的算法仅仅是设计定位算法的起步，仅仅利用这些基本算法在很多时候无法获得满意的定位精度，需要在此基础上，利用各种网络特征、数学手段等设计针对性定位算法。本章将介绍一些代表性的无线定位进阶算法。

4.1　提高测距精度

距离测量是测距定位算法的基础。第 3 章已经论述过，目标定位中的常用测距方法主要有 AOA、RSSI、TOA 和 TDOA 等方法[1]。在这些方法中，RSSI 方法对测距模型依赖度很高，即需要提出更精确的信号衰减模型来描述信号衰减与距离的关系[2]；AOA 方法要求节点配备天线阵列或智能天线，因此成本较高；单程 TOA 方法需要信标节点和目标节点之间保持严格的时间同步，多节点 TDOA 方法要求信标节点之间保持严格的时间同步，而时间同步通常比较困难。不过，双程 TOA 可以间接测量信标节点和目标节点之间的距离，它不要求二者之间保持严格的时间同步，因此利用十分广泛。本节探讨提高测距精度的一些基本方法。

4.1.1　近场电磁测距优化

TOA、TDOA、AOA、RSSI 等测距方法采用的都是高频无线信号[3]，在实践中利用得最为广泛，本书探讨的知识若无特殊说明也都是采用高频无线信号。不过，高频无线信号在传播过程中存在多径效应，并在穿透墙壁、家具等物体的时候存在严重的衰减。

近场电磁测距技术在近场通过电场天线和磁场天线分别接收低频发射信号(530～1710kHz)的电场成分和磁场成分，然后利用近场电磁场之间的相位差与通信距离之间的关系来实现测距。低频信号穿透建筑物的能力更强，能够有效减少多径干扰，并在非视距情况下也能够取得较高的定位精度。

近场测距系统的结构如图 4-1 所示。为了获得接收信号电场成分和磁场成分的相位差，分别用电场天线(单极子天线或偶极子天线)和磁场天线(环形天线)来接收同一个发射天线发出的信号，然后利用相位差，获取目标与接收端之间的距离。

$$r=\frac{\lambda}{2\pi}\sqrt[3]{\cot(\Delta\varphi)} \tag{4-1}$$

其中，r 是天线之间的距离；λ 是信号波长；$\Delta\varphi$ 是接收信号电场成分和磁场成分的相位差。

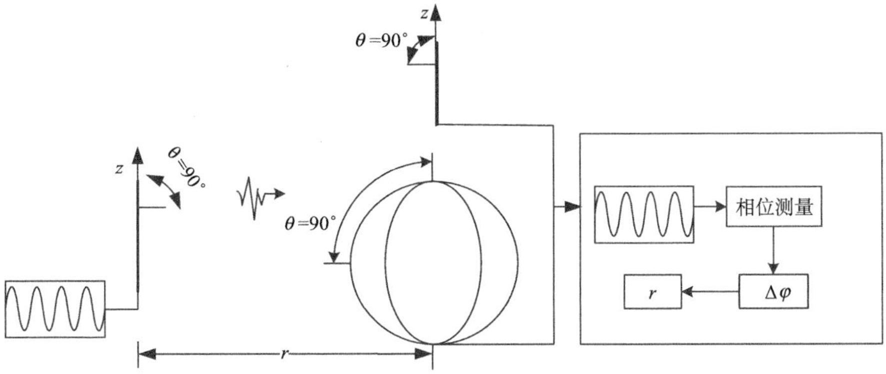

图 4-1　近场测距系统结构

近场电磁测距技术利用低频发射信号在半波长范围内的电场成分、磁场成分之间的相位差和通信距离之间的关系进行测距。当测距范围需求大于半波长时，需要调整信号频率以满足需求。然而，现有近场电磁测距系统采用模拟鉴相器来鉴别电场成分与磁场成分之间的相位差，在硬件设计完成之后，难以根据不同测距范围的需求来更改发射信号频率。另外，鉴相器不仅需要根据已知的发射信号频率设置本地参考信号频率，而且还要求电场成分处理通道和磁场通道同步工作。同步精度会影响鉴相器的相位鉴别精度，从而影响测距精度。因此，现有相位鉴别系统结构复杂且对系统工作条件要求较高。

除了测距范围之外，近场电磁测距系统的测距精度也与信号频率有关。信号的电场成分、磁场成分之间的相位差与通信距离之间的关系并不是线性关系，即在鉴相精度保持一致的情况下，系统在不同的测距范围内会有不同测距精度。研究表明，在发射信号 0.1～0.3 倍波长范围内，近场电磁测距系统的测距精度比较高。

因此，根据测距范围和精度需求，设计能够自适应调整发射信号频率的测距系统，对于提高近场电磁测距系统的测距性能很重要。然而，改变发射信号频率对于发射系统实现起来相对容易，但是对于接收端鉴相系统提出了更高的要求。对于近场电磁测距系统采用的单频信号，电磁场之间的相位差在时域的表现形式是电磁场之间的时间延迟。通过设计和优化自适应时延估计，接收端能够在不需要先验信号的前提下，自适应估计发射信号电场和磁场之间的时间延迟，进而测得与定位目标之间的距离，其框图如图 4-2 所示。

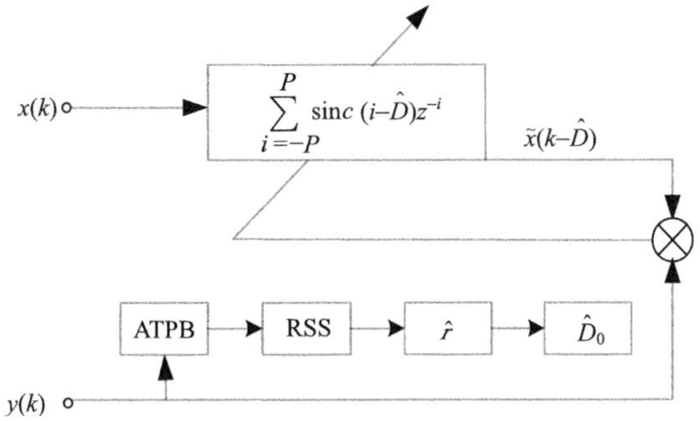

图 4-2　基于 RSSI 的精确时延估计

假设接收到的两路信号的离散模型为

$$\begin{aligned} x(k) &= s_E(k) + n_1(k) \\ y(k) &= s_H(k) + n_2(k) \end{aligned} \tag{4-2}$$

其中，$s_E(k)$ 和 $s_H(k)$ 分别是目标信号的电场成分和磁场成分；$n_1(k)$ 和 $n_2(k)$ 是噪声，它们相互独立且与目标信号不相关。$s_E(k)$ 和 $s_H(k)$ 之间的关系为

$$s_E(k)=As_H(k-D) \tag{4-3}$$

其中，$A\in(0,1]$ 是两种天线之间的衰减因子；D 是目标信号电场成分与磁场成分之间的时延。假设将 $x(k)$ 延迟时间 $\hat{D}$，从而得到 $x(k-\hat{D})$。显然，当 $\hat{D}$=D 时，$x(k-\hat{D})$ 与 $y(k)$ 的乘积取得最大值。$x(k-\hat{D})$ 可以表示为

$$x(k-\hat{D})=\sum_{i=-\infty}^{\infty} x(k-i)\sin c(i-\hat{D}) \tag{4-4}$$

在实际应用中，式(4-4)可以近似表示为

$$\tilde{x}(k-\hat{D})=\sum_{i=-P}^{P} x(k-i)\sin c(i-\hat{D}) \tag{4-5}$$

其中，P 的取值应该足够大，以便减小时延估计差。

为了获取时延估计值 $\hat{D}$，可通过求 $E\{\tilde{x}(k-D)y(k)\}$ 的最大值来获得，这就是简化精确时延估计算法的基本原理。但是，简化精确时延估计算法的收敛时间比较长，对于位置快速变化的目标，很难快速跟踪测距。为此，对其进行如下改进：通过接收带有脉冲噪声的信号 $s(k)$，计算其信号强度 RSS，然后得到距离的不精确估计值 $\hat{r}$，进而得到时间延迟的不精确估计值，作为简化精确时延估计算法的初始时延估计值 $\hat{D}_0$，见图 4-2，其中的 ATPB 表示自适应脉冲消隐器，用于在计算 RSS 值之前尽可能消除噪声的影响。

4.1.2 基于计时误差抑制的 TOA 测距优化

TOA 测距的主要影响因素是设备时延、计时器频率偏移、处理器的处理时延等[4]，为了精确测距，必须对这些因素加以抑制。这里介绍一种基于 Wi-Fi 和计时误差抑制的 TOA 测距优化方法，通过双路 Wi-Fi 和一路光纤信道，在计算中对计时误差加以抵消，从而提高距离测量精度。该方法适合于隧道、矿井等一维定位场景。

上一章已经论述过，利用双程 TOA 测距法可以降低收发节点之间的时间同步要求。由于收发节点的计时器不是理想的，双程 TOA 传播时间的更一般的计算公式为

$$d = c\frac{T_1 - T_2 - (e_1T_1 - e_2T_2)}{2} \tag{4-6}$$

其中，T_1 为发射机从发出测距信号到收到回应信号之间所经历的时间；T_2 为接收机自接收到测距信号到发出回应信号之间所经历的时间，见图 4-3；e_1 和 e_2 分别为发射机和接收机的计时器的频率偏移系数。

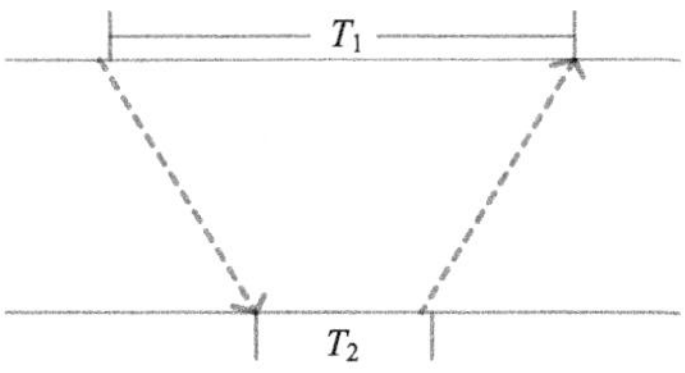

图 4-3　双程 TOA 测距

误差 $-(e_1T_1-e_2T_2)$ 是由计时器存在频率偏移误差造成的，必须对计时器频率偏移、设备时延等计时误差加以抑制才能精确测距和定位。为此，利用三条信道进行定位测距，包括一条已知长度的光纤信道和两条用于定位测距的 Wi-Fi 信道，见图 4-4，其中综合通信基站采用 Wi-Fi 通信，识别卡集成于 Wi-Fi 手机或其他终端中。

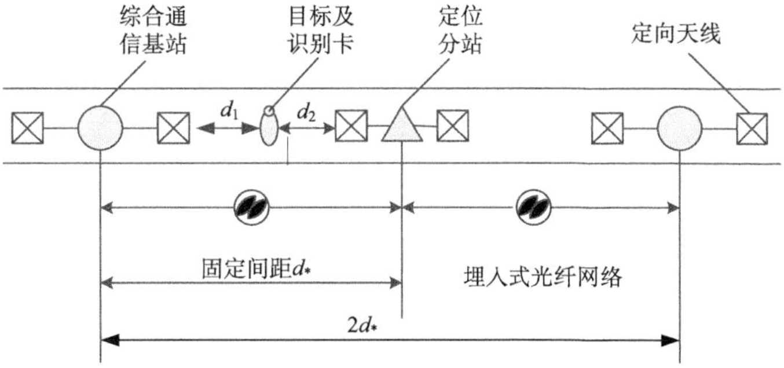

图 4-4　进行定位测距的三条信道

信号的收发和计时流程如图 4-5 所示，其中将综合通信基站、定位分站分别记为信标节点 A 和 B，目标及识别卡记为移动节点 M。M 发出测距信号给 A 并收到来自 A 的回应的这段时间记为 T_{MA}，与此相似，M 发出测距信号给 B 并收到来自 B 的回应的这段时间记为 T_{MB}。随后，A 向 B 发送信号，令 A 发出信号到收到 B 的回应信号的这段时间为 T_{AB}，B 收到 A 的信号到发出回应信号这段时间为 T_{BA}。

假定综合通信基站之间的距离为 d_*（图 4-4），识别卡与综合通信基站、定位分站距离分别为 d_1 和 d_2，那么根据图 4-5，有

$$\begin{aligned} T_{AB} &= \frac{2d_*}{\frac{2}{3}c} + T_{BA}^* + e_A T_{AB} \\ T_{BA} &= T_{BA}^* + e_B T_{BA} \end{aligned} \tag{4-7}$$

其中，T_{BA}^* 为 B 处理来自 A 的信号的净时延；e_A 和 e_B 分别为 A、B 计时器的频率偏移系数。计算 T_{AB} 的时候，之所以在第一项的分母中为光速乘以了系数 $2/3$，是因为在普通光纤（材质为石英玻璃）中，光的传播速度将降低约 31%。

将式 (4-7) 中的上式减去下式，并利用如下关系式：

$$e_A(T_{AB}-T_{BA}) \approx e_A\frac{3d_*}{c} \Rightarrow \frac{3d_*}{c} = (T_{AB}-T_{BA}) \tag{4-8}$$

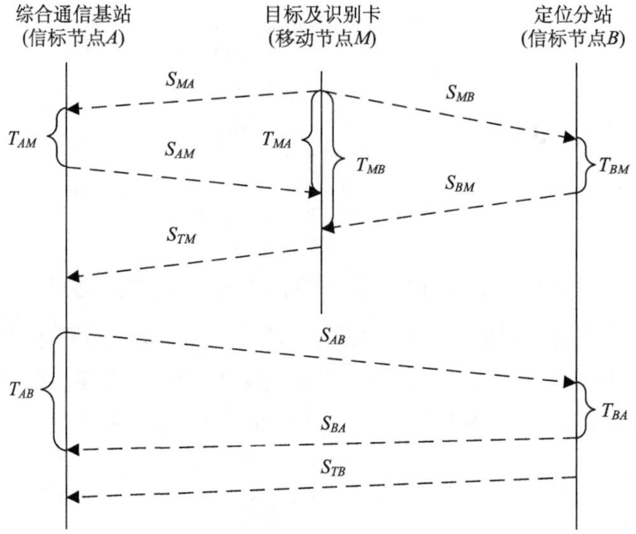

图 4-5　信号收发及计时过程

得到

$$T_{AB}-T_{BA}=\frac{3d_*}{c}+(e_A-e_B)T_{BA} \tag{4-9}$$

同理，可得

$$T_{MA}-T_{AM}=\frac{2d_1}{c}+(e_M-e_A)T_{AM} \tag{4-10}$$

$$T_{MB}-T_{BM}=\frac{2d_2}{c}+(e_M-e_B)T_{BM} \tag{4-11}$$

联合式(4-9)、式(4-10)和式(4-11)，可以消除e_A、e_B和e_M，得到仅与测得时间值有关的d_1和d_2，而与设备的同步时延、计时器频率误差系数和信号处理时延都无关，即计时误差的影响得到了有效抑制。

4.2　移动信标辅助的定位

移动信标可以降低待定位区域对信标节点的数量要求[5]，也可用于对现有定位系统的定位结果进行校正，其基本原理是移动信标在移动过程中周期性地广播自己的坐标位置，并将这些位置作为虚拟信标。

4.2.1　移动信标定位的基本原理

一般而言，定位系统中的信标节点数量越多，它的定位精度越高。不过，信标的增多将导致部署成本的大幅上升。为了达到以较小成本增加信标节点数量的目的，假定有一个移动设备在网络中移动，该设备配备有 GPS 或北斗等设备，从而可以在移动过程中实时确定自身位置。根据信标节点的定义，该移动设备可视为一个移动信标。移动信标在网络中移动的时候周期性地广播自己的坐标位置，同理，按照信标节点的定义，这些坐标位置已知的点也可视为一个个信标节点。不过这些信标节点不是真实存在的物理设备，因此通常将它们称为虚拟信标，见图 4-6[6]。

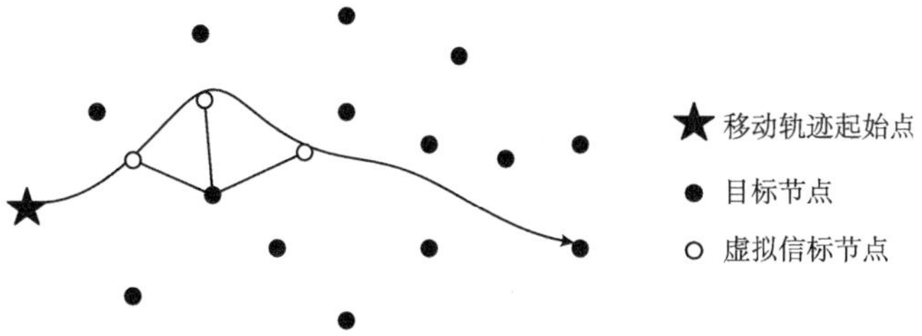

图 4-6　基于移动信标的目标定位

基于移动信标的定位技术大大削减了定位系统中需要的固定信标节点数量，节省了整个定位系统的成本。由于每个未知节点至少需要收到 3 个或 3 个以上不在同一直线上的虚拟信标信号方可实现定位，因此移动信标节点的移动方式很重要，要对其移动模型、移动时机、信标间隔、最优路径等进行合理规划。

根据移动目标及其所处的环境状况，可将移动信标的路径规划分为静态环境下的路径规划、动态环境下的路径规划和动态不确定环境下的路径规划 3 种。对于静态环境下的路径规划而言，整个定位网络中的场景在移动信标移动过程中不发生变化；而动态环境下的路径规划指的是移动信标所经过的环境是动态变化的，但是这种变化是已知的；动态不确定环境下的路径规划面临的环境是未知的和动态变化的，必须根据环境变化实时调整路径规划机制。

这里的重点不是移动信标的路径规划，而是基于虚拟信标的未知节点定位方法。在未加说明的情况下，定位方法可以采用任何满足现场条件的移动路径规划方法，比如 SCAN、DOUBLE-SCAN、HILBERT、S-CURVES、CIRCLES 等，但是最好不要使用静态路径规划方法，因为静态规划方法通常假定节点均匀分布，而生产或事故现场的积水、凹凸不平的地面情况，或者随机抛撒的节点部署方式，都会导致均匀分布的假设不再成立。

4.2.2　LMAP 定位算法

LMAP 定位算法是一种非测距定位算法，在定位过程中，LMAP 算法无须到达角度信息及距离信息[7]。LMAP 的基本原理是：以目标节点为圆心，以其通信距离为半径构造一个圆，当移动信标在网络中移动的时候，假定其在某一时刻进入该圆的范围内，与圆相交于一个点。在某个时刻，移动信标离开圆的范围，它与圆最后相交于另外一个点。显然，移动信标与圆的两个交点构成圆的一条弦，而经过该弦中点的垂直平分线必将经过该圆圆心。如果移动信标能够再次进入该圆一次，从而构造另外一条弦，那么经过该弦的垂直平分线也将经过圆心。这两条垂直平分线的交点，即是目标节点的位置，如图 4-7 所示。

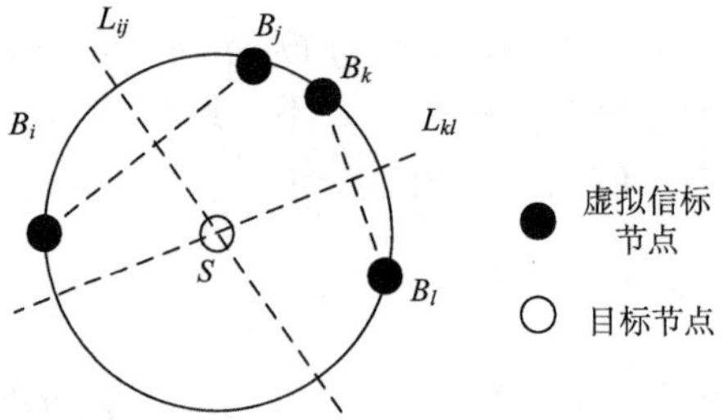

图 4-7　LMAP 定位算法示意图

假定 B_i、B_j、B_k 和 B_l 分别表示移动信标进入或离开目标节点通信范围的 4 个交点，坐标分别为 (x_i, y_i)、(x_j, y_j)、(x_k, y_k) 和 (x_l, y_l)，目标节点 S 的坐标为 (x, y)。$\overline{B_iB_j}$、$\overline{B_kB_l}$ 是以 S 为圆心的圆的两条弦，L_{ij} 和 L_{kl} 分别为两条弦的垂直平分线，则可得如下方程：

$$\begin{cases} L_{ij} : a_{ij}x + b_{ij}y = c_{ij} \\ L_{kl} : a_{kl}x + b_{kl}y = c_{kl} \end{cases} \tag{4-12}$$

其中，$a_{ij} = x_j - x_i$，$b_{ij} = y_j - y_i$；$c_{ij} = (x_j - x_i)\dfrac{x_j + x_i}{2} + (y_j - y_i)\dfrac{y_j + y_i}{2}$；$a_{kl} = x_l - x_k$，$b_{kl} = b_l - b_k$；$c_{kl} = (x_l - x_k)\dfrac{x_k + x_l}{2} + (y_l - y_k)\dfrac{y_k + y_l}{2}$。

通过式(4-12)即可计算出未知节点坐标。

LMAP 算法具有精度高、能耗小的优点。但是，移动信标的随机移动性，造成了锚节点在整个网络中的遍历时间变长，从而导致确定每一未知节点时间变长，最终导致算法完成时间变长。

在 LMAP 定位算法中，目标节点需要维护两个列表，即信标点列表和访问者列表。当目标节点接收到信标消息(ID、位置、时间戳)时，首先查看自己的访问者列表是否有这个信标点，如果没有，将信标点添加到访问者列表中，并赋予其一个寿命，类似于如下形式(ID、寿命)。如果有，就忽略该信标消息，但是需要更新寿命。当信标点寿命到期的时候，相应的访问者列表的表项被删除，并将信标点的最后信标消息作为一个信标点，被放入信标点列表中。

在选择弦的时候，应该设定一个阈值，使得弦的长度大于该阈值，因为弦的长度太小，易导致定位精度低甚至错误。最后，信标与目标节点之间可能存在障碍物，导致信标点选取在圆内部或者外部，而不是在圆上，从而导致定位失败，为此，可以采用同心圆的方式，因为同心圆的弦也相交于圆心。

4.2.3　定向天线定位算法

1)经典定向天线定位法

可以为移动信标配备定向天线进行目标定位[8]，其最大特点是既不需要测距，也不要繁杂的计算过程，在此称为经典定向天线定位方法。其基本思路是为移动信标配备 4 个定向天线 D_1、D_2、D_3、D_4，其中，D_1 和 D_3 与横轴平行，D_2 和 D_4 与纵轴平行，见图 4-8。

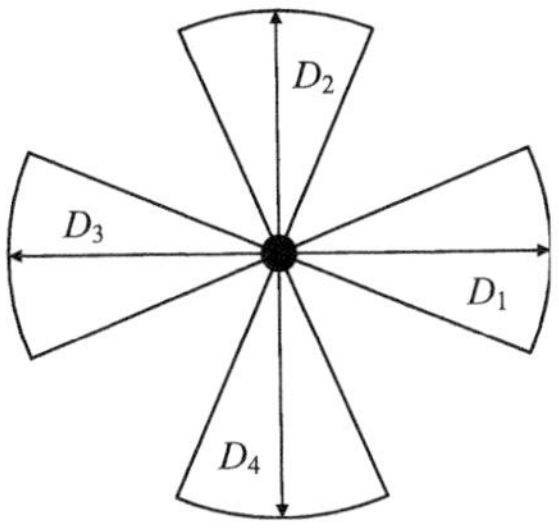

图 4-8　移动信标的天线配置

移动信标按照棋盘路径匀速运动，也就是移动信标要么横向运动，要么垂直运动。运动期间周期性地发射自己的位置坐标，所形成的虚拟信标等距地分布于移动路径上。当它沿着纵轴方向移动的时候，未知节点从收到的多个虚拟信标 y 值中选取中值作为自身的 y 值；沿着横轴方向移动的时候，采用类似的方法求取 x 值，即

$$x=\begin{cases}x_{(N_x+1)/2}, & \text{如果}N_x\text{为奇数}\\ \dfrac{1}{2}\left(x_{N_x/2}+x_{(N_x/2+1)}\right), & \text{如果}N_x\text{为偶数}\end{cases}$$
$$y=\begin{cases}y_{(N_y+1)/2}, & \text{如果}N_y\text{为奇数}\\ \dfrac{1}{2}\left(y_{N_y/2}+y_{(N_y/2+1)}\right), & \text{如果}N_y\text{为偶数}\end{cases} \tag{4-13}$$

其中，(x,y) 为节点的坐标；N_x,N_y 分别为移动信标在横向移动和纵向移动的时候所留下的虚拟信标数目。式(4-13)的含义非常直观：如果虚拟信标个数为奇数，取最中间的虚拟信标的坐标作为未知节点的横/纵坐标；如果虚拟信标个数为偶数，则取最中间两个虚拟信标的坐标的平均值作为未知节点的横/纵坐标。

经典定向天线定位方法尽管简单直观，但是它要求移动信标必须按照棋盘路径移动，也就是移动信标要么横向移动，要么纵向移动，从而保证式(4-13)的有效性。但是定位场景有时候在横向或者纵向不一定有可行的移动路径，按照经典的定向天线定位方法可能无法求得目标节点坐标。

2) 扩展定向天线定位法

为了解决经典定向天线定位法只能按照棋盘路径移动的缺陷，接下来将经典定向天线定位方法扩展到移动路径为任意斜率的直线的情况，称为扩展定向天线定位方法，见图 4-9。

在详细探讨扩展定向天线定位方法之前，需要特别注意基于定向天线的目标定位方法的如下特点：

(1) 同等发射功率的定向天线，其发射距离比全向天线远。由于移动信标配备的是定向天线，而未知节点配备的一般是全向天线，因此移动信标的发射距离比未知节点大，移动信标可以位于未知节点的覆盖圆外。

(2) 由于定向天线的波束宽度限制，移动信标即使位于未知节点的覆盖圆内，但是定向天线的波束如果没有覆盖未知节点，未知节点也无法知道移动信标的位置，从而得不

到虚拟信标。因此，由第一个和最后一个虚拟信标相连所构成的直线段，不能近似为未知节点覆盖圆的弦，不能按照 LMAP 的方法求解未知节点的位置。

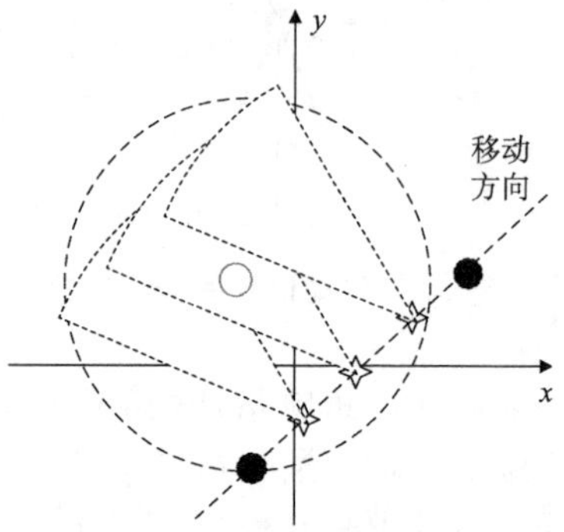

图 4-9 移动信标按照任意直线路径移动

(3) 定向天线的波束宽度不同，同样的移动路径情况下，所得到的虚拟信标数量可能不同。

(4) 移动信标的 4 个定向天线，D_1 和 D_3 天线与移动方向平行，D_2 和 D_4 天线与移动方向垂直。实际上，经典方法中也遵循这样的规律。在实践中，将 4 个天线按照图 4-8 的方式固定在节点上以后，移动信标按照斜线前进，它的 4 个天线必然按照该斜率旋转了同样角度，因此这个条件自然能够得到满足。

将未知节点进入移动信标的覆盖范围到再次离开这一段时间，称为未知节点进入了一次移动信标的覆盖范围。在经典定向天线定位方法中，未知节点至少需要两次进入移动信标的通信范围：一次水平方向进入，用以求解未知节点的横坐标；另一次垂直方向进入，用以求解未知节点的纵坐标。与此类似，扩展方法中也需要至少进入两次，分别用于求解横坐标和纵坐标。

以第 j 次进入为例。假定未知节点侦听到的第一个虚拟信标为 B_1^j，最后一个虚拟信标为 $B_{N_B}^j$，其中 N_B 为虚拟信标数量。从移动路径 Path_j 上取一个点 C_j，其坐标为

$$
\begin{aligned}
x_C^j &= \begin{cases} x_{(B_{N_B}+1)/2}^j, & \text{如果}N_B\text{为奇数} \\ \dfrac{1}{2}\left(x_{B_{N_B}/2}^j + x_{(B_{N_B}+1)/2}^j\right), & \text{如果}N_B\text{为偶数} \end{cases} \\
y_C^j &= \begin{cases} y_{(B_{N_B}+1)/2}^j, & \text{如果}N_B\text{为奇数} \\ \dfrac{1}{2}\left(y_{B_{N_B}/2}^j + y_{(B_{N_B}+1)/2}^j\right), & \text{如果}N_B\text{为偶数} \end{cases}
\end{aligned} \tag{4-14}
$$

其中，$\left(x_{B_i}^j, y_{B_i}^j\right)$ 是第 i 虚拟信标 B_i 的坐标。

过 C_j 引一条与 Path_j 垂直的直线 VLine_j,用类似的方法从第 i $(i \neq j)$ 次进入的移动路径上选取一点 C_i 引一条与 Path_i 垂直的直线 VLine_i，那么 $\text{VLine}_i, \text{VLine}_j$ 将相交于一点

(图 4-10)，取该交点为未知节点的估计位置。可以看出，LMAP 基于弦求交的方法和经典定向天线定位法可以看成是本方法的特例。

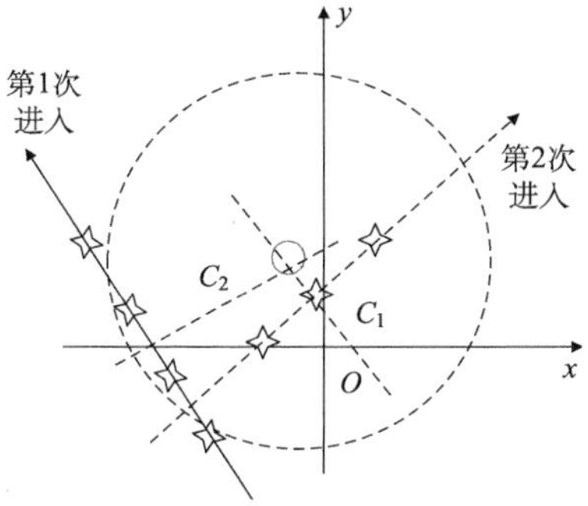

图 4-10　扩展定向天线定位图示

下面求解 $\text{VLine}_i, \text{VLine}_j$ 的交点坐标。在移动路径 Path_j 上任取两点，即可求得移动路径的方程，在此不妨取第一个虚拟信标 $B_1^j\left(x_{B_1}^j, y_{B_1}^j\right)$ 和最后一个虚拟信标 $B_{N_B}^j\left(x_{B_{N_B}}^j, y_{B_{N_B}}^j\right)$，得

$$y=\frac{y_{B_{N_B}}^j-y_{B_1}^j}{x_{B_{N_B}}^j-x_{B_1}^j}\cdot\left(x-x_{B_1}^j\right)+y_{B_1}^j \tag{4-15}$$

其中，$y_{B_{N_B}}^j \neq y_{B_1}^j$，$x_{B_{N_B}}^j \neq x_{B_1}^j$。当 $y_{B_{N_B}}^j = y_{B_1}^j$ 或 $x_{B_{N_B}}^j = x_{B_1}^j$ 时，可以直接用经典定向天线定位法求解，下同。

令 $k_j=\dfrac{y_{B_{N_B}}^j-y_{B_1}^j}{x_{B_{N_B}}^j-x_{B_1}^j}$，根据 Path_j 与 VLine_j 的垂直关系，可以假设垂线 VLine_j 的方程为

$$y=-\frac{1}{k_j}\cdot x+b$$

将 C_j 的坐标 $\left(x_C^j, y_C^j\right)$ 代入上式，可以得最终的 VLine_j 方程为

$$y=-\frac{1}{k_j}\cdot x+\frac{1}{k_j}x_C^j+y_C^j$$

因此 $\text{VLine}_i, \text{VLine}_j$ 的交点坐标(即未知节点的估计位置)为

$$\begin{aligned}x&=\frac{k_i k_j}{k_i-k_j}\left(X_C^j-X_C^i\right)\\ y&=\frac{k_j}{k_j-k_i}\left(X_C^j-X_C^i\right)+X_C^i\end{aligned} \tag{4-16}$$

其中，$X_C^j=\dfrac{1}{k_j}x_C^j+y_C^j, X_C^i=\dfrac{1}{k_i}x_C^i+y_C^i$。

3) 曲线移动路径定向天线定位法

在某些场景(如灾后救援场景)下，定位区域由于障碍物众多，移动信标基本不太可能按照直线路径前进，而是在避障过程中形成如图 4-11(a)所示的曲线移动路径。显然，这样的曲线路径，无论是经典的定向天线目标定位方法，还是扩展方法均无法完成定位，因此需将虚拟信标的移动路径进一步扩展为任意曲线路径的情况。

在进一步探讨之前，需要特别注意以下特点：

(1) 移动信标可能位于目标节点的覆盖圆之外(当然也可能位于圆上或圆内)；

(2) 移动信标的 4 个定向天线，D_1 和 D_3 天线与曲线的瞬时切线方向平行，D_2 和 D_4 天线与曲线的瞬时切线方向垂直；

(3) 覆盖目标节点的波束可能来自不同定向天线(共 4 个)，比如图 4-11(a)中，1、2 虚拟信标来自 D_2 天线，3、4 虚拟信标则来自 D_3 天线。

不妨假定形成了 6 个虚拟信标，见图 4-11(b)。以第一个虚拟信标 $B_1^j\left(x_{B_1}^j, y_{B_1}^j\right)$、最后一个虚拟信标 $B_{N_B}^j\left(x_{B_{N_B}}^j, y_{B_{N_B}}^j\right)$ 为端点，在图中画一条直线段 $B_1^j B_{N_B}^j$，称为移动信标的虚拟移动路径 VPath。随后，除 B_1^j 和 $B_{N_B}^j$ 之外，过虚拟信标 $B_i^j\left(i=2,\cdots,N_{B-1}\right)$ 各画一条与 x 轴平行的辅助线 L_{pi}^j，这些辅助线与 VPath 形成一系列交点，称为虚拟信标在 VPath 上的虚拟投影信标，用 $B_{pi}^j\left(i=2,\cdots,N_{B-1}\right)$ 表示。显然，B_{p1}^j、$B_{pN_B}^j$ 可以视为分别与 B_1^j、$B_{N_B}^j$ 重合。上述过程，称为任意曲线移动路径场景下虚拟信标的虚拟投影过程。

从图 4-11(b)可以看出，只需确定虚拟投影信标 B_{pi}^j 的坐标值，即可用前文的扩展定位方法对未知节点进行定位，而 B_{pi}^j 正好是辅助线 L_{pi}^j 和直线 $B_1^j B_{N_B}^j$ 的交点。由于虚拟信标 B_1^j 和 $B_{N_B}^j$ 的坐标 $\left(x_{B_1}^j, y_{B_1}^j\right),\left(x_{B_{N_B}}^j, y_{B_{N_B}}^j\right)$ 都是已知的，因此 $B_1^j B_{N_B}^j$ 的方程可用式(4-15)表示。

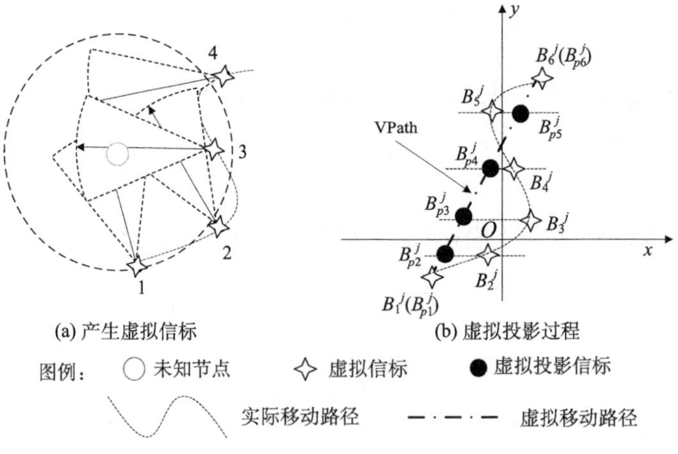

图 4-11　移动信标按照曲线路径移动(a)和将虚拟信标“虚拟投影”到虚拟移动路径(b)

另外，根据虚拟投影过程中虚拟投影信标与虚拟信标的关系(图 4-11(b))，可知

$y_{pi}^j = y_{B_i}^j$，于是直线 L_{pi}^j 的方程为

$$y = y_{B_i}^j \tag{4-17}$$

因此，联合式(4-17)和式(4-15)，即可求得虚拟投影信标 B_{pi} 的坐标：

$$\begin{cases} x_{pi}^j = \dfrac{1}{k_j} \cdot \left(y_{B_i}^j - y_{B_1}^j \right) + x_{B_1}^j \\ y_{pi}^j = y_{B_i}^j \end{cases} \tag{4-18}$$

需要注意的是，上述方法是按照与 x 轴平行的方法进行虚拟投影的，适合于直线 $B_1^j B_{N_B}^j$ 的斜率 $\left|k_j\right| \geqslant 1$ 的场景。当 $\left|k_j\right| < 1$ 时，按照与 y 轴平行的方法虚拟投影更合适，以防止虚拟投影信标被压缩到一条较短的直线段上，此时的虚拟投影信标 B_{pi} 的坐标为

$$\begin{cases} x_{pi}^j = x_{B_i}^j \\ y_{pi}^j = k_j \cdot \left(x_{B_i}^j - x_{B_1}^j \right) + y_{B_1}^j \end{cases} \tag{4-19}$$

4.3　机会定位

在传统的定位方法中，定位参数主要指的是未知节点和信标节点之间的测量信息，目标节点之间不存在信息的交互。实际上，未知节点不仅能与信标节点交换信息，而且未知节点之间也可以交换测得的数据，使得不在信标节点范围内的节点也能被定位，这种方式称为协作定位[9]。不过，在协作定位中，节点之间的协同通常是预先计划好的或者以受控的方式，不能利用节点之间的偶尔相遇机会提供定位能力[10]。然而，对于人们携带的便携式设备之间的数据交换而言，由于人们之间的移动通常是事先没有协商的、按照自己的目的移动，因此这些设备之间的数据交换是机会性的，称为机会交互，基于机会交互的定位称为机会定位。

4.3.1　机会相遇的建模

简便起见，只讨论两个节点 A 和 B 构成的节点相遇。假定无线信号传播遵循单位圆盘模型，因此处于发射节点通信距离 R 范围内的节点可以正确收到信号。节点在运动过程中，如果在某一时刻处于对方的通信覆盖范围，称为发生了一次“相遇”(fly-by)事件。

显然，相遇的时间长短与两个节点的运动轨迹和运动速度密切相关，这里假定节点为匀速直线运动，见图 4-12。以 A 为参考点并以它为圆心，可以通过相对运动速度和夹角 α 来描述节点 B 在相遇期间的相对运动轨迹，后文描述的时候将用到以下参数。

τ：从相遇开始时刻到现在所经历的时间；

$s(\tau) = v\tau$：节点在时刻 τ 时的移动距离；

$d(\tau,\alpha) = \sqrt{R^2 + s(\tau)^2 - 2Rs(\tau)\cos(\alpha)}$：在时刻 τ 时，节点 A 和 B 之间的欧氏距离；

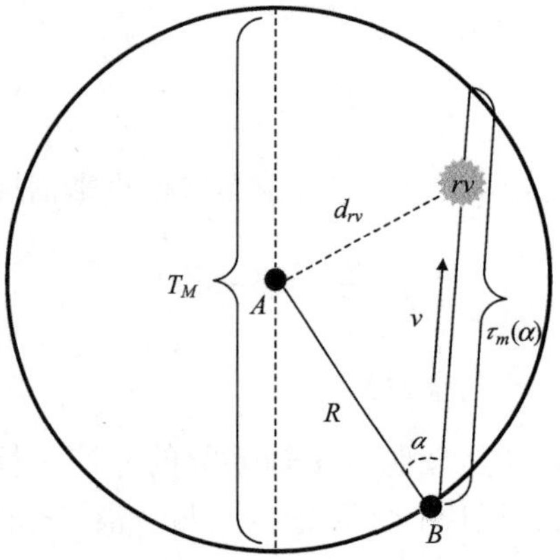

图 4-12　节点相遇的相遇模型

$\tau_m(\alpha)=2R\cos(\alpha)/v$：总的相遇时间；

$T_M=2R/v=\tau_m(0)$：最大相遇时间。

假定机会交互只能在相遇的时候进行，同时要求节点都处于扫描阶段，也就是两个节点的扫描时间存在重叠。一旦满足相遇且扫描时间重叠的条件，节点马上进行数据交换，数据交换的时间很短，可以忽略不计。一旦发生数据交换，就称为发生了一次“约会”事件，用t_{rv}表示相对于相遇开始时的约会时刻。

假定所有节点都周期性地进入扫描状态，周期为T，因此两个节点的扫描阶段的时间偏移可以建模为一个同分布的随机变量，其大小位于区间$(0,T)$。扫描阶段的长短与周期T的比值称为占空比，用δ表示。虽然所有节点的扫描周期相等，但是其占空比可能不同，这与各节点的特定要求和管理策略有关。不失一般性，假定$\delta_A \geqslant \delta_B$。

令τ_o表示两个节点的扫描阶段第一次重叠的时刻，显然$\tau_o \in [0,\ T]$；$F_{\tau o}$和$f_{\tau o}$分别是概率分布函数和概率密度函数。当$\delta_A+\delta_B \leqslant 1$时，两个节点的扫描阶段将有可能没有重叠，此时$F_{\tau o}(\tau)$是缺陷分布，其上限为$F_{\tau o}(T)=\delta_A+\delta_B$，对应于$T$之前的重叠概率。$f_{\tau o}(\tau)$为

$$f_{\tau o}(\tau)=\begin{cases}\delta_A\delta_B\delta(t), & \tau=0\\ (\delta_A+\delta_B)/T, & 0<\tau\leqslant T(1-\delta_B)\\ 2(T-\tau)/T, & T(1-\delta_B)<\tau\leqslant T\end{cases} \tag{4-20}$$

其中，$\delta(t)$为狄拉克δ函数。当$\delta_A+\delta_B>1$时，两个节点的扫描阶段必然在$[0,\ T]$内存在重叠。

对于一个给定的α，当$t_{rv}\leqslant\tau_m(\alpha)$时发生了一次“约会”，累积分布函数$F_{t_{rv}}(t,\alpha)$可以表达为

$$F_{t_{rv}}(t,\alpha)=\begin{cases}F_{\tau o}(t,\alpha), & 0\leqslant t<\tau_m(\alpha)\\ F_{\tau o}(\tau_m(\alpha),\alpha), & t>\tau_m(\alpha)\end{cases} \tag{4-21}$$

注意到 $F_{t_{ro}}(t,\alpha)$ 是一个缺陷分布，其上限为命中率，即在相遇期间观测到"约会"时间的概率，可表示为

$$P_H(\alpha)=F_{\tau o}(\tau_m(\alpha)) \tag{4-22}$$

命中率的数学期望值为

$$P_H=\int_{-\pi/2}^{\pi/2}P_H(\theta)f_\alpha(\theta)\mathrm{d}\theta \tag{4-23}$$

除了命中率之外，另外一个对机会定位比较重要的指标是命中距离，即命中时刻节点移动的距离。对于一个给定的 α，节点间的距离为 x，有两个不同时刻：

$$t_{1,2}(x,\alpha)=\frac{R\cos(\alpha)\mp\sqrt{x^2-R^2\sin^2(\alpha)}}{v} \tag{4-24}$$

因此命中距离 $d\leqslant x$ 的概率等价于"约会"在时间区间 $\left[t_1(x,\alpha),t_2(x,\alpha)\right]$ 发生的概率，因此命中距离的累积分布函数为

$$F_d(x)=\int_{-\pi/2}^{\pi/2}\left[F_{t_{rv}}(t_2(x,\theta))-F_{to}(t_1(x,\theta))\right]f_\alpha(\theta)\mathrm{d}\theta \tag{4-25}$$

由于测距定位算法的定位精度与测距质量密切相关，因此 $F_d(x)$ 在分析定位算法性能的时候很有用。

4.3.2　机会定位的位置求解

假定节点具有自定位能力，节点的真实位置和估计位置（定位结果）分别为 $\boldsymbol{s}$ 和 $\hat{\boldsymbol{s}}$，采用极坐标的方式表示。假定估计误差 $\boldsymbol{e}=\boldsymbol{s}-\hat{\boldsymbol{s}}$ 可以建模为一个二维高斯随机变量，其均值为 0，方差为 σ_i^2，$\|\boldsymbol{e}\|$ 是参数为 σ_i 的瑞利随机变量，其概率密度函数为

$$f_{\varepsilon_i}(x)=\frac{x\exp\left(\dfrac{-x^2}{2\sigma_i^2}\right)}{\sigma_i^2},\quad x\geqslant 0 \tag{4-26}$$

假定节点可以根据方差 σ_i^2 分成不同的类别。在"约会"期间，节点交换的消息中包含了各自的估计位置 $\hat{\boldsymbol{s}}_A$ 和 $\hat{\boldsymbol{s}}_B$，以及定位误差方差及其类型。另外，节点可以利用 RSSI 或 TOA 的方式估计彼此的距离 $\hat{d}$，于是节点可以利用极大似然估计法将自定位结果 $\hat{\boldsymbol{s}}$ 的性能提高，得到结果 $\tilde{\boldsymbol{s}}$：

$$\begin{aligned}\tilde{\boldsymbol{s}}_{A,B}&=\arg\max_{\boldsymbol{s}_A,\boldsymbol{s}_B}\Pr\left[\hat{d},\hat{\boldsymbol{s}}_A,\hat{\boldsymbol{s}}_B\mid\boldsymbol{s}_A,\boldsymbol{s}_B\right]\\&=\arg\max_{\boldsymbol{s}_A,\boldsymbol{s}_B}\left\{f_{\varepsilon_A}\left(\|\hat{\boldsymbol{s}}_A-\boldsymbol{s}_A\|\right)f_{\varepsilon_B}\left(\|\hat{\boldsymbol{s}}_B-\boldsymbol{s}_B\|\right)f_r\left(\hat{d}\,\|\boldsymbol{s}_A-\boldsymbol{s}_B\|\right)\right\}\end{aligned} \tag{4-27}$$

其中，$\hat{\boldsymbol{s}}_A$、$\hat{\boldsymbol{s}}_B$ 和 $\hat{d}$ 分别表示 A 和 B 的位置以及距离的新估计值；$\|\cdot\|$ 为欧氏范数；$f_r(\cdot)$ 为测量距离的概率密度函数。不过，式(4-27)给出的极大似然估计法不能通过数学表达式的方式进行求解，可以通过蒙特卡罗仿真的方式获得位置的解。

4.3.3　利用机会感知增强定位能力

本节中介绍的机会定位不是利用节点移动所带来的相遇机会，而是利用环境中所部署的传感节点提供的感知机会。如果环境中有传感节点，则有机会增强定位能力。

我们知道，在二维空间定位至少需要 3 个信标节点，有时候由于部署原因或障碍物遮挡原因，导致难以找到 3 个信标节点。以图 4-13 为例，目标节点在定位区域内移动，当它从时刻 t_1 运动到 t_5 过程中，能够覆盖它的信标节点数量是变化的。当它处于区域 1 的时候，能够收到 3 个信标节点的信号，因此可以采用三边定位法等方法确定节点位置。但是，当目标进入区域 2 之后，能够覆盖它的信标节点不足 3 个，因此无法利用传统方法进行定位。

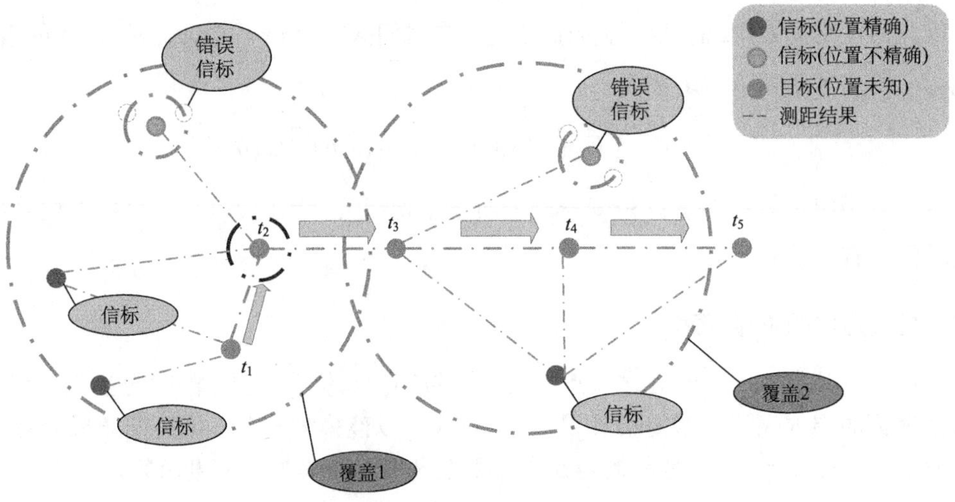

图 4-13　不同信标节点数量下的目标定位

若想要获得更高的定位精度，通常需要部署更密集的信标节点，这必然意味着更高的成本，并增加节点管理负担。随着现代社会各种传感节点的增长，机会式利用这些传感节点的数据将有助于提高定位效率和定位系统的可扩展能力。在这种机会式定位中，目标节点可以感知环境的声音节点信号、蓝牙设备信号、ZigBee 节点信号等(图 4-14)，利用这些信号来帮助定位，即使在信标节点少于 3 个也有可能定位成功。

在设计这种定位系统的时候，有两个重要的问题需要解决：

(1) 不同的应用所需要的定位精度是不同的，比如汽车导航只需要米级的精度，而盲人导航则对精度要求高得多。因此需要根据不同应用的要求，对传感数据进行自适应的融合完成定位，从而满足精度要求。

(2) 不同的环境中信标节点数量是不同的，信标节点数目越少，对机会感知信号依赖度越高。因此要求定位系统能够在不同的环境具有较强的鲁棒性，也就是尽管信标节点数量不同，但是系统依然能够定位。

对于这两个问题而言，其核心是当信标节点数目不足的时候，如何能够获得期望的定位精度，并在信标数目足够的时候将定位精度进一步提高。

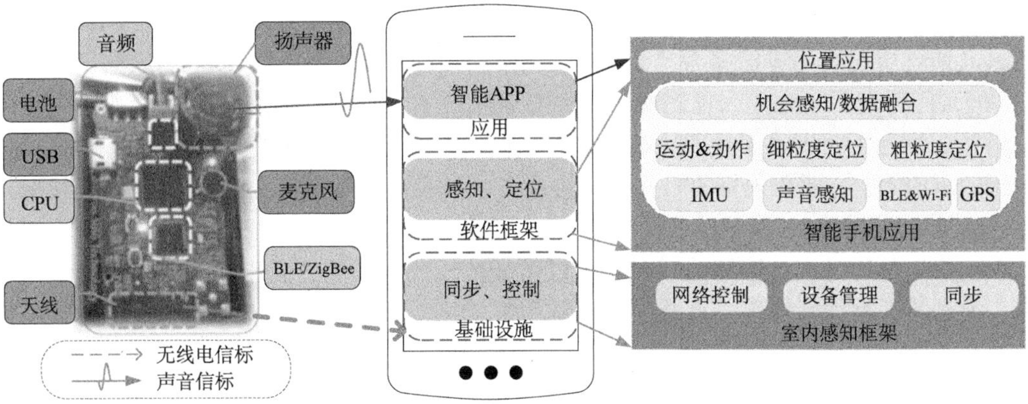

图 4-14　基于多感知信号的机会定位

图 4-14 是一种实现方式示例，最左边的是信标节点的硬件结构图。系统中采用了低功耗蓝牙(bluetooth low energy, BLE)进行 RSS 测距，利用声音信号测量角度，利用相对 TOA 测量距离、位移和移动方向。将这些数据进行融合，并设计基于该融合数据的定位算法，在测量数据足够多的时候可以达到厘米级的定位精度。

图 4-14 所示的系统以 BLE 和声音作为最主要的信标信号类型。与 Wi-Fi 相比，BLE 信号进行 RSS 扫描的功耗低，效率高，这也是苹果和高通公司都将 BLE 作为最主要的信标源的原因。信号处理、测距、三边定位算法等功能在智能手机中实现，同时部署一个后端服务器，智能手机可以选择性地将复杂的处理任务交由服务器处理，从而在智能手机的处理和网络能耗方面达到均衡。

4.4　基于压缩感知的定位

传统的定位系统，尤其是无线传感器网络(wireless sensor network，WSN)的定位需要测量和处理大量的数据[11]，而传感器节点自身能量受限且计算能力有限，若持续进行定位将耗费大量资源，缩短网络生命。压缩感知(compressed sensing，CS)理论为上述问题提供了新的解决思路。在信号具有稀疏性的前提下，CS 提供了一种全新的信号处理方法，可用远低于奈奎斯特采样率的速率对信号进行采样(或称为观测)，并实现信号的精确重构。在 CS 框架下，采样速率不再取决于信号的带宽，而在很大程度上取决于信号的稀疏性。基于 WSN 的目标定位问题具有天然的稀疏性，因而 CS 理论被广泛应用于其中以大幅降低各节点的采样数据量，从而大幅减少网络的资源消耗。

4.4.1　压缩感知的基本原理

传统的数字信号采样定律就是有名的香农采样定理[12]，又称奈奎斯特采样定理，它表明：为了不失真地恢复模拟信号，采样频率应该不小于模拟信号频谱中最高频率的 2 倍。这样的采样方式得到的数据量比较大，一方面不利于存储和传输，另一方面该数字信号本来存在很多冗余，可以对其进行进一步压缩。

比如相机的传感器通过将模拟信号(光)转换为数字信号(如 N 个像素的图像信号)，之后又通过压缩编码算法将 N 个像素的图像信号转化为 K 个系数表示的数据，而 $K \ll N$。那么问题来了，为什么我们费了一番心思获得了 N 个采样值，却最后又通过复杂的编码算法将之压缩成 K 个数值？基于这个疑问，人们引出了压缩感知的概念，它直接获取压缩后的数据，即在采集的时候直接采集有效的 M 个测量值，而非满足奈奎斯特采样定理的 N 个采样值($M \ll N$)。

当信号是稀疏或可压缩的，我们可以用某个线性投影的方式来得到信号的压缩后表示，得到的数据能够以无失真或较低失真的方式重建原始的数字信号。压缩后的信号为

$$\boldsymbol{y} = \boldsymbol{\Phi x} \tag{4-28}$$

其中，$\boldsymbol{\Phi}$ 表示观测矩阵；$\boldsymbol{x}$ 为原始的数字信号。

图 4-15 形象地描述了这个投影过程，$\boldsymbol{\Phi}$ 的每一行代表一次测量，M 行可以得到 M 个测量值。

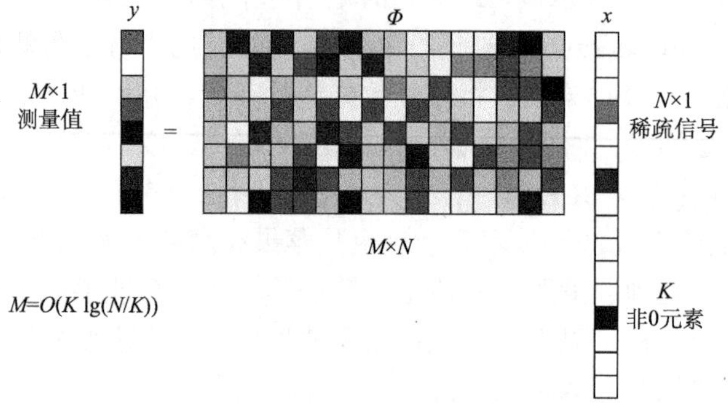

图 4-15　压缩感知的信号采集过程

式(4-28)所示的公式必须满足三个必要条件才能进行压缩感知：

(1)信号 $\boldsymbol{x}$ 满足稀疏性或者在某个变换域内是稀疏的；

(2)观测矩阵 $\boldsymbol{\Phi}$ 满足一定的不相关性；

(3)已知 $\boldsymbol{y}$ 的情况下，如何得到 $\boldsymbol{x}$，这即是压缩感知的恢复(也称为重建或重构)算法。

压缩感知具有如下显著优势：

(1)稳定性：采集和重建过程都是数值稳定的；

(2)通用性：相同的测量投影(观测矩阵或硬件)可以用于不同的信号采集；

(3)不对称性：压缩感知的采集过程简单，大部分计算在于解码，即信号重建；

(4)民主性：每个测量值都携带着相同的信息，因此，对于测量损失具有鲁棒性。

4.4.2　基于压缩感知的两阶段多目标定位

本节介绍一种基于压缩感知的多目标定位算法，它采用了 RSSI 信息。假定网络中有 M 个位置已知的信标节点和 K 个未知节点，并且将定位网络区域分割为 $N = n \times n$ 个网格，且 $M \ll N, K \ll N$，见图 4-16，图中的传感节点即是信标节点。定义 K 个目标的位置信息向量为 $\boldsymbol{x} = \{x_1, \cdots, x_N\}$，若第 j 个网格存在目标，则 $x_j = 1$，否则 $x_j = 0$。

于是，基于 RSSI 的多目标定位问题就转化为判断稀疏向量 $\boldsymbol{x}$ 中非零元素所在位置的问题，式(4-28)中的观测矩阵 $\boldsymbol{\Phi}$ 在此处变为节点之间的 RSSI 值所组成的矩阵 $\boldsymbol{P}=\left(\boldsymbol{P}_{i,j}\right)_{M\times N}$，其中 $\boldsymbol{P}_{i,j}$ 为节点 i 与 j 之间的 RSSI 值。为了从观测矩阵中估计出目标位置，即估计稀疏向量中的非零元素位置，这里通过粗定位和细定位两个阶段来完成。

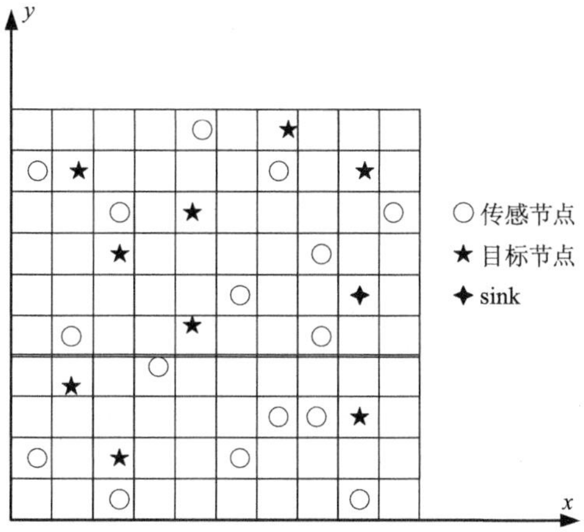

图 4-16　多目标定位的网络模型

1)粗定位阶段

用户通过 sink 节点向定位网络广播“检测指令”信号，网络中的节点检测到信号之后，将观测值(信号强度)传输给 sink 节点。sink 首先收到 $m+T$ 个节点的观测值，然后利用仿射尺度方法(affine scaling methodology，ASM)重构算法通过 m 个观测值重构出稀疏向量 $\boldsymbol{x}$。随后判断重构误差是否小于给定门限，如果不满足，就再接收 T 个观测值，重新计算重构误差，直至重构误差小于给定门限为止。此时，sink 广播“停止指令”，各节点停止发送观测值。同时，根据重构向量 $\boldsymbol{x}^{m+ST}$ 中非零元素的位置，确定出目标所在的候选网格，完成目标粗定位任务，如图 4-17(a)所示。

2)细定位阶段

粗定位阶段只能确定目标节点所在的候选网格，无法获取目标在候选网格中的具体位置。为此，在细定位阶段采用四分法，逐步细分候选网格，以逼近目标的真实位置，如图 4-17(b)和(c)所示。具体方法是：

(1)将候选方格一分为四，然后根据最小残差准则选择候选子网格，并更新观测矩阵、重构向量和目标的估计位置；

(2)接下来判断网格划分是否满足停止条件，如果不满足，则返回第一步继续对候选网格进行划分，否则进入下一步；

(3)删除划分结束的网络，并更新候选子网格；

(4)判断所有候选网格是否完成划分，如果没有，回到第一步，否则输出所有目标的估计位置，完成定位过程。

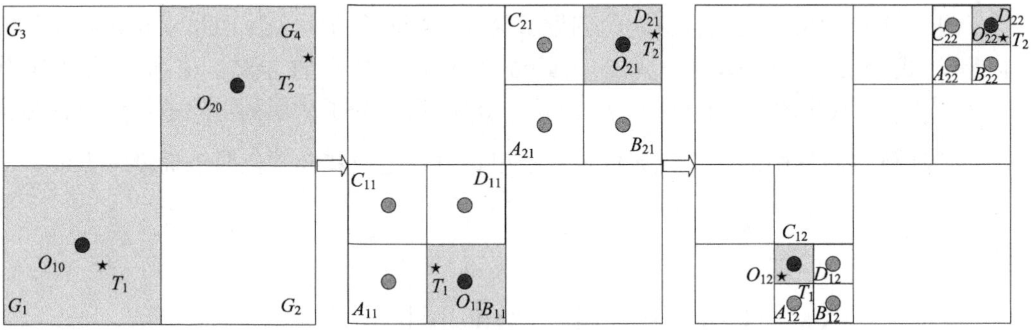

(a) 粗定位　　(b) 第一次四分子网格　　(c) 第二次四分子网格

图 4-17　两阶段定位示意图

4.4.3　基于压缩感知的目标轨迹测绘

移动目标轨迹测绘是人们感知客观世界的重要工具，已经成为人类生活的重要组成部分[13]。在军事领域，通过跟踪测绘敌方炮弹轨迹来获取炮弹参数，来提高我军的防御能力；在体育领域，通过测绘竞争对手的发球轨迹，乒乓球机器人能做出合理的判断和回球策略，实现机器与人类的体育竞技对抗；在野生动物的监测和保护领域，通过测绘野生动物的运动轨迹，动物保护专家能发掘出野生动物种群的迁徙规律，给野生动物保护提供可靠决策支撑。被动式目标轨迹跟踪(定位)、测绘，以其让被监测目标“无意识协作感知”，让被监测目标在不佩戴任何设备情况下完成轨迹测绘的优点，有效地解决了当前基于设备的目标轨迹测绘方法的局限性。

这里介绍一种基于压缩感知的被动式目标轨迹测绘算法，它通过少量观测数据就能一次性精确测绘出目标轨迹，减少了计算开销，降低了通信能耗。其工作原理与传统基于学习的被动式跟踪(定位)方法类似，在跟踪(定位)前的预部署阶段，让目标遍历监测区域的所有位置，每条链路采集并记录目标在不同位置时的 RSSI 扰动测量值，然后将这些扰动测量值按照一定的方式进行编排构建观测矩阵；在跟踪(定位)阶段，根据压缩感知理论，将少量 RSSI 扰动观测值和观测矩阵作为压缩感知稀疏恢复算法的输入，重建出表示目标轨迹的稀疏向量，根据该稀疏向量的定义即可测绘出目标的轨迹。

假设将二维监测区域划分成 N 个网格，并依次由左至右、从上而下对每个网格标记唯一的编号，标号从 1 至 N。目标的轨迹(位置)用网格标号表示，若在给定时刻某网格上存在目标，则将该网格标记为 1，否则标记为 0。在时刻 $q\left(1\leqslant q\leqslant Q\right)$，将目标在网格上的位置标记用 N 维向量 $\boldsymbol{S}_q$ 表示，将监测系统观测的一组 RSSI 值用 M 维向量 $\boldsymbol{U}_q$ 表示。经过 Q 个时刻后，目标在监测区域移动形成图 4-18 中虚线所示的轨迹。

现有被动式目标跟踪(定位)方法对目标的轨迹测绘，均是先定位，再将不同时间点目标的估算位置通过几何关系进行拼接来完成轨迹测绘，因此需要在每个时间点进行定位计算，存在频繁定位导致计算开销大的问题。这里根据以下两个关键特性发现给出新的解决思路：

(1)时间独立性。轨迹上不同的位置及其估算，在时间上具有独立性，空间上具有统一性。由于用 q 时刻观测向量 $\boldsymbol{U}_q$ 进行位置估算，不会影响用 $q+1$ 时刻观测向量 $\boldsymbol{U}_{q+1}$ 进行位置估算，即上述两个“估计事件”在不同的时间上发生，互不影响，因此，轨迹上不同位置的估算在时间上具有独立性。此外，表示 q 时刻的位置向量 $\boldsymbol{S}_q$ 和 $q+1$ 时刻的位置向量 $\boldsymbol{S}_{q+1}$ 维度相同仅元素取值不同，均表示给定监测空间区域的位置信息，因此轨迹上不同位置的估算在空间上具有统一性。

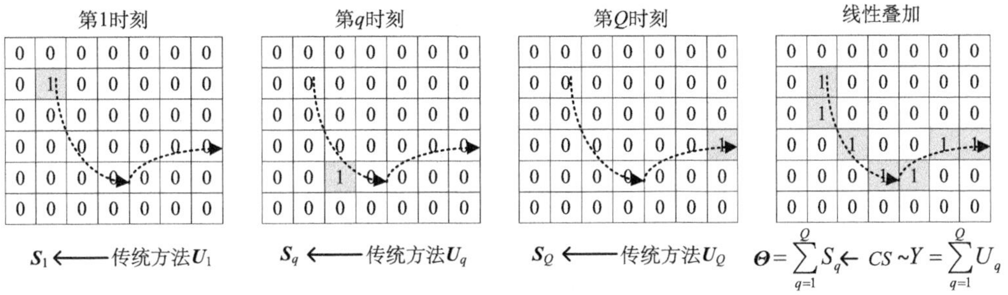

图 4-18　基于压缩感知的被动式目标轨迹测绘原理

(2) 轨迹稀疏性。针对上述场景规则，目标经过 Q 个时刻后的轨迹及位置如图 4-18 所示，容易发现大部分标记为 0，只有少部分标记为 1。如当考察某一时刻目标位置向量 $\boldsymbol{S}_q$ 时，该向量只有一个非零元素，$\boldsymbol{S}_q$ 具有 1-稀疏性；经过 Q 个时刻后，假设目标轨迹覆盖了 K 个网格，一般情况下有 $K<N$，因此目标轨迹向量具有 K-稀疏性。

基于“时间独立性”，可将不同时刻目标位置的 1-稀疏向量 $\boldsymbol{S}_q$ 线性叠加映射到同一个监测空间区域，构成目标在 Q 个时刻内形成的轨迹的 N 维 K-稀疏向量 $\boldsymbol{\Theta}_{N\times 1}$，即 $\boldsymbol{\Theta}=\sum_{q=1}^{Q}\boldsymbol{S}_q$；同时将 Q 个时刻的观测值向量 $\boldsymbol{U}_q$ 线性叠加构成 M 维测量向量 $\boldsymbol{Y}_{M\times 1}$，即 $\boldsymbol{Y}=\sum_{q=1}^{Q}\boldsymbol{U}_q$，然后从向量 $\boldsymbol{Y}$ 一次性恢复出 K-稀疏目标轨迹 $\boldsymbol{\Theta}$，避免频繁定位计算的问题。

基于“轨迹稀疏性”，即目标轨迹的 N 维向量表示 $\boldsymbol{\Theta}$ 具有 K-稀疏特性，利用压缩感知在稀疏恢复方面的优点，可在不损失向量 $\boldsymbol{\Theta}$ 恢复精度的同时，仅用 $M(M<N)$ 维的观测向量 $\boldsymbol{Y}$ 精确恢复出向量 $\boldsymbol{\Theta}$，减少轨迹测绘所需的数据量开销，降低能耗。

4.5　被动定位

无线定位通常要求被定位目标携带一个无线设备，一般称为定位标签。当被定位目标在定位场景中移动的时候，通过目标节点与信标节点之间的信息交互，以测距或非测距的方式实现目标定位。这种定位方式需要被定位目标主动参与，称为主动定位，在无线定位领域中占绝大多数。被动定位和主动定位不同，它无须被定位目标携带任何标签，可用于智能家居中进行入侵检测，也在应急响应、军事行动等应用中用于判断进入某个区域是否有潜在危险。

4.5.1 被动定位的基本原理

如图 4-19 所示[14]，在监控区域周围部署传感器，传感器之间两两形成通信链路，待定位目标(如人员)位于监控区域中，传感节点通过有线或无线的方式将监控区域内的信号传输到数据处理中心。当待定位目标出现在定位场景中的时候，目标将会引起无线信号的反射、折射和吸收，从而改变监控区域中通信链路的电磁波的分布情况。通过分析电磁波的变化，便可确定目标的位置和运动轨迹。电磁波的改变可以通过对比监控区域内有目标和无目标时电磁波分布情况得出，如检测 RSSI 值的变化。

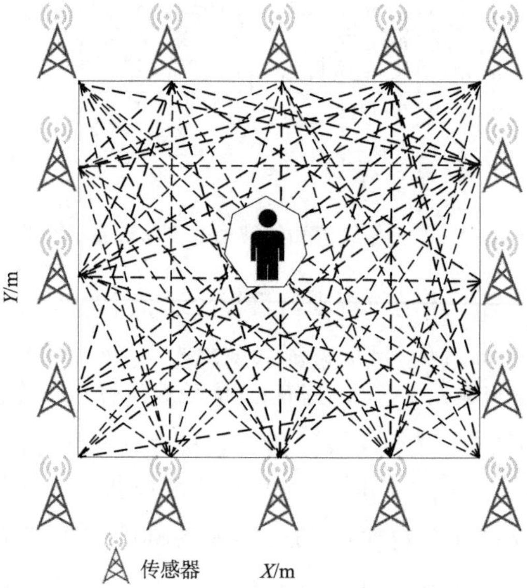

图 4-19　被动定位的原理示意图

检测 RSSI 值是否变化有很多方法，比如移动平均法[15]，它通过对比一对收发数据流在某个时间窗口内的平均 RSSI 值，比较信号的长期行为和短期行为。信号的长期行为代表静态环境，而短期行为代表当前状态。如果这二者差别较大(大于阈值)，就产生一个事件。也可采用移动方差法，它与移动平均法类似，只不过比较的是定位期间的数据方差与静态期间的方差。

常见的无源目标定位与跟踪算法有射频层析成像法、指纹定位算法、几何滤波算法、支持向量机法、粒子滤波算法、压缩感知算法、贝叶斯算法等。

1) 射频层析成像法

在有人和无人场景下，分别测量监控区域通信链路的 RSSI 值，进而计算其改变值。随后，将通信链路中信号的改变转化为不适定方程。最后，通过图像重建的方式将无源目标的估计位置在图像上显示出来。所谓不适定，指的是以下三个条件至少有一个不满足的情况：①解是存在的；②解是唯一的；③解是稳定的。

2) 指纹定位算法

其原理与第 3 章中的指纹定位算法相同。

3) 几何滤波算法

首先计算有目标和无目标时通信链路的 RSSI 值改变，然后滤除 RSSI 值较小的通信链路，从而逐渐缩小无源目标的估计区域，达到降低计算复杂度和滤波的效果。最后，通过为通信链路交点赋予 RSSI 权值和距离权值等方式，将不同交点进行区分，达到提高无源定位精度的目的。

4) 支持向量机法

与指纹定位相似，支持向量机法也包括离线阶段和在线阶段两个阶段。所不同的是，支持向量机法是将数据映射到高维空间，从而使得数据的分类更加有效，但是计算量更大，复杂度更高。

5) 粒子滤波算法

它将待定位目标的上一个估计位置作为求解下一个估计位置的先验信息。为此，先对监控区域进行采样，形成概率空间。随后根据目标估计位置调节粒子的权重系数，将权重系数较小的粒子剔除。最后，通过状态转移函数，预测待定位目标接下来的位置。该算法通常与其他算法联合使用，比如几何滤波算法。

4.5.2　射频层析成像算法

射频层析成像(radio tomography imaging，RTI)算法的思路来源于计算机断层扫描(computed tomography，CT)技术。所谓 CT 技术，是通过 X 射线或超声波等对人体某个部位进行扫描，计算出扫描部位对射线衰减的系数或吸收系数，以图像的形式呈现出人体器官的外貌，大大提高了诊疗水平。之所以能用射线的衰减或吸收来反映人体不同器官，是由于不同器官对射线的衰减或吸收程度不同，从而导致射线穿过人体后发生了强度变化。

利用层析成像进行目标定位与 CT 具有类似之处，当监控区域有人员或者其他目标的时候，无线电信号将会被遮挡而发生衰减[16]，使得某些链路的 RSSI 值发生变化，当变化超过一定阈值时，表示该链路受到了干扰。图 4-20 给出了发送节点与接收节点之间的无线链路示意图[17]。在没有待定位目标接入该场景时，接收节点收到的信号包括视距信号、障碍物反射信号。当待定位目标进入该场景后，接收节点还可能收到目标反射的信号，以及经过目标和障碍物两次反射到达的信号。将目标引起的反射信号称为扰动分量。

层析成像算法将监控区域划为等间隔的细小网格，每个网格称为一个像素块，由待定位目标引起的衰减将体现到每个像素块上，从而引起层析成像图像的变化，见图 4-21。如果 RTI 网络中有 K 个节点，那么链路总数为

$$M=\left(K^2-K\right)/2 \tag{4-29}$$

任意两个节点组成的节点对都被算作一条链路，不论该节点对之间是否真的进行通信。接收节点收到的信号强度可以表示为

$$y_i\left(t\right)=P_i-L_i-S_i\left(t\right)-F_i\left(t\right)-v_i\left(t\right) \tag{4-30}$$

其中，P_i 为发射功率；L_i 为由于距离、天线模式、设备不一致导致的静态损耗；$S_i\left(t\right)$ 为待定位目标引起的阴影损耗；$F_i\left(t\right)$ 为多径环境中窄带信号所引起的衰落损耗，它们的单

位均为 dB； $v_i(t)$ 为测量噪声。

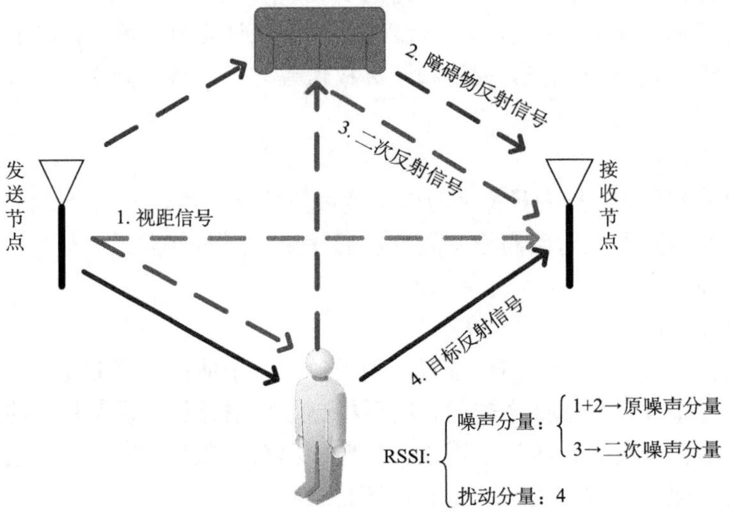

图 4-20　RSSI 值分解图

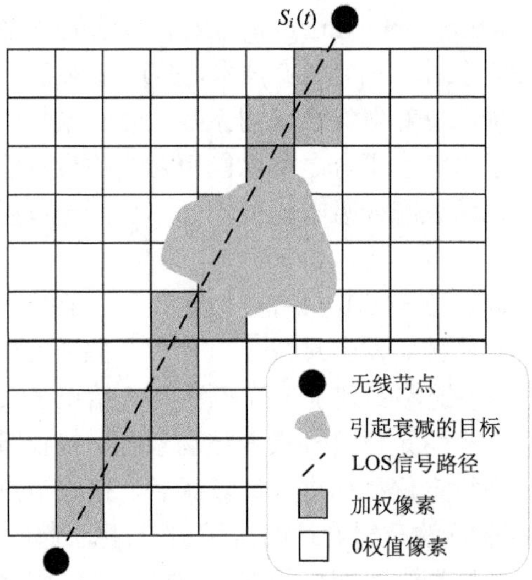

图 4-21　一条 LOS 链路经过 RTI 网络示意图

阴影损耗 $S_i(t)$ 可以近似为信号在各个像素块中的衰减之和。由于各个像素块对某条特定的链路的衰减不同，因此引入加权系数，因此某条链路的阴影损耗 $S_i(t)$ 可以表示为

$$S_i(t)=\sum_{j=1}^{N} w_{ij}x_j(t) \tag{4-31}$$

其中， $x_j(t)$ 是链路 i 于 t 时刻在像素块 j 的衰减； w_{ij} 表示权值。如果链路没有穿过某个像素块，则将权值置 0。

由于不同时刻的静态损耗保持不变，因此可以只对动态衰减部分成像，从而使得整个问题得到了极大简化。信号强度从时刻 t_a 到时刻 t_b 的变化为

$$\begin{aligned}\Delta y_i &= y_i(t_b) - y_i(t_a) \\ &= S_i(t_b) - S_i(t_a) + F_i(t_b) - F_i(t_a) + \nu_i(t_b) - \nu_i(t_a)\end{aligned} \tag{4-32}$$

它可以进一步改写为

$$\Delta y_i = \sum_{j=1}^{N} w_{ij}\Delta x_j + n_i \tag{4-33}$$

其中，$\Delta x_j = x_j(t_b) - x_j(t_a)$，表示链路在像素块 j 中从时刻 t_a 到时刻 t_b 的衰减变化；n_i 为噪声，是衰落和测量噪声的组合，即

$$n_i = F_i(t_b) - F_i(t_a) + \nu_i(t_b) - \nu_i(t_a) \tag{4-34}$$

如果将网络中的所有链路视为同时发生的，则网络中的信号强度衰减可以表达为如下的矩阵形式：

$$\Delta \boldsymbol{y} = \boldsymbol{W}\Delta \boldsymbol{x} + \boldsymbol{n} \tag{4-35}$$

其中，$\Delta\boldsymbol{y} = [\Delta y_1, \Delta y_2, \cdots, \Delta y_M]^{\mathrm{T}}$ 为测量到的数据；$\Delta\boldsymbol{x} = [\Delta x_1, \Delta x_2, \cdots, \Delta x_N]^{\mathrm{T}}$ 是待估计的图像；$\boldsymbol{n} = [n_1, n_2, \cdots, n_M]$ 为噪声；$[\boldsymbol{W}]_{i,j} = w_{ij}$ 表示权值。

从上面推导可以看出，权值模型对实现层析成像非常重要。为此，可将通信链路在二维平面的投影或通信链路信号传播范围看作椭圆，见图 4-22。

椭圆内的像素的权值可表示为

$$w_{ij} = \frac{1}{\sqrt{d}}\begin{cases}1, & \text{若}\ d_{ij}(1) + d_{ij}(2) < d + \lambda \\ 0, & \text{其他}\end{cases} \tag{4-36}$$

其中，d 为两个节点的距离；$d_{ij}(1)$ 和 $d_{ij}(2)$ 分别表示从像素块 j 的中心通过链路 i 到达两个节点的距离；λ 是一个用于调整椭圆宽度的参数，通常设置为较小的值。

为了求出层析成像的图像，需要解出式(4-35)中的 $\Delta\boldsymbol{x}$。简便起见，下面将 $\Delta\boldsymbol{x}$ 和 $\Delta\boldsymbol{y}$ 简写为 $\boldsymbol{x}$ 和 $\boldsymbol{y}$。对于形如式(4-35)的等式，通常可以通过最小平方误差获得最优解，即

$$\boldsymbol{x}_{\mathrm{LS}} = \arg\min_{\boldsymbol{x}} \|\boldsymbol{W}\boldsymbol{x} - \boldsymbol{y}\|_2^2 \tag{4-37}$$

也就是说，最小平方误差法通过使噪声能量最小，从而使得测量值与模型匹配。然而，最小平方误差法需要通过将式(4-37)的梯度置为零获得所需的解：

$$\boldsymbol{x}_{\mathrm{LS}} = (\boldsymbol{W}^{\mathrm{T}}\boldsymbol{W})^{-1}\boldsymbol{W}^{\mathrm{T}}\boldsymbol{y} \tag{4-38}$$

但是，这只有在矩阵 $\boldsymbol{W}$ 是满秩矩阵的时候才有效，而这对 RTI 系统而言通常并不满足。RTI 是一个病态求逆问题，测量数据中的少量噪声会被放大到足以让定位结果失去意义的程度。为此，将 $\boldsymbol{W}$ 用其奇异分解替换，即 $\boldsymbol{W} = \boldsymbol{U\Sigma V}^{\mathrm{T}}$，其中 $\boldsymbol{U}$ 和 $\boldsymbol{V}$ 是酉矩阵，$\boldsymbol{\Sigma}$ 是奇异值对角阵。将其代入式(4-38)，得

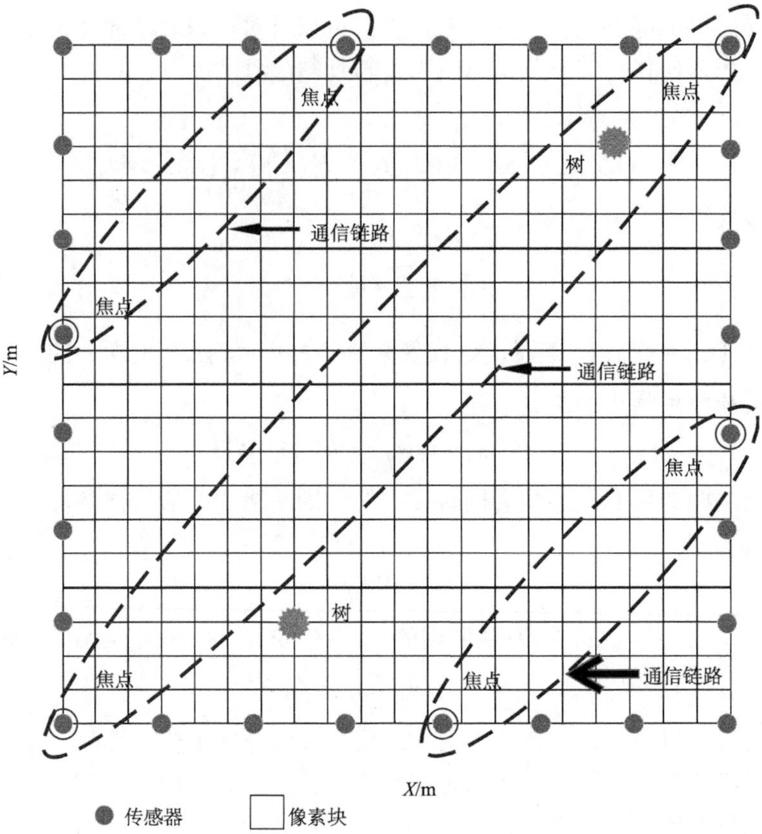

图 4-22　通信链路椭圆模型示意图

$$\boldsymbol{x}_{\mathrm{LS}}=\boldsymbol{V}\boldsymbol{\Sigma}^{-1}\boldsymbol{U}\,\boldsymbol{y}=\sum_{i=1}^{N}\frac{1}{\sigma_i}\boldsymbol{u}_i^{\mathrm{T}}\boldsymbol{y}\boldsymbol{v}_i \tag{4-39}$$

其中，$\boldsymbol{u}_i$ 和 $\boldsymbol{v}_i$ 是 $\boldsymbol{U}$ 和 $\boldsymbol{V}$ 的第 i 列；σ_i 是 $\boldsymbol{\Sigma}$ 的第 i 个对角线元素。显然，当奇异值为零或接近于零时，对应的奇异基矢量在求逆时是无界的。

RTI 模型存在病态问题的原因是采用了少量节点进行估计，不过多种可能的衰减图像均有可能导致同样的测量数据，因此无法从测量数据逆向求出图像。为此，可采用正则化的手段引入额外的信息，从而解决病态问题。很多方法通过为原来的最小化目标函数引入一个正则化项：

$$f_{\mathrm{reg}}=f(\boldsymbol{x})+\alpha J(\boldsymbol{x}) \tag{4-40}$$

其中，α 是一个调节参数，若 α 较小，则求解结果将更多地取决于测量数据，反之更偏向于之前的信息。

Tikhonov 正则化就采用了引入正则化项的方法，其目标函数如下：

$$f(\boldsymbol{x})=\frac{1}{2}\left\|\boldsymbol{W}\boldsymbol{x}-\boldsymbol{y}\right\|^2+\alpha\left\|\boldsymbol{Q}\boldsymbol{x}\right\|^2 \tag{4-41}$$

其中，$\boldsymbol{Q}$ 被称为 Tikhonov 矩阵，用于使得求解结果具有某种期望的特性。

可以用差分矩阵对 $\boldsymbol{Q}$ 中的微分操作符进行近似。由于图像是二维的，正则化操作应该将垂直和水平方向的微分都考虑进去。令 $\boldsymbol{D}_X$ 和 $\boldsymbol{D}_Y$ 分别表示水平和垂直方向的差分操作符，则正则化函数可以表示为

$$f(\boldsymbol{x})=\frac{1}{2}\|\boldsymbol{W}\boldsymbol{x}-\boldsymbol{y}\|^2+\alpha\left(\|\boldsymbol{D}_X\boldsymbol{x}\|^2+\|\boldsymbol{D}_Y\boldsymbol{x}\|^2\right) \tag{4-42}$$

对 $f(\boldsymbol{x})$ 求导并令结果为零，可得

$$\hat{\boldsymbol{x}}=\left(\boldsymbol{W}^{\mathrm{T}}\boldsymbol{W}+\alpha\left(\boldsymbol{D}_X^{\mathrm{T}}\boldsymbol{D}_X+\boldsymbol{D}_Y^{\mathrm{T}}\boldsymbol{D}_Y\right)\right)^{-1}\boldsymbol{W}^{\mathrm{T}}\boldsymbol{y} \tag{4-43}$$

Tikhonov 正则化的一个主要优势是，它的解仅仅是测量数据的一个线性变换。

4.5.3　被动定位中的环境噪声消除

从图 4-20 可以看出，在 RTI 系统中，没有目标进入网络时，RSSI 值由网络环境决定，即未受干扰下的链路 RSSI 值 r_{m} 等于环境引起的噪声分量 r_{ns}，即 $r_{\mathrm{m}}=r_{\mathrm{ns}}$。在目标进入网络后，将变化为

$$r_{\mathrm{m}}'=r_{\mathrm{ns}}'+r_{\mathrm{in}} \tag{4-44}$$

其中，r_{m}' 和 r_{ns}' 分别为链路受到目标干扰下的 RSSI 值和环境引起的噪声分量；r_{in} 为目标引起的扰动分量。

理论上，链路在受到目标干扰前后的环境发生突变的概率很低，因此噪声分量近似不变，即 $r_{\mathrm{ns}}'\approx r_{\mathrm{ns}}$。然而，目标的出现会引起环境发生变化，比如产生二次反射信号，见图 4-20。二次反射信号与环境有关，因此对应的 RSSI 值为二次噪声分量，用 r_{ad} 表示。于是

$$r_{\mathrm{ns}}'=r_{\mathrm{ns}}+r_{\mathrm{ad}} \tag{4-45}$$

假设目标处于位置 $o(x,y)$ 时有 c 条受干扰链路，第 i 条链路在时间窗 w 内的 RSSI 序列为 $\boldsymbol{r}_{\mathrm{m}}^i=\left[r_{\mathrm{m}}^i(1),r_{\mathrm{m}}^i(1),\cdots,r_{\mathrm{m}}^i(w)\right]^{\mathrm{T}}$，则由 c 条链路组成的 RSSI 序列向量可表示为 $\boldsymbol{R}_{\mathrm{m}}=\left[\boldsymbol{r}_{\mathrm{m}}^1,\boldsymbol{r}_{\mathrm{m}}^2,\cdots,\boldsymbol{r}_{\mathrm{m}}^c\right]^{\mathrm{T}},\boldsymbol{R}_{\mathrm{m}}\in\boldsymbol{R}^{c\times w}$。由于环境会随着时间的推移而变化，比如障碍物的变化、其他射频信号的干扰等，从而引起 RSSI 值中的噪声分量发生变化，进而使得 RSSI 与指纹库中的指纹信息产生偏差而失配，导致定位精度下降。

为此，可利用目标干扰引起的扰动序列向量 $\boldsymbol{R}_{\mathrm{in}}$ 与位置 $o(x,y)$ 的映射关系 $o(x,y)=f(\boldsymbol{R}_{\mathrm{in}})$ 作为指纹构建指纹库并进行定位，其优点在于扰动分量仅与位置有关，而与环境无关，因此利用扰动分量进行定位不仅能够提高定位精度，而且定位精度不受环境噪声的影响而下降。其难点在于，当目标进入定位区域之后，只能得到受干扰链路的 RSSI 值 r_{m}'（r_{ns}' 与 r_{in} 之和），无法直接获取扰动分量 r_{in}。

这里通过对噪声分量 r_{ns}' 的估计得到扰动分量 r_{in}。环境对受干扰链路 RSSI 值的影响无法直接得到，但是对未受干扰链路 RSSI 值产生的影响可以直接测量得到。另外，考虑到空间距离相近的链路由环境引起的 RSSI 值变化相似，因此可将相邻未受干扰链路进行线性迁移，得到环境对受干扰链路 RSSI 值产生的影响。具体方法是：通过对链路

进行 FSMC(finite state Markov chain，有限状态马尔可夫链)建模，得到噪声分量对应的状态转移概率 P，即环境对 RSSI 值产生的影响；对相邻未受干扰链路的状态转移概率 P_{nea} 进行迁移，得到受干扰链路噪声分量 r_{ns}' 对应的状态转移概率 P_{dis} (图 4-23)，即环境对受干扰链路 RSSI 值产生的影响；接下来，结合链路受干扰前的噪声分量 r_{ns}，得到受干扰链路的噪声分量 r_{ns}'，最后根据式(4-44)得到扰动分量 r_{in}。

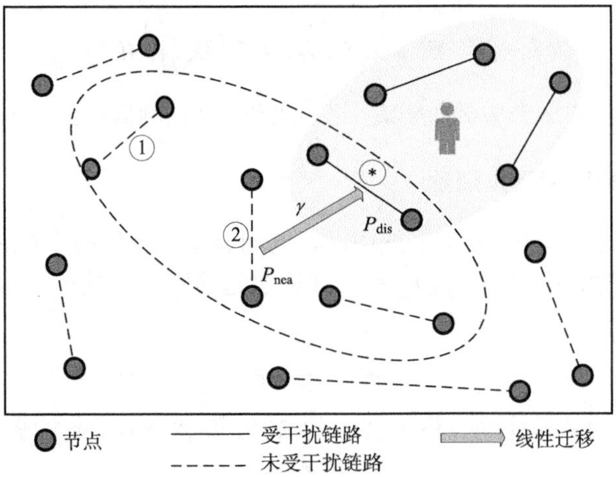

图 4-23 基于 FSMC 的链路迁移

参考文献

[1] 范强, 张涵, 隋心. UWB TW-TOA 测距误差分析与削弱[J]. 测绘通报, 2017(9): 19-22.

[2] 蒋恩松. 矿井扩频测距定位方法研究[D]. 北京：中国矿业大学(北京), 2018.

[3] 王鹏. 近场电磁测距优化算法研究[D]. 北京: 北京科技大学, 2018.

[4] 孙继平, 李晨鑫. 基于 WiFi 和计时误差抑制的 TOA 煤矿井下目标定位方法[J]. 煤炭学报, 2014, 39(1): 192-197.

[5] 胡青松, 张申. 矿井动目标精确定位新技术[M]. 徐州: 中国矿业大学出版社, 2016.

[6] 耿飞. 矿井无线传感器网络定位技术研究[D]. 徐州: 中国矿业大学, 2015.

[7] Ssu K, Ou C, Jiau H C. Localization with mobile anchor points in wireless sensor networks[J]. IEEE Transactions on Vehicular Technology, 2005, 54(3): 1187-1197.

[8] Ou C. A Localization scheme for wireless sensor networks using mobile anchors with directional antennas[J]. IEEE Sensors Journal, 2011, 11(7): 1607-1616.

[9] 姜婷婷. 无线网络中的泛在协作定位技术研究[D]. 北京：北京交通大学, 2016.

[10] Zorzi F, Zanella A. Opportunistic Localization: Modeling and Analysis[C]//2009 IEEE Vehicular Technology Conference, Honolulu USA, 2009: 1-5.

[11] 李秀琴, 王天荆, 白光伟, 等. 基于压缩感知的两阶段多目标定位算法[J]. 计算机科学, 2019, 46(5): 50-56.

[12] Andyjee. 浅谈压缩感知(一)：背景简介[EB/OL]. https://www.cnblogs.com/AndyJee/p/4973670.html [2015- 11-18].

[13] 王举, 陈晓江, 常俪琼, 等. 基于压缩感知的被动式移动目标轨迹测绘[J]. 计算机学报, 2015, 38(12): 2361-2374.

[14] 雷谦. 基于无线传感器网络的无源定位与跟踪[D]. 武汉：武汉大学, 2018.

[15] Youssef M, Mah M, Agrawala A. Challenges Device-free Passive Localization for Wireless Environments[C]// Montréal, Québec, Canada: ACM New York, 2007.

[16] Wilson J, Patwari N. Radio tomographic imaging with wireless networks[J]. IEEE Transactions on Mobile Computing, 2010, 9(5): 621-632.

[17] 常俪琼，房鼎益，陈晓江，等. 一种有效消除环境噪声的被动式目标定位方法[J]. 计算机学报, 2016, 39(5)： 1051-1065.

第 5 章　目标定位的滤波处理

各种测距方法得到的测距信息通常受到多径、非视距以及其他设备信号的干扰，从而降低定位精度。同时，各种定位算法得到的定位结果可能无法满足用户需求，采用卡尔曼滤波等方式从概率统计最优的角度估计出系统误差并将之消除[1]，能够显著提升系统定位性能。滤波理论就是在对系统可观测信号进行测量的基础上，根据一定的滤波准则，采用某种统计量最优方法，对系统的状态进行估计的理论和方法。所谓最优滤波或最优估计，指的是在最小方差意义下的最优滤波或估计，即要求信号或状态的最优估值应与相应的真实值的误差的方差最小。本章将介绍定位领域常见的滤波算法，即卡尔曼滤波、扩展卡尔曼滤波、无迹卡尔曼滤波和粒子滤波。

5.1　卡尔曼滤波

卡尔曼滤波(Kalman filter，KF)是由匈牙利著名的数学家 Rudolf Emil Kalman 所提出的一种时域滤波方法[2]，源于他的博士论文和 1960 年发表的论文 *A New Approach to Linear Filtering and Prediction Problems*。卡尔曼滤波将状态空间的概念引入随机估计理论中，把信号过程视为白噪声作用下的一个线性系统的输出，用状态方程(也称为过程方程)描述输入输出关系。估计过程中利用系统状态方程、观测方程(也称为测量方程)和白噪声激励，即系统过程噪声和观测噪声，它们的统计特性形成滤波算法。

5.1.1　卡尔曼滤波概述

卡尔曼滤波适用于估计一个由随机变量组成的动态系统的最优状态[3]。即便是观测到的系统状态参数含有噪声，观测值不准确，卡尔曼滤波也能够完成对状态真实值的最优估计。卡尔曼滤波是一个最优化自回归数据处理算法，它对于解决大部分问题都是效率最高甚至是最有用的。卡尔曼滤波不但可以对平稳的一维随机过程进行估计，也可以对非平稳的、多维随机过程进行估计。重要的是，卡尔曼滤波算法是递推的，因此便于在计算机上实现，目前已在惯性导航、目标定位、故障诊断、传感器数据融合、人脸识别、雷达系统等领域得到了广泛应用。

卡尔曼滤波具有如下特点[4]：

(1) 卡尔曼滤波处理的对象是随机信号；

(2) 被处理的信号无有用和干扰之分，滤波的目的是要估计出所有被处理的信号(区别于维纳滤波)；

(3) 系统的白噪声激励和测量噪声并不是需要滤除的对象，它们的统计特性是估计过程中需要利用的信息，这一点区别于最小二乘估计；

(4) 算法是递推的，且使用状态空间法在时域内设计滤波器，适用于对多维随机过程的估计；

(5) 被估计量既可以是平稳的，也可以是非平稳的；

(6) 估计过程中，只需要考虑过程噪声和测量噪声及当前时刻系统状态的统计特性。因此，在利用计算机计算时，所占的空间较小。

标准的卡尔曼滤波只适用于线性系统，并且要求观测方程也必须是线性的。扩展卡尔曼滤波(extended Kalman filter，EKF)可用于非线性系统，其基本思想是将非线性系统一阶线性化，然后使用标准的卡尔曼滤波，不过这种线性化过程会带来近似误差。为此，S. Julier 提出了无迹卡尔曼滤波(unscented Kalman filter，UKF)，它摒弃了对非线性函数进行线性化的做法，无须忽略高阶项，因此计算精度较高。

卡尔曼滤波采用的是正态分布进行递推处理。在概率论中，每一个随机变量 X 都具有一个平均值和方差，分别用 μ 和 σ^2 表示，其中平均值就是数学期望，即 $\mu=E[X]$，方差为 $D(X)=\sigma^2=E\left\{\left[X-E(X)\right]^2\right\}$，用于衡量随机变量或一组数据的离散程度。方差的平方根称为标准差或者均方差。

正态分布是一个非常常见的连续概率分布[5]，又名高斯分布，通常记为 $X\sim N\left(\mu,\sigma^2\right)$，其概率密度函数为

$$f(x)=\frac{1}{\sigma\sqrt{2\pi}}\mathrm{e}^{-\frac{(x-\mu)^2}{2\sigma^2}} \tag{5-1}$$

正态分布的数学期望值等于位置参数，决定了分布的位置；其标准差等于尺度参数，决定了分布的幅度。正态分布的概率密度函数曲线呈钟形，因此人们又常称之为钟形曲线。

假设有两个正态分布函数，它们的数学期望分别为 μ_0 和 μ_1，方差分别为 σ_0^2 和 σ_1^2，若这两个函数相乘，其结果依然为正态分布，见图 5-1。

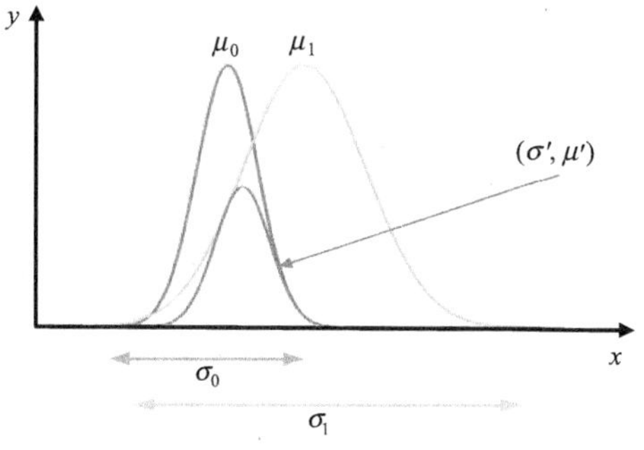

图 5-1　两个正态分布相乘的结果依然是正态分布

新的正态分布的数学期望和方差满足：

$$\begin{aligned}&\mu'=\mu_0+k\left(\mu_1-\mu_0\right)\\&\sigma'^2=k\sigma_1^2=\sigma_0^2\left(1-k\right)\\&k=\frac{\sigma_0^2}{\sigma_0^2+\sigma_1^2}\end{aligned} \tag{5-2}$$

以上是单变量概率密度函数的计算结果，如果是多变量的情况，则需要将式(5-2)换成协方差矩阵的形式，即

$$\begin{aligned}\boldsymbol{\mu}' &= \boldsymbol{\mu}_0 + \boldsymbol{k}\left(\boldsymbol{\mu}_1 - \boldsymbol{\mu}_0\right) \\ \boldsymbol{P}' &= \boldsymbol{k}\boldsymbol{P}_1 = \boldsymbol{P}_0\left(\boldsymbol{I} - \boldsymbol{k}\right) \\ \boldsymbol{k} &= \frac{\boldsymbol{P}_0}{\boldsymbol{P}_0 + \boldsymbol{P}_1}\end{aligned} \tag{5-3}$$

其中，$\boldsymbol{\mu}_0$ 和 $\boldsymbol{\mu}_1$ 分别是两个多维正态分布函数的数学期望；$\boldsymbol{P}_0$ 和 $\boldsymbol{P}_1$ 则分别是这两个正态分布函数的协方差。协方差描述了两个变量的相关程度，数学表达式为

$$\operatorname{cov}(X,Y) = E[XY] - E[X]E[Y] \tag{5-4}$$

5.1.2 一个简单的卡尔曼滤波实例

考虑轨道上的一个小车。为了便于控制，需要知道小车的位置及速度。为此，建立一个状态向量 $x(t) = (p, v)$，其中 p 和 v 分别表示小车的位置和速度，都为随机变量。小车在时刻 t 的状态向量 $x(t)$ 只与前一时刻的状态 $x(t-1)$ 相关。因此根据 $t=0$ 时刻的初值 $x(0)$，可以估计小车在任意时刻的状态。

然而，小车在行进过程中可能会受到各种不确定因素的影响，从而导致 $x(t)$ 不能精确标识小车的实际状态。这些因素既有可能包括小车的内因，如小车结构不紧密、轮子不圆等；也有可能包括环境等外因，如刮风、下雨、道路不平等。此处假设每个状态分量受到的不确定因素都服从正态分布。

先看最简单的一维情况，只用位置表示小车的状态，即只对小车位置进行估计，从而将二维向量简化为标量。假设小车速度均值为 2cm/s，在 $t=k-1$ 时，位置服从正态分布(图 5-2)。假设小车此时的位置在 21cm 处，位置误差为 0.3cm，即 μ=21，$\sigma=0.3$。

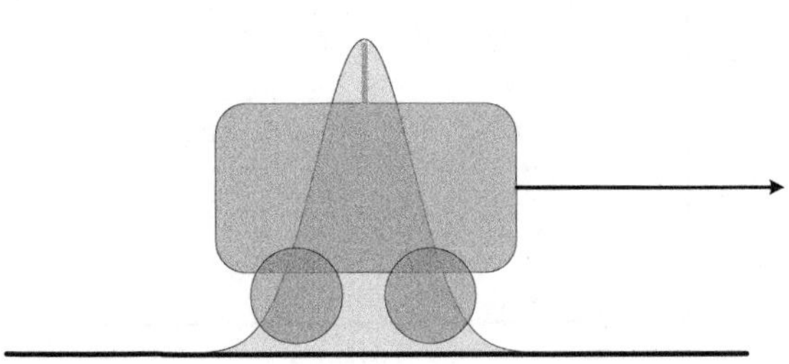

图 5-2　小车在 $t=k-1$ 时刻的位置

根据位置与速度的关系可以预测出小车在 $t=k$ 时刻的位置均值，为 21+2=23cm。假定对速度预测的不确定度为 0.4cm，由于 $k-1$ 时刻估算出的最优位置的偏差是 0.3cm，因此此时小车位置预测误差为这两个值的平方和再开方，即等于 0.5cm。背后的原理即是正态分布的线性叠加定理，即位置和速度两正态分布的和也满足正态分布，方差是二者平方和。由于 0.5>0.3，这将导致位置分布变“胖”(图 5-3)。这很好理解，因为在递推的过程中又加了一层噪声(即预测不稳定度)，从而增大了位置的不确定度。

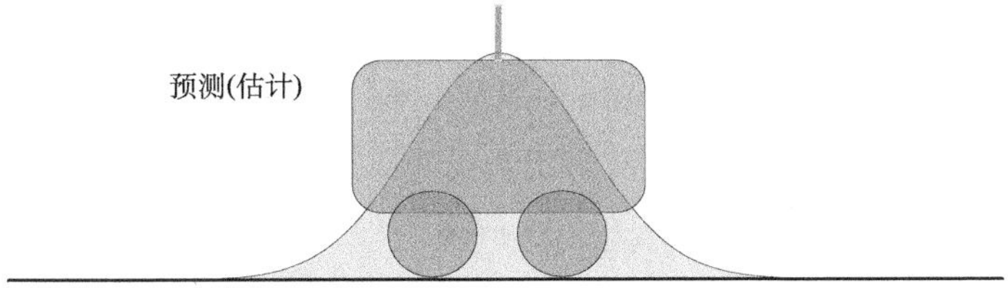

图 5-3　小车在 $t=k$ 时刻的预测位置

为了避免单纯采用位置估计带来的偏差，可以采用测量工具(如雷达)对 $t=k$ 时刻的小车位置坐标进行实际测量。当然，测量值也会受到各种因素的影响，比如测量工具不精确、环境因素影响等，从而带来测量误差。假定测量位置为 25cm(即均值为 25cm)，其误差的均方差为 0.4cm，测量结果也符合正态分布，见图 5-4，其中条纹阴影分布就是小车的测量位置分布。

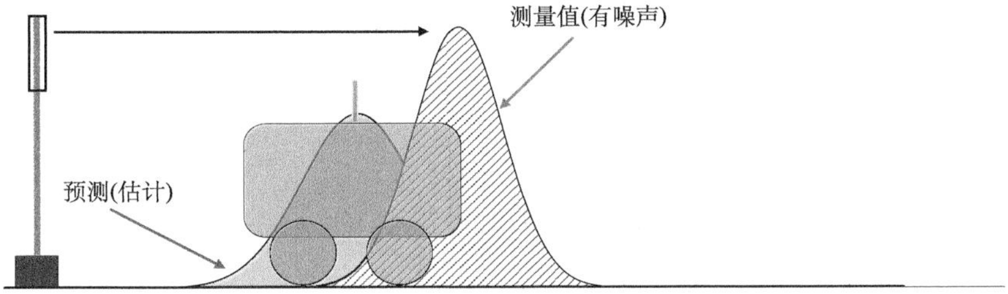

图 5-4　小车在 $t=k$ 时刻的预测位置和测量位置

那么，预测位置 23cm 和测量位置 25cm 选择哪一个结果好呢？实际上，预测和测量的位置结果都是具有概率性的，不能完全相信其中的任何一个。两个事件同时发生的可能性越大，我们越相信它。因此应该采用加权的方法，将加权的结果作为实际结果，其权值可以通过卡尔曼滤波来完成：将图 5-4 的两个正态分布合并，得到结果值的分布，它也是一个正态分布，见图 5-5 的网格状分布。正态分布意味着可以把它当作初值继续往下计算，这是卡尔曼滤波能够迭代的关键。

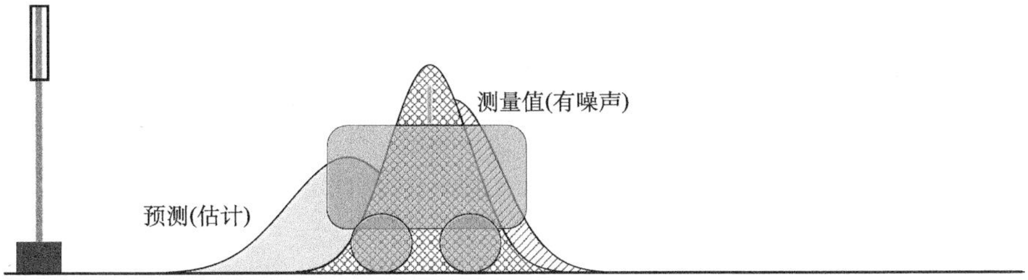

图 5-5　由预测位置和测量位置得到结果位置

下面利用卡尔曼滤波的方法来加权，即利用它们的方差 σ^2 来判断，求出网格状分布均值位置在灰色和条纹阴影分布均值间的比例，即卡尔曼增益 K_k，根据式(5-2)可知：

$$K_k = \frac{\sigma_0^2}{\sigma_0^2 + \sigma_1^2} = \frac{0.5^2}{0.5^2 + 0.4^2} = 0.61$$

求出卡尔曼增益 K_k 后，以式(5-2)求出 $t = k$ 时刻小车的实际位置，为

$$\mu' = \mu_0 + K_k(\mu_1 - \mu_0) = 23 + 0.61 \times (25 - 23) = 24.22\text{cm}$$

可以看出，因为测量的方差比较小，所以估算出的最优位置值偏向测量的值。

通过上述步骤求得了 $t = k$ 时刻的最优位置值，接下来需要解决迭代的问题，也就是如何求解 $t = k + 1$ 时刻小车的最优位置值。为此，先求出 $t = k$ 时刻最优值(24.22cm)的偏差，根据式(5-2)，得 $\sigma' = \sqrt{\sigma_0^2(1-k)} = \sqrt{0.5^2(1-0.61)} = 0.312$ cm。于是，就可将图 5-5 的网格状分布当作图 5-2 中的灰色分布对 $t = k + 1$ 时刻进行预测，算法就可以开始循环往复了。

因此，卡尔曼滤波是一个加权平均算法[6]，见图 5-6。

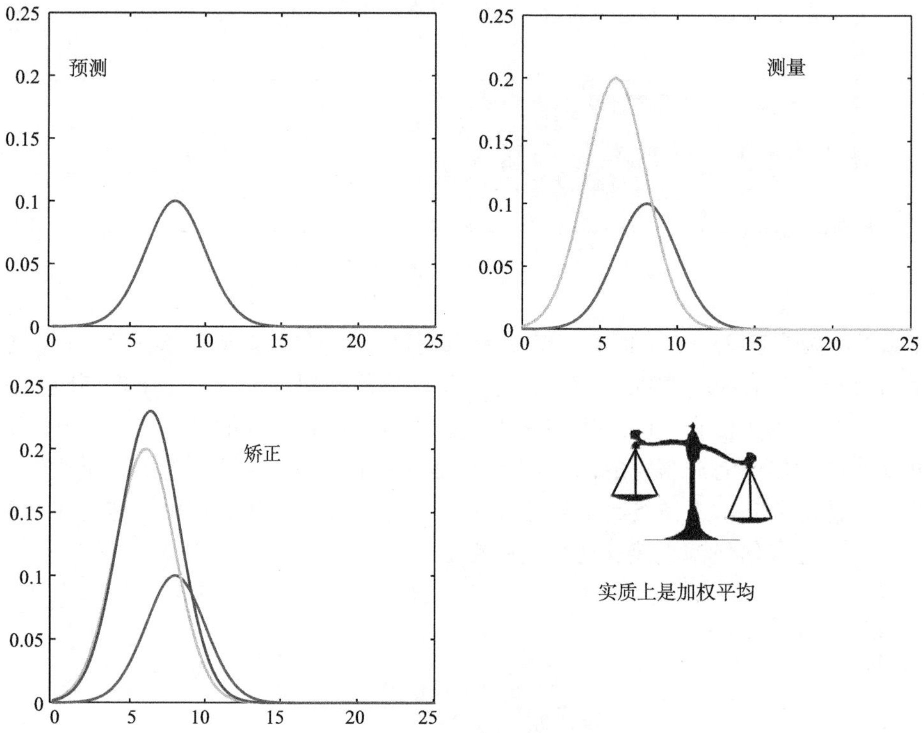

图 5-6　卡尔曼滤波是加权平均算法

上面的例子只对小车位移这个一维量做了估计，因此卡尔曼增益是标量。如果是多维状态向量，需要将方差改变为协方差，从而引入协方差矩阵的迭代，卡尔曼增益将变成矩阵，需要采用式(5-3)求解卡尔曼增益矩阵和 k 时刻的最优值和协方差矩阵。但是，无论是多少维的向量空间，卡尔曼滤波算法的本质就是利用两个正态分布的融合仍是正态分布这一特性进行迭代。

5.1.3　卡尔曼滤波的数学描述

首先引入一个离散控制过程的系统，该系统可用一个线性随机微分方程来描述[7]：

$$\boldsymbol{X}_k = \boldsymbol{F}_k \boldsymbol{X}_{k-1} + \boldsymbol{B}_k \boldsymbol{U}_k + \boldsymbol{W}_k \tag{5-5}$$

式(5-5)称为状态方程，其中，$\boldsymbol{X}_k$ 是 k 时刻的系统状态；$\boldsymbol{U}_k$ 是 k 时刻对系统的控制量，如果没有控制量，可以将其置 0；$\boldsymbol{F}_k$ 是作用在 $k-1$ 时刻状态 $\boldsymbol{X}_{k-1}$ 上的变换矩阵；$\boldsymbol{B}_k$ 是作用在控制量 $\boldsymbol{U}_k$ 上的控制矩阵；$\boldsymbol{W}_k$ 是过程噪声，假定它为零均值、协方差矩阵为 $\boldsymbol{Q}_k$ 的独立多元正态分布，记为 $\boldsymbol{W}_k \sim N(0,\boldsymbol{Q}_k)$，$\boldsymbol{Q}_k = \operatorname{cov}(\boldsymbol{W}_k)$。

系统的测量值可以描述为

$$\boldsymbol{Z}_k = \boldsymbol{H}_k \boldsymbol{X}_k + \boldsymbol{V}_k \tag{5-6}$$

式(5-6)称为观测方程，其中，$\boldsymbol{Z}_k$ 是 k 时刻的测量值；$\boldsymbol{H}_k$ 是观测矩阵，用于将隐含的真实状态空间映射到观测空间；$\boldsymbol{V}_k$ 为观测噪声，假定它为零均值、协方差矩阵为 $\boldsymbol{R}_k$ 的独立多元正态分布，记为 $\boldsymbol{V}_k \sim N(0,\boldsymbol{R}_k)$，$\boldsymbol{R}_k = \operatorname{cov}(\boldsymbol{V}_k)$。

设 $k-1$ 时刻的真实状态为 $\boldsymbol{X}_{k-1}$，估计状态为 $\hat{\boldsymbol{X}}_{k-1|k-1}$，基于 $k-1$ 时刻估计状态预测的 k 时刻的预测值为 $\hat{\boldsymbol{X}}_{k|k-1}$，$k$ 时刻的真实状态和估计状态分别为 $\boldsymbol{X}_k$ 和 $\hat{\boldsymbol{X}}_{k|k}$。假设系统的当前时刻是 k，根据系统模型，可以基于系统的上一状态预测当前状态：

$$\hat{\boldsymbol{X}}_{k|k-1} = \boldsymbol{F}_k \hat{\boldsymbol{X}}_{k-1|k-1} + \boldsymbol{B}_k \boldsymbol{U}_k \tag{5-7}$$

注意式(5-7)和式(5-5)的差别，预测是理想状态，不能引入不可控的随机噪声。

基于 $k-1$ 时刻状态得到的 k 时刻的估计值、k 时刻的真实值之间的差称为估计误差，该估计误差的协方差矩阵定义为后验概率估计误差协方差矩阵，表示为

$$\boldsymbol{P}_{k|k-1} = \operatorname{cov}\left(\boldsymbol{X}_k - \hat{\boldsymbol{X}}_{k|k-1}\right) \tag{5-8}$$

对其进行进一步推导如下：

$$\begin{aligned}
\boldsymbol{P}_{k|k-1} &= \operatorname{cov}\left(\boldsymbol{F}_k \boldsymbol{X}_{k-1} + \boldsymbol{B}_k \boldsymbol{U}_k + \boldsymbol{W}_k - \boldsymbol{F}_k \hat{\boldsymbol{X}}_{k-1|k-1} - \boldsymbol{B}_k \boldsymbol{U}_k\right) \\
&= \operatorname{cov}\left(\boldsymbol{F}_k \left(\boldsymbol{X}_{k-1} - \hat{\boldsymbol{X}}_{k-1|k-1}\right) + \boldsymbol{W}_k\right) \\
&= \boldsymbol{F}_k \operatorname{cov}\left(\boldsymbol{X}_{k-1} - \hat{\boldsymbol{X}}_{k-1|k-1}\right) \boldsymbol{F}_k^{\mathrm{T}} + \operatorname{cov}(\boldsymbol{W}_k) \\
&= \boldsymbol{F}_k \boldsymbol{P}_{k-1|k-1} \boldsymbol{F}_k^{\mathrm{T}} + \boldsymbol{Q}_k
\end{aligned} \tag{5-9}$$

其中，$\boldsymbol{F}_k^{\mathrm{T}}$ 是 $\boldsymbol{F}_k$ 的转置矩阵。

式(5-7)和式(5-9)就是卡尔曼滤波器 5 个公式当中的前两个，用来实现对系统的预测。

基于 $k-1$ 时刻的状态对 k 时刻状态的估计是否正确，需要用与实际测量值之间的误差来衡量，并且考虑用这个误差来补偿。因此在更新之前，应该计算实际测量值与估计输出值之间的差值及其协方差矩阵。

$$\tilde{\boldsymbol{y}}_k = \boldsymbol{Z}_k - \boldsymbol{H}_k \hat{\boldsymbol{X}}_{k|k-1} \tag{5-10}$$

请注意式(5-10)与式(5-6)的差别。$\tilde{\boldsymbol{y}}_k$ 的协方差矩阵表示为

$$\begin{aligned}\boldsymbol{S}_k&=\operatorname{cov}\left(\tilde{\boldsymbol{y}}_k\right)=\operatorname{cov}\left(\boldsymbol{Z}_k-\boldsymbol{H}_k\hat{\boldsymbol{X}}_{k|k-1}\right)\\&=\operatorname{cov}\left(\boldsymbol{H}_k\boldsymbol{X}_k+\boldsymbol{V}_k-\boldsymbol{H}_k\hat{\boldsymbol{X}}_{k|k-1}\right)\\&=\operatorname{cov}\left(\boldsymbol{H}_k\left(\boldsymbol{X}_k-\hat{\boldsymbol{X}}_{k|k-1}\right)\right)+\operatorname{cov}\left(\boldsymbol{V}_k\right)\\&=\boldsymbol{H}_k\operatorname{cov}\left(\boldsymbol{X}_k-\hat{\boldsymbol{X}}_{k|k-1}\right)\boldsymbol{H}_k^{\mathrm{T}}+\boldsymbol{R}_k\\&=\boldsymbol{H}_k\boldsymbol{P}_{k|k-1}\boldsymbol{H}_k^{\mathrm{T}}+\boldsymbol{R}_k\end{aligned}\tag{5-11}$$

接下来进行更新的步骤。更新是指：根据 $k-1$ 时刻得到 k 时刻状态的估计值如何得到 k 时刻的估计值 $\hat{\boldsymbol{X}}_{k|k}$。卡尔曼滤波的思想就是：用基于 $k-1$ 时刻对 k 时刻状态的估计值 $\hat{\boldsymbol{X}}_{k|k-1}$ 与预测输出值和实际输出值之间的差 $\tilde{\boldsymbol{y}}_k$ 进行线性组合得到 k 时刻的估计值，连接这两者的就是卡尔曼增益，这里体现的是反馈的思想。更新过程的第一步用下式表示：

$$\hat{\boldsymbol{X}}_{k|k}=\hat{\boldsymbol{X}}_{k|k-1}+\boldsymbol{K}_k\tilde{\boldsymbol{y}}_k\tag{5-12}$$

其中，$\boldsymbol{K}_k$ 为卡尔曼增益。式(5-12)表明，k 时刻的估计值不能仅仅相信基于 $k-1$ 时刻对 k 时刻状态的估计值，也不能仅仅相信 k 时刻的测量值，而是应该取二者的加权值。

从式(5-12)看出，为了进行更新，需要求解出卡尔曼增益。为此，需要滤除干扰真实状态的噪声，即让滤波器的估计状态与真实状态最为接近。最为接近可以理解为 k 时刻的真实状态与 k 时刻的估计状态之间的误差二范平方和最小，也就等价于协方差矩阵的迹最小，可以表示为

$$\min_{\boldsymbol{K}_k}\sum\left\|\boldsymbol{X}_k-\hat{\boldsymbol{X}}_{k|k}\right\|_2^2\Leftrightarrow\min_{\boldsymbol{K}_k}\operatorname{tr}\left(\operatorname{cov}\left(\boldsymbol{X}_k-\hat{\boldsymbol{X}}_{k|k}\right)\right)=\min_{\boldsymbol{K}_k}\operatorname{tr}\left(\boldsymbol{P}_{k|k}\right)\tag{5-13}$$

在这种情况下求取的卡尔曼增益称为最优卡尔曼增益。由于

$$\begin{aligned}\boldsymbol{P}_{k|k}&=\operatorname{cov}\left(\boldsymbol{X}_k-\hat{\boldsymbol{X}}_{k|k}\right)\\&=\operatorname{cov}\left(\boldsymbol{X}_k-\hat{\boldsymbol{X}}_{k|k-1}-\boldsymbol{K}_k\tilde{\boldsymbol{y}}_k\right)\\&=\operatorname{cov}\left(\boldsymbol{X}_k-\hat{\boldsymbol{X}}_{k|k-1}-\boldsymbol{K}_k\left(\boldsymbol{Z}_k-\boldsymbol{H}_k\hat{\boldsymbol{X}}_{k|k-1}\right)\right)\\&=\operatorname{cov}\left(\boldsymbol{X}_k-\hat{\boldsymbol{X}}_{k|k-1}-\boldsymbol{K}_k\left(\boldsymbol{H}_k\boldsymbol{X}_k+\boldsymbol{V}_k-\boldsymbol{H}_k\hat{\boldsymbol{X}}_{k|k-1}\right)\right)\\&=\operatorname{cov}\left(\left(\boldsymbol{I}-\boldsymbol{K}_k\boldsymbol{H}_k\right)\left(\boldsymbol{X}_k-\hat{\boldsymbol{X}}_{k|k-1}\right)\right)+\operatorname{cov}\left(\boldsymbol{K}_k\boldsymbol{V}_k\right)\\&=\left(\boldsymbol{I}-\boldsymbol{K}_k\boldsymbol{H}_k\right)\operatorname{cov}\left(\boldsymbol{X}_k-\hat{\boldsymbol{X}}_{k|k-1}\right)\left(\boldsymbol{I}-\boldsymbol{K}_k\boldsymbol{H}_k\right)^{\mathrm{T}}+\boldsymbol{K}_k\operatorname{cov}\left(\boldsymbol{V}_k\right)\boldsymbol{K}_k^{\mathrm{T}}\\&=\left(\boldsymbol{I}-\boldsymbol{K}_k\boldsymbol{H}_k\right)\boldsymbol{P}_{k|k-1}\left(\boldsymbol{I}-\boldsymbol{K}_k\boldsymbol{H}_k\right)^{\mathrm{T}}+\boldsymbol{K}_k\boldsymbol{R}_k\boldsymbol{K}_k^{\mathrm{T}}\\&=\boldsymbol{P}_{k|k-1}-\boldsymbol{K}_k\boldsymbol{H}_k\boldsymbol{P}_{k|k-1}-\boldsymbol{P}_{k|k-1}\boldsymbol{H}_k^{\mathrm{T}}\boldsymbol{K}_k^{\mathrm{T}}+\boldsymbol{K}_k\left(\boldsymbol{H}_k\boldsymbol{P}_{k|k-1}\boldsymbol{H}_k^{\mathrm{T}}+\boldsymbol{R}_k\right)\boldsymbol{K}_k^{\mathrm{T}}\\&=\boldsymbol{P}_{k|k-1}-\boldsymbol{K}_k\boldsymbol{H}_k\boldsymbol{P}_{k|k-1}-\boldsymbol{P}_{k|k-1}\boldsymbol{H}_k^{\mathrm{T}}\boldsymbol{K}_k^{\mathrm{T}}+\boldsymbol{K}_k\boldsymbol{S}_k\boldsymbol{K}_k^{\mathrm{T}}\end{aligned}$$

要求当 $\operatorname{tr}\left(\boldsymbol{P}_{k|k}\right)$ 最小时的卡尔曼增益 $\boldsymbol{K}_k$，只需求 $\operatorname{tr}\left(\boldsymbol{P}_{k|k}\right)$ 对 $\boldsymbol{K}_k$ 的一阶导数并令其等

于 0 即可。

$$\frac{\partial \operatorname{tr}\left(\boldsymbol{P}_{k|k}\right)}{\partial \boldsymbol{K}_k}=\frac{\partial \operatorname{tr}\left(\boldsymbol{P}_{k|k-1}\right)}{\partial \boldsymbol{K}_k}-\frac{\partial \operatorname{tr}\left(\boldsymbol{K}_k \boldsymbol{H}_k \boldsymbol{P}_{k|k-1}\right)}{\partial \boldsymbol{K}_k}-\frac{\partial \operatorname{tr}\left(\boldsymbol{P}_{k|k-1} \boldsymbol{H}_k^{\mathrm{T}} \boldsymbol{K}_k^{\mathrm{T}}\right)}{\partial \boldsymbol{K}_k}+\frac{\partial \operatorname{tr}\left(\boldsymbol{K}_k \boldsymbol{S}_k \boldsymbol{K}_k^{\mathrm{T}}\right)}{\partial \boldsymbol{K}_k}$$

因为

$$\frac{\partial \operatorname{tr}(\boldsymbol{A X B})}{\partial \boldsymbol{X}}=\boldsymbol{A}^{\mathrm{T}} \boldsymbol{B}^{\mathrm{T}}, \quad \frac{\partial \operatorname{tr}\left(\boldsymbol{A} \boldsymbol{X}^{\mathrm{T}}\right)}{\partial \boldsymbol{X}}=\boldsymbol{A}, \quad \frac{\partial \operatorname{tr}\left(\boldsymbol{X} \boldsymbol{A} \boldsymbol{X}^{\mathrm{T}}\right)}{\partial \boldsymbol{X}}=\boldsymbol{X} \boldsymbol{A}^{\mathrm{T}}+\boldsymbol{X} \boldsymbol{A} \tag{5-14}$$

所以

$$\frac{\partial \operatorname{tr}\left(\boldsymbol{P}_{k|k}\right)}{\partial \boldsymbol{K}_k}=-2 \boldsymbol{P}_{k|k-1} \boldsymbol{H}_k^{\mathrm{T}}+2 \boldsymbol{K}_k \boldsymbol{S}_k \tag{5-15}$$

令式(5-15)等于 0，可以解得卡尔曼增益为

$$\boldsymbol{K}_k=\boldsymbol{P}_{k|k-1} \boldsymbol{H}_k^{\mathrm{T}} \boldsymbol{S}_k^{-1} \tag{5-16}$$

最优卡尔曼增益计算出来之后，在最优卡尔曼增益情况下可以对后验误差协方差矩阵进行更新如下：

$$\begin{aligned}
\boldsymbol{P}_{k|k} &=\boldsymbol{P}_{k|k-1}-\boldsymbol{K}_k \boldsymbol{H}_k \boldsymbol{P}_{k|k-1}-\boldsymbol{P}_{k|k-1} \boldsymbol{H}_k^{\mathrm{T}} \boldsymbol{K}_k^{\mathrm{T}}+\boldsymbol{K}_k \boldsymbol{S}_k \boldsymbol{K}_k^{\mathrm{T}} \\
&=\left(\boldsymbol{I}-\boldsymbol{K}_k \boldsymbol{H}_k\right) \boldsymbol{P}_{k|k-1}-\boldsymbol{P}_{k|k-1} \boldsymbol{H}_k^{\mathrm{T}} \boldsymbol{K}_k^{\mathrm{T}}+\boldsymbol{P}_{k|k-1} \boldsymbol{H}_k^{\mathrm{T}} \boldsymbol{K}_k^{\mathrm{T}} \\
&=\left(\boldsymbol{I}-\boldsymbol{K}_k \boldsymbol{H}_k\right) \boldsymbol{P}_{k|k-1}
\end{aligned} \tag{5-17}$$

这样一来，卡尔曼滤波算法就可以迭代运算下去了，其原理框图见图 5-7 [7]。

为了对卡尔曼滤波形成整体印象，下面将预测过程和更新过程整理如下：

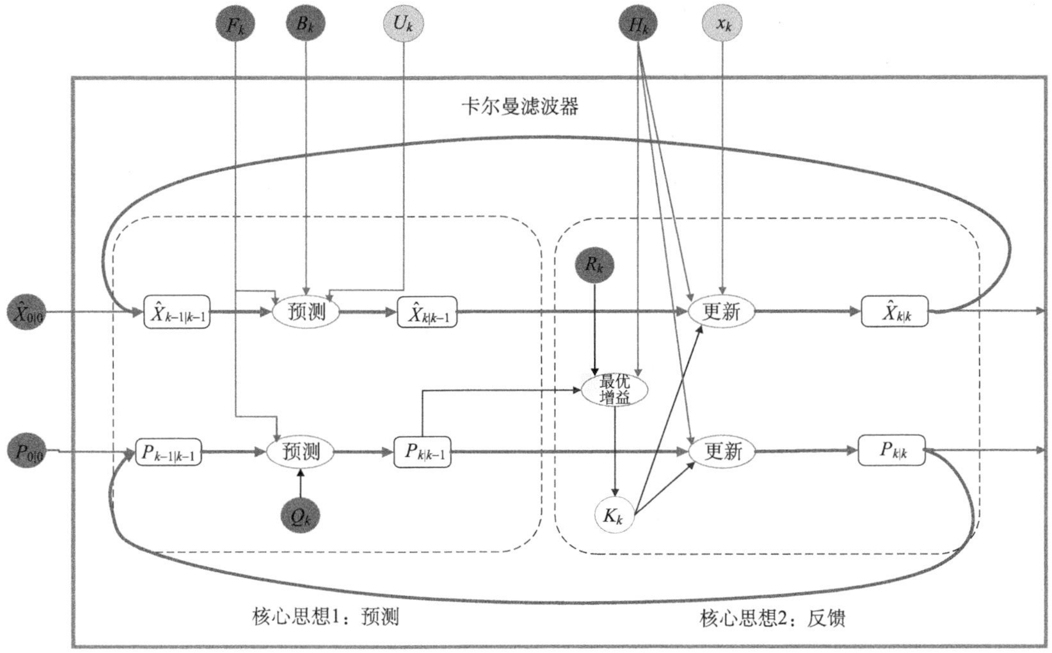

图 5-7　卡尔曼滤波的原理框图

预测过程：

第一步：

$$\hat{\boldsymbol{X}}_{k|k-1} = \boldsymbol{F}_k \hat{\boldsymbol{X}}_{k-1|k-1} + \boldsymbol{B}_k \boldsymbol{U}_k \tag{5-18}$$

第二步：

$$\boldsymbol{P}_{k|k-1} = \boldsymbol{F}_k \boldsymbol{P}_{k-1|k-1} \boldsymbol{F}_k^{\mathrm{T}} + \boldsymbol{Q}_k \tag{5-19}$$

$$\tilde{\boldsymbol{y}}_k = \boldsymbol{Z}_k - \boldsymbol{H}_k \hat{\boldsymbol{X}}_{k|k-1} \tag{5-20}$$

$$\boldsymbol{S}_k = \boldsymbol{H}_k \boldsymbol{P}_{k|k-1} \boldsymbol{H}_k^{\mathrm{T}} + \boldsymbol{R}_k \tag{5-21}$$

更新过程：

第一步：

$$\hat{\boldsymbol{X}}_{k|k} = \hat{\boldsymbol{X}}_{k|k-1} + \boldsymbol{K}_k \tilde{\boldsymbol{y}}_k \tag{5-22}$$

第二步：

$$\boldsymbol{K}_k = \boldsymbol{P}_{k|k-1} \boldsymbol{H}_k^{\mathrm{T}} \boldsymbol{S}_k^{-1} \tag{5-23}$$

第三步：

$$\boldsymbol{P}_{k|k} = \left(\boldsymbol{I} - \boldsymbol{K}_k \boldsymbol{H}_k\right) \boldsymbol{P}_{k|k-1} \tag{5-24}$$

5.1.4 卡尔曼滤波在目标跟踪中的应用

本节介绍卡尔曼滤波在船舶 GPS 导航定位中的应用。船舶上的 GPS 接收机可以实时收到在轨导航卫星的信号，据此计算出船舶的位置和速度。然而，民用领域的 GPS 卫星信号中人为加入了高频振荡随机干扰信号，通过对 GPS 关于船舶的位置和速度的观测信号进行滤波，可以提高定位精度。观测噪声强度(方差)可由 GPS 观测信号用系统辨识方法求得。

为了简化模型，假定船舶出港沿直线方向航行。以港口码头的出发处为坐标原点，设采样间隔为 T_0，用 $s(k)$ 表示船舶在采样时刻 kT_0 处的真实位置，用 $y(k)$ 表示在时刻 kT_0 处 GPS 定位的观测值，则有观测模型：

$$y(k) = s(k) + v(k) \tag{5-25}$$

其中，$v(k)$ 表示 GPS 定位误差(观测噪声)，假设它是零均值、方差为 σ_v^2 的白噪声，σ_v^2 可以通过大量 GPS 观测试验数据进行统计获得。

于是，船舶 GPS 导航定位卡尔曼滤波就是：基于 GPS 观测数据 $\left(y(1), y(2), \cdots, y(k)\right)$，得到船舶在 k 时刻的位置 $s(k)$ 的最优估计 $\hat{s}(k|k)$。

假定船舶在时刻 kT_0 的速度为 $\dot{s}(k)$，加速度为 $a(k)$，则时刻 $(k+1)T_0$ 的位置和速度为

$$s(k+1) = s(k) + vT_0 + 0.5T_0^2 a(k) \tag{5-26}$$

$$\dot{s}(k+1) = \dot{s}(k) + T_0 a(k) \tag{5-27}$$

加速度由机动加速度$u(k)$和随机加速度$w(k)$两部分构成，即

$$a(k)=u(k)+w(k) \tag{5-28}$$

其中，$u(k)$为由船舶动力系统的控制信号引起，人为输出的已知机动信号；$w(k)$由海风和海浪引起，假设为零均值、方差为σ_w^2的独立于$u(k)$的白噪声。

定义船舶在采样时刻kT_0的系统状态为$x(k)$，它包括船舶的位置和速度，即

$$x(k)=\begin{bmatrix} s(k) \\ \dot{s}(k) \end{bmatrix} \tag{5-29}$$

于是可以得到船舶运动的状态方程为

$$\begin{bmatrix} s(k+1) \\ \dot{s}(k+1) \end{bmatrix}=\begin{bmatrix} 1 & T_0 \\ 0 & 1 \end{bmatrix}\begin{bmatrix} s(k) \\ \dot{s}(k) \end{bmatrix}+\begin{bmatrix} 0.5T_0^2 \\ T_0 \end{bmatrix}u(k)+\begin{bmatrix} 0.5T_0^2 \\ T_0 \end{bmatrix}w(k) \tag{5-30}$$

观测方程为

$$y(k)=\begin{bmatrix} 1 & 0 \end{bmatrix}\begin{bmatrix} s(k) \\ \dot{s}(k) \end{bmatrix}+v(k) \tag{5-31}$$

即系统的状态空间方程为

$$\begin{aligned} \boldsymbol{X}(k)&=\boldsymbol{A}\boldsymbol{X}(k-1)+\boldsymbol{B}\boldsymbol{U}(k)+\boldsymbol{\Gamma}\boldsymbol{W}(k) \\ \boldsymbol{Z}(k)&=\boldsymbol{H}\boldsymbol{X}(k)+\boldsymbol{V}(k) \end{aligned} \tag{5-32}$$

其中，$\boldsymbol{A}=\begin{bmatrix} 1 & T_0 \\ 0 & 1 \end{bmatrix}$，$\boldsymbol{B}=\boldsymbol{\Gamma}=\begin{bmatrix} 0.5T_0^2 \\ T_0 \end{bmatrix}$，$\boldsymbol{H}=\begin{bmatrix} 1 & 0 \end{bmatrix}$。

如果不考虑机动目标自身的动力因素，则$u(k)=0$。此处将匀速直线运动的船舶系统推广到四维，即

$$\boldsymbol{X}(k)=\begin{bmatrix} x(k) & \dot{x}(k) & y(k) & \dot{y}(k) \end{bmatrix}^{\mathrm{T}} \tag{5-33}$$

状态包括水平方向的位置和速度，以及纵向的位置和速度，那么系统方程可以表示为

$$\begin{bmatrix} x(k) \\ \dot{x}(k) \\ y(k) \\ \dot{y}(k) \end{bmatrix}=\begin{bmatrix} 1 & T & 0 & 0 \\ 0 & 1 & 0 & 0 \\ 0 & 0 & 1 & T \\ 0 & 0 & 0 & 1 \end{bmatrix}\begin{bmatrix} x(k-1) \\ \dot{x}(k-1) \\ y(k-1) \\ \dot{y}(k-1) \end{bmatrix}+\begin{bmatrix} 0.5T^2 & 0 \\ T & 0 \\ 0 & 0.5T^2 \\ 0 & T \end{bmatrix}\boldsymbol{W}_{2\times1}(k) \tag{5-34}$$

$$\boldsymbol{Z}(k)=\begin{bmatrix} 1 & 0 & 0 & 0 \\ 0 & 0 & 1 & 0 \end{bmatrix}\begin{bmatrix} x(k) \\ \dot{x}(k) \\ y(k) \\ \dot{y}(k) \end{bmatrix}+\boldsymbol{V}_{2\times1}(k) \tag{5-35}$$

假定船舶的初始位置为(–100m，200m)，水平运动速度为 2m/s，垂直方向的运动速度为 20m/s，GPS 接收机的扫描周期为 T=1s，观测噪声的均值为 0，方差为 100。过程

噪声越小，目标越接近匀速直线运动，反之则为曲线运动。

图 5-8 和图 5-9 分别给出了卡尔曼滤波前后的船舶跟踪轨迹图和跟踪误差图。从图 5-8 可以看出，观测轨迹存在较为明显的振荡，说明测量噪声的影响非常大。通过卡尔曼滤波后，振荡幅度明显降低，且估计位置比较接近真实运动轨迹。

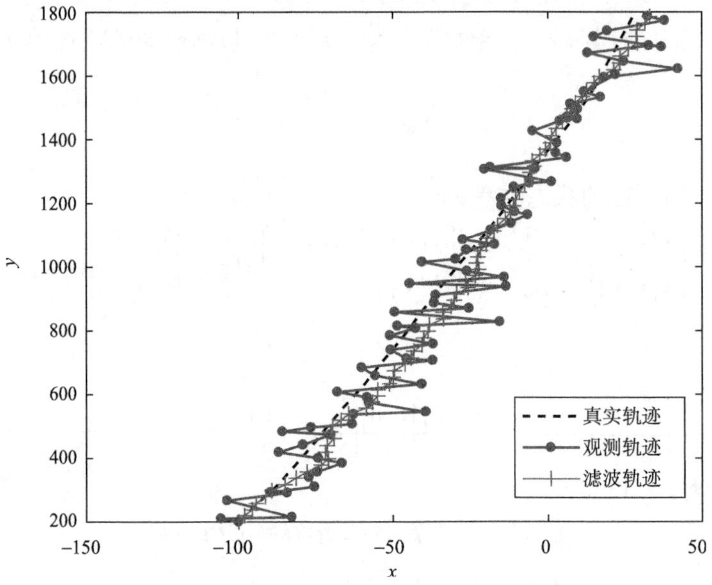

图 5-8　船舶跟踪轨迹图

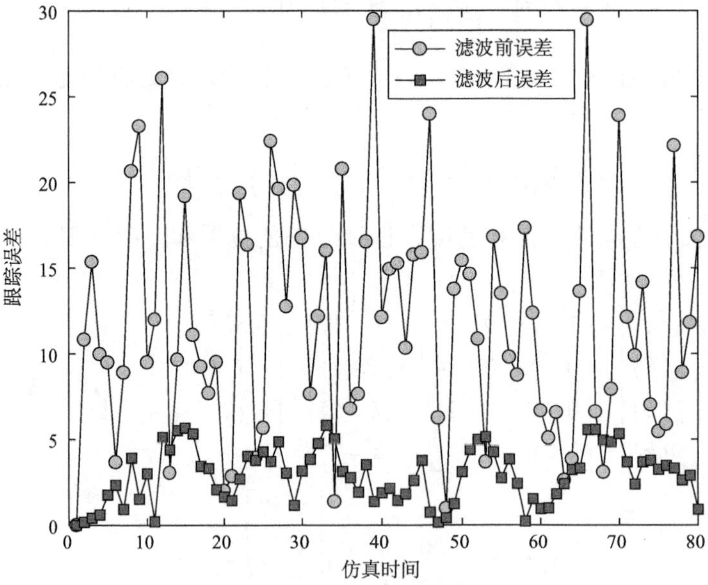

图 5-9　船舶跟踪误差图

从图 5-9 可以看出，滤波前的观测噪声最大值接近 30m，对于长约 1800m、宽约 250m 的目标运动场地而言，这个噪声太大。经过卡尔曼滤波之后，位置偏差降低到 10m 以下。

可见，卡尔曼滤波能够大幅降低噪声影响，进而降低定位跟踪误差。

下面给出了图 5-8 和图 5-9 的仿真代码。

```
% 卡尔曼滤波在船舶GPS导航定位系统中的应用
function main
clc;clear;
T=1;%雷达扫描周期
N=80/T;%总的采样次数
X=zeros(4,N);%目标真实位置、速度
X(:,1)=[-100,2,200,20];%目标初始位置、速度
Z=zeros(2,N);%传感器对位置的观测
Z(:,1)=[X(1,1),X(3,1)];%观测初始化
delta_w=1e-2;%如果增大这个参数，目标真实轨迹就是曲线
Q=delta_w*diag([0.5,1,0.5,1]);%过程噪声均值
R=100*eye(2);%观测噪声均值
F=[1,T,0,0;0,1,0,0;0,0,1,T;0,0,0,1];%状态转移矩阵
H=[1,0,0,0;0,0,1,0];%观测矩阵
%%%%%%%%%%%%%%%%%%%%%%%%%%%%%%%%%%%%%%%%%
for t=2:N
    X(:,t)=F*X(:,t-1)+sqrtm(Q)*randn(4,1);%目标真实轨迹
    Z(:,t)=H*X(:,t)+sqrtm(R)*randn(2,1); %对目标观测
end
%卡尔曼滤波
Xkf=zeros(4,N);
Xkf(:,1)=X(:,1);%卡尔曼滤波状态初始化
P0=eye(4);%协方差矩阵初始化
for i=2:N
    Xn=F*Xkf(:,i-1);%预测
    P1=F*P0*F'+Q;%预测误差协方差
    K=P1*H'*inv(H*P1*H'+R);%增益
    Xkf(:,i)=Xn+K*(Z(:,i)-H*Xn);%状态更新
    P0=(eye(4)-K*H)*P1;%滤波误差协方差更新
end
%误差更新
for i=1:N
    Err_Observation(i)=RMS(X(:,i),Z(:,i));%滤波前的误差
    Err_KalmanFilter(i)=RMS(X(:,i),Xkf(:,i));%滤波后的误差
end
%画图
figure
hold on;box on;
plot(X(1,:),X(3,:),'-k');%真实轨迹
```

```
plot(Z(1,:),Z(2,:),'-b.');%观测轨迹
plot(Xkf(1,:),Xkf(3,:),'-r+');%卡尔曼滤波轨迹
legend('真实轨迹','观测轨迹','滤波轨迹')
figure
hold on; box on;
plot(Err_Observation,'-ko','MarkerFace','g')
plot(Err_KalmanFilter,'-ks','MarkerFace','r')
legend('滤波前误差','滤波后误差')
%%%%%%%%%%%%%%%%%%%%%%%%%%%%%%
%计算欧氏距离子函数
function dist=RMS(X1,X2);
if length(X2)<=2
    dist=sqrt((X1(1)-X2(1))^2 +(X1(3)-X2(2))^2 );
else
    dist=sqrt((X1(1)-X2(1))^2 +(X1(3)-X2(3))^2 );
end
```

5.2 扩展卡尔曼滤波

5.1 节介绍的卡尔曼滤波是在线性高斯情况下利用最小均方误差准则获得目标的动态估计[8]，适用于状态方程和观测方程都是线性且误差符合正态分布(高斯分布)的系统，为了区别，将这种卡尔曼滤波称为普通卡尔曼滤波或常规卡尔曼滤波。然而，很多系统(如导弹制导系统)都存在一定的非线性，表现在过程方程(状态方程)是非线性的，或者观测与状态之间的关系是非线性的，此时普通卡尔曼滤波不再适用。解决方案是将非线性关系进行线性近似，将其转化为线性问题，通常有两种手段：一是将非线性环节线性化，对高阶项采用忽略或逼近措施，扩展卡尔曼滤波就是采用的这种方法；二是对非线性分布进行近似，无迹卡尔曼滤波就是采用的这种方法。

5.2.1 扩展卡尔曼滤波的原理

与普通卡尔曼滤波相同，扩展卡尔曼滤波也假定 k 时刻的真实状态是从 $k-1$ 时刻的状态演化而来，不过演化与测量的过程是用可微的非线性函数来描述的[1]：

$$\begin{aligned} \boldsymbol{X}_k &= f\left(\boldsymbol{X}_{k-1},\boldsymbol{U}_k\right)+\boldsymbol{W}_k \\ \boldsymbol{Z}_k &= h\left(\boldsymbol{X}_k\right)+\boldsymbol{V}_k \end{aligned} \tag{5-36}$$

其中，$f(\cdot)$ 是 n 维向量函数，对其自变量而言是非线性的；$h(\cdot)$ 是 m 维向量函数，对自变量而言也是非线性的；$\boldsymbol{W}_k$ 和 $\boldsymbol{V}_k$ 分别是 r 维随机系统动态噪声和 m 维测量系统噪声，初始状态 $\boldsymbol{X}_0$ 通常是任意值的 n 维随机向量。

线性系统与非线性系统在以下两个方面具有显著区别[9]：

1) 齐次性

线性系统可以应用线性叠加原理，也就是满足齐次性，而描述非线性系统的数学模型为非线性微分方程，因此叠加原理不可用。故能否应用叠加原理是这两类系统的本质区别。

2) 平衡态

平衡态指的是在无外力作用且系统输出的各阶导数等于零时，系统处于平衡态，而此时系统的状态点即为平衡点（x^*），即 $f\left(x^*,0\right)=0$。

显然，线性系统只有一个平衡状态。线性系统的稳定性即为平衡状态的稳定性，而且只取决于系统本身的结构和参数，与外作用力和初始条件无关。而非线性系统可能存在多个平衡状态，各平衡状态可能是稳定的，也可能是不稳定的，且平衡状态的稳定性不仅与系统的结构与参数有关，还与系统的初始条件有直接的关系。可以通过局部线性来解决非线性的问题，见图 5-10。

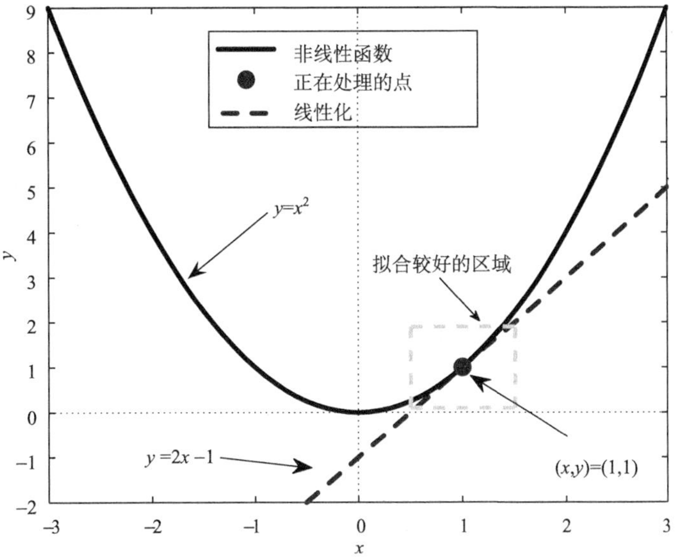

图 5-10　非线性高斯模型

扩展卡尔曼滤波的核心思想是：首先围绕估计状态 $\hat{\boldsymbol{X}}_k$ 将非线性函数 $f[\cdot]$ 和 $h[\cdot]$ 展开成泰勒级数并略去二阶及以上项，得到一个近似的线性化模型，然后利用普通卡尔曼滤波进行处理。

泰勒级数展开是将一个在 $x=x_0$ 处具有 n 阶导数的函数 $f(x)$，利用关于 $(x-x_0)$ 的 n 次多项式逼近函数值的方法。若函数 $f(x)$ 在包含 x_0 的某个闭区间 $[a,b]$ 上具有 n 阶导数，且在开区间 (a,b) 上具有 $n+1$ 阶导数，则对闭区间 $[a,b]$ 上的任意一点 x，都有

$$f(x)=\frac{f(x_0)}{0!}+\frac{f'(x_0)}{1!}(x-x_0)+\cdots+\frac{f^{(n)}(x_0)}{n!}(x-x_0)^n+R_n(x) \tag{5-37}$$

其中，$f^{(n)}(x_0)$ 表示函数 $f(x)$ 在 $x=x_0$ 处的 n 阶导数，等式右边称为泰勒展开式，$R_n(x)$

是泰勒展开式的余项，是$(x-x_0)^n$的高阶无穷小。

当状态量和观测量是多维向量时，一维的泰勒展开需要做拓展，具体形式如下：

$$f(\boldsymbol{x})=f(\boldsymbol{X}_k)+\left|\nabla f(\boldsymbol{X}_k)\right|^{\mathrm{T}}(\boldsymbol{X}-\boldsymbol{X}_k)+\frac{1}{2!}(\boldsymbol{X}-\boldsymbol{X}_k)^{\mathrm{T}}\boldsymbol{M}_k(\boldsymbol{X}-\boldsymbol{X}_k)+o^n \tag{5-38}$$

其中，$\left|\nabla f(\boldsymbol{X}_k)\right|^{\mathrm{T}}=\boldsymbol{F}_k$为雅可比矩阵，它相当于给一个非线性函数做了切平面，见式(5-39)；$\boldsymbol{M}_k$为黑塞矩阵，见式(5-40)；o^n表示高阶无穷小。雅可比矩阵类似于多元函数的导数，体现了一个可微方程与给出点的最优线性逼近。黑塞矩阵一般被应用于牛顿法解决的大规模优化问题中。

$$\left|\nabla f(\boldsymbol{x}_k)\right|^{\mathrm{T}}=\boldsymbol{F}_k=\begin{bmatrix}\frac{\partial y_1}{\partial x_1} & \frac{\partial y_1}{\partial x_2} & \cdots & \frac{\partial y_1}{\partial x_n}\\ \frac{\partial y_2}{\partial x_1} & \frac{\partial y_2}{\partial x_2} & \cdots & \frac{\partial y_2}{\partial x_n}\\ \vdots & \vdots & & \vdots\\ \frac{\partial y_m}{\partial x_1} & \frac{\partial y_m}{\partial x_2} & \cdots & \frac{\partial y_m}{\partial x_n}\end{bmatrix} \tag{5-39}$$

$$\boldsymbol{M}_k=\begin{bmatrix}\frac{\partial^2 f}{\partial x_1^2} & \frac{\partial^2 f}{\partial x_1 x_2} & \cdots & \frac{\partial^2 f}{\partial x_1 x_n}\\ \frac{\partial^2 f}{\partial x_2 x_1} & \frac{\partial^2 f}{\partial x_2^2} & \cdots & \frac{\partial^2 f}{\partial x_2 x_n}\\ \vdots & \vdots & & \vdots\\ \frac{\partial^2 f}{\partial x_n x_1} & \frac{\partial^2 f}{\partial x_n x_2} & \cdots & \frac{\partial^2 f}{\partial x_n^2}\end{bmatrix} \tag{5-40}$$

这里的观测向量为m维，状态向量为n维。

根据前面的讨论，扩展卡尔曼滤波的状态转移方程和观测方程可以写成式(5-36)的形式，为了方便讨论，这里重写如下：

$$\begin{aligned}\boldsymbol{X}_k&=f(\boldsymbol{X}_{k-1},\boldsymbol{U}_k)+\boldsymbol{W}_k\\ \boldsymbol{Z}_k&=h(\boldsymbol{X}_k)+\boldsymbol{V}_k\end{aligned} \tag{5-41}$$

假定过程噪声$\boldsymbol{W}_k$是零均值的高斯白噪声且是已知的；观测噪声$\boldsymbol{V}_k$是加性零均值高斯白噪声，并假定$\boldsymbol{V}_k$和$\boldsymbol{W}_k$彼此独立。当过程噪声$\boldsymbol{W}_k$和观测噪声$\boldsymbol{V}_k$恒为零时，系统模型式(5-41)的解为非线性模型的理论解，又称为“标称轨迹”或“标称状态”，而把其真实解称为“真轨迹”或“真状态”。

为推导方便起见，这里不考虑控制量。利用泰勒展开式对式(5-41)中的非线性函数$f(\cdot)$在上一次的估计值$\hat{\boldsymbol{X}}_{k-1|k-1}$处展开，得

$$\boldsymbol{X}_k=f(\boldsymbol{X}_{k-1})+\boldsymbol{W}_k=f\left(\hat{\boldsymbol{X}}_{k-1|k-1}\right)+\boldsymbol{F}_k\left(\boldsymbol{X}_{k-1}-\hat{\boldsymbol{X}}_{k-1|k-1}\right)+\boldsymbol{\phi}_k \tag{5-42}$$

其中，$\boldsymbol{F}_k$表示函数$f(x)$在$\hat{\boldsymbol{X}}_{k-1|k-1}$处的雅可比矩阵。与普通卡尔曼滤波相比，这里多了

非随机的 $\boldsymbol{\phi}_k$ 项。

同理，利用泰勒展开式将式(5-41)中的非线性函数 $h(\cdot)$ 在本轮的状态预测值 $\hat{\boldsymbol{X}}_{k|k-1}$ 处展开，得

$$\boldsymbol{Z}_k = h(\boldsymbol{X}_k) + \boldsymbol{V}_k = h(\hat{\boldsymbol{X}}_{k|k-1}) + \boldsymbol{H}_k(\boldsymbol{X}_k - \hat{\boldsymbol{X}}_{k|k-1}) + \boldsymbol{V}_k \tag{5-43}$$

其中，$\boldsymbol{H}_k$ 表示函数 $h(x)$ 在 $\hat{\boldsymbol{X}}_{k|k-1}$ 处的雅可比矩阵。

引入反馈：

$$\hat{\boldsymbol{X}}_{k|k} = \hat{\boldsymbol{X}}_{k|k-1} + \boldsymbol{K}_k(\boldsymbol{Z}_k - \hat{\boldsymbol{Z}}_k) = \hat{\boldsymbol{X}}_{k|k-1} + \boldsymbol{K}_k\left(\boldsymbol{Z}_k - h(\hat{\boldsymbol{X}}_{k|k-1})\right) = \hat{\boldsymbol{X}}_{k|k-1} + \boldsymbol{K}_k\tilde{\boldsymbol{y}}_k \tag{5-44}$$

由式(5-42)和式(5-43)得到

$$f(\boldsymbol{X}_{k-1}) - f(\hat{\boldsymbol{X}}_{k-1|k-1}) = \boldsymbol{F}_k(\boldsymbol{X}_{k-1} - \hat{\boldsymbol{X}}_{k-1|k-1}) \tag{5-45}$$

$$h(\boldsymbol{X}_k) - h(\hat{\boldsymbol{X}}_{k|k-1}) = \boldsymbol{H}_k(\boldsymbol{X}_k - \hat{\boldsymbol{X}}_{k|k-1}) \tag{5-46}$$

计算估计值与真实值之间的误差协方差矩阵 $\boldsymbol{P}_{k|k}$，并把式(5-43)、式(5-44)和式(5-46)代入，得到

$$\begin{aligned}
\boldsymbol{P}_{k|k} &= \operatorname{cov}\boldsymbol{e}_k = \operatorname{cov}(\boldsymbol{X}_k - \hat{\boldsymbol{X}}_{k|k}) \\
&= \operatorname{cov}\left[\boldsymbol{X}_k - \hat{\boldsymbol{X}}_{k|k-1} - \boldsymbol{K}_k\left(\boldsymbol{Z}_k - h(\hat{\boldsymbol{X}}_{k|k-1})\right)\right] \\
&= \operatorname{cov}\left[\boldsymbol{X}_k - \hat{\boldsymbol{X}}_{k|k-1} - \boldsymbol{K}_k\left(h(\boldsymbol{X}_k) - h(\hat{\boldsymbol{X}}_{k|k-1}) + \boldsymbol{V}_k\right)\right] \\
&= \operatorname{cov}\left[(\boldsymbol{I} - \boldsymbol{K}_k\boldsymbol{H}_k)(\boldsymbol{X}_k - \hat{\boldsymbol{X}}_{k|k-1}) + \boldsymbol{V}_k\right] \\
&= (\boldsymbol{I} - \boldsymbol{K}_k\boldsymbol{H}_k)\operatorname{cov}(\boldsymbol{X}_k - \hat{\boldsymbol{X}}_{k|k-1})(\boldsymbol{I} - \boldsymbol{K}_k\boldsymbol{H}_k)^{\mathrm{T}} + \boldsymbol{R}_k \\
&= (\boldsymbol{I} - \boldsymbol{K}_k\boldsymbol{H}_k)\boldsymbol{P}_{k|k-1}(\boldsymbol{I} - \boldsymbol{K}_k\boldsymbol{H}_k)^{\mathrm{T}} + \boldsymbol{R}_k
\end{aligned}$$

其中，$\boldsymbol{P}_{k|k-1}$ 表示真实值与预测值之间的误差协方差矩阵，因此：

$$\boldsymbol{P}_{k|k} = \boldsymbol{P}_{k|k-1} - \boldsymbol{K}_k\boldsymbol{H}_k\boldsymbol{P}_{k|k-1} - \boldsymbol{P}_{k|k-1}\boldsymbol{K}_k^{\mathrm{T}}\boldsymbol{H}_k^{\mathrm{T}} + \boldsymbol{K}_k(\boldsymbol{H}_k\boldsymbol{P}_{k|k-1}\boldsymbol{H}_k^{\mathrm{T}} + \boldsymbol{R}_k)\boldsymbol{K}_k^{\mathrm{T}} \tag{5-47}$$

因为 $\boldsymbol{P}_{k|k}$ 的对角元素即为真实值与估计值的误差的平方，矩阵的迹(用 $\operatorname{tr}[\cdot]$ 表示)即为总误差的平方和，即

$$\operatorname{tr}[\boldsymbol{P}_{k|k}] = \operatorname{tr}[\boldsymbol{P}_{k|k-1}] + \operatorname{tr}\left[\boldsymbol{K}_k(\boldsymbol{H}_k\boldsymbol{P}_{k|k-1}\boldsymbol{H}_k^{\mathrm{T}} + \boldsymbol{R}_k)\boldsymbol{K}_k^{\mathrm{T}}\right] - 2\operatorname{tr}[\boldsymbol{K}_k\boldsymbol{H}_k\boldsymbol{P}_{k|k-1}] \tag{5-48}$$

要让估计值更接近于真实值，就要使上面的迹尽可能小，因此要取得合适的卡尔曼增益 $\boldsymbol{K}_k$，使得迹达到最小，亦即使得迹对 $\boldsymbol{K}_k$ 的偏导为 0，即

$$\frac{\partial\operatorname{tr}[\boldsymbol{P}_{k|k}]}{\partial\boldsymbol{K}_k} = 2\boldsymbol{K}_k(\boldsymbol{H}_k\boldsymbol{P}_{k|k-1}\boldsymbol{H}_k^{\mathrm{T}} + \boldsymbol{R}_k) - 2(\boldsymbol{H}_k\boldsymbol{P}_{k|k-1})^{\mathrm{T}} = 0 \tag{5-49}$$

这样就能算出合适的卡尔曼增益，即

$$\boldsymbol{K}_k = \boldsymbol{P}_{k|k-1}\boldsymbol{H}_k^{\mathrm{T}}(\boldsymbol{H}_k\boldsymbol{P}_{k|k-1}\boldsymbol{H}_k^{\mathrm{T}} + \boldsymbol{R}_k)^{-1} \tag{5-50}$$

代回式(5-47)，得到

$$\boldsymbol{P}_{k|k}=\boldsymbol{P}_{k|k-1}-\boldsymbol{P}_{k|k-1}\boldsymbol{H}_k^{\mathrm{T}}\left(\boldsymbol{H}_k\boldsymbol{P}_{k|k-1}\boldsymbol{H}_k^{\mathrm{T}}+\boldsymbol{R}_k\right)^{-1}\boldsymbol{H}_k\boldsymbol{P}_{k|k-1}=\left(\boldsymbol{I}-\boldsymbol{K}_k\boldsymbol{H}_k\right)\boldsymbol{P}_{k|k-1} \tag{5-51}$$

接下来就差真实值与预测值之间的协方差矩阵 $\boldsymbol{P}_{k|k-1}$ 的求值公式了。

$$\boldsymbol{P}_{k|k-1}=\mathrm{cov}\left(\boldsymbol{e}_{k|k-1}\right)=\mathrm{cov}\left(\boldsymbol{X}_k-\hat{\boldsymbol{X}}_{k|k-1}\right) \tag{5-52}$$

将 $\boldsymbol{X}_k=f\left(\boldsymbol{X}_{k-1}\right)+\boldsymbol{W}_k$ 和 $\hat{\boldsymbol{X}}_{k|k-1}=f\left(\hat{\boldsymbol{X}}_{k|k-1}\right)$ 代入式(5-52)，可以得到

$$\boldsymbol{P}_{k|k-1}=\mathrm{cov}\left[f\left(\boldsymbol{X}_{k-1}\right)-f\left(\hat{\boldsymbol{X}}_{k|k-1}\right)+\boldsymbol{W}_k\right] \tag{5-53}$$

其中，$\boldsymbol{X}_k$、$\hat{\boldsymbol{X}}_k$ 与观测噪声 $\boldsymbol{W}_k$ 是独立的，其期望值等于零；$\mathrm{cov}\left(\boldsymbol{W}_k\right)$ 表示观测噪声的协方差矩阵，用 $\boldsymbol{Q}_k$ 表示。于是得到

$$\begin{aligned}\boldsymbol{P}_{k|k-1}&=\boldsymbol{F}_k\,\mathrm{cov}\left(\boldsymbol{X}_k-\hat{\boldsymbol{X}}_{k-1|k-1}\right)\boldsymbol{F}_k^{\mathrm{T}}+\mathrm{cov}\left(\boldsymbol{W}_k\right)\\&=\boldsymbol{F}_k\boldsymbol{P}_{k-1|k-1}\boldsymbol{F}_k^{\mathrm{T}}+\boldsymbol{Q}_k\end{aligned} \tag{5-54}$$

其中的协方差矩阵的转置矩阵就是它本身。至此，就完成了扩展卡尔曼滤波全部公式的推导。为了对扩展卡尔曼滤波形成整体印象，下面加入控制量，将预测过程和更新过程整理如下：

预测过程：

第一步：

$$\hat{\boldsymbol{X}}_{k|k-1}=f\left(\hat{\boldsymbol{X}}_{k-1|k-1},\boldsymbol{U}_k\right) \tag{5-55}$$

第二步：

$$\boldsymbol{P}_{k|k-1}=\boldsymbol{F}_k\boldsymbol{P}_{k-1|k-1}\boldsymbol{F}_k^{\mathrm{T}}+\boldsymbol{Q}_k \tag{5-56}$$

$$\tilde{\boldsymbol{y}}_k=\boldsymbol{Z}_k-h\left(\hat{\boldsymbol{X}}_{k|k-1}\right) \tag{5-57}$$

$$\boldsymbol{S}_k=\boldsymbol{H}_k\boldsymbol{P}_{k|k-1}\boldsymbol{H}_k^{\mathrm{T}}+\boldsymbol{R}_k \tag{5-58}$$

更新过程：

第一步：

$$\hat{\boldsymbol{X}}_{k|k}=\hat{\boldsymbol{X}}_{k|k-1}+\boldsymbol{K}_k\tilde{\boldsymbol{y}}_k \tag{5-59}$$

第二步：

$$\boldsymbol{K}_k=\boldsymbol{P}_{k|k-1}\boldsymbol{H}_k^{\mathrm{T}}\boldsymbol{S}_k^{-1} \tag{5-60}$$

第三步：

$$\boldsymbol{P}_{k|k}=\left(\boldsymbol{I}-\boldsymbol{K}_k\boldsymbol{H}_k\right)\boldsymbol{P}_{k|k-1} \tag{5-61}$$

图 5-11 给出了扩展卡尔曼滤波的性能图示，可以看出，经过扩展卡尔曼滤波处理之后，目标的轨迹振荡大幅减弱并与真实轨迹趋于一致。

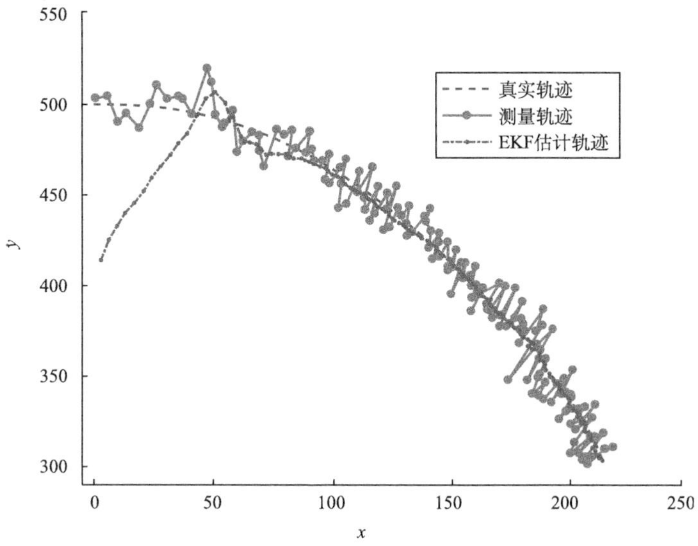

图 5-11　扩展卡尔曼滤波的滤波性能

5.2.2　扩展卡尔曼滤波在机器人定位中的应用

轮式机器人因其结构简单，便于控制，执行效率高等优点，受到人们的广泛研究及应用[10]。作为机器人导航的基础，移动机器人的精确定位技术受到人们的极大关注。由于传感器都存在着自身缺陷，获取的信息量有限，单一传感器信号难以保证输入信息的准确性、可靠性及充足性，因此机器人依靠单一传感器信息不能精确定位。多传感器信息的输入将有效解决信息量不足问题，多个传感器可提供同一位置的冗余信息和互补信息，通过对所有传感器信息的合理融合，机器人将获得自身的位置信息，达到精确定位目的。

1) 应用概述

这里介绍文献[10]提出的具有特征提取的扩展卡尔曼滤波定位方法，它以里程计、陀螺仪、激光雷达为主要传感器，将相对定位与绝对定位进行组合，里程计与陀螺仪的融合滤波作为机器人运动学模型。激光雷达获取环境特征，对机器人进行绝对定位，建立其模型作为机器位置观测模型。运动模型与观测模型相结合，利用扩展卡尔曼滤波对环境特征进行跟踪，最终实现机器人的精确定位。

图 5-12 是扩展卡尔曼滤波机器人定位系统的原理图，该系统是一个递推过程。第一步为位置预测或动作更新，将高斯误差运动模型直接应用到机器人的里程计与陀螺仪的测量数据，通过里程计和陀螺仪的估计融合，产生机器人的预测位置。然后根据预测位置，在环境地图数据库中找到与之匹配的预测观测值，即预测激光雷达将提取到的环境特征及特征的位置信息。在匹配过程中，机器人将预测的观测值与激光雷达的实际观测值进行匹配，找出最佳匹配。最后应用扩展卡尔曼滤波将最佳匹配所提供的信息进行数据融合，更新估计中机器人的信任度状态，即得到机器人位置的最佳估计。

实验平台采用了差动驱动轮式机器人，在驱动轮的电机上安装编码器作为里程计，附加导向传感器陀螺仪，读出两者数据来推算获得机器人的位置信息。因为机器人运动中包含了两传感器测量误差，所以位置误差随时间累加。机器人上安装的外感受传感器激光雷达对运动过程中的位置误差的消除起着关键作用。系统工作过程中激光雷达将获得的外部环境与地图匹配，获得了机器人的绝对定位信息，利用绝对定位信息不断修正机器人自身的误差量，从而克服了仅采用里程计或陀螺仪定位带来的越来越大的累积误差，从而实现机器人长时间的精确定位。

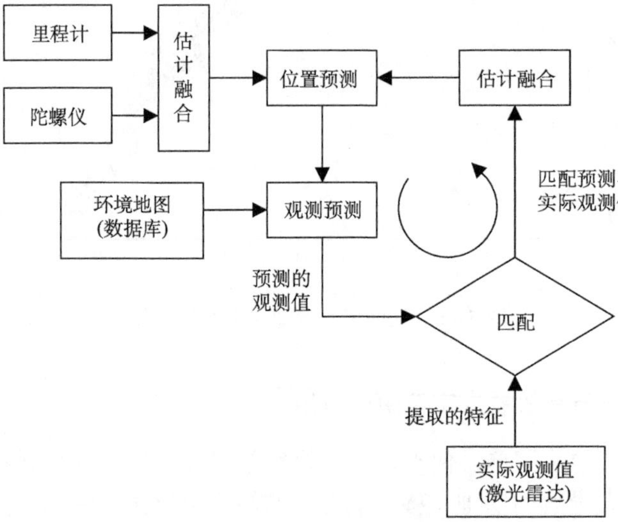

图 5-12　基于扩展卡尔曼滤波的移动机器人定位原理框图

2) 里程计模型

里程计是一种相对定位的传感器，已在轮式机器人运动定位领域得到了广泛应用。它根据安装在机器人两个驱动轮上的光学编码器来检测车轮在一定时间内转过的弧度，进而推算机器人在该段时间内姿态的变化情况。姿态可用下面向量表示：

$$\boldsymbol{p}=\begin{bmatrix} x \\ y \\ \theta \end{bmatrix} \tag{5-62}$$

其中，θ 为偏转角度。差动驱动机器人的运动模型如图 5-13 所示，在一个采样时间 Δt 内机器人由 $\boldsymbol{p}$ 移动到位置 $\boldsymbol{p}'$，姿态改变量可由编码器返回量的积分予以估计，机器人的轨迹可以用直线表示。

因此机器人由 $\boldsymbol{p}$ 到 $\boldsymbol{p}'$ 的位姿改变量 Δx、Δy 和 $\Delta\theta$ 可以表示为

$$\Delta x=\Delta s\cos(\theta+\Delta\theta/2) \tag{5-63}$$

$$\Delta y=\Delta s\sin(\theta+\Delta\theta/2) \tag{5-64}$$

$$\Delta\theta=\frac{\Delta s_r-\Delta s_l}{b} \tag{5-65}$$

$$\Delta s=\frac{\Delta s_r+\Delta s_l}{2} \tag{5-66}$$

其中，Δs_r 和 Δs_l 分别为左、右轮行走的距离；b 为两差动驱动轮之间的间距。

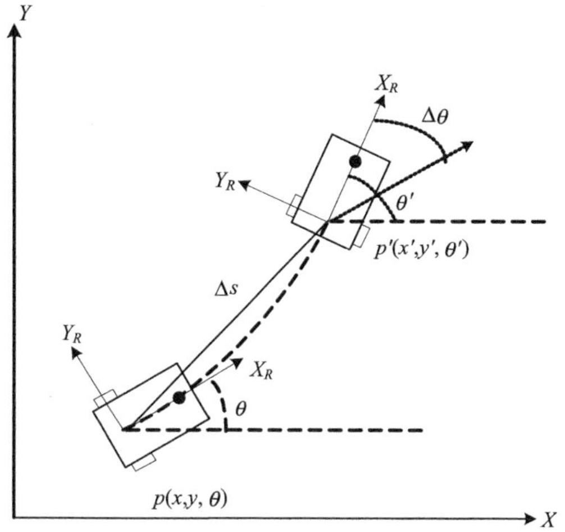

图 5-13　差动驱动机器人的运动模型

由此，可以得到更新过的位置 $\boldsymbol{p}'$ 为

$$\boldsymbol{p}'=\begin{bmatrix}x'\\y'\\\theta'\end{bmatrix}=\boldsymbol{p}+\begin{bmatrix}\Delta x\\\Delta y\\\Delta\theta\end{bmatrix}=\begin{bmatrix}x\\y\\\theta\end{bmatrix}+\begin{bmatrix}\Delta s\cos(\theta+\Delta\theta/2)\\\Delta s\sin(\theta+\Delta\theta/2)\\\Delta\theta\end{bmatrix}\tag{5-67}$$

式(5-67)就是里程计位置更新的基本方程。在增量运动(Δs_r，Δs_l)中，存在传感器不确定性积分误差和近似运动模型带来的误差。为此，需要建立整体位置 $\boldsymbol{p}'$ 的误差模型，得到里程计位置估计的协方差矩阵 $\operatorname{cov}(\boldsymbol{p}')$：

$$\operatorname{cov}(\boldsymbol{p}')=\boldsymbol{F}_p\operatorname{cov}(\boldsymbol{p})\boldsymbol{F}_p^{\mathrm{T}}+\boldsymbol{F}_{rl}\operatorname{cov}(\Delta)\boldsymbol{F}_{rl}^{\mathrm{T}}\tag{5-68}$$

其中，$\boldsymbol{F}_p$ 和 $\boldsymbol{F}_{rl}$ 为雅可比矩阵。

我们假定初始点协方差矩阵 $\operatorname{cov}(\boldsymbol{p})$ 已知，运动增量(Δs_r，Δs_l)协方差矩阵为

$$\operatorname{cov}(\Delta)=\begin{bmatrix}k_r|\Delta s_r| & 0\\0 & k_l|\Delta s_l|\end{bmatrix}\tag{5-69}$$

其中，k_r 和 k_l 为误差常数，代表驱动电机、轮子和地面交互的非确定性参数。k_r 和 k_l 的具体值应由实验确定。

利用式(5-67)可以计算两个雅可比矩阵：

$$\boldsymbol{F}_p=\begin{bmatrix}\dfrac{\partial f}{\partial x} & \dfrac{\partial f}{\partial y} & \dfrac{\partial f}{\partial\theta}\end{bmatrix}=\begin{bmatrix}1 & 0 & -\Delta s\sin(\theta+\Delta\theta/2)\\0 & 1 & \Delta s\cos(\theta+\Delta\theta/2)\\0 & 0 & 1\end{bmatrix}\tag{5-70}$$

$$
\boldsymbol{F}_{rl}=\begin{bmatrix}\dfrac{1}{2}\cos(\theta+\dfrac{\Delta\theta}{2})-\dfrac{\Delta s}{2b}\sin(\theta+\dfrac{\Delta\theta}{2}) & \dfrac{1}{2}\cos(\theta+\dfrac{\Delta\theta}{2})+\dfrac{\Delta s}{2b}\sin(\theta+\dfrac{\Delta\theta}{2})\\ \dfrac{1}{2}\sin(\theta+\dfrac{\Delta\theta}{2})+\dfrac{\Delta s}{2b}\cos(\theta+\dfrac{\Delta\theta}{2}) & \dfrac{1}{2}\sin(\theta+\dfrac{\Delta\theta}{2})-\dfrac{\Delta s}{2b}\cos(\theta+\dfrac{\Delta\theta}{2})\\ \dfrac{1}{b} & -\dfrac{1}{b}\end{bmatrix} \tag{5-71}
$$

里程计模型可以作为机器人运动学模型，即机器人的$\boldsymbol{U}(k)$量，用于预测机器人的位置和它的不确定性。信任度状态假定为高斯分布，用以上$\boldsymbol{p}'$和$\mathrm{cov}(\boldsymbol{p}')$两个参数来表征信任度状态。

3) 陀螺仪模型

陀螺仪是一种惯性器件，用于测量其载体的转动角速度和转动角度。陀螺仪的输出经积分得到机器人的位姿角度变化量。因此使用陀螺仪时应首先给定一个基准方向，机器人运动中的姿态将由自身角度变化量的不断累加得到。因此一定时间T_s内更新过的姿态角θ'为

$$
\theta'=\theta+\Delta\theta=\theta+\int_0^{T_s}\omega_i\mathrm{d}t \tag{5-72}
$$

其中，θ为未更新时的姿态角；ω_i为陀螺仪的输出角速度。

陀螺仪的主要误差分为两类：尺度误差和偏移误差。尺度误差主要是由于陀螺仪的输入与输出之间存在着一定比例关系，由陀螺仪自身决定，属于有规律的漂移误差。偏移误差是受外部环境的影响，陀螺仪在零输入的情况下也会产生随机有限的输出，偏移误差属于随机漂移误差，大范围的温度变化和噪声的影响是产生陀螺仪漂移误差的主要原因。此处假定陀螺仪的测量值服从高斯白噪声分布，对零输入时建立拟合误差模型，确定模型参数，最后求出方差$\boldsymbol{Q}(k)$。

4) 激光雷达模型

激光雷达又叫激光测距仪，它与超声测距仪的原理类似，是一种有源测距装置。其优点是能够在扫描平面上对周围环境按一定的角度分辨率进行扫描，从而得到测量点的距离信息ρ和扫描角度信息θ。这些测量点所能反映的一般都为环境中的基本特征。从激光雷达中提取的是直线特征。

在某一个测量位置，机器人的激光雷达的测量点数目通常大于被估计的直线特征参数数目，因为传感器的测量存在误差，选用一定优化算法提取特征，使之与全部测量值之间的差异最小。如图 5-14 所示，在机器人传感器所处的极坐标中，产生n个测量点$x_i=(\rho_i,\theta_i)$。假定距离信息ρ和扫描角度信息θ的测量误差受高斯概率密度曲线的约束，平均值为测量值，方差分别为常量σ_ρ、σ_θ，且彼此独立。这些测量点可以估计出一条最优直线。

给定测量点$(\rho,\ \theta)$，计算相应的欧氏坐标为：$x=\rho\cos\theta$，$y=\sin\theta$。给定一条直线方程：

$$
\rho\cos\theta\cos\alpha+\rho\sin\theta\sin\alpha-r=\rho\cos(\theta-\alpha)-r=0 \tag{5-73}
$$

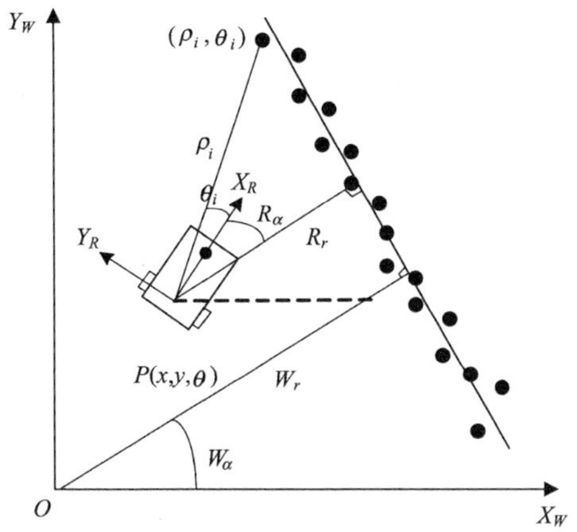

图 5-14　估计直线及环境坐标[W]到机器人坐标框架[R]的位置表示

特定点 $x_i=(\rho_i,\theta_i)$ 到直线之间的正交距离为

$$\rho_i\cos(\theta_i-\alpha)-r=d_i \tag{5-74}$$

将属于同一条直线的数据点归并成类，并采用最小二乘法进行直线拟合，最后得出拟合直线参数 α 和 r 。

$$\alpha=\frac{1}{2}\arctan\left(\frac{\sum\rho_i^{\ 2}\sin 2\theta_i-\sum\sum\rho_i\rho_j\cos\theta_i\sin\theta_j}{\sum\rho_i^{\ 2}\cos 2\theta_i-\sum\sum\rho_i\rho_j(\cos\theta_i+\theta_j)}\right) \tag{5-75}$$

$$r=\sum\rho_i\cos(\theta_i-\alpha) \tag{5-76}$$

激光雷达传感器测量的不确定性将影响所提取的直线的不确定性。用 A 和 R 分别表示随机输出变量 α 和 r，系统输出协方差矩阵为

$$\boldsymbol{C}_{AR}=\begin{bmatrix}\sigma_A^2 & \sigma_{AR}\\ \sigma_{AR} & \sigma_R^2\end{bmatrix}=\boldsymbol{F}_{\rho\theta}\boldsymbol{C}_X\boldsymbol{F}_{\rho\theta}^{\mathrm{T}} \tag{5-77}$$

$\boldsymbol{C}_X$ 为给定的 $2n\times 2n$ 的输入协方差矩阵

$$\boldsymbol{C}_X=\begin{bmatrix}C_\rho & 0\\ 0 & C_\alpha\end{bmatrix}=\begin{bmatrix}\mathrm{diag}(\sigma_{\rho_i}^2) & 0\\ 0 & \mathrm{diag}(\sigma_{\theta_i}^2)\end{bmatrix} \tag{5-78}$$

$\boldsymbol{F}_{\rho\theta}$ 为雅可比矩阵，表示为

$$\boldsymbol{F}_{\rho\theta}=\begin{bmatrix}\dfrac{\partial\alpha}{\partial\rho_1}\dfrac{\partial\alpha}{\partial\rho_2}\cdots\dfrac{\partial\alpha}{\partial\rho_n} & \dfrac{\partial\alpha}{\partial\theta_1}\dfrac{\partial\alpha}{\partial\theta_2}\cdots\dfrac{\partial\alpha}{\partial\theta_n}\\ \dfrac{\partial r}{\partial\rho_1}\dfrac{\partial r}{\partial\rho_2}\cdots\dfrac{\partial r}{\partial\rho_n} & \dfrac{\partial r}{\partial\theta_1}\dfrac{\partial r}{\partial\theta_2}\cdots\dfrac{\partial r}{\partial\theta_n}\end{bmatrix} \tag{5-79}$$

因此，在考虑激光雷达传感器数据误差的基础上，根据提取的直线环境特征建立了传感器模型。从传感器数据提取的每一条直线，都有一对参数 (α,r) 和误差协方差 $\boldsymbol{C}_{AR}$ 与其对应，该协方差就是观测方程中的观测误差方差。

5) 环境特征的预测

多传感融合中最重要的就是测量预测环境特征与观测环境特征之间的匹配。预测的机器人位置 $\hat{p}_{k|k}$ 将产生期望特征 $z_{t,i}$。在环境地图中存储的特征是直线特征，以环境坐标系参数给出。而传感器所提取的直线特征是由机器人自身局部坐标给出，因此需要将环境坐标系[W]中的测量预测特征变换到机器人框架[R]中，变换由下式给出：

$$\hat{z}_i(k+1)=\begin{bmatrix} {}^W\alpha_{t,i}-{}^W\hat{\theta}_{k+1|k} \\ {}^W r_{t,i}-({}^W\hat{x}_{k+1|k}\cos({}^W\alpha_{t,i})+{}^W\hat{y}_{k+1|k}\sin({}^W\alpha_{t,i})) \end{bmatrix} \tag{5-80}$$

它的雅可比矩阵 ∇h_i 为

$$\nabla h_i=\begin{bmatrix} \dfrac{\partial\alpha_{t,i}}{\partial\hat{x}} & \dfrac{\partial\alpha_{t,i}}{\partial\hat{y}} & \dfrac{\partial\alpha_{t,i}}{\partial\hat{\theta}} \\ \dfrac{\partial r_{t,i}}{\partial\hat{x}} & \dfrac{\partial r_{t,i}}{\partial\hat{y}} & \dfrac{\partial r_{t,i}}{\partial\hat{\theta}} \end{bmatrix}=\begin{bmatrix} 0 & 0 & -1 \\ -\cos{}^W\alpha_{t,i} & -\sin{}^W\alpha_{t,i} & 0 \end{bmatrix} \tag{5-81}$$

故由机器人预测的位置，机器人框架下可能提取的环境特征就能被获取。根据扩展卡尔曼滤波可以得出以下观测方程：

$$\hat{z}_i(k+1)=h_i(z_t\hat{p}_{k+1|k})+w_i(k) \tag{5-82}$$

其中， $w_i(k)$ 为传感器的观测误差。

5.3　无迹卡尔曼滤波

扩展卡尔曼滤波算法在对非线性系统方程或观测方程进行泰勒展开的时候只保留了一阶项，这将不可避免地引入非线性误差[1]。如果线性化假设不成立，采用这种算法会导致滤波器性能下降甚至造成发散。此外，系统状态方程和观测方程的雅可比矩阵实现起来不太容易，增加了算法的计算复杂度。为此可采用无迹卡尔曼滤波(unscented Kalman filter，UKF)，它采用无迹变换(unscented transform，UT)来处理均值和协方差的非线性传递问题。UKF 是对非线性函数的概率密度分布进行近似，而不是对非线性函数进行近似，不需要求雅可比矩阵，没有忽略高阶项，因此具有较高的计算精度。

5.3.1　无迹卡尔曼滤波的原理

UT 变换的出发点是近似一种概率分布比近似任意一个非线性函数或非线性变换要容易。在原状态中按某一规则选择一些采样点，使这些采样点的均值和协方差等于原状态分布的均值和协方差(图 5-15)。将这些点代入非线性函数中，得到非线性函数值点集，通过这些点集求解变换后的均值和协方差。这样得到的非线性变换后的均值和协方差至少具有二阶精度(泰勒级数展开)。对于高斯分布，可达到三阶精度。其采样点的选择是基于先验均值和先验协方差矩阵的平方根的相关列实现的。

下面介绍 UT 变换的基本原理[11]。假设 n 维向量 $\boldsymbol{x}$ 经过一个非线性变换得到 $\boldsymbol{y}$，即 $\boldsymbol{y}=g(\boldsymbol{x})$， $\boldsymbol{x}$ 的均值为 $\bar{\boldsymbol{x}}$，协方差矩阵为 $\boldsymbol{P}$。通过下面的 UT 变换得到 $2n+1$ 个 Sigma

点 $\boldsymbol{X}$ 和相应的权值 $\boldsymbol{W}$ 来计算 $\boldsymbol{y}$ 的统计特征。

步骤 1：根据 $\boldsymbol{x}$ 的均值 $\bar{\boldsymbol{x}}$ 和协方差矩阵 $\boldsymbol{P}$，采用一定的采样策略(此处采用对称采样)得到 Sigma 点集 $\{\boldsymbol{X}_i\}$。

$$
\begin{aligned}
&\boldsymbol{X}_0=\bar{\boldsymbol{X}}, \quad i=0 \\
&\boldsymbol{X}_i=\bar{\boldsymbol{X}}+(\sqrt{(n+\lambda)\boldsymbol{P}})_i, \quad i=1,2,\cdots,n \\
&\boldsymbol{X}_{i+n}=\bar{\boldsymbol{X}}-(\sqrt{(n+\lambda)\boldsymbol{P}})_i, \quad i=n+1,\cdots,2n
\end{aligned} \tag{5-83}
$$

其中，$(\sqrt{(n+\lambda)\boldsymbol{P}})_i$ 表示矩阵的第 i 列。

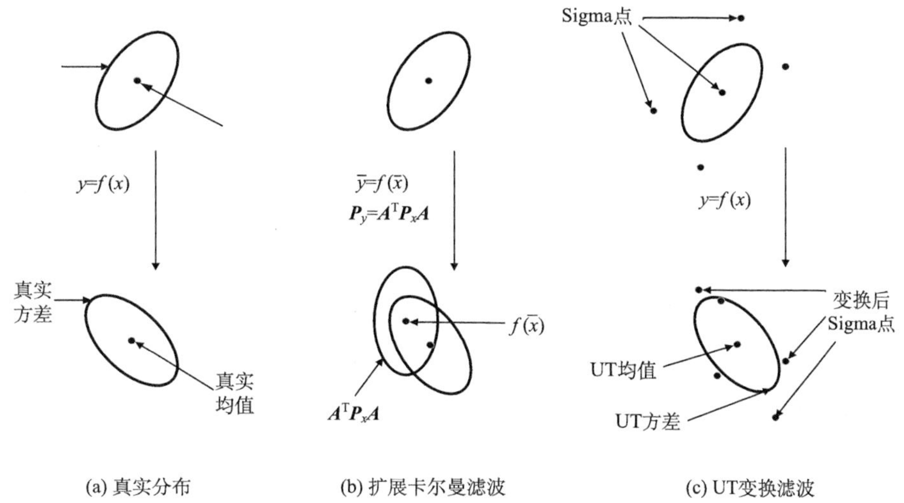

图 5-15　扩展卡尔曼滤波与 UT 变换滤波比较

步骤 2：计算这些采样点的权值：

$$
\begin{aligned}
&W_m^{(0)}=\lambda/(n+\lambda) \\
&W_c^{(0)}=\lambda/(n+\lambda)+(1-\alpha^2+\beta) \\
&W_m^{(i)}=W_c^{(i)}=1/2(n+\lambda), \quad i=1,2,\cdots,2n
\end{aligned} \tag{5-84}
$$

其中，下标 m 和 c 分别为均值和协方差；上标表示第几个采样点；$\lambda=\alpha^2(n+\kappa)-n$ 是一个缩放比例参数，用来降低总的预测误差，其中 α 的选取控制了采样点的分布状态，通常取一个较小的正数，κ 为待选参数，其具体取值虽然没有界限，但通常应确保矩阵 $(n+\lambda)\boldsymbol{P}$ 为半正定矩阵，通常取 0；待选参数 $\beta\geqslant 0$ 是一个非负的权系数，从而可以把高阶项的影响包括在内，通常取 2。注意，这里 Sigma 点集 $\{\boldsymbol{X}_i\}$ 乘以对应的权重 $\{W_m^i\}$，可得 Sigma 点集的均值为 $\bar{\boldsymbol{X}}$，协方差为 $\boldsymbol{P}$。

步骤 3：对所采样的 Sigma 点集 $\{\boldsymbol{X}_i\}$ 中的每个 Sigma 点通过非线性变换 $g(*)$，得到采样后的 Sigma 点集 $\{\boldsymbol{y}_i\}$。

$$
\boldsymbol{y}_i=g(\{\boldsymbol{X}_i\}) \tag{5-85}
$$

步骤 4：对变换后的 Sigma 点集$\{\boldsymbol{y}_i\}$进行加权处理，得到输出变量$\boldsymbol{y}$的均值$\bar{\boldsymbol{y}}$和协方差$\boldsymbol{P}'$。

$$
\begin{aligned}
\bar{\boldsymbol{y}} &= \sum_{i=0}^{2n} W_m^{(i)} \boldsymbol{y}_i \\
\boldsymbol{P}' &= \sum_{i=0}^{2n} W_c^{(i)} (\boldsymbol{y}_i - \bar{\boldsymbol{y}})(\boldsymbol{y}_i - \bar{\boldsymbol{y}})^{\mathrm{T}}
\end{aligned} \tag{5-86}
$$

UT 变换得到的 Sigma 点集具有下述性质：

(1) 由于 Sigma 点集围绕均值对称分布并且对称点具有相同的权值，因此 Sigma 集合的样本均值为$\bar{\boldsymbol{x}}$，与随机向量$\boldsymbol{x}$的均值相同。

(2) Sigma 点集的样本方差与随机向量$\boldsymbol{x}$的方差相同。

(3) 任意正态分布的 Sigma 点集，是由标准正态分布的 Sigma 集合经过一个变换得到的。

下面探讨无迹卡尔曼滤波算法。对于不同时刻k，系统的状态方程和观测方程为

$$
\begin{aligned}
\boldsymbol{X}_k &= f(\boldsymbol{X}_{k-1}) + \boldsymbol{W}_{k-1} \\
\boldsymbol{Z}_k &= h(x_k) + \boldsymbol{V}_k
\end{aligned} \tag{5-87}
$$

其中，$\boldsymbol{W}_{k-1}$和$\boldsymbol{V}_k$都是高斯白噪声，它们的协方差矩阵分别为$\boldsymbol{Q}$和$\boldsymbol{R}$；$f(\cdot)$和$h(\cdot)$分别是非线性状态方程函数和非线性观测方程函数。

随机变量$\boldsymbol{X}$的无迹卡尔曼滤波算法步骤如下：

(1) 获得一组采样点(即 Sigma 点集)及其对应权值。

$$
\boldsymbol{X}^{(i)}{}_{k-1|k-1} = \left[\hat{\boldsymbol{X}}_{k-1|k-1} \quad \hat{\boldsymbol{X}}_{k-1|k-1} + \sqrt{(n+\lambda)P_{k-1|k-1}} \quad \hat{\boldsymbol{X}}_{k-1|k-1} - \sqrt{(n+\lambda)P_{k-1|k-1}} \right] \tag{5-88}
$$

(2) 计算$2n+1$个 Sigma 点集的一步预测：

$$
\boldsymbol{X}^{(i)}{}_{k|k-1} = f\left(\boldsymbol{X}^{(i)}{}_{k-1|k-1}\right), \quad i = 1, 2, \cdots, 2n+1 \tag{5-89}
$$

(3) 计算系统状态量的一步预测及协方差矩阵，它由 Sigma 点集的预测值加权求和得到，其中权值通过式(5-84)得到。这一点与普通卡尔曼滤波算法不同，普通卡尔曼滤波只需通过上一时刻的状态代入状态方程，仅计算一次便获得状态的预测，而 UKF 在此利用一组 Sigma 点的预测，并对它们加权求均值，得到系统状态量的一步预测。

$$
\hat{\boldsymbol{X}}_{k|k-1} = \sum_{i=0}^{2n} W^{(i)} \boldsymbol{X}^{(i)}{}_{k|k-1} \tag{5-90}
$$

$$
\boldsymbol{P}_{k|k-1} = \sum_{i=0}^{2n} W^{(i)} \left[\hat{\boldsymbol{X}}_{k|k-1} - \boldsymbol{X}^{(i)}{}_{k|k-1} \right] \left[\hat{\boldsymbol{X}}_{k|k-1} - \boldsymbol{X}^{(i)}{}_{k|k-1} \right]^{\mathrm{T}} + \boldsymbol{Q} \tag{5-91}
$$

(4) 根据一步预测值，再次使用 UT 变换，产生新的 Sigma 点集。

$$
\boldsymbol{X}^{(i)}{}_{k|k-1} = \left[\hat{\boldsymbol{X}}_{k|k-1} \quad \hat{\boldsymbol{X}}_{k|k-1} + \sqrt{(n+\lambda)P_{k|k-1}} \quad \hat{\boldsymbol{X}}_{k|k-1} - \sqrt{(n+\lambda)P_{k|k-1}} \right] \tag{5-92}
$$

(5) 将步骤(4)预测得到的 Sigma 点集代入观测方程，得到预测的观测量。

$$
\boldsymbol{Z}^{(i)}{}_{k|k-1} = h\left[\boldsymbol{X}^{(i)}{}_{k|k-1} \right] \tag{5-93}
$$

(6) 对由步骤(5)得到的 Sigma 点集的观测预测值，通过加权求和得到系统预测的均值及协方差。

$$\bar{\boldsymbol{Z}}_{k|k-1} = \sum_{i=0}^{2n} W^{(i)} \boldsymbol{Z}^{(i)}{}_{k|k-1} \tag{5-94}$$

$$\boldsymbol{P}_{z_k z_k} = \sum_{i=0}^{2n} W^{(i)} \left[\boldsymbol{Z}^{(i)}{}_{k|k-1} - \bar{\boldsymbol{Z}}*_{k|k-1} \right]\left[\boldsymbol{Z}^{(i)}{}_{k|k-1} - \bar{\boldsymbol{Z}}*_{k|k-1} \right]^{\mathrm{T}} + \boldsymbol{R} \tag{5-95}$$

$$\boldsymbol{P}_{x_k z_k} = \sum_{i=0}^{2n} W^{(i)} \left[\boldsymbol{X}^{(i)}{}_{k|k-1} - \bar{\boldsymbol{Z}}_{k|k-1} \right]\left[\boldsymbol{Z}^{(i)}{}_{k|k-1} - \bar{Z}_{k|k-1} \right]^{\mathrm{T}} \tag{5-96}$$

(7) 计算卡尔曼增益矩阵。

$$\boldsymbol{K}_k = \boldsymbol{P}_{x_k z_k} \boldsymbol{P}_{z_k z_k}^{-1} \tag{5-97}$$

(8) 计算系统的状态更新和协方差更新。

$$\hat{\boldsymbol{X}}_{k|k} = \hat{\boldsymbol{X}}_{k|k-1} + \boldsymbol{K}_k \left[\boldsymbol{Z}_k - \boldsymbol{Z}_{k|k-1} \right] \tag{5-98}$$

$$\boldsymbol{P}_{k|k} = \boldsymbol{P}_{k|k-1} - \boldsymbol{K}_k \boldsymbol{P}_{z_k z_k} \boldsymbol{K}_k^{\mathrm{T}} \tag{5-99}$$

从上面的推导可以看出，无迹卡尔曼滤波在处理非线性滤波时并不需要在估计点处做泰勒级数展开，然后再进行前 **n** 阶近似，而是在估计点附近进行 UT 变换，使获得的 Sigma 点集的均值和协方差与原统计特性匹配，再直接对这些 Sigma 点集进行非线性映射，以近似得到状态概率密度函数。这种近似其实质是一种统计近似而非解。图 5-16 给出了一个无迹卡尔曼滤波的性能实例，可以看出，无迹卡尔曼滤波能够比较精确地跟踪目标的实际位置。

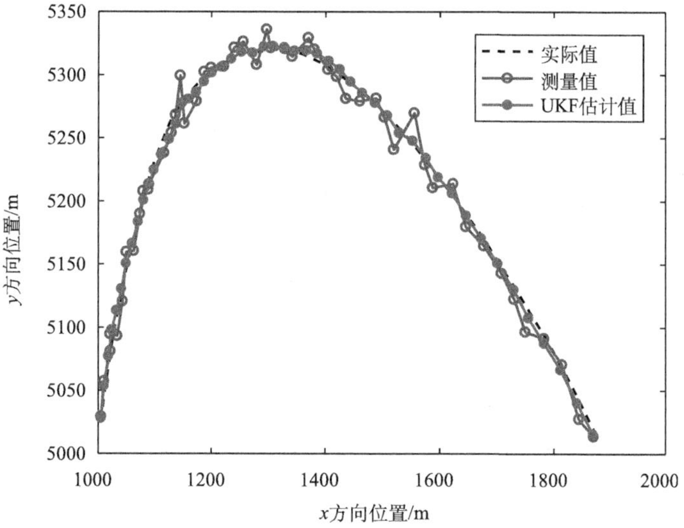

图 5-16　无迹卡尔曼滤波的滤波性能

5.3.2 无迹卡尔曼滤波在目标定位中的应用

这里介绍一种鲁棒无迹卡尔曼滤波定位算法[12]。该方法根据 UWB 系统定位误差特性以及结合室内环境实际情况，引入代价函数，修正观测方差，建立鲁棒机制，降低 UKF 算法对观测噪声特性分布的要求，增强 UWB 系统的环境适应能力。该方法的性能优于 UKF、EKF 和最小二乘算法，UWB 系统定位精度提升明显。

假设 UWB 基站个数为 m，以目标的位置和速度作为状态量 $\boldsymbol{X}_k = \begin{bmatrix} x & y & z & v_x & v_y & v_z \end{bmatrix}^{\mathrm{T}}$，UWB 测距信息作为观测量 $\boldsymbol{Z}_k = \begin{bmatrix} r_1 & r_2 & \cdots & r_m \end{bmatrix}^{\mathrm{T}}$。对于不同时刻，系统噪声和测量噪声都是高斯白噪声，分别表示为 $\boldsymbol{W}_k \sim N(0, \boldsymbol{Q}_k)$ 和 $\boldsymbol{V}_k \sim N(0, \boldsymbol{R}_k)$，从而构造出系统模型，见式(5-87)，这里将其改写为

$$\begin{aligned} \boldsymbol{X}_k &= \boldsymbol{F}(\boldsymbol{X}_{k-1}) + \boldsymbol{W}_{k-1} \\ \boldsymbol{Z}_k &= \boldsymbol{H}(x_k) + \boldsymbol{V}_k \end{aligned} \tag{5-100}$$

然而，无论是 EKF 还是 UKF，都是基于最小二范数原则。这种估计方法相较于其他估计方法有着无可比拟的优势，但是它不具有鲁棒性，要求噪声的统计特性为高斯分布，且当假设条件和现实参数不一致时，状态估计精度下降。Huber 提出了广义极大似然估计，即 M 估计，并给出了解决一类在高斯分布附近存在对称干扰问题的鲁棒处理方法，即 Huber 方法。在 Huber 方法中，使用一种基于一范数和二范数的混合代价函数(称为 Huber 代价函数)取代基于二范数的代价函数，用以解决干扰高斯分布的问题。这里将 Huber 代价函数引入到无迹卡尔曼滤波中以提高其鲁棒性，从而提高定位精度。

基于式(5-100)非线性空间模型，构建非线性回归模型如下：

$$\begin{bmatrix} \boldsymbol{Z}_k \\ \hat{\boldsymbol{X}}_{k|k-1} \end{bmatrix} = \begin{bmatrix} \boldsymbol{H}(\boldsymbol{X}_k) \\ \boldsymbol{X}_k \end{bmatrix} + \begin{bmatrix} \boldsymbol{V}_k \\ \Delta \boldsymbol{X}_{k|k-1} \end{bmatrix} \tag{5-101}$$

其中，$\Delta \boldsymbol{X}_{k|k-1}$ 为状态真值与预测值之差。令 $\boldsymbol{\varepsilon}_k = \begin{bmatrix} \boldsymbol{V}_k \\ \Delta \boldsymbol{X}_{k|k-1} \end{bmatrix}$，则

$$E\left(\boldsymbol{\varepsilon}_k \cdot \boldsymbol{\varepsilon}_k^{\mathrm{T}}\right) = \boldsymbol{P}_{a,k|k-1} = \begin{bmatrix} \boldsymbol{R}_k & 0 \\ 0 & \boldsymbol{P}_{k|k-1} \end{bmatrix} = \boldsymbol{S}_k^{\mathrm{T}} \cdot \boldsymbol{S}_k \tag{5-102}$$

对式(5-101)两边分别右乘 $\boldsymbol{S}_k^{-1}$，则

$$\boldsymbol{y}_k = g(\boldsymbol{X}_k) + \boldsymbol{\xi}_k \tag{5-103}$$

其中，

$$g(\boldsymbol{X}_k) = \boldsymbol{S}_k^{-1} \begin{bmatrix} \boldsymbol{H}(\boldsymbol{X}_k)^{\mathrm{T}} & \boldsymbol{X}_k^{\mathrm{T}} \end{bmatrix}^{\mathrm{T}} \tag{5-104}$$

$$\boldsymbol{y}_k = \boldsymbol{S}_k^{-1} \begin{bmatrix} \boldsymbol{Z}_k^{\mathrm{T}} & \hat{\boldsymbol{X}}_{k|k-1}^{\mathrm{T}} \end{bmatrix}^{\mathrm{T}} \tag{5-105}$$

$$\boldsymbol{\xi}_k = \boldsymbol{S}_k^{-1} \boldsymbol{\varepsilon}_k \tag{5-106}$$

根据广义极大似然理论，式(5-103)中的回归问题可最小化为如下代价函数求解：

$$J\left(\boldsymbol{X}_{k-1}\right)=\sum_{i=1}^{m+n}\rho\left(\boldsymbol{e}_{k,i}\right) \tag{5-107}$$

其中，$\boldsymbol{e}_k=\boldsymbol{e}_k-g\left(\boldsymbol{X}_k\right)$。令 $\varphi\left(\boldsymbol{e}_{k,i}\right)=\phi\left(\boldsymbol{e}_{k,i}\right)/\boldsymbol{e}_{k,i}$，则

$$\varphi\left(\boldsymbol{e}_{k,i}\right)=\begin{cases}1, & \left|\boldsymbol{e}_{k,i}\right|\leqslant\gamma\\ \operatorname{sgn}\left(\boldsymbol{e}_{k,i}\right)\gamma/\boldsymbol{e}_{k,i}, & \left|\boldsymbol{e}_{k,i}\right|>\gamma\end{cases} \tag{5-108}$$

其中，$\operatorname{sgn}(\cdot)$表示符号函数。令 $\boldsymbol{\varPsi}_k=\operatorname{diag}\left[\varphi\left(\boldsymbol{e}_{k,i}\right)\right]$，对式(5-102)中的方差进行修正：

$$\boldsymbol{P}_{a,k|k-1}=\boldsymbol{S}_k^{\mathrm{T}}\boldsymbol{\varPsi}_k^{-1}\boldsymbol{S}_k \tag{5-109}$$

将修正的噪声方差替换标准 UKF 中的噪声方差，即为基于观测修正的鲁棒 UKF。

从图 5-17 可以看出，鲁棒无迹卡尔曼滤波比最小二乘法、扩展卡尔曼滤波和无迹卡尔曼滤波性能要好。

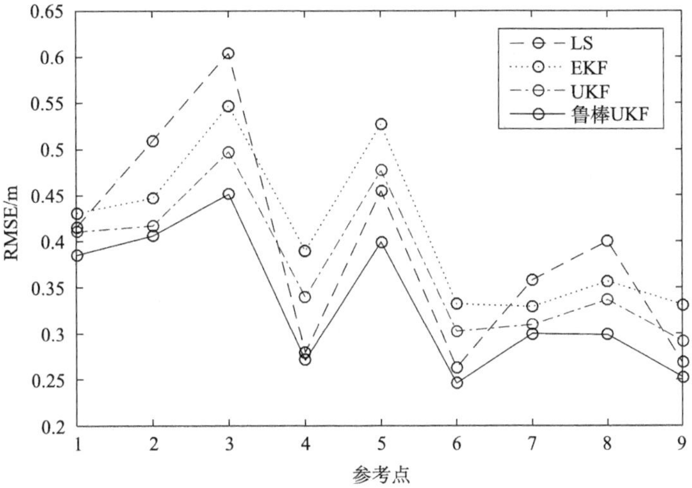

图 5-17　鲁棒 UKF 与其他方法的性能对比

5.4　粒 子 滤 波

粒子滤波(particle filter，PF)基于蒙特卡罗方法(Monte Carlo method)[13]，它是利用粒子集来表示概率，可以用在任何形式的状态空间模型上。其核心思想是利用一系列随机样本的加权和表示后验概率密度，通过求和来近似积分操作[14]，是一种顺序(也称为序贯)重要性采样法(sequential importance sampling)。简单来说，粒子滤波法是指通过寻找一组在状态空间传播的随机样本对概率密度函数进行近似，以样本均值代替积分运算，从而获得状态最小方差分布的过程。这里的样本即指粒子，当样本数量趋近于无穷大时，可以逼近任何形式的概率密度分布。

5.4.1　粒子滤波的原理

尽管粒子滤波算法中的概率分布只是真实分布的一种近似，但由于非参数化的特点，它摆脱了解决非线性滤波问题时随机量必须满足高斯分布的制约，能表达比高斯模型更广泛的分布，也对变量参数的非线性特性有更强的建模能力。因此，粒子滤波能够比较精确地表达基于观测量和控制量的后验概率分布。

由于粒子滤波是基于蒙特卡罗方法的，这里先介绍蒙特卡罗方法的基本原理。蒙特卡罗模拟是一种利用随机数求解物理和数学问题的计算方法，又称为计算机随机模拟方法。该方法源于第二次世界大战期间美国研制原子弹的曼哈顿计划，著名数学家冯•诺伊曼作为该计划的主持人之一，用驰名世界的赌城——摩纳哥的蒙特卡罗来命名这种方法。蒙特卡罗模拟方法利用所求状态空间中大量的样本点来近似逼近待估计变量的后验概率分布，从而将积分问题转换为有限样本点的求和问题。

蒙特卡罗方法的一般步骤为：

(1) 构造概率模型。对于本身具有随机性质的问题，主要工作是正确地描述和模拟这个概率过程。对于确定性问题，比如计算定积分、求解线性方程组、偏微分方程等问题，采用蒙特卡罗方法求解需要事先人为构造一个概率过程，将它的某些参量视为问题的解。

(2) 从指定概率分布中采样。产生服从已知概率分布的随机变量是实现蒙特卡罗方法模拟试验的关键步骤。

(3) 建立各种估计量的估计。一般说来，构造出概率模型并能从中抽样后，便可进行模拟试验。随后，就要确定一个随机变量，将其作为待求解问题的解进行估计。

在实际计算中，通常无法直接从后验概率分布中采样，如何得到服从后验概率分布的随机样本是蒙特卡罗方法中基本的问题之一。重要性采样法引入一个已知的、容易采样的重要性概率密度函数，从中生成采样粒子，利用这些随机样本的加权和来逼近后验滤波概率密度。当采样粒子的数目很大时，便可近似逼近真实的后验概率密度函数。

现以图 5-18 说明粒子滤波的原理[15]。假定目标在 $k-1$ 时刻的后验概率分布粒子集为 $\left\{x_{k-1}^{(i)}, w_{k-1}^{(i)}\right\}_{i=1}^{N}$，那么基本粒子滤波的实现过程如下。

1) 重要性采样

从重要性函数 $q\left(x_k \mid x_{k-1}, z_k\right)=p\left(x_k \mid x_{k-1}\right)$ 中采样 N 个新粒子 $x_k^{(i)}$。

2) 利用当前观测值更新粒子的权值

在获得当前测量值之后，利用下式重新计算每个粒子 $\{x_k^{(i)}\}_{i=1}^{N}$ 的权值：

$$w_k^{(i)}=w_{k-1}^{(i)} \times p\left(z_k \mid x_k^{(i)}\right) \tag{5-110}$$

随后进行粒子归一化，即

$$\tilde{w}_k^{(i)}=\frac{w_k^{(i)}}{\sum_{j=1}^{N} w_k^{(j)}} \tag{5-111}$$

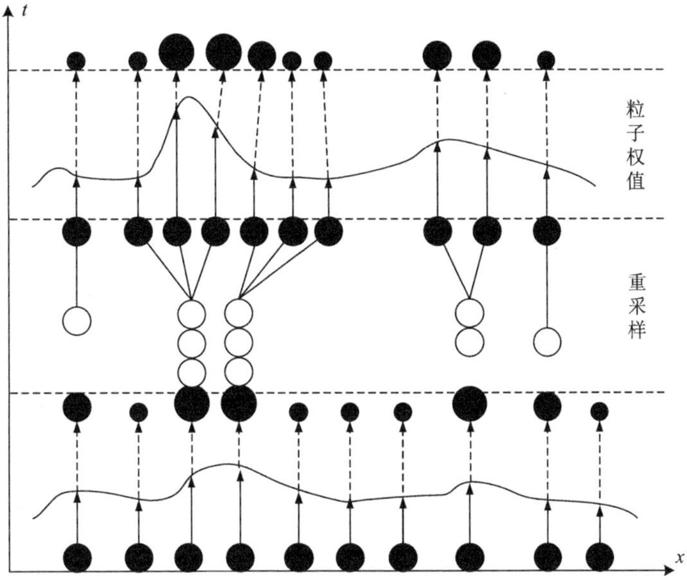

图 5-18　粒子滤波示意图

3) 重新采样粒子(重采样粒子)

首先计算 $N_{\text{eff}}=\dfrac{1}{\sum_{j=1}^{N}\left(\tilde{w}_k^{(j)}\right)^2}$，若 $N_{\text{eff}}<N_{\text{th}}$（$N_{\text{th}}$ 为预设阈值），就从粒子集 $\left\{x_k^{(i)},w_k^{(i)}\right\}_{i=1}^{N}$ 中采样新的粒子，得到新的粒子集 $\left\{x_k^{(i)},1/N\right\}$，否则不进行重采样。$N_{\text{eff}}$ 为有效粒子数，用来衡量粒子权值的退化程度，有效粒子数越小，表明权值退化越严重。在实际计算中，经过数次迭代，只有少数粒子的权值较大，其余粒子的权值可忽略不计。粒子权值的方差随着时间增大，状态空间中的有效粒子数减少。随着无效采样粒子数目的增加，大量的计算浪费在对估计后验滤波概率分布几乎不起作用的粒子更新上，使得估计性能下降。当小于事先设定的某一阈值 N_{th} 时，需要进行重采样。

4) 求得状态估计

$$\hat{x}_k=\sum_{i=1}^{N}\tilde{w}_k^{(i)}\times x_k^{(i)} \tag{5-112}$$

粒子滤波算法不受系统状态的线性高斯假设条件的制约，是解决非高斯分布非线性动态系统状态估计问题的有效途径。不过，粒子滤波也有其缺陷，主要表现在：

(1) 重采样并没有从根本上解决权值退化问题。重采样后的粒子之间不再是统计独立关系，给估计结果带来额外的方差。

(2) 重采样破坏了序贯重要性采样算法的并行性，不利于 VLSI(very large scale integration，超大规模集成电路)硬件实现。

(3) 频繁的重采样会降低对测量数据中野值的鲁棒性。由于重采样后的粒子集中包含了多个重复的粒子，重采样过程可能导致粒子多样性的丧失，此类问题在噪声较小的环境下更加严重。因此，一个好的重采样算法应该在增加粒子多样性和减少权值较小的粒子数目之间进行有效折中。

(4)粒子滤波需要用大量的样本数量才能很好地近似系统的后验概率密度，能够有效地减少样本数量的自适应采样策略是该算法的重点。

除了基本粒子滤波算法之外，现在已经有了多个改进算法，下面简单介绍几种。

1) MCMC 改进策略

马尔可夫链蒙特卡罗(Markov chain Monte Carlo，MCMC)方法通过构造 Markov 链，产生来自目标分布的样本，并且具有很好的收敛性。其核心思想是找到某个状态空间的马尔可夫链，使得该马尔可夫链的稳定分布就是目标分布。这样在该状态空间进行随机游走的时候，每个状态的停留时间将正比于目标概率。在序贯重要性采样的每次迭代中，结合 MCMC 使粒子能够移动到不同地方，从而可以避免退化现象，而且 Markov 链能将粒子推向更接近状态概率密度函数的地方，使样本分布更合理。基于 MCMC 改进策略的方法有许多，常用的有 Gibbs 采样器和 Metropolis Hasting 方法。

2) 无迹粒子滤波器(unscented PF，UPF)

前面已经介绍过，扩展卡尔曼滤波(EKF)使用一阶泰勒展开式逼近非线性项，用高斯分布近似状态分布。无迹卡尔曼滤波(UKF)类似于 EKF，用高斯分布逼近状态分布，但不需要线性化，而是只使用少数几个称为 Sigma 点的样本。这些点通过非线性模型后，所得均值和方差能够精确到非线性项泰勒展开式的二阶项，因此滤波精度更高。Merwe 等提出使用 UKF 产生粒子滤波的重要性分布，称为无迹粒子滤波器，由 UKF 产生的重要性分布与真实状态概率密度函数的支集重叠部分更大，估计精度更高。

3) Rao-Blackwellized 粒子滤波器(RBPF)

在高维状态空间中采样时，粒子滤波的效率很低。对某些状态空间模型，状态向量的一部分在其余部分的条件下的后验分布可以用解析方法求得，例如某些状态是条件线性高斯模型，可用卡尔曼滤波器得到条件后验分布，对另外部分状态用粒子滤波，从而得到一种混合滤波器，降低了粒子滤波采样空间的维数。在 2002 年，Rao-Blackwellized 粒子滤波器被首次应用到机器人 SLAM(simultaneous localization and mapping，同步定位与地图构建)中，并取名为 FastSLAM 算法。该算法将 SLAM 问题分解成机器人定位问题和基于位姿估计的环境特征位置估计问题，用粒子滤波算法做整个路径的位姿估计，用 EKF 估计环境特征的位置，每一个 EKF 对应一个环境特征。该方法融合了 EKF 和概率方法的优点，既降低了计算的复杂度，又具有较好的鲁棒性。

最近几年，粒子方法又出现了一些新的发展。在动态系统的模型选择、故障检测、诊断方面，出现了基于粒子的假设检验、粒子多模型、粒子似然度比检测等方法。在参数估计方面，通常把静止的参数作为扩展的状态向量的一部分，但是由于参数是静态的，粒子会很快退化成一个样本，为避免退化，常用的方法有给静态参数人为增加动态噪声以及 Kernel 平滑方法，而 Doucet 等提出的点估计方法避免对参数直接采样，在粒子框架下使用极大似然估计以及期望值最大算法直接估计未知参数。

5.4.2　粒子滤波在机器人定位中的应用

设想一个机器人在一个未知环境中移动，其目的是获得当前环境的地图[16, 17]。地图可以用一个储存每个网格单元颜色的矩阵表示，单元格的颜色只能为黑色或白色。由于传感器与电机都存在误差，运动很可能偏离目标方向，因此机器人很容易“迷路”。所以 SLAM 问题总是被称作“鸡和蛋”的问题：机器人首先需要知道自身的位置去获得一个准确的地图，但是获取地图同样也需要一个准确的定位。定位与地图估计之间的相互依赖使 SLAM 问题变得非常困难，并且通常需要在高维空间中搜索解决方案。这里介绍一种基于 Rao-Blackwellized 粒子滤波算法解决 SLAM 问题的方法。Rao-Blackwellized 的主要方式是用许多粒子去获取准确的地图，因此减少粒子的数量是优化这一算法的主要挑战。

SLAM 的核心思想是根据机器人的观测值 $z_{1:t}=z_1,\cdots,z_t$ 和里程计测量信息 $u_{1:t-1}=u_1,\cdots,u_{t-1}$ 去估计地图 m 和轨迹点 $x_{1:t}=x_1,\cdots,x_t$ 的联合后验概率密度函数 $p\left(x_{1:t},m\,|\,z_{1:t},u_{1:t-1}\right)$。可以看出，轨迹和地图需要同时计算出来，这样的计算很复杂而且计算的结果可能不收敛。RBPF 算法利用式(5-113)对联合概率密度函数进行因式分解。

$$p\left(x_{1:t},m\,|\,z_{1:t},u_{1:t-1}\right)=p\left(m\,|\,x_{1:t},z_{1:t}\right)\cdot p\left(x_{1:t}\,|\,z_{1:t},u_{1:t-1}\right) \tag{5-113}$$

因此 RBPF 可以先估计机器人的轨迹，而后再去根据已知的轨迹计算地图。地图强烈依赖于机器人的位姿，所以这个方法是可行的。地图的概率密度函数可以通过“已知位姿的建图方法”来计算，后验概率密度函数应用粒子滤波来估计，比如普遍的粒子滤波算法 SIR(sampling importance resampling)滤波器。该算法通过以下四步完成：

(1)预测阶段。粒子滤波首先根据状态转移函数预测生成大量的采样，这些采样就称为粒子，利用这些粒子的加权和来逼近后验概率密度。

(2)校正阶段。随着观测值的依次到达，为每个粒子计算相应的重要性权值。这个权值代表了预测的位姿取该粒子时获得观测的概率。对所有粒子都进行这样一个评价，越有可能被观测到的粒子，获得的权重越高。

(3)重采样阶段。根据权值的比例重新分布采样粒子。由于近似逼近连续分布的粒子数量有限，因此这个步骤非常重要。下一轮滤波中，再将重采样过后的粒子集输入到状态转移方程中，就能够获得新的预测粒子了。

(4)地图估计。对于每个采样的粒子，通过其采样的轨迹与观测计算出相应的地图估计。

SIR 算法需要在新的观测值到达时从头评估粒子的权重。当轨迹的长度随着时间的推移而增加时，这个过程的计算复杂度将越来越高。

Doucet 等学者基于 RBPF 算法提出了改进的重要性概率密度函数并且增加了自适应重采样技术。为了获得下一迭代步骤的粒子采样，需要在预测阶段从重要性概率密度函数中抽取样本。显然，重要性概率密度函数越接近目标分布，滤波器的效果越好。

典型的粒子滤波器应用里程计运动模型作为重要性概率密度函数。这种运动模型的计算非常简单，并且权值只根据观测模型即可算出。然而，这种模型并不是最理想的。

当机器人装备激光雷达时，激光测得的数据比里程计精确得多，因此使用激光雷达观测模型作为重要性概率密度函数将要准确得多。由于观测模型的分布区域很小，样本处在观测区域的概率很小，如要充分覆盖观测区域，所需要的粒子数就会变得很多，这将会导致使用运动模型作为重要性概率密度函数类似的问题：需要大量的样本来充分覆盖分布的区域。

为了克服这个问题，可以在生成下一次采样时将最近的观测考虑进去。通过将最近的观测值 z_t 整合到概率分布中，可以将抽样集中在观测似然的有意义的区域。为此 Doucet 等提出了最优重要性概率密度函数，式(5-114)为粒子权重方差的最优分布。

$$p\left(x_t \mid m_{t-1}^{(i)}, x_{t-1}^{(i)}, z_t, u_{t-1}\right)=\frac{p\left(z_t \mid m_{t-1}^{(i)}, x_t\right)\left(x_t \mid x_{t-1}^{(i)}, u_{t-1}\right)}{p\left(z_t \mid m_{t-1}^{(i)}, x_{t-1}^{(i)}, u_{t-1}\right)} \tag{5-114}$$

现在的 RBPF 算法过程是这样的：

(1)根据运动模型对机器人下一时刻位姿进行预测，得到预测的状态值并且对其进行采样；

(2)通过最优概率密度函数(5-114)对各个粒子进行权值的计算；

(3)进行重采样，根据粒子的权重重新分布粒子，为下次预测提供输入；

(4)根据粒子的轨迹计算地图的后验概率密度函数。

图 5-19 给出了在不同场景下构建地图时的粒子分布情况。(a)为在死胡同中，粒子分布的不确定性很小，分布得很集中。(b)为在开放的走廊中，粒子沿着走廊分布。(c)为根据里程计运动模型预测生成的粒子分布，分布得很分散。

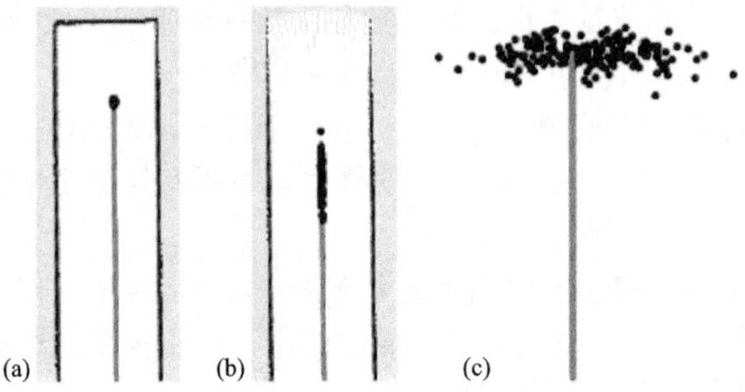

图 5-19　不同场景下构建地图时的粒子分布情况

因此，该算法将最近的里程计信息与观测信息同时并入重要性概率密度函数中，使用匹配扫描过程来确定观测似然函数的分布区域，这样就把采样的重点集中在可能性更高的区域。当由于观察不佳或者当前扫描与先前计算的地图重叠区域太小而失败时，将会用里程计运动模型作为重要性概率密度函数。

对粒子滤波的性能具有重要影响的另一个因素是重采样步骤。在重采样期间，低权值的粒子通常由高权值的采样代替。由于用来逼近目标分布使用的粒子数量是有限的，所以重采样步骤非常重要。重采样步骤也可能把一些好的粒子滤去，随着重采样的进行，粒子的数目会逐渐减少，最后导致粒子耗尽，使该算法失效。

通常采用有效粒子数来衡量粒子权值的退化程度，表示为

$$N_{\text{eff}} = \frac{1}{\sum_{i=1}^{N}\left(\tilde{w}^{(i)}\right)^2} \tag{5-115}$$

其中，$\tilde{w}^{(i)}$ 为粒子 i 的归一化权值。

为了减少进行重采样步骤的次数，可以采用阈值判定法决定是否需要进行重采样。只有当 N_{eff} 下降到阈值 $N/2$（其中 N 为粒子数）以下时，才进行一次重采样。由于重采样只在需要时进行，进行重采样的次数将大大减少，并大大降低了将好粒子滤去的风险。

参考文献

[1] 秦永元, 张洪钺, 汪叔华. 卡尔曼滤波与组合导航原理[M]. 3 版. 西安: 西北工业大学出版社, 2015.

[2] 黄小平, 王岩. 卡尔曼滤波原理及应用——MATLAB 仿真[M]. 北京: 电子工业出版社, 2015.

[3] 罗杰. 我所理解的卡尔曼滤波[EB/OL]. https://www.jianshu.com/p/d3b1c3d307e0[2017-6-1].

[4] 路漫~求索. 离散卡尔曼滤波器的简介与实际应用 [EB/OL]. https://www.cnblogs.com/chengxq/p/9174690.html[2018-2-15].

[5] Hhaowang. 正态分布（高斯分布）[EB/OL]. https://blog.csdn.net/hhaowang/article/details/83898881[2018-11-9].

[6] AI 火箭营. 透彻理解扩展卡尔曼滤波[EB/OL]. https://baijiahao.baidu.com/s?id=1617263767992390794&wfr=spider&for=pc[2018-11-16].

[7] 学海拾贝. 卡尔曼滤波器、扩展卡尔曼滤波器、无向卡尔曼滤波器的详细推导[EB/OL]. https://blog.csdn.net/u013102281/article/details/59109566[2017-3-1].

[8] fishmarch. 概率机器人——扩展卡尔曼滤波、无迹卡尔曼滤波 [EB/OL]. https://zhuanlan.zhihu.com/p/41767489, 2018.11.2.

[9] 有点小意思. 卡尔曼滤波系列（二）扩展卡尔曼滤波 [EB/OL]. https://blog.csdn.net/weixin_42647783/article/details/89054641[2019-4-6].

[10] 李昌明, 梅莉, 秦东兴. 基于扩展卡尔曼滤波的轮式移动机器人定位技术[J]. 中国测试, 2011, 37(6): 76-79.

[11] 有点小意思. 无损变换和无迹 Kalman 滤波算法[EB/OL]. https://blog.csdn.net/weixin_42647783/article/details/89065436[2019-4-7].

[12] 高端阳, 李安, 傅军, 等. 基于鲁棒无迹卡尔曼滤波的无线室内定位算法[J]. 中国惯性技术学报, 2018, 26(6): 768-772.

[13] 学步园. 粒子滤波（PF：Particle Filter）[EB/OL]. https://www.xuebuyuan.com/3232663.html[2018-4-8].

[14] 胡士强, 敬忠良. 粒子滤波原理及其应用[M]. 北京：科学出版社, 2010.

[15] 胡青松, 张申. 矿井动目标精确定位新技术[M]. 徐州: 中国矿业大学出版社, 2016.

[16] Grisetti G, Stachniss C, Burgard W. Improved Techniques for Grid Mapping_with Rao-Blackwellized Particle Filters[J]. IEEE Transactions on Robotics, 2007, 23(1): 34-46.

[17] 李太白 lx. 基于粒子滤波的 SLAM（GMapping）算法分析[EB/OL]. https://blog.csdn.net/tiancailx/article/details/78590809[2017-11-21].

第 6 章　定位中的非视距处理

在目标定位中，接收端采用 TOA、TDOA、AOA 或 RSSI 等技术测量接收信号的到达时间、到达时间差、到达角度或信号强度时[1]，通常假定信号在信标节点和目标节点之间通过视距传播。然而，在定位场景内往往具有较多障碍物，比如在室内环境中就存在家具、墙壁、行人等障碍物。由于障碍物的存在，定位场景中普遍存在非视距传播现象，该现象严重影响着定位系统的距离测量，从而降低了定位系统的定位精度。本章探讨目标定位中的非视距传播问题，弄清为何视距传播与非视距传播具有不同特征，以及非视距传播对定位的影响、目标定位中的非视距传播识别、目标定位中的非视距传播抑制、目标定位中的非视距传播利用、非视距传播的辅助目标定位等问题。

6.1　视距传播与非视距传播的定义

根据信号收发两端之间是否存在直视路径，可将无线通信系统的传播条件分成视距(line of sight, LOS)和非视距(non-line of sight, NLOS)两种。视距条件下，无线信号无遮挡地在信号发射端与信号接收端之间直线传播，这要求第一菲涅耳区内没有对无线电波造成遮挡的物体[2]。利用视距传播的无线电波传输信息的通信方式即为视距通信。实际传播环境中，第一菲涅耳区定义为包含一些反射点的椭圆体，在这些反射点上反射波和直射波的路径差小于半个波长。

如果不满足第一菲涅耳区不存在障碍物的条件，就产生了非视距现象。非视距最直接的解释是，通信的两点视线受阻，彼此看不到对方，信号强度就会明显下降。菲涅耳区的大小取决于无线电波的频率及发射站与接收站间的距离，如图 6-1 所示。

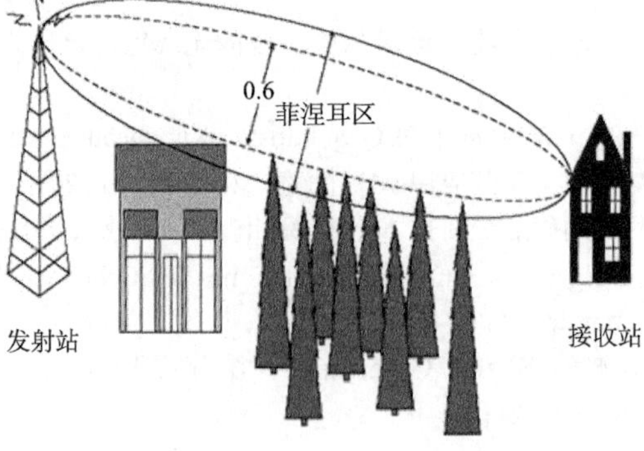

图 6-1　视距传播与第一菲涅耳区

电波在以视距传播方式进行传播时，会受到地面和地面等障碍物对电波的绕射、反射和散射，大气层对电波的折射、反射、吸收和散射，以及由其引起的信号幅度衰落、多径延时、到达角起伏和去极化现象。这些现象将会对信号的强度、相位以及到达角度等产生较大的影响，从而影响移动目标定位的精度，6.2 节将对影响的机制进行探讨。

6.2　NLOS 传播对定位的影响

NLOS 会导致无线信号通过多条路径到达接收端，这就是所谓的多径效应。多径效应会带来时延不同步、信号衰减、极化改变、链路不稳定等一系列问题。NLOS 传播对定位的影响主要体现在测距阶段[3, 4]。对于基于测距的目标定位而言，距离测量主要是根据直达信号进行的，即利用 LOS 信号测量距离。如果是 NLOS 信号，则会由于反射、衍射、绕射等现象增加信号的传播距离，从而使得目标节点与移动节点的距离测量不够精确，对定位精度造成较大负面影响[5]。下面具体介绍 NLOS 传播对常用的测距方法造成的影响。

6.2.1　NLOS 传播对 RSSI 测距的影响

NLOS 传播对不同测距方法造成的影响不同，首先考虑 RSSI 测距。如图 6-2 所示，假定节点 A 和节点 B 为正在通信的两个节点，路径 1、路径 2、路径 3 为两个节点通信路径当中的三条不同路径。路径 1 为没有遮挡时的路径，即 LOS 路径；路径 2 为信号通过衍透射穿过遮挡物的传播路径，属于 NLOS 路径。通过路径 2 从节点 A 到达节点 B 的信号比 LOS 信号更弱。路径 3 为信号发生折射的传播路径，属于 NLOS 路径，信号强度也比 LOS 信号弱。从 RSSI 测距角度而言，根据 RSSI 路径损耗模型[6]，更弱的信号强度会被误认为收发节点之间的距离比实际距离远，从而将目标定位在一个比实际位置更远的位置，降低定位精度。

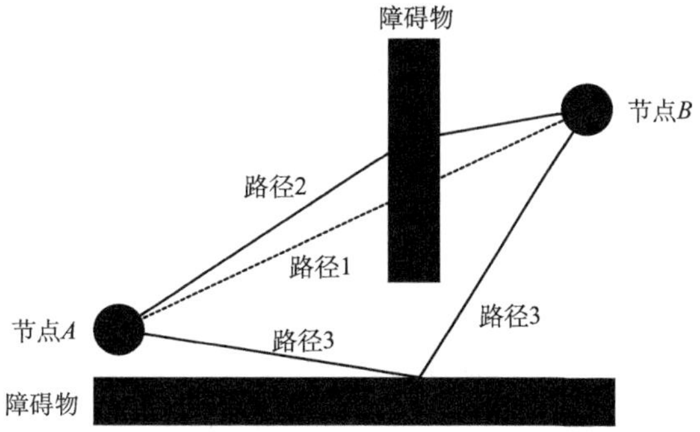

图 6-2　NLOS 传播对 RSSI 测距影响

6.2.2　NLOS 传播对 AOA 和 DOA 测距的影响

对于 AOA 和 DOA 测距而言，非视距传播将会导致到达角度或到达方向发生偏差。以图 6-3 为例，信标节点 A 和信标节点 B 的位置已知，目标节点 C 的位置未知。假定信号能够通过衍射到达信标节点 B，由于 C 与 B 之间受到障碍物遮挡，信标节点 B 测得的信号到达角度由 α_2 变为了 α_3，导致目标节点估计位置偏离了真实位置，导致目标节点位置估计误差增大。

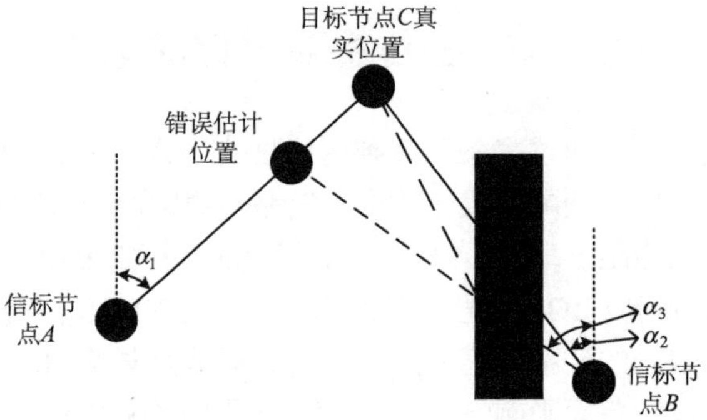

图 6-3　NLOS 传播对 AOA 定位影响(信号能穿透障碍物时)

当信号不能穿过遮挡物时，如图 6-4 所示，信标节点 B 的测量角度由 α_2 变为了 α_3，发生严重偏差，导致 AOA 定位算法位置估计偏差增大，甚至无法进行位置估计。

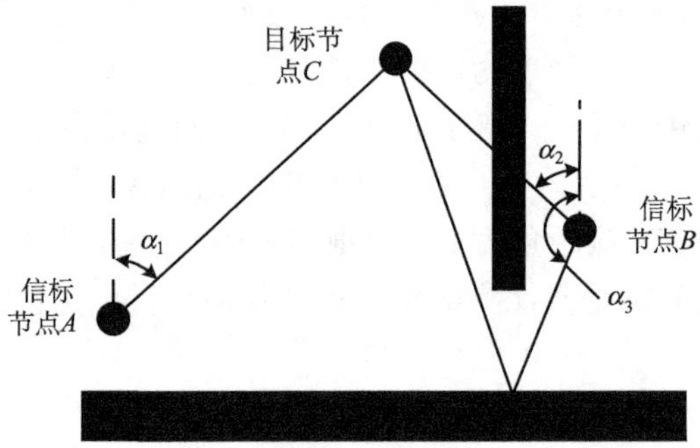

图 6-4　NLOS 传播对 AOA 定位影响(信号不能穿透遮挡物时)

6.2.3　NLOS 传播对 TOA 和 TDOA 测距的影响

对于 TOA 和 TDOA 定位算法，非视距传播导致的信号传播路径变化将会导致信号传播时间的误差。还是以图 6-2 为例，路径 2 和路径 3 明显长于路径 1，因此信号通过路径 2 和路径 3 的传播时间长于路径 1，若以这些非视距信号测得的时间结果进行目标定位，势必增大基于 TOA 和 TDOA 定位算法的定位误差。

6.3　目标定位中的 NLOS 识别

NLOS 传播的识别，即判断定位信号发送端和接收端之间是否处于非视距传播状态，它是 NLOS 场景下目标定位的基础。主要的 NLOS 识别方法包括：残差检验法[7]、误差统计法[8]、能量检测法[9]和神经网络算法[10]。

6.3.1　残差检验法

Chan 等提出了一种残差检验法和德尔塔检验法相结合的 NLOS 识别方法[7]。该方法以 TOA 测距信息为数据条件，以两个信标节点为基准，判断第 3 个信标节点到第 N 个信标节点中处于视距传播条件的信标节点。

残差检验法的原理是当所有的测距值为 LOS 传播时，归一化残差为中心卡方分布。而当归一化残差不是中心卡方分布时，信标节点处于 NLOS 传播场景。残差是估计值和真实位置之间的平方差。通过方差归一化，得到随机变量的单位方差。

残差检验的步骤如下(图 6-5)：

(1)获取 N 个信标节点的 TOA 测距数据；

(2)通过极大似然估计法计算位置的估计值；

(3)计算克拉默-拉奥下界 L_0 及归一化残差平方，该残差是服从卡方分布的随机变量，简称 r.v.；

(4)记录中心值大于阈值的信标节点数量 l；

(5)如果满足 $l \leqslant 0.1L_0$，则维数(即处于 LOS 的信标数量) $D = N$，维数判定结束，如果不满足，则执行第(6)步；

(6)令 $k = 0$；

(7)如果满足 $N - k = 3$，则 $D = 3$，执行德尔塔检验，如果不满足，构造 $C(N, N\text{–}k)$ 个信标节点子集，再执行第(2)(3)(4)步；

(8)如果满足 $l \leqslant 0.1L_0$，则 $D = N - k$，这个集合 l 中至少含有 D 个处于视距传播的信标节点。如果不满足 $l \leqslant 0.1L_0$，则令 $k = k + 1$，执行第(7)步，直到满足 $l \leqslant 0.1L_0$。

上述第(7)步中的德尔塔检验的步骤如下：

①构造 $C(N, 2)$ 个信标节点子集，每个子集 2 个信标节点；

②对每一个步骤①中构成的集合，从其余 $(N - 2)$ 个不在集合中的信标选择一个信标添加到该集合中，构成含有 3 个信标的集合；

③计算每个信标的残差 $\varDelta_j$。当信标处于 LOS 环境时，$\varDelta_j$ 约等于 0；当信标处于 NLOS 环境时，$\varDelta_j$ 是非 0 的数值；

④将同一信标的三个集合的 $|\varDelta_j|$ 相加；

⑤第④步相加所得到的和最小的集合包含的 3 个信标就是最可能处于 LOS 环境的信标。

该方法计算复杂度低，计算速度快，LOS 判断准确率超过 90%。当 $D \geqslant 4$ 时，位置估计的均方误差接近克拉默-拉奥下界，但是当 $D = 3$ 时，难以识别出 LOS 传播的信标节点，因此会导致产生较大的均方误差。另外，TOA 测距存在误差并且克拉默-拉奥下界本身就是一个大约估计值[11]，使得测量数据是 χ^2 单自由度概率密度函数，并不是精确值。

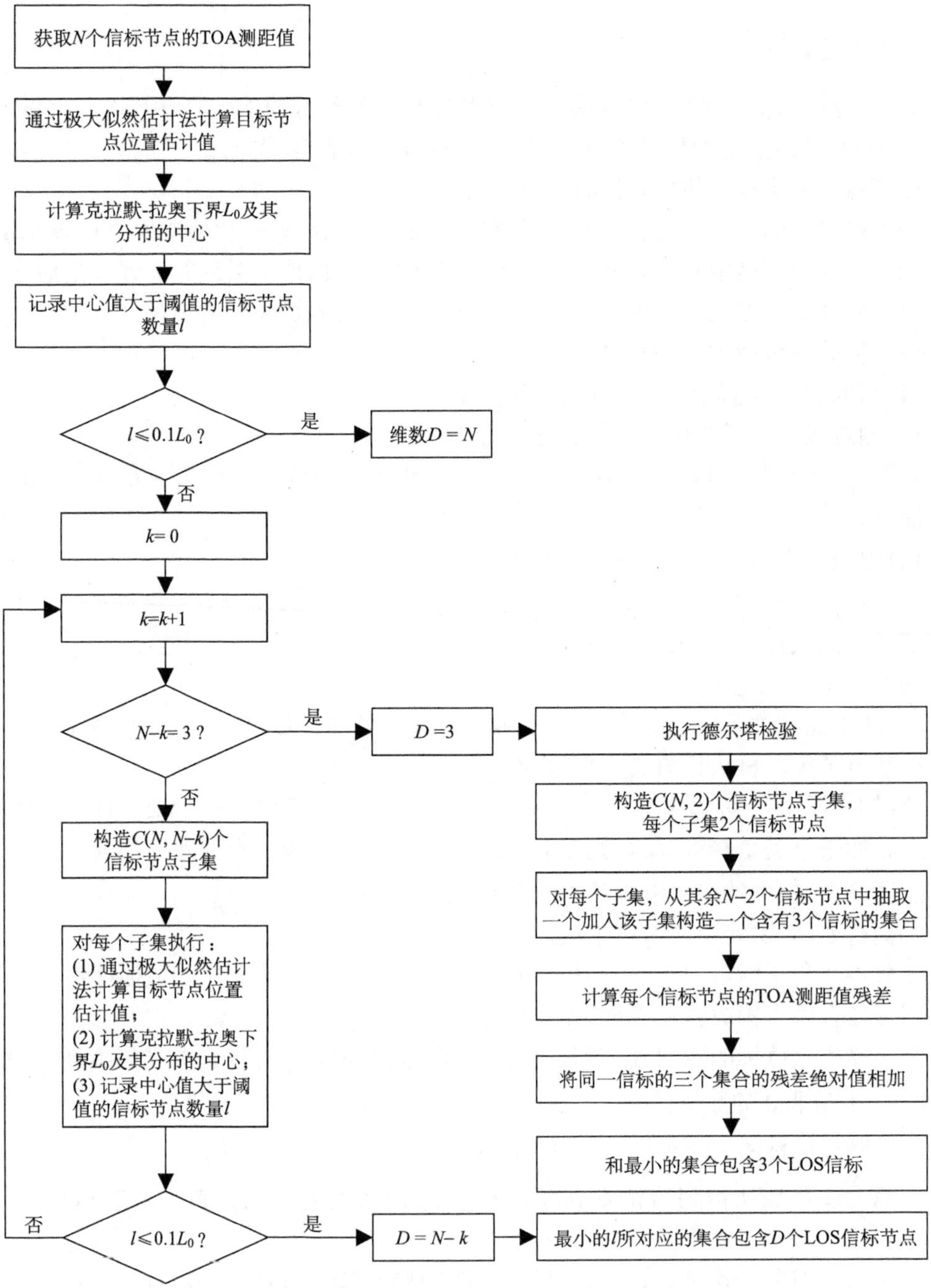

图 6-5　残差检验法和德尔塔检验法相结合的 NLOS 识别方法流程

6.3.2　误差统计法

Momtaz 等提出了一种误差项统计特征算法[8]。误差项包括噪声和 NLOS 误差，误差项在最大特征值的特征向量中分量最大，如果误差项中最大的特征值比零均值高斯白噪声的功率上界值更大，则信标节点处于 NLOS 场景；如果误差项中最大的特征值比零均值高斯白噪声的功率上界值更小，则信标节点处于 LOS 场景。以此为依据，对信标节点是否处于 NLOS 场景进行判断。

误差项统计特征算法步骤如下：

(1) 获取参数 $(\boldsymbol{\lambda}, \boldsymbol{v}, \tau)$，$\tau$ 是 NLOS 误差检测次数，ρ 是高斯白噪声加 NLOS 误差项，R_ρ 是 ρ 的自相关函数，$\boldsymbol{\lambda}$ 是由 R_ρ 的特征值 λ 组成的向量，$\boldsymbol{v}$ 是 R_ρ 的最大特征值对应的特征向量；

(2) 通过对特征值进行排序，并将特征值与排序空间对应起来，得到一个关于 λ 的离散函数 F，如式(6-1)所示，N 为信标节点的总数；

$$F=\left\{\left(\lambda_1,\frac{1}{N}\right),\left(\lambda_2,\frac{2}{N}\right),\cdots,\left(\lambda_{N-1},\frac{N-1}{N}\right),\left(\lambda_N,\frac{N}{N}\right)\right\} \tag{6-1}$$

(3) 通过概率密度函数式(6-2)计算出 α，常数 α 用于调整步骤(2)中离散函数 F 的概率密度符合测距数据；

$$F_\lambda(\lambda)=1-\mathrm{e}^{-\alpha\lambda} \tag{6-2}$$

(4) 通过式(6-3)计算出常数 Γ，Γ 为零均值高斯白噪声的功率的上界值；

$$\Gamma=\lambda_{N-1}-\frac{\ln(1-\tau)}{\alpha} \tag{6-3}$$

(5) 如果 $\Gamma<\lambda_N$，则 $\boldsymbol{v}$ 中的最大值为处于 NLOS 环境的信标节点序号；反之，则没有信标节点处于 NLOS 环境。

以上步骤通过一次运行只能识别出一个 NLOS 传播的信标节点，若要识别出所有的 NLOS 传播信标节点，则将剩余没有被识别为 NLOS 的信标节点重复以上步骤(1)~(5)；直到不能识别出新的 NLOS 信标节点为止。

该算法的优势在于信标节点数量较多(大于 15)的情况下，运行时间少，且随着信标节点数量的增多，耗时增长缓慢。但在信标节点数量较小时，运行时间并没有优势。

6.3.3　能量检测法

Liang 等提出了基于信号能量统计特征的 NLOS 识别算法[9]。结合来源于一种低复杂度的能量检测器的信息数据，得出基于接收能量块值的最大旋度 C 和标准差 SD 的混合参数 Q。

$$Q=C\times \mathrm{SD} \tag{6-4}$$

其中，Q 是单调递减的信噪比函数。实验表明，在 4～40dB 区间内，参数 Q 的平均值无论是在 LOS 环境还是 NLOS 环境都将剧烈变化。理论上，Q 的平均值可以用来识别 NLOS 环境，为此将 Q 的平均值用 M 表示。是否处于 NLOS 环境可以按照式(6-5)进行识别：

$$M\begin{cases}\begin{cases}\leqslant \alpha_M \Rightarrow \text{LOS} \\ > \alpha_M \Rightarrow \text{NLOS}\end{cases}(\text{TX}=360^\circ) \\ \begin{cases}\leqslant \alpha_M \Rightarrow \text{NLOS} \\ > \alpha_M \Rightarrow \text{LOS}\end{cases}(\text{TX}<360^\circ)\end{cases} \tag{6-5}$$

其中，α_M 是识别 LOS 和 NLOS 的阈值；TX 是测量所用天线的波束宽度。当 $\text{TX}=360^\circ$ 时，如果 $M \leqslant \alpha_M$，则为 LOS 传播；如果 $M > \alpha_M$，则为 NLOS 传播。当 $\text{TX}<360^\circ$ 时，如果 $M \leqslant \alpha_M$，则为 NLOS 传播；如果 $M > \alpha_M$，则为 LOS 传播。

该算法在低信噪比时识别精度的优势更明显，在高信噪比时与基于偏度的算法[12]差距不大，并且与积分周期和信道无关。

6.3.4 神经网络算法

Zeng 等提出了一种基于卷积神经网络(convolutional neural networks，CNN)的大规模 MIMO (multiple-input multiple-output)系统的非视距识别方法[10]。CNN 识别 NLOS 流程如图 6-6 所示，分为离线训练和在线部署两个阶段。离线训练首先利用三维 MIMO 信道和 SRS(sounding reference signals)序列来模拟接收信号，然后采用离散傅里叶变换进行特征提取，并利用这些特征训练 CNN 模型。在线部署阶段将接收到的信号进行特征提取，并利用训练好的模型识别 LOS/NLOS 环境。

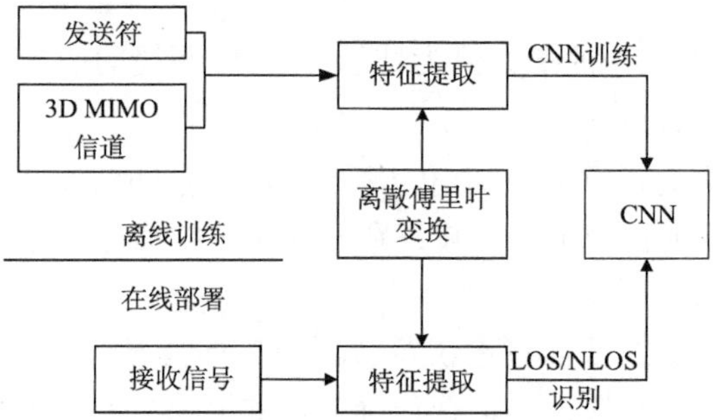

图 6-6　CNN 识别 NLOS 流程

CNN 的结构包括卷积层、池化层和全连接层。卷积层可以产生更高抽象层次的输入数据，即输入特征映射，卷积层结果可以作为输出特征图。池化层的目的是减少特征图的维度，增强网络鲁棒性，减小失真。一些卷积层之后的池化层是可选择的。全连接层是神经网络的分类器并且输出各类的分数。

CNN 有三个有利于进行底层特征提取矩阵分析的优点，即局部连接、共享权值和池化。首先，由于特征提取矩阵是线性的，如果从分类开始就采用完全连接的深度学习技术，将会使得时间复杂度大幅上升，而使用局部连接能够降低时间复杂度。其次，由于空间相邻天线的能量利用分布具有相似性，使用相同的模式共享权值可以较好地提取特征并降低了空间复杂度。最后，池化可以减小输入特征映射的维数，具有失真不变性，提高了鲁棒性，减少了处理时间。

本算法的优点是：首先，识别错误率低，增加输出量还可降低低信噪比时的错误率；其次，系统的天线越多，算法性能越好；第三，用户数量对精度影响不大；第四，减小天线间距对精度的影响较小。

6.4　目标定位中的 NLOS 抑制

鉴于 NLOS 传播对定位精度的巨大影响，人们希望对 NLOS 传播所引起的误差进行抑制，从而降低或消除 NLOS 对目标定位的影响。一种简单的方法就是提高发射功率，从而使信号穿透障碍物，变非视距传播为视距传播，但这不是真正的解决之道，只能一定程度地解决问题。原因之一是无线覆盖受制于地理环境，信标节点和目标节点的路径上存在无法移动的障碍物。原因之二是功率的提高受到链路预算的限制，比如节点的能量有限，需要保证节点的续航。因此，对 NLOS 进行抑制就显得尤为重要。

这里介绍四种 NLOS 抑制方法，即基于滤波的方法[13]、基于半参数的方法[14]、基于能量检测的方法[15]以及基于数据库的方法[16]。需要注意的是，这些方法很难完全消除非视距传播误差带来的影响，且面临着适用场景、计算复杂度和抑制精度等问题，需要根据具体情况进一步优化，或者与其他方法结合使用。

6.4.1　滤波算法

1）基于改进卡尔曼滤波的非视距误差识别算法

李奇越等提出了一种基于改进卡尔曼滤波的非视距误差识别算法[13]。标准卡尔曼滤波算法将误差作为高斯白噪声来处理，若将标准卡尔曼滤波算法直接用于 NLOS 环境下的 TOF（time of flight）估计会导致滤波结果有很大偏差。本方法建立有色噪声 NLOS 误差模型，在有色噪声卡尔曼滤波的基础上融合有色噪声自适应策略，根据环境变化不断调整滤波参数以获得最优估计。

考虑状态空间描述的线性系统，状态方程和测量方程如下式所示：

$$\boldsymbol{x}_{k+1} = \boldsymbol{A}\boldsymbol{x}_k + \boldsymbol{B}\boldsymbol{\alpha}_k \tag{6-6}$$

$$\boldsymbol{r}_k = \boldsymbol{C}\boldsymbol{x}_k + \boldsymbol{\beta}_k \tag{6-7}$$

其中，$\boldsymbol{A}$、$\boldsymbol{B}$ 和 $\boldsymbol{C}$ 均为已知常值矩阵；二维状态向量 $\boldsymbol{x}_k = \begin{bmatrix} d_k & \bar{d}_k \end{bmatrix}^{\mathrm{T}}$，其中 d_k 为待估计的距离值；$\bar{d}_k$ 为其一阶倒数；$\boldsymbol{\alpha}_k$ 为系统噪声，是一个高斯白序列；$\boldsymbol{r}_k$ 为一维测量向量；$\boldsymbol{\beta}_k$ 为测量误差。

假设有色噪声由前一次噪声和零均值高斯白噪声两部分组成：

$$\boldsymbol{\beta}_k = \boldsymbol{N}_{k-1}\boldsymbol{\beta}_{k-1} + \boldsymbol{\gamma}_k \tag{6-8}$$

其中，$\boldsymbol{N}_k$ 为自回归系数；$\boldsymbol{\gamma}_k$ 为零均值高斯噪声序列。

有色噪声卡尔曼滤波信号如图 6-7 所示，其迭代过程如下：

$$\boldsymbol{P}_{k|k-1} = \boldsymbol{A}\boldsymbol{P}_{k-1|k-1}\boldsymbol{A}^{\mathrm{T}} + \boldsymbol{B}\boldsymbol{Q}\boldsymbol{B}^{\mathrm{T}} \tag{6-9}$$

$$H_{k-1} = CA - N_{k-1}C \tag{6-10}$$

$$G_k = (AP_{k-1|k-1}H_{k-1}^{\mathrm{T}} + BQB^{\mathrm{T}}C^{\mathrm{T}}) \cdot (H_{k-1}P_{k-1|k-1}H_{k-1}^{\mathrm{T}} + CBQB^{\mathrm{T}}C^{\mathrm{T}} + R_{k-1})^{-1} \tag{6-11}$$

$$P_{k|k} = (A - G_kH_{k-1}) \cdot P_{k-1|k-1}A^{\mathrm{T}} + (I - G_kC)BQB^{\mathrm{T}} \tag{6-12}$$

$$x_{k|k} = Ax_{k-1|k-1} + G_k \cdot (v_{k-N|k-1}v_{k-1} - H_{k-1}x_{k-1|k-1}) \tag{6-13}$$

其中，$P_{k|k-1}$ 和 $P_{k|k}$ 分别代表 k 时刻预测和估计误差协方差矩阵；H_k 为系数矩阵；Q 为噪声协方差矩阵；R_k 为测量误差协方差矩阵的估计值；G_k 是第 k 时刻卡尔曼滤波增益，是第 k 时刻状态估计值。由上式迭代过程可以看出，状态的估计值跟本次的输入和前一次的估计值有关，所以只需保存前一次状态值即可实现实时处理。

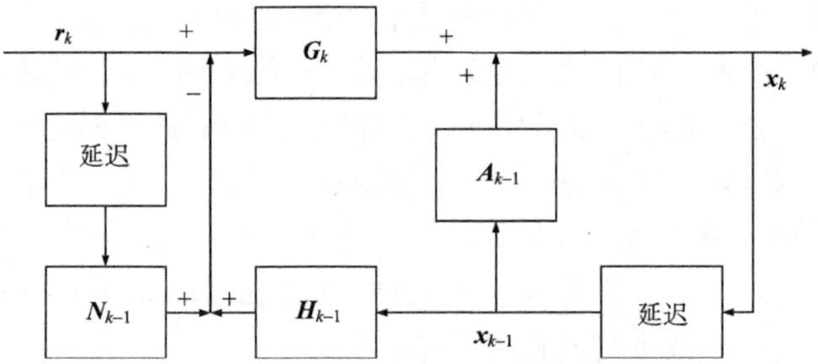

图 6-7　有色噪声卡尔曼滤波信号

在基于有色噪声的卡尔曼滤波迭代过程中，噪声自回归系数 N 是已知的常数，但在实际情况中，节点的移动、周围环境变化、无线信号的复杂传输路径会导致测量误差不容易预测和建模，使得测量误差中的自回归系数 N 是未知量。由于测量误差协方差矩阵 R_k 反映了测量误差的动态变化情况，这里采用动态 R_k 来实现测量噪声自适应调整，使得测量噪声模型可根据当前 NLOS 环境的变化而动态调整，从而提高滤波的精度。

有色噪声自适应卡尔曼滤波过程如图 6-8 所示，步骤如下：

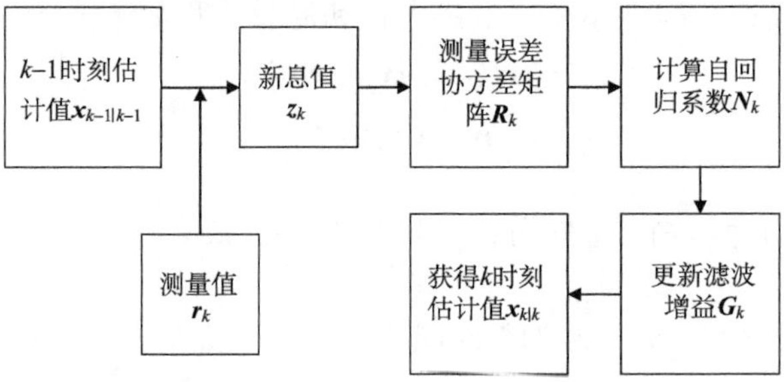

图 6-8　有色噪声自适应卡尔曼滤波方法流程

(1) 估计 $k-1$ 时刻距离的预测值 $x_{k-1|k-1}$。

(2) 由测量值 r_k 和 $x_{k-1|k-1}$ 通过式(6-14)计算新息值 z_k。

$$z_k = r_k - Cx_{k|k-1} \tag{6-14}$$

其中，C 是已知常数矩阵。

(3) 由式(6-15)、式(6-16)和式(6-17)计算测量误差协方差矩阵 $\boldsymbol{R}_k$。

$$\overline{z}_i = \frac{1}{i}\sum_{j=1}^{i} z_j \tag{6-15}$$

$$\boldsymbol{S}_k = \frac{1}{k-1}\sum_{i=1}^{k}(z_i - \overline{z}_i)(z_i - \overline{z}_i)^{\mathrm{T}} \tag{6-16}$$

$$\boldsymbol{R}_k = \boldsymbol{S}_k - \boldsymbol{C}\boldsymbol{P}_{k|k-1}\boldsymbol{C}^{\mathrm{T}} \tag{6-17}$$

其中，$\boldsymbol{P}_{k|k-1}$ 代表 k 时刻预测误差协方差矩阵。

然后，对式(6-17)两边取方差得到

$$\boldsymbol{R}_k = \boldsymbol{N}_{k-1}^2 \boldsymbol{R}_{k-1} + \mathrm{var}(\boldsymbol{\gamma}_k) \tag{6-18}$$

其中，$\mathrm{var}(\boldsymbol{\gamma}_k)$ 是 $\boldsymbol{\gamma}_k$ 的方差值，为常数；$\boldsymbol{N}_{k-1}$ 为 $k-1$ 时刻的自回归系数。

(4) 由式(6-19)计算 k 时刻的自回归系数 $\boldsymbol{N}_k$。

$$\boldsymbol{N}_k = \begin{cases} \sqrt{\dfrac{\boldsymbol{R}_k - \mathrm{var}(\boldsymbol{\gamma}_k)}{\boldsymbol{R}_{k-1}}}, & \boldsymbol{R}_k > \mathrm{var}(\boldsymbol{\gamma}_k) \\ 0, & 其他 \end{cases} \tag{6-19}$$

(5) 计算新的滤波增益 $\boldsymbol{G}_k$。

(6) 计算出 k 时刻的距离估计值 $\boldsymbol{x}_{k|k}$。

相对于自适应卡尔曼滤波和卡尔曼滤波，有色噪声卡尔曼滤波具有对滤波参数的动态调整能力，因此使误差得到了大幅下降。

2) 基于粒子滤波器的 IMU/UWB 融合算法

接下来介绍一种 Wang 等提出的基于粒子滤波器的 IMU(inertial measurement unit)/UWB(ultra wide band)融合算法[17]，它综合了 UWB 和 IMU 数据，通过粒子滤波实现非视距环境下的行人定位，算法流程如图 6-9 所示。

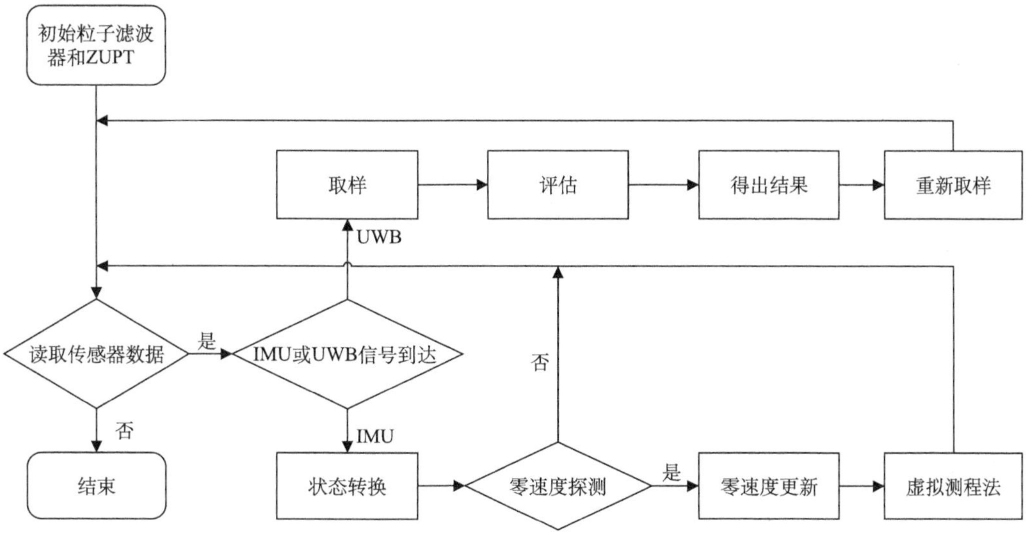

图 6-9　基于粒子滤波的 IMU/UWB 融合算法流程

在图 6-9 中，取样为根据分布状态转换方程进行取样，评估为根据观测模型和观测值更新每个粒子的权重，重新取样为使用重新取样的方法抑制粒子的衰减，ZUPT(zero velocity update)表示零速更新算法。

算法步骤如下：

如果接收到 IMU 数据，则使用状态模型更新当前系统状态，并判断其是否处于零速度状态。如果速度为零，则更新零速度以纠正状态，并根据更新后的状态计算虚拟里程计的输出。如果接收到 UWB 数据，则使用 UWB 数据作为观测值，获得当前位置的后验分布，然后根据虚拟里程计的信息对粒子进行更新，输出估计状态。最后，重新取样以缓解粒子滤波衰退问题。

算法的结果为综合 UWB 和 IMU 的观测值后，利用子过程输出的平均位置。经过粒子状态的平均加权后，可以作为整个定位算法的定位结果。粒子滤波步骤的关键是状态转换方程和观测模型的选择，状态转换方程需要虚拟里程计的输出值来估计运动状态的变化，观测模型需要 UWB 观测数据来修正，两者的共同作用得到一个由粒子所代表的状态后验分布和相应的权值。

3)基于模糊 C 均值和残差分析的投票算法

Cheng 等提出了一种基于模糊 C 均值和残差分析的投票算法(简称 TF-FCM)[18]。该算法采用基于投票的 NLOS 校正算法和基于模糊 C 均值的 NLOS 误差分类算法对测量结果进行处理，从而限制了 NLOS 误差。在此基础上，将 NLOS 误差分为硬测量和软测量两大类进行处理。

算法流程如图 6-10 所示，其输入 $d_i(k)$ $(i=1,2,3,\cdots,N)$ 表示 k 时刻的距离测量值，N 表示信标节点的数量。

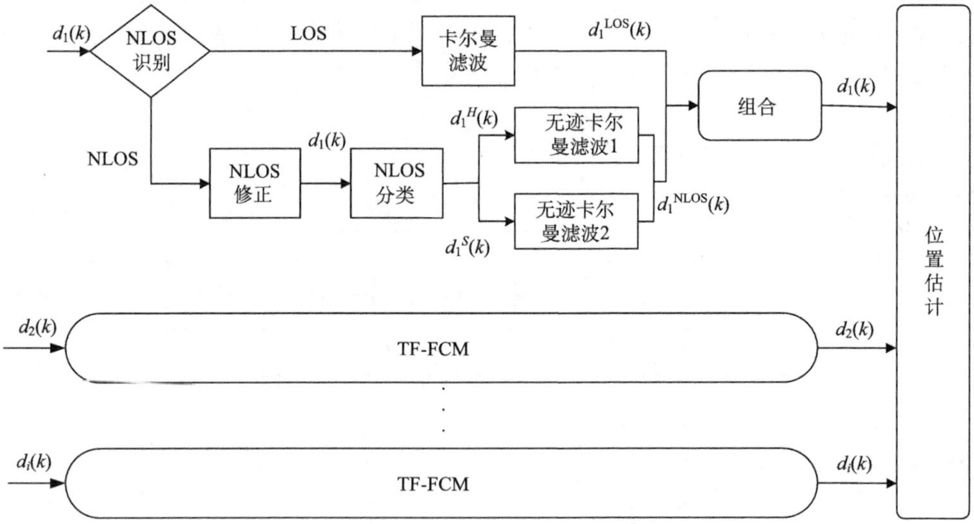

图 6-10　基于模糊 C 均值和残差分析的投票算法流程

算法步骤如下：

(1)采用残差分析法识别 NLOS 传播。

(2) 如果传播是 NLOS，则由卡尔曼滤波处理测量值。首先采用基于投票的 NLOS 校正算法对测量值进行预处理，并将投票后处理的测量数据进行 NLOS 分类，分类为硬 NLOS 测量和软 NLOS 测量。

(3) 硬 NLOS 测量将由无迹卡尔曼滤波 1 处理，软 NLOS 测量将由无迹卡尔曼滤波 2 处理，然后计算滤波结果的算术平均值。

(4) LOS 和 NLOS 处理后的测量值通过一定权重进行合并，然后通过极大似然估计法计算出目标节点的坐标。

在处理非视距传播严重的环境时，这种算法具有较好的鲁棒性和精度。

6.4.2 半参数算法

殷学强提出了基于半参数的非视距噪声抑制算法，它是针对测量误差的概率密度未知情况下的稳健算法[14]。该算法采用 M 估计，使用关于残差的特殊惩罚函数而不是如最小二乘法中的平方函数关系。M 估计利用特定评价参数来估计目标位置，并选择加权最小二乘法估计量来更新权重，步骤如下：

(1) 初始化起始点 $\hat{\theta}_0$ 以及迭代次数 $l=0$；

(2) 估计残差 $\boldsymbol{v}=\boldsymbol{A}\hat{\theta}_0-\boldsymbol{B}$，其中 $\boldsymbol{A}$ 和 $\boldsymbol{B}$ 代表由 TOF (time of flight) 得到的测距信息；

(3) 计算 $\delta_G=1.483\cdot \text{mad}(\boldsymbol{v})$，其中，$\text{mad}(\boldsymbol{v})=\{|\boldsymbol{v}-\text{median}(\boldsymbol{v})|\}$；

(4) 估计 $\hat{\theta}_{l+1}=\hat{\theta}_l+(\boldsymbol{A}^{\text{T}}\boldsymbol{W}\boldsymbol{A})^{-1}\boldsymbol{A}^{\text{T}}\boldsymbol{W}\boldsymbol{B}\boldsymbol{v}$，其中，$\boldsymbol{W}=\text{diag}\{|\psi(\boldsymbol{v}/\delta_G)/(\boldsymbol{v}/\delta_G)|\}$；

(5) 检查收敛条件 $\left|\hat{\theta}_{l+1}-\hat{\theta}_l\right|<\alpha$（$\alpha$ 为指定的精度）或者迭代次数 $l<C_t$（C_t 为最大迭代次数）；如不满足则 $l=l+1$，进入步骤 (2)。

由于非参数算法建立在误差的概率密度函数不可知的前提下，所以必须利用自身样本计算得出残差，并结合非参数核估计误差概率密度，最终利用极大似然估计法得到估算值。半参数化概率密度估计兼具参数化方法和非参数化方法的优点，它在数据分布具有一定先验知识的基础上，通过非参数化方法对参数化概率密度估计进行修正，达到提高概率密度估计精度的目的。

由于未加权的半参数回归方法不是全局最优的，当非视距污染率较小时，该算法相比其他稳健估计误差较大。而最小中值算法在非视距污染率较小时，只损失较小的定位精度，于是可将最小中值算法的权重引入到半参数估计中，从而达到全局最优。

6.4.3 能量检测法

田子建等提出了一种能量检测非视距误差抑制方法[15]。该算法采用基于非信道估计的方式，首先对接收信号进行采样，然后依据定位时间参数测量值，提取特征参量进行 NLOS 识别。

信号采样采用基于能量检测估计算法，原理是将接收到的信号通过平方器后再进行积分采样，以获得信号的能量采样序列。设积分周期为 T_b，则 1 帧内能量块数为

$$N_b=T_f/T_b \tag{6-20}$$

其中，T_f 为帧周期。

则第 j 个帧中，采样序列为

$$Y_{n,j} = \int_{(j-1)T_f+(n-1)T_b}^{(j-1)T_f+nT_b} |r(t)|^2 \mathrm{d}t,\ n = 1,2,\cdots,N_b \tag{6-21}$$

其中，$r(t)$ 为能量块。

为使采样序列 Y_n 更趋于统计特征，在多帧内采集能量，即

$$Y_n = \sum_{j=1}^{N_b} Y_{n,j} \tag{6-22}$$

将能量采样序列与设定的门限值 θ 进行比较，将第 1 个超出门限的能量块认定为 LOS 所在的采样块，即

$$\begin{cases} \hat{\tau} = (\hat{n}_{\mathrm{LOS}} - 0.5)T_b \\ \hat{n}_{\mathrm{LOS}} = \min\{n \mid Y_n > \theta\} \end{cases} \tag{6-23}$$

其中，$\hat{\tau}$ 为通过 LOS 路径到达目标节点的时间；$\hat{n}_{\mathrm{LOS}}$ 为 LOS 所在的能量块。

确定了 LOS 所在的能量块之后，以 LOS 的检测点为截取起点，截取接收信号，选 LOS 与 SP(strongest path)的相对能量乘积作为 NLOS 鉴别的参量：

$$\phi = \frac{s_1 \max(s_n)}{\left(\dfrac{1}{N}\sum_{n=1}^{N} s_n\right)^2} = \frac{N^2 s_1 \max(s_n)}{\left(\sum_{n=1}^{N} s_n\right)^2} \tag{6-24}$$

式中，$\{s_n\}$ 为截取信号的采样序列；$\{s_1\}$ 为 LOS 采样序列；N 为截取信号中的能量块数。

当截取信号能量大于鉴别参量时，接收信号为视距信号，否则为非视距信号。

6.4.4 数据库法

Li 等提出了一种利用数据库修正 NLOS 误差的移动定位算法[16]。生成数据库的原理为：假设有几个坐标已知的信标节点，可以直接从这些信标节点中提取 NLOS 误差，并将其记录到数据库中以供进一步使用，生成校正图。数据库法是基于空间相关性，即假定 NLOS 误差具有空间相关性，利用插值技术生成 NLOS 误差校正图。由于 NLOS 误差与环境相关，在获得校正图之后，只要环境不变或者变化不大，该校正图可以使用很长时间。

下面结合图 6-11 说明数据库法的步骤：

(1)采集参考位置的 NLOS 误差。

(2)通过泛克里金法将 NLOS 误差生成 NLOS 误差校正图。

(3)将带有 NLOS 误差的 TDOA 测量值使用步骤(2)生成的校正图进行校正。

(4)通过校正图校正 NLOS 误差后的数据计算出目标节点位置。

本方法的核心是校正图的生成。在 x 位置处的 NLOS 误差可以表示为

$$Z(x) = f_0(x)\beta_0 + f_1(x)\beta_1 + \cdots + f_p(x)\beta_p + \delta(x) \tag{6-25}$$

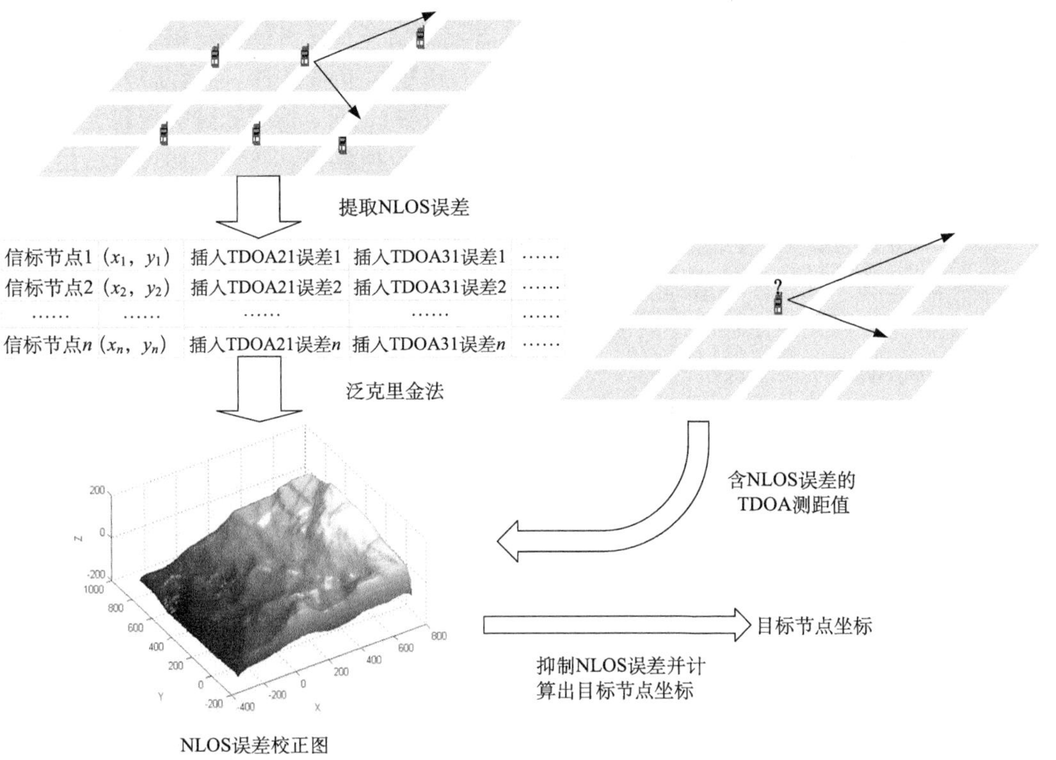

图 6-11　数据库修正 NLOS 误差步骤

其中，$\beta_0,\cdots,\beta_p$ 是未知参数；$\delta(x)$ 是固有噪声，且 $E\left[\delta(x)\right]=0$。可将式(6-25)进一步表示为矩阵形式：

$$\boldsymbol{Z}=\boldsymbol{X}\boldsymbol{\beta}+\boldsymbol{\delta} \tag{6-26}$$

泛克里金预测器将 $\boldsymbol{Z}(x_0)$ 预测为 $\boldsymbol{Z}(x_i)$ 的线性组合，即

$$\hat{\boldsymbol{Z}}(x_0)=\sum_{i=1}^{n}\lambda_i\hat{\boldsymbol{Z}}(x_i) \tag{6-27}$$

其中，λ_i 为权值系数，通过推导，可以得到如下结果：

$$\boldsymbol{\lambda}^{\mathrm{T}}=\left[\boldsymbol{\gamma}+\boldsymbol{X}\left(\boldsymbol{X}^{\mathrm{T}}\boldsymbol{\Gamma}^{-1}\boldsymbol{X}\right)^{-1}\left(\boldsymbol{f}-\boldsymbol{X}^{\mathrm{T}}\boldsymbol{\Gamma}^{-1}\boldsymbol{\gamma}\right)\right]^{\mathrm{T}}\boldsymbol{\Gamma}^{-1} \tag{6-28}$$

数据库法的缺陷在于尽管测量了一定数量的信标节点，但是并不能覆盖所有区域。另外，为了使数据收集和数据库维护更容易，在收集阶段应尽量减少数据。此外，该算法建立数据库的过程复杂，数据库容量与抑制效果需要权衡，且存在降噪和基准点检测的问题。

6.5　目标定位中的 NLOS 利用

目前，非视距传播误差的利用方法不多，下面介绍两种非视距传播误差的利用方法。

Mohammadmoradi 等提出了一种利用 NLOS 的反射多径信号提高定位系统鲁棒性的方法[19]。该方法基于两个原理基础，原理基础一为在超宽带通信中，由于超宽带信号(短脉冲序列)的独特波形，其可以对信道脉冲响应进行精确估计。信道脉冲响应包含反射多径分量的高精度信息，包括第一个到达的路径和其他反射路径。该方法通过分析信道脉冲响应信息并利用这些在不同位置的多径信息来生成独一无二的指纹信息。信道脉冲响应包含 LOS 和 NLOS 信号的信息，利用好 LOS 和 NLOS 组合信息的独特性是生成独一无二指纹信息的关键。原理基础二利用了反射多径分量在不同空间位置具有可分辨性。下面两条规律可以支撑原理二：规律一是反射多径分量信息在不同位置的差异能够满足指纹定位分辨的要求，并且相同位置的反射多径分量不因时间变化而改变；规律二是反射多径分量的互相关性随着距离的增加而降低。

对反射多径分量信息进行分类，包括以下三步。

(1)特征提取：提取三个特征，用于估计信道脉冲响应。这三个特征分别为：①从信标节点到目标节点的第一个到达路径所用时间及其接收功率；②环境噪声的平均值和标准差；③接收信号和先导信号数目之间的累积互相关性。

(2)反射多径分量与原始信道脉冲响应信息过拟合：使用原始信道脉冲响应与使用所提取的特征相比，总体精度提高了 25%。然而，尽管提升了精度，使用原始信道脉冲响应信息进行分类存在过拟合的问题。当反射多径分量的数量提升到 50，精度开始下降。总之，无论是使用原始的信道脉冲响应信息，还是提取后的信道脉冲响应信息作为分类特征，都没有从多余的反射多径分量样本中受益。

(3)将反射多径信息模型化：从每个位置的每个反射多径分量特征提取出广义统计特征。由于所提取的特征对时间变化具有更好的弹性，所以该方法可以提高定位解算的鲁棒性。

该方法仅用一个信标节点，就可以在 20cm×20cm 的正方形区域内定位目标，准确率达到 96%，在鲁棒性和准确性方面都有很大提升。

Wu 等提出了一种基于误差学习和匹配的 TOA 测量的神经网络定位方法[20]。这种方法不同于传统的 ANN(artificial neural network)和 RBF(radial basis function)神经网络定位方法，是间接获取目标节点的估计位置。

该方法的整体流程如图 6-12 所示。在离线阶段，首先建立由 ANN 或 RBF 神经网络得到的测量距离与误差的非线性地图。在线阶段时，每当获取到信标节点到目标节点的距离时，就可以用训练过的 ANN 或 RBF 神经网络得到信标节点的误差信息。从距离测量值中减去误差值，就得到调整后的距离测量值，然后利用线性最小二乘法计算出目标节点的位置。另外，每一条信标节点和目标节点之间的路径都有可能处于 LOS 传播或 NLOS 传播场景，导致不同的距离误差。因此，进一步对离线阶段的训练范围误差进行分类。在在线阶段，这种分类有助于修正预测范围误差。

由于 K-means 聚类算法实现简单、性能有效，因此被用来对训练范围误差进行分类。K-means 聚类算法分为两步：

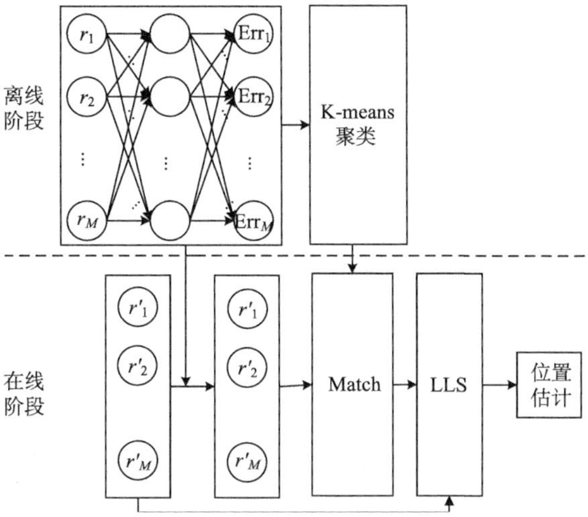

图 6-12　基于 ANN/RBF+Match+LLS 的定位方法

(1) 分配样本：将每个样本分配给所有簇中的其中一个簇，分配的原则是该样本到簇的欧氏距离均值最小，这是直观上最接近的误差均值。

(2) 更新样本：当所有的样本都被分配到簇之后，将新簇中样本的重心作为新的误差均值的重心。

K-means 聚类算法在这两个步骤之间来回循环，当簇的分配没有发生进一步变化时，算法就收敛了。最后，该算法输出由 K 个均值组成的集合。

该算法使用了"ANN+Match+LLS (linear least square，最小二乘法)"，即使在样本不足时也有较高的定位精度。不过，该算法存在内存需求较大和时间复杂度较高的问题。另外，标准差、同步误差和不同的 NLOS 误差分布对基于 ANN 的定位方法几乎没有影响，但对基于 RBF 神经网络的定位方法却有明显的影响。

6.6　NLOS 辅助的目标定位

进行非视距误差的识别、抑制或利用等研究，是为了提高目标定位的精度。通常而言，实际应用中基本没有完全理想的纯 LOS 定位场景，多数时候是 LOS 分量和 NLOS 分量并存，部分场景甚至只有 NLOS 信号。因此将 NLOS 辅助的目标定位方法分为 NLOS 与 LOS 混合传播场景 (简称混合场景) 下的目标定位方法，以及仅有 NLOS 传播场景 (简称纯 NLOS 场景) 的目标定位方法。

6.6.1　NLOS 与 LOS 混合场景下的目标定位

本节介绍混合传播场景的定位方法，主要有基于 TOA 的方法[7]、基于 TDOA 的方法[21]、基于 AOA 的方法[22]、基于 RSSI 的方法[23]、基于混合测距的方法[24]、基于相位重构的方法[25]、基于空间几何[26]以及基于指纹[27]的定位方法。

1. 基于 TOA 的混合场景定位

Chan 等提出一种残差检验法和德尔塔检验法相结合的 NLOS 识别方法[7]。NLOS 识别的原理已在 6.3.1 节叙述过，再利用识别出的 LOS 信标节点，根据 TOA 测距信息完成定位。

当维度大于等于 4 时，定位的均方误差接近克拉默-拉奥下界。但当维度等于 3 时，该算法识别 LOS 信标节点遇到困难，导致定位的均方误差很高。

2. 基于 TDOA 的混合场景定位

Cong 等提出了一种针对 TDOA 的 NLOS 误差修正定位算法[21]。该算法在 TDOA 残差的基础上进行极大似然估计，并将 NLOS 误差分为三类：确定性 NLOS 误差，服从高斯分布的 NLOS 误差，其他 NLOS 误差分布。

NLOS 误差取决于传播环境，并随时间变化而变化。但是在某个特定时刻，NLOS 误差可以视为一个常量。当有足够数量的信标节点可以用来确定目标节点的位置时，就可以估计NLOS误差值。TDOA双曲线方程可以写为一组含有未知数为估计坐标和NLOS误差的非线性方程，当 NLOS 误差为常数时，就可以通过泰勒级数线性化或两步最小二乘法求解。

如果将 NLOS 误差作为随机变量，一种简单的方式是使用高斯分布来描述这个模型，从而用极大似然估计法来计算估计位置。

对于具有已知分布的非高斯 NLOS 误差，可以推导出一个极大似然位置估计，并使用数值方法来解决最大化问题。

该算法的特点是在信标节点数较少时或信标节点几何布局不理想时修正效果较好。

3. 基于 AOA 的混合场景定位

毛永毅等提出了一种非视距传播环境下的 AOA 定位跟踪算法[22]。在 NLOS 传播环境下，各个信标节点接收的目标节点信号是到达时间不同、到达角度各异的多径信号。在宏蜂窝环境中，由 GBSBCM（geometrically based single-bounced circle model）可知，多径导致的角度扩展不大于最大角度扩展，从而为 NLOS 引起的角度误差限定了范围，进而增加了算法的精度。

该算法首先利用 RBF 网络对 AOA 测量数据进行修正，再利用最小二乘法进行定位，配合相关检测距离门对目标节点进行跟踪。

定位跟踪的步骤如下：

(1) 假定测得 K 组 NLOS 环境下的 AOA 值，建立用于修正 NLOS 误差的 RBF 网络，以目标节点的不含 NLOS 误差的 AOA 测距数据为目标样本矢量对网络进行训练。

(2) 用训练好的 RBF 神经网络对模拟的 AOA 测量数据进行修正。

(3) 将修正后的 AOA 值采用最小二乘法进行位置估算。

(4) 通过 RBF 神经网络计算步骤 (3) 中得到的定位结果，得到观测值 Z_i。

(5) 将序列 Z 的前 N 个数据求均值，作为起始点迹 S_i，并计算距离门 G。

(6) 将下一个观测值与起始点迹比较，若两点距离小于 G，则转到步骤(4)；反之，则删除观测点点迹 Z_{i+1}，并返回步骤(2)计算下一点迹。

(7) 将 Z_{i+1} 送入缓存作为计算的新点迹 S_{i+1}。

(8) 令 $S_{i+1}=S_i$，返回步骤(2)，更新 G，进行下一个点迹的运算，直到 $i=n$。

(9) 对漏掉的点迹采用线性插值进行拟合。

距离门 G 的选取十分重要，若 G 过大，则误差大的值也会进入结果，使得最后定位跟踪结果扰动太大；若 G 太小，则会导致观测结果中过少的信息进入移动点迹，使得整个性能降低甚至无法实施跟踪。为确定距离门 G 做出如下假设：认为观测阵列 Z 中除去遗漏和误差过大的数据外，其他数据满足高斯过程。

根据一定长度 N 的观测序列 Z 估计移动门距离 G，实质上就是按照一定置信度估计置信区间。置信区间为

$$\left(E(Z)-t_{\frac{\alpha}{2}}(n-1)\frac{S}{\sqrt{n}},\ E(Z)+t_{\frac{\alpha}{2}}(n-1)\frac{S}{\sqrt{n}}\right) \tag{6-29}$$

其中，$E(Z)$ 为序列 Z 的均值；α 为置信度；$t_{\frac{\alpha}{2}}(n-1)$ 值可由 t 分布表查得；S 为方差的无偏估计量。

$$S^2=\frac{1}{n-1}\sum_{i=1}^{n}(Z_i-E(Z)) \tag{6-30}$$

该算法利用神经网络较快的学习特性和任意非线性映射逼近的能力对 NLOS 误差和测量误差进行修正，利用最小二乘法进行位置估计，并配合相关检测距离门对信标节点进行跟踪，使静态定位和动态跟踪性能都得到了有效提高。

4. 基于 RSSI 的混合场景定位

吴晓平等提出了一种基于 RSSI 定位模型的非视距定位算法[23]，它分为以下 3 种情况进行计算：

(1) 当信号强度统计量信息(方差)未知时，通过最小化平方残差法，以信号强度测量值与理论值之差最小的方式计算目标节点坐标，该函数为非线性最小平方优化问题，优化可采用 LM(Levenberg-Marquarat)算法。

(2) 当信标节点位置正确且信号强度统计量信息已知时，采用经典的极大似然估计法计算目标节点坐标。

(3) 当信标节点位置存在误差且信号强度统计量信息 δ_i^2 已知时，假设信标节点 i 坐标误差分量 Δx_i、Δy_i 都服从高斯分布 $\Delta x_i \in N(0,\delta_{xi}^2)$、$\Delta y_i \in N(0,\delta_{yi}^2)$，记 $\Delta \boldsymbol{x}_i=[\Delta x_i,\Delta y_i]^{\mathrm{T}}$。

$f(x,x_i)$ 对信标节点参考坐标 x_i 求导，有

$$\boldsymbol{H}_i=\left[\frac{\partial f(x,x_i)}{\partial x_i}\frac{\partial f(x,x_i)}{\partial y_i}\right]^{\mathrm{T}} \tag{6-31}$$

将由于信标节点 i 的位置坐标不确定引起的等效信号强度差记为 η_i，显然 η_i 的均值

为 0，方差为

$$\hat{\delta}_i^2 = \mathrm{var}(\eta_i) = \mathrm{var}(\boldsymbol{H}_i \Delta \boldsymbol{x}_i) = \boldsymbol{H}_i^{\mathrm{T}} \boldsymbol{P}_i \boldsymbol{H}_i \tag{6-32}$$

其中，$\boldsymbol{P}_i = \mathrm{diag}\{\delta_{xi}^2, \delta_{yi}^2\}$。由此可以推断当信标节点位置存在误差时，以极大似然估计法定位目标位置时，权重系数 ω_i 确定为

$$\omega_i = \frac{1}{\delta_i^2 + \hat{\delta}_i^2} \tag{6-33}$$

当信标节点位置存在误差时，以式(6-33)计算的权重系数合理权衡了在不同信标节点上的信号强度误差值。

NLOS 识别步骤如下：

(1)计算出目标节点定位结果。

(2)计算在参考坐标时的梯度矩阵，从而计算出信号强度误差与残差间的关系矩阵。

(3)计算节点残差的方差。

(4)以统计规律及平方残差和分别判断是否发生了 NLOS 关系。

当单个信标节点与目标节点之间存在 NLOS 关系时，随着 NLOS 误差的增大，节点残差和平方残差和都将随之增大，以统计分布规律确定的 NLOS 识别就越容易。但当有多个信标节点与目标节点间存在 NLOS 关系时，有可能导致节点间残差值相互抵消，此时直接以所有的信标节点残差分布情况来确定是否存在 NLOS 误差就会不可靠。为此，随机从 M 个信标节点中选择 3 个信标节点进行 NLOS 识别计算。此时需要 C_M^3 次重复的 NLOS 关系验证与识别过程，增加了系统的运算量。

5. 基于混合测距的混合场景定位

温良提出了一种基于非视距鉴别的井下精确定位技术[24]。该算法鉴别非视距的依据为：RSSI 算法对非视距条件的敏感性高于 TOF 算法，即同样的非视距环境对 RSSI 算法造成的测距误差高于对 TOF 算法造成的误差。

在进行定位时，获取定位校正参数分三种非视距条件进行处理：

(1)判定目标节点仅一侧存在障碍物。目标节点发射的电磁波信号被障碍物阻挡，信标节点最先收到的是电磁波通过最短巷道壁反射路径到达的信号。由于巷道狭窄，电磁波经过最短反射路径的传输时间与经视距直线传输的时间不会随障碍物与目标节点之间距离不同而大幅变化，所以在判断某一侧存在障碍物后，可根据经验值，使用统一的校正参数对测距值进行校正。

(2)判定目标节点两侧均存在障碍物或均不存在障碍物。由于井下造成非视距条件的障碍物多为带有目标节点的动目标，所以可根据当前信标节点读取到的目标节点数量来判断该目标节点前后两侧有无障碍物，如果当前信标节点读到目标节点的数量较大，可判定目标节点两侧均存在障碍物，并根据校正参数对测距值进行校正；如果当前信标节点读到的目标节点数量较小，则判定目标节点前后两侧均处于视距通信条件。

(3)只能判定目标节点位于信标节点较近位置。由于目标节点位于信标节点较近位置的情况较少，这里不做详细阐述。

该算法的定位误差在大多数情况都小于 3m，优势在于数据处理过程简单，实用性强。

黄越洋等提出了一种基于 TDOA 和 RSS 的可行域粒子滤波非视距定位算法[28]。算法流程如下：

(1) $t=0$ 时刻，初始化必要的参数，设置粒子初始权值 $\omega^i(0)=1/N, i=1,2,\cdots,N$ 。

(2) $t\geqslant 1$ 时，进行 NLOS 识别，判断每个信标节点和目标节点的视距状态。

(3) 预测粒子位置。

(4) 计算粒子观测似然并更新粒子权值。

(5) 计算目标节点的位置。

(6) 如果必要，进行重采样。

通过步骤(1)～(6)即可得出 t 时刻目标节点的位置。

该算法定位精度比普通的粒子滤波算法、仅采用 RSSI 测距模型的粒子滤波算法以及最小二乘法均有了大幅提高，并具有较好的鲁棒性。

6. 基于相位重构的混合场景定位

Ma 等提出了加权迭代相位重构定位算法[25]。该算法利用在 NLOS 环境中所测量的相位差具有正的偏差来定位目标节点，首先研究了室内定位场景(radio frequency identification, RFID)和定位系统配置(time domain phase difference between transmitted and received signal, TD-PDTR)，然后提出了基于凸优化的加权定位算法(weighted localization algorithm based on convex optimization, WLACO)，并在此基础上提出了迭代相位重构算法，进而通过加入加权函数构建加权迭代相位重构算法。

加权迭代相位重构算法原理如下：

(1) 基于 RFID 信标估算目标节点的临时位置，利用 WLACO 算法计算出目标节点的相位差。

(2) 计算出基本相位偏差值。

(3) 计算出每个信标由 NLOS 造成的相位偏差。

(4) 对步骤(3)计算出的相位偏差进行重构。

(5) 将加权值加入 WLACO 算法。

(6) 重复第(1)～(5)步，直到估计出所有目标节点的位置。

该算法使 NLOS 环境下的定位精度有了显著提升，有较好的定位效果。

7. 基于空间几何关系的混合场景定位

贾骏超提出了一种超宽带室内定位的 NLOS 误差抑制定位算法[26]。该算法是基于几何关系推导出来的一种定位方法，可根据计算公式经过一步计算得到位置坐标，在实际应用中使用 3 个信标节点就可求出目标节点的三维坐标。

首先采用自适应卡尔曼滤波进行测距数据预处理。由于非视距误差的影响，测距方差有时会出现较大的突变，测距值分散程度增大，因此为了得到较好的估计，选取一个较小的卡尔曼滤波增益。

然后采用相邻观测值伪距差分处理测距值。当观测量只有测距信息时很难估计出 NLOS 误差，使用常规的卡尔曼滤波并不能很好地消除 NLOS 这一正向偏差。常规的重构 LOS 测量值方法需要大量的测距数据，计算量大、实时性较差。

相邻测距值的伪距差分是指 2 个连续观测的伪距观测值差分。由于相邻观测值中的非视距误差具有强相关性，使用经过数据预处理的相邻测距值进行伪距差分可以消除绝大部分非视距误差。

最后通过基于几何关系的定位算法计算出目标节点的坐标，定位算法步骤如下：

假设环境中有 n 个信标节点 P_i，坐标为 (x_i, y_i, z_i)，r_i 为待测的目标节点与信标节点 P_i 之间距离的测量值，目标节点坐标为 (x, y)。选定 3 个信标节点 P_1、P_2、P_3 建立坐标系，如图 6-13 所示。

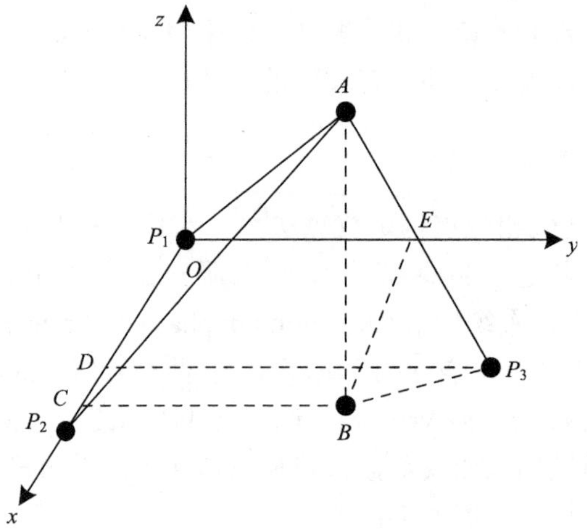

图 6-13　由选定的信标节点建立的坐标系

由几何关系可得

$$\boldsymbol{e}_x = \boldsymbol{P}_2\boldsymbol{P}_1 / \|\boldsymbol{P}_2\boldsymbol{P}_1\| \tag{6-34}$$

$$s_1 = \boldsymbol{e}_x \cdot \boldsymbol{P}_3\boldsymbol{P}_1 \tag{6-35}$$

$$\boldsymbol{e}_y = (\boldsymbol{P}_3\boldsymbol{P}_1 - s_1 \times \boldsymbol{e}_x) / \|\boldsymbol{P}_3\boldsymbol{P}_1 - s_1 \times \boldsymbol{e}_x\| \tag{6-36}$$

$$s_2 = \boldsymbol{e}_y \cdot \boldsymbol{P}_3\boldsymbol{P}_1 \tag{6-37}$$

其中，$\boldsymbol{e}_x$ 为 $\boldsymbol{P}_2\boldsymbol{P}_1$ 方向上的单位向量；$\boldsymbol{e}_y$ 为 $(\boldsymbol{P}_3\boldsymbol{P}_1 - s_1 \times \boldsymbol{e}_x)$ 方向上的单位向量；s_1 为 $\boldsymbol{P}_3\boldsymbol{P}_1$ 在 $\boldsymbol{e}_x$ 方向上的长度；s_2 为 $\boldsymbol{P}_3\boldsymbol{P}_1$ 在 $\boldsymbol{e}_y$ 方向上的长度。由以上各式可得目标节点在新建立坐标系下的坐标分别为

$$x' = (r_1^2 - r_2^2) / 2\|\boldsymbol{P}_2\boldsymbol{P}_1\| + \|\boldsymbol{P}_2\boldsymbol{P}_1\| / 2 \tag{6-38}$$

$$y' = (r_1^2 - r_3^2 + s_1^2) / 2s_2 + s_2 / 2 - [(r_1^2 - r_2^2) / 2\|\boldsymbol{P}_2\boldsymbol{P}_1\| + \|\boldsymbol{P}_2\boldsymbol{P}_1\| / 2] \times s_1 / s_2 \tag{6-39}$$

$$z' = r_1^2 - x'^2 - y'^2 \tag{6-40}$$

将新建坐标系下的坐标转换到原坐标系下，可得目标节点在原始坐标系下的坐标为

$$(x,y,z)=(\boldsymbol{P}_1+x'\cdot\boldsymbol{e}_x+y'\cdot\boldsymbol{e}_x+z\cdot\boldsymbol{e}_x) \tag{6-41}$$

该算法可以明显减小非视距误差，获得较贴近实际的运动轨迹。但局限性在于只研究了超宽带信号穿越障碍造成的非视距误差，没有考虑信标节点之间的相对几何位置以及天线设计的影响。

8. 基于指纹算法的混合场景定位

王妙羽等提出了一种基于 CSI (channel state information) 非视距识别的被动式指纹室内定位[27]，算法核心主要包括数据预处理和 NLOS 的识别两个阶段。

1) 预处理阶段

由于采集到的 CSI 样本信号在传输过程中会受到环境噪声的干扰，同时由于硬件限制等原因会产生相位偏移，因此需要对 CSI 数据进行信号预处理。该方法只利用 CSI 数据的相位信息，用线性拟合的方法对提取到的相位信息进行校正。

线性拟合校正相位方法的步骤如下。

将提取到的第 i 个子载波的测量相位表示为 $\angle\tilde{H}_i$，它用下式表示：

$$\angle\tilde{H}_i=\angle H_i+2\pi\frac{m_i}{k}\Delta t+\beta+N \tag{6-42}$$

其中，$\angle\tilde{H}_i$ 表示真实相位；k 是快速傅里叶变换长度；m_i 表示第 i 个子载波的载波序号，$i=1,2,3,\cdots,30$，该序号由 IEEE 802.11 协议规定；Δt 表示由载波频移造成的时延；β 表示由采样频移造成的相位偏移；N 表示噪声，可忽略不计。

由于 $2\pi\frac{m_i}{k}\Delta t$ 是关于 m_i 的线性函数，可将上式写成：

$$\angle\hat{H}=\angle\tilde{H}-km_i-b \tag{6-43}$$

其中，$\angle\hat{H}$ 表示校正以后的相位；k 表示斜率；b 表示截距。k 和 b 表示为

$$k=\frac{\angle\tilde{H}_{30}-\angle\tilde{H}_1}{m_{30}-m_1} \tag{6-44}$$

$$b=\frac{1}{30}\sum_{i=1}^{30}\angle\tilde{H}_i \tag{6-45}$$

提取 CSI 数据中的 CSI 相位信息，通过以上相位校正算法，去掉了载波频移和旋转误差，将相位值聚集在[−π，π]的范围内。

2) NLOS 的识别与目标定位

设计了一个包含两个隐层的全连接分类神经网络，输入层 120 个节点，第一个隐层 200 个节点，第二个隐层 100 个节点，第二个隐层到输出层采用 softmax 分类函数，将得到的输出数据与位置标签作为交叉熵损失函数的输入，得到特征提取阶段的权重修正。

在迭代之前，首先将训练数据分类为(利用分类函数得到) LOS 和 NLOS，然后应用非线性最小二乘法回归分析来建立 LOS 和 NLOS 信号和距离之间的回归模型。在预测过程中，首先对来自预测点的 CSI 进行预处理，并提取特征以识别利用分类模型得到的 LOS

或 NLOS，然后将相应的回归模型应用于位置标签，估计移动目标的位置。

6.6.2 仅有 NLOS 信息场景的目标定位

本节介绍仅有 NLOS 传播场景的目标定位方法，包括分布式接收阵列功率谱融合法[29]、凸松弛近似法[30]、TDOA/AOA 最速下降法[31]、联合 TOA 和 DOA 估计虚拟信标位置法[31]。

1. 分布式接收阵列功率谱融合法

针对仅有非视距信息的场景，He 等提出了一种结合分布式接收阵列功率谱融合方法的非线性随机共振信号增强技术[29]。假设有多个目标节点可以接收来自信标节点的信号，每个目标节点都使用一个接收天线阵列，以便进行基于阵列的信号处理和功率谱分析。为了提高接收信号的信噪比，进行基于 SR(stochastic resonance)的信号功率增强或数据预处理。

每个天线的接收阵列均有一个分布式处理器，用于进行非线性 SR 处理，从而实现分布式并行 SR 处理，如图 6-14 所示。通过对每个接收阵列信号的功率谱进行分析或计算，可以得到相应的功率谱，并使用传统的 MUSIC(multiple signal classfication)算法进行分析。随着分布式并行 SR 数目的增加，系统的信号增强性能也随之增强。

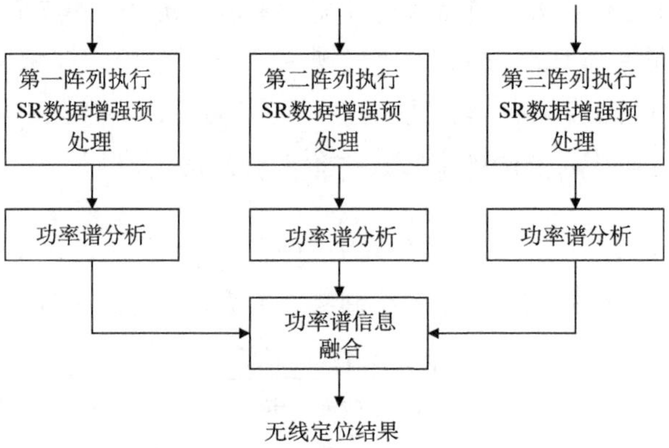

图 6-14 非线性随机共振信号增强技术

在收集所有光谱信息的同时，提出了一种融合方法来解决上述 NLOS 问题。为减少计算复杂度，直接采用 MUSIC 方法得到的结果求加权平均值得到融合结果，即融合谱可以视为不同位置处天线阵列的功率谱的加权求和，对应的空间分集可在多个阵列中消除 NLOS 问题，从而将全局频谱特性更为清晰地呈现出来。

2. 凸松弛近似法

Wang 等提出了一种 NLOS 环境下基于 TDOA 的鲁棒性凸近似定位算法[30]。该方法不需要 NLOS 误差分布或统计信息，而是假设 NLOS 误差有界。在这个假设下，将 TDOA 定位问题转化为一个鲁棒性最小二乘法问题。由于该问题是非凸的，因此提出基于凸松弛近似法进行近似求解。

具体算法如下，首先根据如下两条假设：

(1) 测量噪声 n_i 远小于测量距离。

(2) NLOS 误差有界，即 $|e_i|\leqslant\rho_i$，其中常数 $\rho_i\geqslant 0$。

将 TDOA 测距模型通过最小二乘法处理后，对每个给定的 $\boldsymbol{y}=[\boldsymbol{x}^{\mathrm{T}},\boldsymbol{r}^{\mathrm{T}}]^{\mathrm{T}}$，有

$$\max_{-\rho\leqslant e\leqslant\rho}\sum_{i=1}^{N}\left|\boldsymbol{a}_i^{\mathrm{T}}\boldsymbol{y}-b_i+\Delta\boldsymbol{a}_i^{\mathrm{T}}\boldsymbol{y}-\Delta b_i\right|^2=\sum_{i=1}^{N}\left(\max_{-\rho_i\leqslant e_i\leqslant\rho_i}\sum_{i=1}^{N}\left|\boldsymbol{a}_i^{\mathrm{T}}\boldsymbol{y}-b_i+\Delta\boldsymbol{a}_i^{\mathrm{T}}\boldsymbol{y}-\Delta b_i\right|\right)^2 \tag{6-46}$$

和

$$\boldsymbol{a}_i^{\mathrm{T}}\boldsymbol{y}-b_i+\Delta\boldsymbol{a}_i^{\mathrm{T}}\boldsymbol{y}-\Delta b_i=\boldsymbol{a}_i^{\mathrm{T}}\boldsymbol{y}-b_i+e_i^2-2(d_i-r_i)e_i \tag{6-47}$$

因此，非凸最小二乘法问题等价于：

$$\begin{gathered}\min_{\substack{\boldsymbol{y}=[\boldsymbol{x}^{\mathrm{T}},\boldsymbol{r}^{\mathrm{T}}]^{\mathrm{T}}\\ \in R^{d+N}}}\sum_{i=1}^{N}\left(\max_{-\rho_i\leqslant e\leqslant\rho_i}\left|\boldsymbol{a}_i^{\mathrm{T}}\boldsymbol{y}-b_i+e_i^2-2(d_i-r_i)e_i\right|\right)^2\\ \text{s.t.}\ \|\boldsymbol{x}-\boldsymbol{s}_i\|=r_i,\ i=1,2,\cdots,N\end{gathered} \tag{6-48}$$

其中，$\boldsymbol{a}_i=\left[2(\boldsymbol{s}_0-\boldsymbol{s}_i),\boldsymbol{0}_{1\times(i-1)},-2d_i,\boldsymbol{0}_{1\times(N-1)}\right]^{\mathrm{T}}$，$\Delta\boldsymbol{a}_i=\left[\boldsymbol{0}_{1\times d},\boldsymbol{0}_{1\times(i-1)},2e_i,\boldsymbol{0}_{1\times(N-i)}\right]^{\mathrm{T}}$；$b_i$ 表示向量 $\boldsymbol{b}$ 的第 i 个元素。信标节点总数为 $N+1$。$\boldsymbol{x}\in R^d$ 是需要估计的目标节点位置；$\boldsymbol{s}_i\in R^d$ $(i=1,\cdots,N)$ 是第 i 个信标节点位置，是已知量；d 是目标节点和信标节点所处的维度；$\boldsymbol{r}=(r_1,\cdots,r_N)^{\mathrm{T}}$，$\boldsymbol{e}=(e_1,\cdots,e_N)^{\mathrm{T}}$，$\boldsymbol{\rho}=(\rho_1,\cdots,\rho_N)^{\mathrm{T}}$ 分别表示其第 i 项为信标节点到第 i 个目标节点之间距离的向量、第 i 个信标节点的 NLOS 误差和第 i 个信标节点的 NLOS 误差上界的向量。

上式中的目标函数和约束条件都是非凸的，通过三角不等式对目标函数进行简化：

$$\max_{-\rho\leqslant e\leqslant\rho}|e_i^2-2(d_i-r_i)e_i|=\max\left\{\rho_i^2\pm 2\rho_i(d_i-r_i)\right\}=\rho_i^2\pm 2\rho_i(d_i-r_i)$$

通过使 $\|\boldsymbol{x}-\boldsymbol{s}_i\|=r_i\ (i=1,\cdots,N)$ 并引入辅助变量 η_0，$\boldsymbol{\eta}=[\eta_1,\cdots,\eta_N]^{\mathrm{T}}$，将上式问题转化为

$$\min_{\substack{\boldsymbol{y}=[\boldsymbol{x}^{\mathrm{T}},\boldsymbol{r}^{\mathrm{T}}]^{\mathrm{T}}\in R^{d+N}\\ \boldsymbol{\eta}\in R^N,\eta_0\in R}}\eta_0 \tag{6-49}$$

$$\begin{aligned}\text{s.t.}\ &|\boldsymbol{a}_i^{\mathrm{T}}\boldsymbol{y}-b_i|+2\rho_i|d_i-r_i|+\rho_i^2\leqslant\eta_i\\ &|\boldsymbol{x}-\boldsymbol{s}_i\|\leqslant r_i\\ &\|\boldsymbol{\eta}\|^2\leqslant\eta_0\end{aligned} \tag{6-50}$$

式(6-50)第三个约束等价于

$$\left\|\left[\eta_0-\frac{1}{4},\eta^{\mathrm{T}}\right]\right\|\leqslant\eta_0+\frac{1}{4} \tag{6-51}$$

因此它可以表示为二阶锥约束。如果 $d_i<0$，则 $d_i-r_i<0$，那么问题简化为 $|\boldsymbol{a}_i^{\mathrm{T}}\boldsymbol{y}-b_i|-2\rho_i(d_i-r_i)+\rho_i^2\leqslant\eta_i$。

该算法的特点是在处理 NLOS 误差幅度的不准确上界时具有较强的鲁棒性。

3. TDOA/AOA 最速下降法

龚福祥等提出了一种 NLOS 环境下的 TDOA/AOA 最速下降混合定位算法[31]。TDOA/AOA 最速下降混合定位算法是在 TDOA/AOA 泰勒级数混合定位算法基础上改进的算法。首先介绍 TDOA/AOA 泰勒级数混合定位算法。步骤如下：

(1) 得出 TDOA 测量值；

(2) 通过 TDOA 定位算法实现目标函数最优化处理，目标函数定义为 TDOA 测量值的残差加权平方和；

(3) 得出 AOA 测量值；

(4) 求出 AOA 定位算法的目标函数；

(5) 利用 TDOA/AOA 泰勒级数混合定位算法对 TDOA 测量值和 AOA 测量值进行泰勒级数展开，忽略二次以上项，线性化后再采用加权最小二乘算法。然后假设各信标节点获得的测量值的方差相同，设定初始值后进行迭代计算就可得到位置估计值。

TDOA/AOA 最速下降混合定位算法在 TDOA/AOA 泰勒级数展开法的基础上，定义加权最小残差平方和目标函数，各测量值的权值为其方差的倒数。具有 NLOS 误差的测量值方差大，对目标函数的贡献小，由此便抑制了 NLOS 对定位结果的影响。其中方差的值可由历史数据测得。然后采用最速下降法求解，设定初始值和合适的步长就可以得到不断收敛的位置估计值。

TDOA/AOA 最速下降混合定位算法比 TDOA/AOA 泰勒级数混合定位算法的精度更高，且对信标节点数目的敏感性不强，即当信标节点数目变化时，定位误差精度变化不大。

4. 联合 TOA 和 DOA 估计虚拟信标位置法

Zhang 等提出了一种 NLOS 环境下基于 TOA 和 DOA 估计的单信标定位方法[32]。为了降低多径噪声对定位性能的影响，首先提出了 MLMP(multipath noise limiting matrix pencil) 算法，联合 TOA 和 DOA 估计单个信标节点的位置，对均匀线性阵列信标节点的测量数据进行矩阵束和矩阵增强处理。同时，通过自适应阈值改进子空间维度估计，提高低信噪比情况下的性能。该算法从接收汉克尔块矩阵中提取参数，以消除多径噪声对信号子空间维数估计的影响。然后，利用周围已知的反射器平面图生成虚拟站点。最后，使用加权最小二乘法进行位置估计获得准确的目标节点位置。

MLMP 的算法流程如下：

(1) 设定 Pencil 参数 Q 和 R，令阈值 $T_H=0.05$。

(2) 对得到的增强汉克尔块矩阵进行奇异值分解，得到奇异值向量 $\boldsymbol{\Sigma}$、奇异向量 $\boldsymbol{U}$ 和 $\boldsymbol{V}$。

(3) 将 $\boldsymbol{\Sigma}=\operatorname{diag}(\lambda_1,\lambda_1,\cdots,\lambda_{QR})$ 进行降序排列。

(4) 令 $T=\lambda_{QR}/\lambda_1$，计算子空间维度 P。

(5) 设 $\boldsymbol{\Sigma}_s=\operatorname{diag}(\lambda_1,\lambda_1,\cdots,\lambda_P)$，子矩阵 $\boldsymbol{U}_s$ 和 $\boldsymbol{V}_s$ 对应于矩阵 $\boldsymbol{\Sigma}_s$。

(6) 分别把 $\boldsymbol{U}_s$ 的第一行和第二行去掉，得到 $\boldsymbol{U}_{s1}$ 和 $\boldsymbol{U}_{s2}$。

(7) 令 $\boldsymbol{\psi}_x = \boldsymbol{U}_{s1}^{+}\boldsymbol{U}_{s2}$，计算 P 维空间极点 $\{x_1, x_2, \cdots, x_P\}$ 为 $\boldsymbol{\psi}_x$ 的特征值；其中“+”表示摩尔-彭罗斯广义逆。

(8) 计算转移矩阵 $\boldsymbol{Q}$，令 $\boldsymbol{U}_{sq} = \boldsymbol{Q}\boldsymbol{U}_s$。

(9) 分别把 $\boldsymbol{U}_{sq}$ 的前 R 行和后 R 行去掉，得到 $\boldsymbol{U}_{sq1}$ 和 $\boldsymbol{U}_{sq2}$。

(10) 令 $\boldsymbol{\psi}_y = \boldsymbol{U}_{sq1}^{+}\boldsymbol{U}_{sq2}$，计算 P 维空间极点 $\{y_1, y_2, \cdots, y_P\}$ 为 $\boldsymbol{\psi}_y$ 的特征值。

(11) 将 $\{x_1, x_2, \cdots, x_P\}$ 和 $\{y_1, y_2, \cdots, y_P\}$ 进行配对。

(12) 计算并输出 DOA 和 TOA 估计值。

在 NLOS 环境下，特别是数据库点较少的情况下，无论天线单元和信噪比如何变化，该方法都比指纹定位算法精度更高。

参 考 文 献

[1] 胡青松, 张申, 吴立新, 等. 矿井动目标定位: 挑战、现状与趋势[J]. 煤炭学报, 2016, 41(5): 1059-1068.

[2] 邹高翔, 童创明, 王童, 等. 空间与地面菲涅尔区的特性研究[J]. 弹箭与制导学报, 2017, 37(1): 129-134.

[3] Geng S, Kivinen J, Zhao X, et al. Millimeter-wave propagation channel characterization for short- range wireless communications[J]. IEEE Transactions on Vehicular Technology, 2009, 58(1): 3-13.

[4] 胡青松, 张赫男, 王鹏, 等. 移动目标定位中的非视距传播研究综述[J]. 工矿自动化, 已录用.

[5] 毛科技, 邬锦彬, 金洪波, 等. 面向非视距环境的室内定位算法[J]. 电子学报, 2016, 44(5): 1174-1179.

[6] Zhang R, Guo J, Chu F, et al. Environmental-adaptive indoor radio path loss model for wireless sensor networks localization[J]. AEU - International Journal of Electronics and Communications, 2011, 65(12): 1023-1031.

[7] Chan Y, Tsui W, So H, et al. Time-of-arrival based localization under NLOS conditions[J]. IEEE Transactions on Vehicular Technology, 2006, 55(1): 17-24.

[8] Momtaz A A, Behnia F, Amiri R, et al. NLOS Identification in Range-Based Source Localization: Statistical Approach[J]. IEEE Sensors Journal, 2018, 18(9): 3745-3751.

[9] Liang X, Jin Y, Zhang H, et al. NLOS Identification and Machine Learning Methods for Predicting the Outcome of 60GHz Ranging System[J]. Chinese Journal of Electronics, 2018, 27(1): 175-182.

[10] Zeng T, Chang Y, Zhang Q, et al. CNN-Based LOS/NLOS Identification in 3-D Massive MIMO Systems[J]. IEEE Communications Letters, 2018, 22(12): 2491-2494.

[11] Athanasios P, Unnikrishna P S. Proability, Random Variables, and Stochastic Processes[M]. New York: Tata McGraw-Hill Education, 2002.

[12] Liang X, Zhang H, Lu T, et al. Extreme learning machine for 60 GHz millimetre wave positioning[J]. IET Communications, 2017, 11(4): 483-489.

[13] 李奇越, 吴忠, 黎洁, 等. 基于改进卡尔曼滤波的 NLOS 误差消除算法[J]. 电子测量与仪器学报, 2015, 29(10): 1513-1519.

[14] 殷学强. CSS 无线定位系统设计及非视距抑制算法[J]. 现代电子技术, 2016, 39(7): 5-9.

[15] 田子建, 朱元忠, 张向阳, 等. 非视距误差抑制方法在矿井目标定位中的应用[J]. 工矿自动化, 2015, 41(6): 78-82.

[16] Li B H, Dempster A G, Rizos C, et al. A database method to mitigate the NLOS error in mobile phone positioning[Z]. New York: IEEE, 2006: 173.

[17] Wang Y, Li X. The IMU/UWB fusion positioning algorithm based on a particle filter[J]. ISPRS

International Journal of Geo-Information, 2017, 6(8): 235.
[18] Cheng L, Li Y, Wang Y, et al. A triple-filter NLOS localization algorithm based on fuzzy C-means for wireless sensor networks[J]. Sensors, 2019, 19(5): 1215.
[19] Mohammadmoradi H, Heydariaan M, Gnawali O, et al. UWB-Based Single-Anchor Indoor Localization Using Reflected Multipath Components[C]//IEEE International Conference on Computing, Networking and Communications, 2019: 308-312.
[20] Wu S, Zhang S, Xu K, et al. neural network localization with TOA measurements based on error learning and matching[J]. IEEE Access, 2019, 7: 19089-19099.
[21] Cong L, Zhuang W H. Non-line-of-sight error mitigation in TDOA mobile location[C]//IEEE Global Telecommunications Conference, 2001: 680-684.
[22] 毛永毅, 张颖. 非视距传播环境下的 AOA 定位跟踪算法[J]. 计算机应用, 2011, 31(2): 317-319.
[23] 吴晓平, 陆炳斌, 沈浩. 基于 RSSI 定位模型的非视距关系识别方法[J]. 传感技术学报, 2013, (11): 1584-1589.
[24] 温良. 基于非视距鉴别的井下精确定位技术研究[J]. 煤炭科学技术, 2016, 44(7): 109-115.
[25] Ma Y, Zhou L, Liu K, et al. Iterative phase reconstruction and weighted localization algorithm for indoor RFID-based localization in NLOS environment[J]. IEEE Sensors Journal, 2014, 14(2): 597-611.
[26] 贾骏超. 超宽带室内定位中 NLOS 误差抑制方法探讨[J]. 导航定位学报, 2017, 5(2): 60-64.
[27] 王妙羽, 李宪军. 基于 CSI 非视距识别的被动式指纹室内定位[J]. 无线互联科技, 2019, 16(3): 28-29.
[28] 黄越洋, 张嗣瀛, 井元伟, 等. 基于 TDOA 和 RSS 的可行域粒子滤波非视距定位算法[J]. 控制与决策, 2017, 32(8): 1415-1420.
[29] He D, Chen X, Zou D, et al. A novel wireless positioning approach based on distributed stochastic-resonance-enhanced power spectrum fusion technique[C]//IEEE International Symposium on Circuits and Systems, 2019: 1-5.
[30] Wang G, So A M, Li Y. Robust convex approximation methods for TDOA-based localization under NLOS conditions[J]. IEEE Transactions on Signal Processing, 2016, 64(13): 3281-3296.
[31] 龚福祥, 王庆, 张小国. NLOS 环境下无线通信网络中的 TDOA/AOA 混合定位算法[J]. 东南大学学报(自然科学版), 2010, 40(5): 905-910.
[32] Zhang R, Xia W, Yan F, et al. A single-site positioning method based on TOA and DOA estimation using virtual stations in NLOS environment[J]. China Communications, 2019, 16(2): 146-159.

第 7 章　卫星定位技术

从苏联 1957 年 10 月成功发射第一颗人造地球卫星，到美国 Johns Hopkins 大学应用物理实验室于 1958 年 12 月在美国海军的资助下研制“美国海军卫星导航系统”，目前卫星导航定位技术已经非常成熟。所谓“卫星定位和导航”，是接收导航卫星发送导航定位信号，并以导航卫星作为动态已知点，实时地测定运动载体的位置和速度，进而完成导航[1]。卫星导航定位技术不仅带来了无线电导航的技术革命，而且为大地测量学、地球动力学、地球物理学、天体力学、载人航天学、全球海洋学、全球气象学等提供了一种高精度和全天候的测量新技术，是名副其实的跨学科、跨行业、广用途、高效益的综合性高新技术。本章将学习卫星导航定位技术的基本概念和基本原理。

7.1　卫星导航定位系统概述

现在的卫星导航定位系统通常指全球导航卫星系统(global navigation satellite system，GNSS)[2]，它泛指所有的卫星导航系统，包括全球的、区域的和增强的，如美国的全球定位系统(global positioning system，GPS)、俄罗斯的格洛纳斯卫星导航系统(global navigation satellite system，GLONASS)、欧盟的伽利略卫星导航系统(Galileo navigation satellite system，Galileo)和中国的北斗卫星导航系统(Beidou navigation satellite system，BDS)，以及相关的增强系统，如美国的广域增强系统(wide area augmentation system，WAAS)、欧洲静地导航重叠系统(European geostationary navigation overlay service，EGNOS)和日本的多功能卫星增强系统(multi-functional satellite augmentation system，MSAS)等，还涵盖在建和以后要建设的其他卫星导航系统。因此，国际 GNSS 系统是个多系统、多层面、多模式的复杂组合系统，本节将对 GPS、GLONASS、Galileo 和 BDS 进行简单介绍。

7.1.1　GPS(全球定位系统)

1973 年 12 月，美国国防部批准研制 GPS，它是美国国防部的第二代卫星导航系统，第一代是子午线定位系统。GPS 的研发过程分为方案论证、工程研制和生产作业 3 个阶段。工程研制阶段主要是发射 GPS 试验性卫星，检验 GPS 的基本性能。1978 年 2 月 22 日，第一颗 GPS 试验卫星的成功发射，标志着工程研制阶段的开始。1989 年 2 月 14 日，第一个 GPS 工作卫星的发射成功，宣告 GPS 进入了生产作业阶段。1994 年 3 月，建成了信号覆盖率达到 98%的 GPS 工作星座，开始运营并提供服务。目前，GPS 已是星座构成最完善、定位精度最稳定、应用范围最广泛并呈现市场垄断的卫星导航系统[3]。

GPS 由三大部分组成：GPS 卫星星座(空间部分)、地面监控系统(控制部分)和 GPS 信号接收机(用户部分)，三者的关系如图 7-1 所示。

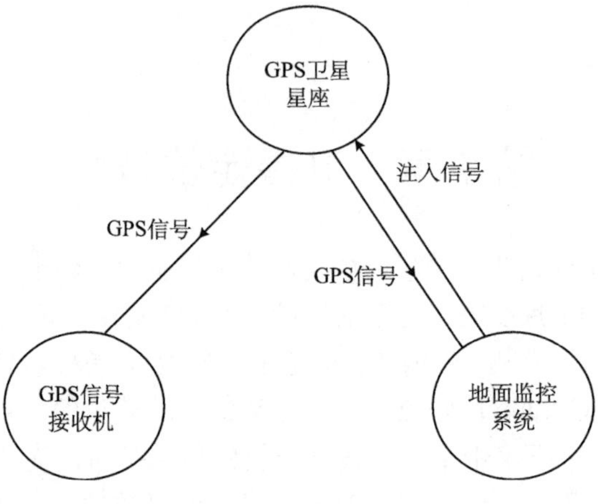

图 7-1　GPS 的三大组成部分及其关系

GPS 的空间卫星结构由 24 颗工作卫星及备份卫星构成，其导航卫星均为中圆地球轨道卫星，平均分布在 6 个轨道平面。2011 年 7 月完成卫星星座扩展，对 3 颗卫星重新定位、3 颗卫星位置调整，从而实现 24+3 的理想卫星星座构型(图 7-2[4])，使得覆盖范围扩大，卫星可用性增强。截至 2018 年 6 月，新老卫星总数为 32 颗，其中 31 颗运行，1 颗维护。

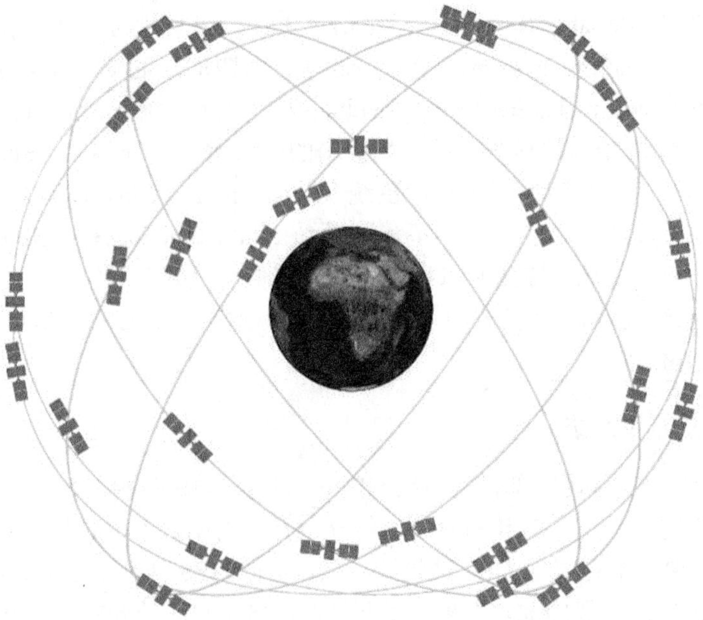

图 7-2　GPS 的卫星星座

主要 GPS 卫星的参数如表 7-1 所示，包括工作卫星和备份卫星，多余卫星不参与星座组网，但可以增加定位精度和可靠性。

表 7-1　不同 GPS 卫星的参数

卫星型号	服务时间	信号种类	频点/MHz	寿命/年	增加特性
GPS-II A	1990～1997 年	L1(C/A) L1(P) L2(P)	1575.42 1227.60	7.5	
GPS-II R	1997～2004 年			7.5	板卡监测功能
GPS-II R(M)	2005～2009 年	L2(C)	1227.60	7.5	M 码抗干扰
GPS-II F	2010～2016 年	L5	1176.45	12.0	高级原子钟，增强准确度、信号强度和质量
GPS-III	2016 年开始	L1(C)	1176.45	12.0	无 SA，增强信号可靠性、完备性、准确性
GPS-III F	2018 年开始				激光反射功能，负载搜索，救援功能

空间部分的主要作用是[5]：

(1)接收和存储由地面监控站发来的导航信息，接收并执行监控站的控制指令；

(2)利用卫星上的微处理机，对部分数据进行必要的处理；

(3)通过星载的原子钟提供精密的时间标准；

(4)向用户发送定位信息；

(5)在地面监控站的指令下，通过推进器调整卫星姿态和启用备用卫星。

GPS 地面控制部分包括 1 个主控站、1 个备用主控站、12 个地面天线和 16 个监测站。主控站位于哥伦比亚施里弗空军基地，备用主控站位于范登堡基地；地面天线包括 4 个 GPS 地面天线和 8 个空军卫星控制网(air force satellite control network，AFSCN)远程追踪站；监测站包括 6 个空军监测站和 10 个美国智能化地理空间局(National Geospatial-Intelligence Agency，NGA)监测站。

GPS 地面控制部分负责监控全球定位系统的工作，主要功能包括：

(1)监测卫星是否正常工作，是否沿预定的轨道运行；

(2)跟踪计算卫星的轨道参数并发送给卫星，由卫星通过导航电文发送给用户；

(3)保持各颗卫星的时间同步；

(4)必要时对卫星进行调度。

用户部分包括用户组织系统和根据要求安装的相应设备，但其中心设备是 GPS 接收机[6]。它是一种特制的无线电接收机，用来接收导航卫星发射的信号，并以此计算出定位数据。根据不同性质的用户和要求的功能，要配置不同的 GPS 接收机，其结构、尺寸、形状和价格也大相径庭。例如：航海和航空用的接收机，要具有与存有导航图等资料的存储卡相接口的能力；测地用的接收机就要求具有很高的精度，并能快速采集数据；军事上用的接收机要附加密码模块，并要求高精度定位。

GPS 接收机种类虽然很多，但它的结构基本一致，分为天线单元和接收单元两部分。天线单元由接收天线和前置放大器组成。常用的天线形式有：定向天线、偶极子天线、微带天线、线螺旋天线、圆螺旋天线等。前置放大器直接影响接收信号的信噪比，要求噪声系数小、增益高和动态范围大。现在一般都采用场效应管放大器。

接收单元包括：信号波道、存储、计算与显示控制及电源等部件。信号波道的主要功能是接收来自天线的信号，经过变频、放大、滤波等一系列处理，实现对 GPS 信号的跟踪、锁定、解调、检出导航有关信息。根据需要，可设计成 1 至 12 个波道，以便能接收多个卫星信号。其他几个部件的作用主要是：根据收到的卫星星历、伪距观测数据，计算出三维坐标和速度；进行人机对话、输入各种指令、控制屏幕显示等。

7.1.2　GLONASS 卫星导航系统

苏联的第一颗 GLONASS 卫星在 1982 年 10 月 12 日发射升空。由于苏联的火箭发射能力强大，一开始就计划用一箭三星的方式发射卫星。由于多次发射失败和卫星工作寿命较短，所以一直发射到 70 多颗卫星时，到 1996 年 GLONASS 卫星星座才达到额定工作的 24 颗，宣布正式投入完全服务。遗憾的是，由于苏联的解体和俄罗斯的经济困难，GLONASS 星座的卫星数量至 2002 年最低降到 7 颗，维持正常工作的卫星仅有 6 颗。

从 2003 年开始，GLONASS 系统又进入复苏阶段，以每年差不多发射 6 个卫星的速度回归，加上卫星寿命有所增加，到 2011 年 12 月 8 日，GLONASS 星座又恢复到 24 颗卫星的完全工作状态，目前的卫星数目为 27 颗，图 7-3 是 2019 年 10 月 6 日 15:18 时的 GLONASS 卫星星座情况[7]。

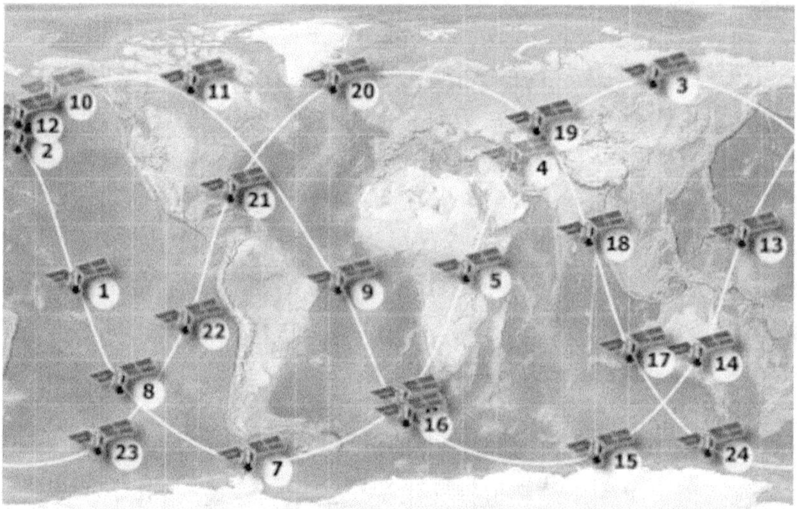

图 7-3　GLONASS 的卫星星座

与 GPS 类似，GLONASS 也由三部分组成：空间部分、地面部分和用户部分。空间部分由卫星组成，轨道排列在三个平面上。GLONASS 的星座结构采用了如下两条设计原则[8]：在系统所有工作时间和所有可使用范围内，用户的最大定位误差值最小；系统中轨道平面数最少。

GLONASS 的卫星参数见表 7-2。

表 7-2　GLONASS 卫星的主要参数

GLONASS 卫星	服务时间	FDMA 频点/MHz		FDMA 频点/MHz		
		1602+n×0.5635	1246+n×0.4375	1600.995	1248.06	1202.25
GLONASS-M	2003～2016 年	L1OF, L1SF	L2OF, L2SF			L3OC
GLONASS-K	2011～2018 年	L1OF, L1SF	L2OF, L2SF			L3OC
GLONASSK2	2017 年开始	L1OF, L1SF	L2OF, L2SF	L1OC, L1SC	L2OC, L2SC	L3OC

GLONASS 的每颗卫星都由以下 7 个部分组成：

(1) 星载导航设备：它是卫星的核心，包括导航信息构造单元、星上同步器、寄存器、接收机和导航发射机。星载设备的主要作用是：记录从地面站发送来的卫星星历和系统历书；产生时间信号，重新产生导航信息帧发往系统用户；完成星上导航设备工作状态的例行诊断。

(2) 星上控制设备：包括测距子系统、星上控制单元和遥测遥控系统，用于记录导航信息、发送遥测数据、控制和调整星上功率的分配。必要时由测距子系统直接给出卫星距离测量信息。

(3) 姿态控制系统：用于完成卫星的初始定向，调整卫星纵轴使天线指向地球，并在整个卫星寿命期内维持正常姿态。

(4) 机动系统：用于将卫星置于指定的轨道面位置，维持卫星的升交距角，并控制卫星的推进系统。推进系统包括 20 个定向推进器和两个位置推进器。

(5) 温控系统：允许卫星使用排气式温控系统调整星内温度，发散各器件的热量。

(6) 电源系统：包括太阳能电池、蓄电池、控制继电器和稳压器，为星载设备提供电源。有太阳直射时，由太阳能电池板对电池充电；当卫星处于地球阴影时，由蓄电池供电。

(7) 星载时钟：它是卫星最关键的部件之一，是导航、授时等核心功能的保障。

GLONASS 地面部分包括一个位于莫斯科的控制中心，以及若干地面监测站和增强站，其中俄罗斯境内 46 个、邻国 8 个、南极 3 个、巴西 1 个，未来计划在全球 36 个国家建设 50 个地面站系统。在全球各地建立地面站将提高 GLONASS 系统的精确度，提升其市场竞争力和全球份额。目前，GLONASS 的全球定位精度约为 5m，而俄罗斯境内在增强系统的辅助下精度可优于 0.5m。

7.1.3　Galileo 卫星导航系统

Galileo 卫星导航系统由欧洲太空署（European Space Agency，ESA）和欧盟（European Union，EU）发起并提供主要资金支持，采用完全非军方的控制与管理模式，旨在建立一个高效经济的民用导航及定位服务系统。该系统于 2003 年开始实施，2005 年 12 月 28 日，首颗 Galileo 实验卫星发射成功，标志着 Galileo 全球卫星导航系统正式进入轨道验证阶段。目前，Galileo 在轨验证卫星有 4 颗。2007 年，Galileo 计划办公室发布了针对实验卫星信号说明的接口控制文档，以便于信号的广泛测试。2013 年 3 月 12 日，Galileo 首次实现了用户定位，成为 Galileo 建设的里程碑。2014 年 2 月完成了在轨验证任务。

在轨测试工作完成后，Galileo 的建设工作继续推进，主要是发射卫星，完成星座部署，以及进一步部署卫星地面站。截至 2019 年 10 月，在轨的 Galileo 卫星共有 26 颗，这些卫星分布在 3 个轨道平面内，轨道高度约为 23616km。

Galileo 系统主要由四部分组成，即全球性系统组成部分、区域性系统组成部分、当地系统组成部分和用户终端，见图 7-4。全球性系统组成部分是 Galileo 系统的核心，分为空间段和地面段，为整个系统的各项服务提供技术支持。空间段由上述的在轨卫星组成，地面段主要由地面控制段(ground control segment，GCS)和地面任务段(ground mission segment，GMS)两部分组成。

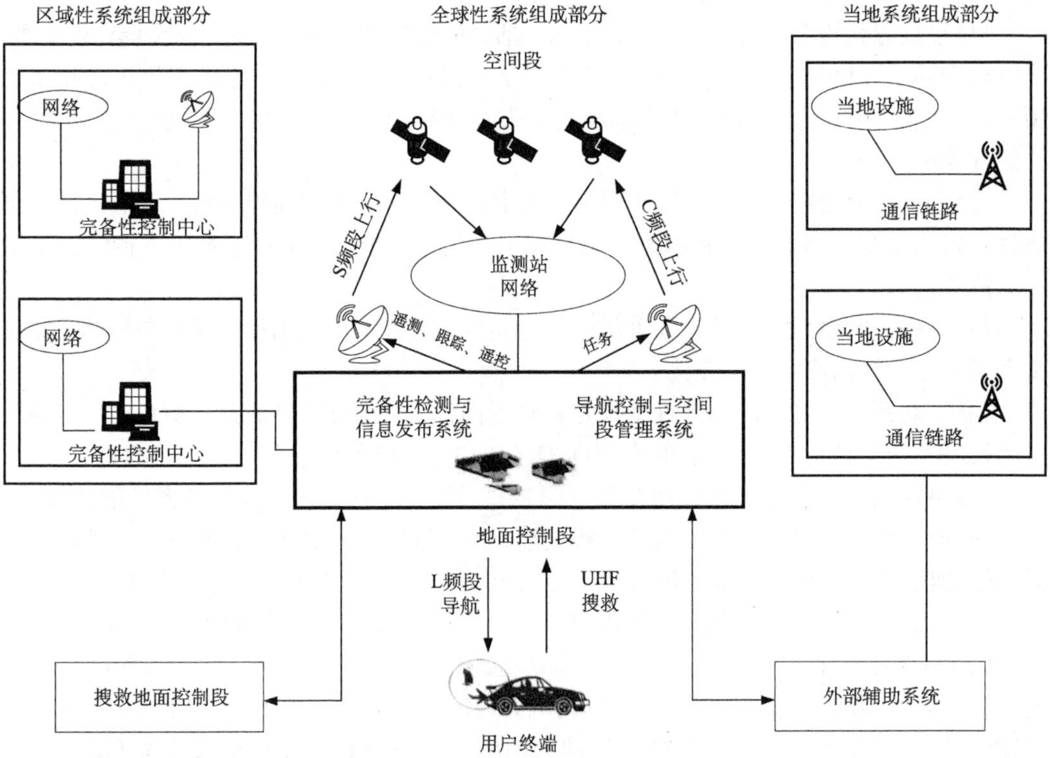

图 7-4　Galileo 系统总体结构

地面段的结构组成如图 7-5 所示，主要包括：

(1)控制中心：它是地面段的核心，包括整个系统的控制和处理机构，由卫星控制系统、任务控制系统、信息生成系统、定轨与时间同步处理系统、完好性信息处理系统、精密授时系统、产品服务设施和地面控制设施组成，负责卫星控制、卫星时间同步、全球卫星数据完备性检测与发布，以及其他相关的各项系统服务。

(2)遥测、跟踪、遥控站：负责卫星及星座控制，并能在紧急情况下探测到轨道上的每颗卫星。

(3)C 频段任务上行站：负责向 C 频段上行链路注入已更新的导航数据信息、完好性信息、搜救信息以及其他与导航有关的信息。

(4)监测站：负责对包含四种服务(公共服务、商业服务、公共特许服务和生命安全服务)的 L 频段信号进行接收和处理，可同时接收完好性信息和导航相关的信息。

(5)全球局域网络：由天基和陆基专用线路或租用线路组成，实现控制中心与全世界范围内遥测、跟踪、遥控站、任务上行站、监测站以及相关设施之间的通信。

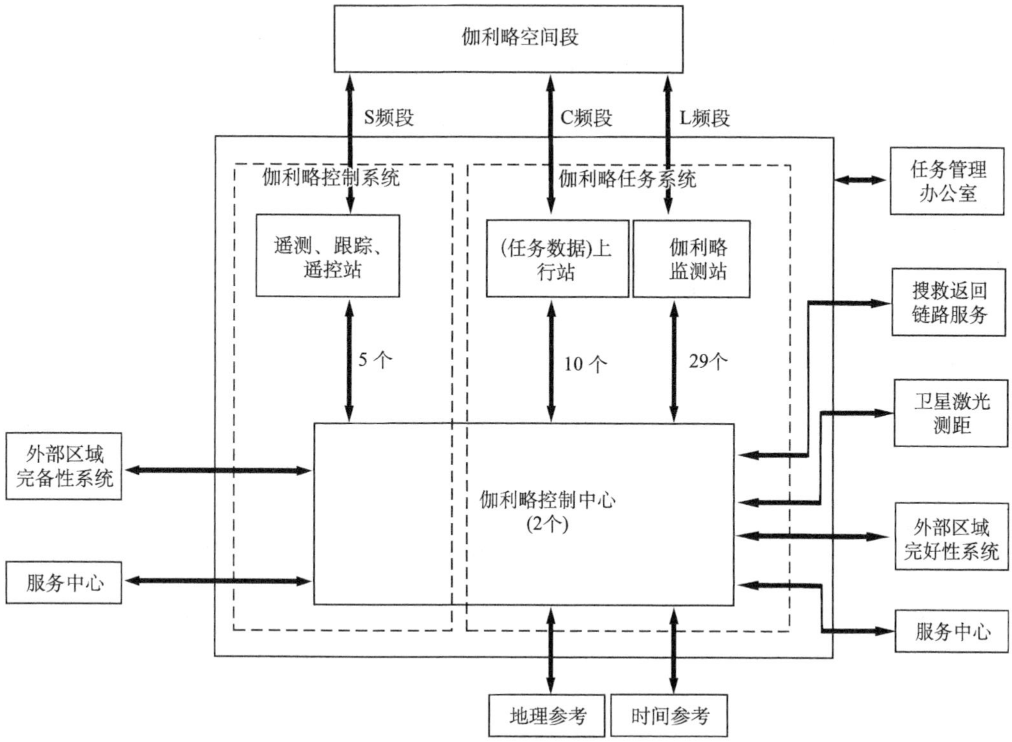

图 7-5　Galileo 地面段的结构组成

区域性系统由一个完备性监控网络和一个完备性控制中心组成，其中完备性监控网络包括最多 8 个外部区域完好性系统，完备性控制中心确定有限区域的有效完备性信息，并将其上传到 Galileo 卫星。区域部分补充了 Galileo 系统的完备性概念，并能满足紧急情况下的完备性要求。

当地系统部分旨在提供 Galileo 局域辅助服务，以增加局域的导航性能。因为对于机场、港口和市区等特殊的定位和导航用户，应用环境的恶化和导航性能需求需要生成局部增强信号，以便在定位精度、可用性、连续性和完备性方面提供更高的性能。

用户终端用于处理 Galileo 卫星发射的信号和来自其他系统的信号。针对不同的用户，将出现多种类型的卫星无线电导航服务处理终端。

7.1.4　北斗卫星导航系统

北斗卫星导航系统(以下简称北斗系统)是中国着眼于国家安全和经济社会发展需要[9]，自主建设、独立运行的卫星导航系统，是为全球用户提供全天候、全天时、高精度的定位、导航和授时服务的国家重要空间基础设施。

随着北斗系统建设和服务能力的发展，相关产品已广泛应用于交通运输、海洋渔业、水文监测、气象预报、测绘地理信息、森林防火、通信系统、电力调度、救灾减灾、应急搜救等领域，逐步渗透到人类社会生产和人们生活的方方面面，为全球经济和社会发展注入新的活力。

北斗系统也由空间段、地面段和用户段三部分组成：

空间段：由若干地球静止轨道卫星、倾斜地球同步轨道卫星和中圆地球轨道卫星组成。截至 2020 年 3 月，我国已经成功发射 54 颗北斗卫星。

地面段：包括主控站、时间同步/注入站和监测站等若干地面站，以及星间链路运行管理设施。

用户段：包括北斗及兼容其他卫星导航系统的芯片、模块、天线等基础产品，以及终端设备、应用系统与应用服务等。

北斗卫星导航系统的发展历程可分为三步[10]：

第一步，建设北斗一号系统。1994 年，启动北斗一号系统工程建设；2000 年，发射 2 颗地球静止轨道卫星，建成系统并投入使用，采用有源定位体制，为中国用户提供定位、授时、广域差分和短报文通信服务；2003 年，发射第 3 颗地球静止轨道卫星，进一步增强系统性能。

第二步，建设北斗二号系统。2004 年，启动北斗二号系统工程建设；2012 年年底，完成 14 颗卫星发射组网，包括 5 颗地球静止轨道卫星、5 颗倾斜地球同步轨道卫星和 4 颗中圆地球轨道卫星。北斗二号系统在兼容北斗一号系统技术体制基础上，增加无源定位体制，为亚太地区用户提供定位、测速、授时和短报文通信服务。

第三步，建设北斗三号系统。2009 年，启动北斗三号系统建设；2018 年年底，完成 19 颗卫星发射组网，完成基本系统建设，向全球提供服务；2020 年年底前，完成 30 颗卫星发射组网，全面建成北斗三号系统。北斗三号系统继承北斗有源服务和无源服务两种技术体制，能够为全球用户提供基本导航(定位、测速、授时)、全球短报文通信、国际搜救服务，中国及周边地区用户还可享有区域短报文通信、星基增强、精密单点定位等服务。

相比其他卫星导航系统，北斗系统具有以下特点：一是北斗系统空间段采用三种轨道卫星组成的混合星座，与其他卫星导航系统相比高轨卫星更多，抗遮挡能力强，尤其低纬度地区性能特点更为明显；二是北斗系统提供多个频点的导航信号，能够通过多频信号组合使用等方式提高服务精度；三是北斗系统创新融合了导航与通信能力，具有实时导航、快速定位、精确授时、位置报告和短报文通信服务五大功能。

(1) 基本导航服务。为全球用户提供服务，空间信号精度将优于 0.5m；全球定位精度将优于 10m，测速精度优于 0.2m/s，授时精度优于 20ns；亚太地区定位精度将优于 5m，测速精度优于 0.1m/s，授时精度优于 10ns，整体性能大幅提升。

(2) 短报文通信服务。中国及周边地区短报文通信服务：服务容量提高 10 倍，用户机发射功率降低到原来的 1/10，单次通信能力 1000 汉字(14000bit)；全球短报文通信服务：单次通信能力 40 汉字(560bit)。

(3) 星基增强服务。按照国际民航组织标准，服务中国及周边地区用户，支持单频及双频多星座两种增强服务模式，满足国际民航组织相关性能要求。

(4) 国际搜救服务。按照国际海事组织及国际搜索和救援卫星系统标准，服务全球用户。与其他卫星导航系统共同组成全球中轨搜救系统，同时提供反向链路，极大提升搜救效率和能力。

(5) 精密单点定位服务。服务中国及周边地区用户，具备动态分米级、静态厘米级的精密定位服务能力。

目前，中国移动正与北斗系统深度合作，建设基于 5G 的通导一体化网络，并享数千个国家基准站数据，并自建 4000 多套 GNSS 接收机，使得我国大陆地区可以获得厘米级的定位精度。

7.2　卫星定位的基本方法

卫星接收机接收到的信号中包含伪随机码、导航电文、载波频率等信息，可以利用接收信号中伪随机码的时间延迟、载波相位以及卫星与接收机之间的相对运动导致的多普勒频移获取卫星与接收机之间的距离，进而实现目标定位。通过伪随机码测定传播时间实现定位的方法，称为测码伪距法定位；通过载波相位测量实现定位的方法称为测相伪距法定位(又称载波相位法定位)。如果上述观测信息中带有误差改正数(通常由专门的测站发送)，则称为差分定位。

7.2.1　测码伪距法定位

无线电测距的基本原理是通过测定电磁波传播时间 t 得到距离观测量：

$$d = ct \tag{7-1}$$

其中，c 为电磁波传播速度。

卫星导航系统在利用伪随机码测距时，均基于这种原理。接收机利用本机产生的与发射信号相同的复现信号(称本地信号)，与所接收到含有噪声的接收信号进行相关运算，并测量相关函数最大值的位置，使得本地码与接收信号中的码同步，通过监测本地码相位的变化实现距离测量。

为阐述方便，我们以 GPS 的 C/A 码信号为例予以介绍，假设接收机中产生的载波与接收到的载波完全同步，并忽略大气层延迟误差。

1. 伪随机码测距基本思想

如图 7-6 所示，假定接收机于 t 时刻接收到卫星信号，从中任取一个长度为码周期的信号段，该信号中包含伪随机码 $C(t)$，其中码相位为 τ。对 GPS 的 C/A 码来说，周期 $T_{C/A}$ 为 1ms，共包含 1023 个码元，相位 $\tau = N/1023(N = 0,1,\cdots,1022)$。假设卫星发送信号时该伪随机码的相位为 0，信号经传播延迟 $\tau+nT_{C/A}$ 到达接收机。显然，发送时刻信号中包含的伪随机码为 $C(t-\tau-nT_{C/A})$，n 为正整数。

由接收机时钟控制的本地码发生器产生一个与接收到的伪随机码相同类型的本地码 $C(t+\Delta t)$，初始相位为 0，Δt 为接收机时钟相对于卫星时钟的钟差。将本地码移位(延迟）τ'，得到 $C(t+\Delta t-\tau')$。

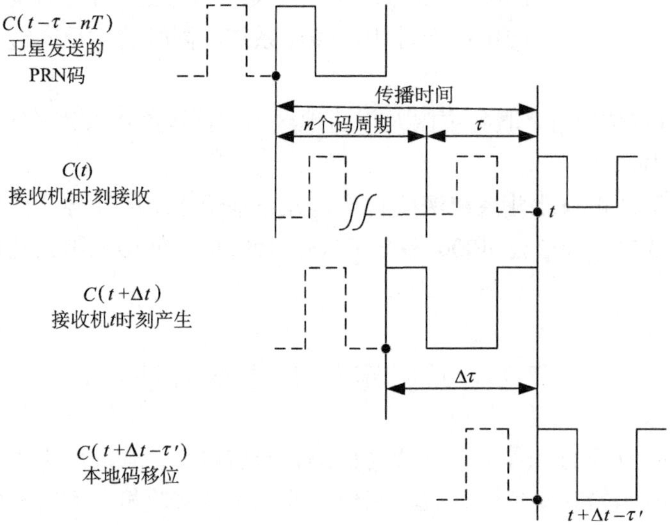

图 7-6　伪随机码相位测量

将接收码 $C(t-\tau-nT_{\text{C/A}})$ 和本地码 $C(t+\Delta t-\tau')$ 进行相关运算，经积分器后可得相关输出：

$$R_c(\Delta\tau)=\int C(t-\tau-nT_{\text{C/A}})C(T+\Delta t-\tau')\mathrm{d}t \tag{7-2}$$

其中，

$$\Delta\tau=(t+\Delta t-\tau')-(t-\tau-nT_{\text{C/A}}) \tag{7-3}$$

码振荡器不断调整本地码延迟，当本地码与接收码完全对齐时 $\Delta\tau=0$，且相关输出达到最大值：

$$[R_c(\Delta\tau)]_{\max}=R_c(0) \tag{7-4}$$

假设此时本地码的相位延迟量为 τ'，则由式(7-3)可得

$$t+\Delta t-\tau'=t-\tau-nT_{\text{C/A}} \Rightarrow \tau'=\tau+\Delta t+nT_{\text{C/A}} \tag{7-5}$$

式(7-5)两边同时乘以电磁波传播速度 c，可得距离测量值 d 为

$$d=c\tau'=c(\tau+\Delta t+nT_{\text{C/A}})=R+c\Delta t \tag{7-6}$$

式(7-6)为伪随机码测距的基本方程。其中，$R=c(\tau+nT_{\text{C/A}})$ 为卫星至接收机的真实距离。

上述推导过程中假定卫星时钟是完全精确的。然而，卫星时钟相对于导航系统的基准时间存在钟差 Δt_s。如果假设接收机时钟相对于导航系统基准时钟的钟差为 Δt_k，则式(7-6)中，$\Delta t=\Delta t_k-\Delta t_s$。因此，利用伪随机码所测定的距离 d 并不等于信号从卫星传播至接收机的真实距离，若能求得 Δt，则可由 d 求得 R。实际上，Δt_s 可由导航电文提供的卫星时钟误差参数计算得出，而接收机通常为节省成本采用了廉价的时钟，无法达到原子钟的精度，误差较大，只能在定位解算中将其作为一个待定参数求解。因此，利用测码伪距定位需要至少同步观测 4 颗卫星，测相伪距中同样会存在这个问题。

2. 获取码伪距

在式(7-5)中的信号接收时间为本地时间，它是已知条件。式中的未知数是Δt，因此接收机只需测得精确的信号发送时间即可完成伪距测量。

GPS 每一子帧电文持续时间为 6s，共有 300 位，每位电文持续 20ms，对应 20 个 C/A 码周期。在卫星上，子帧中的 Z 计数值从周日零时以 6s 间隔从 1 开始计数，同时卫星开始发送第一子帧电文。因此，任一子帧的 Z 计数值减 1 后乘以 6s 即表示当前子帧起始位置的发送时间。GPS 中完整的 Z 计数由 P 码发生器中的 X1 寄存器产生，共有 29 位，可用于快速捕获 P 码。

如图 7-7 所示，当接收机在某个本地时刻需要测量伪距时，首先从解调导航电文中获得 Z 计数，得到当前子帧起始位置对应的发送时间。如果能获得Δt，即可得出伪距测量时刻电文的发送时间。

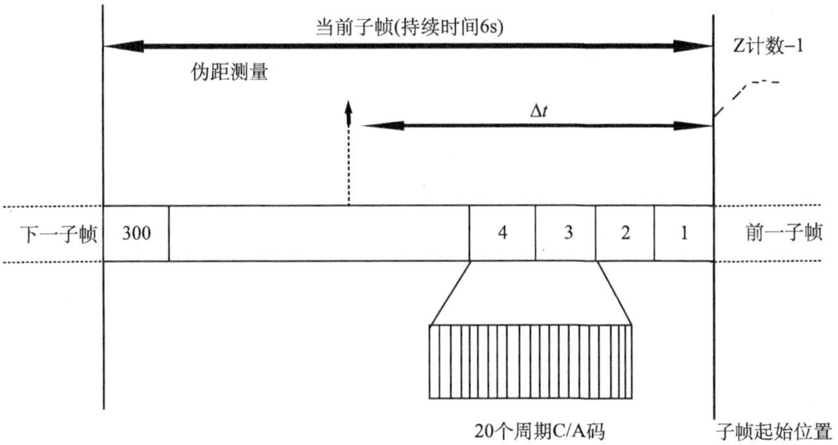

图 7-7　获取码伪距

Δt 由周期为 20ms 的导航电文 N_{data}、整周期的 C/A 码片数($N_{\text{C/A}}$)、不足一周期的 C/A 码数片数(N_{chips})以及不足一个码片的部分($N_{\text{Res}}, 0 < N_{\text{Res}} < 1$)构成：

$$\Delta t = N_{\text{data}} \times 20 \times 10^{-3} + N_{\text{C/A}} \times 10^{-3} + \frac{N_{\text{chips}}}{1.023 \times 10^{6}} + \frac{N_{\text{Res}}}{1.023 \times 10^{6}} \tag{7-7}$$

如果接收机能够对接收信号中的导航电文和伪随机码进行计数，那么就可以获得精确的信号发送时间。由于接收机能够利用码跟踪环使本地码与接收码精确同步，因此，对本地码的计数间接地实现了对接收信号的伪随机码的计数，再综合码振荡器变化和解调的电文位数即可获得Δt。Δt加上 Z 计数的时间，即为信号的精确发送时间，再与本地接收时间作差即可得到信号的传播时间。

在伪随机码测距中，距离测量误差在很大程度上取决于本地码与接收码的对准误差，而码相位对准误差主要受热噪声、载体动态性和多径干扰的影响。由于接收机采用诸如窄相关空间、码相位拟合等技术，相位对准误差远小于一个码片，GPS 的 C/A 码的测距误差通常在 0.3～30m 之间。

3. 测码伪距单点定位

单点定位是以 GPS 卫星和用户接收机天线之间的距离观测量为基础，并根据已知的卫星瞬时坐标，确定用户接收天线所对应观测点的位置坐标。因定位速度快、不存在整周模糊度、接收机价格低等优势，被广泛用于各种车辆、舰船的导航和监控以及野外勘测等领域。

GPS 单点定位原理如图 7-8 所示[11]，它通过观测 4 颗以上的卫星，根据星历数据计算出卫星的位置，再由卫星及特定点的空间几何关系构造方程求解接收机的位置。其基本原理可用式(7-8)来描述：

$$R_i^l = R_i + c * \delta_t - c * \delta^t + E_{\text{ion}} + E_{\text{trop}} \tag{7-8}$$

其中，R_i^l 为测码伪距观测值；R_i 为接收机至卫星的几何距离；c 为光速；δ_t 为接收机的钟差；δ^t 为卫星的钟差；E_{ion} 为电离层延迟误差；E_{trop} 为对流层延迟误差。

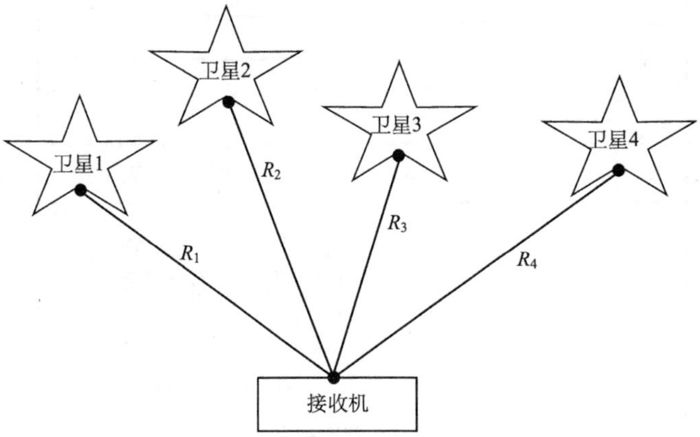

图 7-8 测码伪距单点定位

若忽略观测噪声，并设 R_{ic} 为修正过的伪距值，即式(7-8)可以改写为

$$R_{ic} = \sqrt{(x_i - x)^2 + (y_i - y)^2 + (z_i - z)^2} + c\delta_t \tag{7-9}$$

式(7-9)中，(x_i, y_i, z_i) 为第 i 颗卫星的坐标，(x, y, z) 为待求的 GPS 接收机坐标。

因为方程(7-9)是非线性方程，无法直接求解，所以取 $(x, y, z, c\delta_t)$ 的初始值为 (x_0, y_0, z_0, b_0)，将方程(7-9)按照泰勒级数展开取至一次项进行线性化，并写成误差方程形式为

$$y = m_i \Delta x + n_i \Delta y + k_i \Delta z - c\delta_t + L_i \tag{7-10}$$

其中，$(\Delta x, \Delta y, \Delta z)$ 是接收机真实坐标与近似坐标的差值。

$$m_i = \frac{x_i - x_0}{R_{i0}};\quad n_i = \frac{y_i - y_0}{R_{i0}};\quad k_i = \frac{z_i - z_0}{R_{i0}} \tag{7-11}$$

$$R_{i0}=\sqrt{(x_i-x_0)^2+(y_i-y_0)^2+(z_i-z_0)^2} \tag{7-12}$$

$$L_i=R_{ic}-R_{i0} \tag{7-13}$$

按照最小二乘原理得

$$\boldsymbol{\delta_X}=-[\boldsymbol{A}^{\mathrm{T}}\boldsymbol{A}]^{-1}[\boldsymbol{A}^{\mathrm{T}}\boldsymbol{L}] \tag{7-14}$$

式(7-14)中：

$$\boldsymbol{\delta_X}=\begin{bmatrix}\Delta x\\ \Delta y\\ \Delta z\\ c\delta_t\end{bmatrix};\boldsymbol{A}=\begin{bmatrix}m_1 & n_1 & k_1 & -1\\ m_2 & n_2 & k_2 & -1\\ \vdots & \vdots & \vdots & \vdots\\ m_n & n_n & k_n & -1\end{bmatrix};\boldsymbol{L}=\begin{bmatrix}L_1\\ L_2\\ \vdots\\ L_R\end{bmatrix} \tag{7-15}$$

求出 4 个估计量 Δx、Δy、Δz、$c\delta_t$，再令 $x_0 \Leftarrow x_0+\Delta x$，$y_0 \Leftarrow y_0+\Delta y$，$z_0 \Leftarrow z_0+\Delta z$，$b_0 \Leftarrow b_0+c\delta_t$，重复上述过程进行迭代，直到 Δx、Δy、Δz、$c\delta_t$ 足够小，即满足：

$$|\Delta x|+|\Delta y|+|\Delta z|+|c\delta_t|<e \tag{7-16}$$

设定一个阈值 e，当式(7-16)满足时，此时解出来 (x,y,z) 的值即为所求位置。

7.2.2 测相伪距法定位

导航卫星发送的是高频调制正弦波信号，信号发送和接收时载波相位的变化同样包含距离变化，因此也可以利用载波相位的变化实现距离测量。以下讨论中，载波相位均以周为单位(2π 为一周)。

如图 7-9 所示，需要测定 A 和 B 之间的距离。假设在信号传播过程中，载波频率 f 始终保持不变，载波于 t_A 时刻到达 A 点，此时相位为 $\varphi(t_A)$；信号于 t_B 时刻到达 B 点，相位为 $\varphi(t_B)$，那么有如下关系式成立：

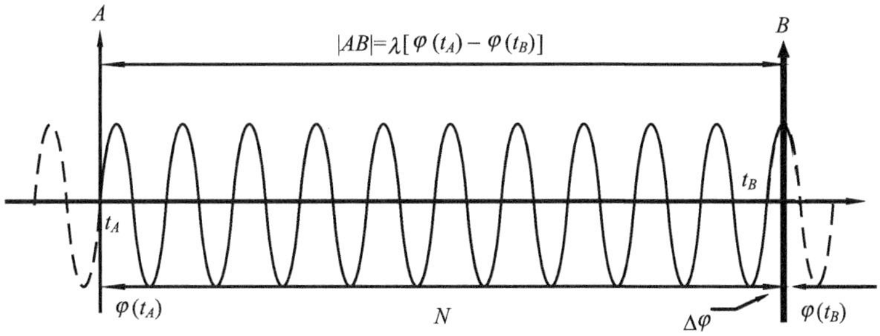

图 7-9　载波相位测距

$$\varphi(t_B)=\varphi(t_A)+f\times(t_B-t_A) \tag{7-17}$$

则信号从 A 至 B 的传播延迟为

$$\tau_{AB}=t_B-t_A=\frac{\varphi(t_B)-\varphi(t_A)}{f} \tag{7-18}$$

于是可得 A、B 之间的距离

$$|AB| = c\tau_{AB} = \lambda[\varphi(t_B) - \varphi(t_A)] = \lambda(N + \Delta\varphi) \tag{7-19}$$

其中，c 为电磁波传播速度；λ 为载波波长；N 为$|AB|$包含的载波整周数；$\Delta\varphi$ 为不足一周的相位。

同理，当使用卫星发出的载波信号测距时，假设卫星 j 在时刻 t_j 发出的载波信号相位为 $\varphi^j(t_j)$，信号到达接收机 k 时的相位为 $\varphi_k(t_k)$，对应的时刻为 t_k，如果不考虑误差因素，并且假定信号的载波频率在传播过程中始终保持恒定，则卫星 j 至接收机 k 的距离可表示为

$$d = \lambda[\varphi_k(t_k) - \varphi^j(t_j)] \tag{7-20}$$

由于接收机能够产生一个与接收信号几乎完全同步的载波信号，因此可以通过测量两者之间的相位差来实现距离测量。一旦得到接收载波与本地载波之间的相位差，就可获得图 7-10 中的 $\Delta\varphi$，即不足一周的相位。但是卫星发出信号时的载波相位 $\varphi^j(t_j)$ 无法直接测量，因此将引入未知的载波整周数 N。不过如果接收机 k 对卫星 j 进行连续观测，那么多次测量得到的载波相位伪距中包含的整周未知数会存在一定的关系。

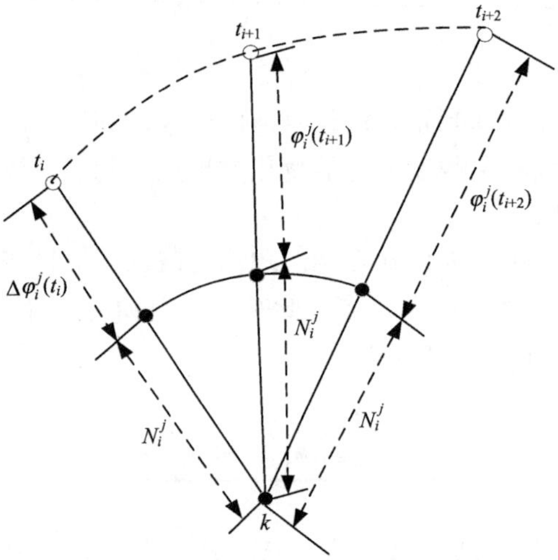

图 7-10　连续载波相位测量

假设在 t_i 时刻，接收机 k 测得与卫星 j 之间的距离为

$$d_i = \lambda[N_k^j(t_i) + \Delta\varphi_k^j(t_i)] \tag{7-21}$$

其中，$\Delta\varphi_k^j(t_i)$ 为 t_i 时刻接收机测得的不足一周的相位；$N_k^j(t_i)$ 为初始整周模糊度。

如果接收机从 t_i 时刻开始，连续跟踪卫星信号，并进行载波的整周计数，在下一时刻 t_{i+1} 时，整周计数值为 $\Delta N_k^j(t_{i+1})$，则卫星至接收机的距离可表示为

$$d_{i+1} = \lambda[N_k^j(t_i) + \Delta N_k^j(t_{i+1}) + \Delta\varphi_k^j(t_{i+1})] \tag{7-22}$$

显然，式(7-22)中包含了第一次测量的初始整周模糊度 $N_k^j(t_i)$，而 t_{i+1} 时刻由接收机直接测量得到的载波整周数部分和不足一周的小数部分分别为 $\Delta N_k^j(t_{i+1})$ 和 $\Delta\varphi_k^j(t_{i+1})$，可

记为

$$\varphi_k^j(t_{i+1}) = \Delta N_k^j(t_{i+1}) + \Delta\varphi_k^j(t_{i+1}) \tag{7-23}$$

将式(7-23)作为 t_{i+1} 时刻载波相位观测值，当接收机执行 n 次载波相位测量后，得到的卫星至接收机的伪距可表示为

$$d_{i+r} = \lambda[N_k^j(t_i) + \varphi_k^j(t_{i+r})] \tag{7-24}$$

从式(7-24)可以发现，接收机在执行首次观测以后，整周模糊度 $N_k^j(t_i)$ 包含在随后的连续相位测量中，如果接收机在测量过程中不发生整周计数的丢失(即周跳)情况，则后续的所有载波相位伪距观测中均包含了首次测量时的 $N_k^j(t_i)$。对接收机来说，N_k^j 是未知量，其具体确定方法将在后续中介绍。

以上讨论中没有考虑任何误差的影响，式(7-24)实际上表示的是真实距离。如果引入接收机和卫星时钟偏差，那么一旦得到了载波相位伪距，同样可以写出载波相位伪距与真实距离和测量误差之间的关系式。

对于卫星导航信号来说，用于距离测量的载波信号频率的范围是 1~5GHz，其波长相对于伪随机码来说非常短，如 GPS 的 L1 载波，其波长仅为 19cm。而接收机载波相位的对准误差可达波长的 1/100，因而其测量精度要远高于 C/A 码，能够实现高精度定位。

7.2.3　差分定位

卫星导航中的差分定位技术利用卫星导航系统的误差随时间变化缓慢，而且与距离和路径强相关的特性，通过求差的方法消除公共误差(如卫星钟误差、星历误差、电离层误差、对流层误差等)和绝大部分传播延迟误差，从而显著提高系统的定位精度。根据差分 GPS 基准站发送的信息内容，通常将差分 GPS 分为位置差分、伪距差分和载波相位差分三类[12]。这三类差分方式的工作原理是相同的，即都是由基准站发送改正数，由用户站接收并对其测量结果进行改正，以获得精确的定位结果。不同的是，各类差分方式发送的改正信息的具体内容不同，各种差分方式的技术难度、定位精度也不同。位置差分要求基准站与用户站观测同一组卫星，具有很大的局限性。伪距差分只要求基准站与用户站同时观测到的卫星数大于或等于 4 颗就可以完成，求解简单，定位精度比位置差分法高，但不如载波相位差分精度高。载波相位差分精度很高，但计算复杂，求解麻烦。

1. 位置差分

差分 GPS(differential GPS，DGPS)的基本原理是：在地面选择一个能够精确知道其位置的点作为基准站，将一台 GPS 接收机设置在此基准站，其余 GPS 接收机则分别设置在需要测定其位置的载体上，设置于已知位置上的 GPS 接收机跟踪视场中所有的可见卫星，以便与所有运动着的载体上的 GPS 接收机能实现同步观测。根据基准点的已知精确坐标，可以求出定位结果的坐标修正数(位置差分法)，或距离观测值的改正数(距离差分法)。通过基准站和流动着的用户之间的数据链路，将这些改正数实时传送给运动的用户，使得用户能对其 GPS 接收机的定位结果或伪距观测值进行改正，以获得精确的定位结果。基准站发送改正数的具体内容不同(位置改正数、伪距改正数、相位平滑伪距改正

数或相位改正数)，其流动载体的差分定位精度也不同。

位置差分是一种最简单的差分方法，任何一种导航接收机均可改装成这种差分系统。安装在基准站的导航接收机观测 4 颗卫星后便可进行三维定位，解算出基准站的坐标。由于存在轨道误差、时钟误差、大气影响、多径路径效应及其他的误差，解算出的坐标与基准站的精确坐标是不一样的，存在误差：

$$\Delta \boldsymbol{X} = \boldsymbol{X}_b^* - \boldsymbol{X}_b \tag{7-25}$$

其中，$\boldsymbol{X}_b^*$ 为实测并解算出的基准站三维位置矢量；$\Delta \boldsymbol{X}$ 为基准站三维坐标改正数；$\boldsymbol{X}_b$ 为基准站的精确坐标。

基准站将此改正数发送给用户站，用户对解算的用户站坐标进行改正：

$$\boldsymbol{X}_u = \boldsymbol{X}_u^* - \Delta \boldsymbol{X} \tag{7-26}$$

其中，$\boldsymbol{X}_u^*$ 为接收机直接解算出的用户位置，存在误差；$\boldsymbol{X}_u$ 为应用位置差分方法得到的用户位置，是对 $\boldsymbol{X}_u^*$ 改正后的结果。

如果考虑用户站的位置改正瞬间变化，则

$$\boldsymbol{X}_u = \boldsymbol{X}_u^* - \left[\Delta \boldsymbol{X} + \frac{\mathrm{d}\Delta \boldsymbol{X}}{\mathrm{d}t}(t - t_0) \right] \tag{7-27}$$

其中，t_0 为位置校正的有效时刻。

由式(7-26)和式(7-27)可知，最后得到的改正后的用户坐标消去了基准站和用户站的共同误差，如卫星星历误差、大气层延迟影响等，从而提高了定位精度。

位置差分方式的优点是计算方法简单，适用范围较广；缺点是对用户站和基准站之间的距离有一定的限制。位置差分必须保证基准站的坐标改正数适用于用户站，这就要求用户站和基准站同时观测同一组卫星。如果两站距离较远，由于用户站和基准站的观测条件不一致，很难保证同时观测的是相同的卫星，实现时就有一定的难度。

2. 伪距差分

与位置差分法不同，在伪距差分方法中，基准站发出的改正数是基准站至各颗卫星的伪距改正数。在基准站上的接收机计算出基准站至每颗可见卫星的真实距离，并将计算出的距离与含有误差的伪距测量值进行比较，求出差值，然后将所有卫星的测距误差传输给用户站，用户站利用这些测距误差估计值来改正测量的伪距。最后，用户利用改正后的伪距解算出用户的位置，就可消去公共误差，提高定位精度。

首先，基准站利用导航电文解算出卫星 i 在地心地固(earth-centered, earth-fixed, ECEF)坐标系中的位置 $\boldsymbol{X}^i = [x^i, y^i, z^i]$，可以求出各卫星到基准站的真实距离。

$$R_b^i = |\boldsymbol{X}^i - \boldsymbol{X}_b| \tag{7-28}$$

基准站接收机测量的伪距 d_b^i 包含基准站接收机钟差、电离层延迟、对流层延迟和卫星钟等各种因素引起的距离误差，与真实距离 R_b^i 求差可以求出伪距的改正数：

$$\Delta d_b^i = R_b^i - d_b^i \tag{7-29}$$

如果需要更精确的伪距改正数，可求出伪距改正数的变化率

$$\Delta\dot{d}_b^i = \frac{\Delta d_b^i}{\Delta t} \tag{7-30}$$

由于基准站和用户站之间的距离较近，可以认为卫星信号到基准站和到用户站的传输路径近似相等，因此可以认为求得的基准站伪距改正数及其变化率也适用于用户站。因此，基准站将 Δd_b^i 和 $\Delta\dot{d}_b^i$ 传输给用户站，用户站接收机测量出用户站至卫星的伪距 d_u^i 后，减去伪距改正数，便可以得到经过差分修正的伪距：

$$\hat{d}_u^i = d_u^i - \left[\Delta d_b^i + \Delta\dot{d}_b^i(t-t_0)\right] \tag{7-31}$$

伪距差分有以下优点：

(1) 由于基准站的伪距改正数及其变化率是直接在 ECEF 坐标系上计算得出的，用户站伪距在使用时不必进行坐标转换，可以避免坐标转换引起的误差，提高定位的精度。

(2) 基准站能同时提供伪距改正数及其变化率，用户站即使在未得到改正数的空隙内，也能继续精密定位。

(3) 基准站能同时提供所有可见卫星的改正数及其变化率，允许用户站使用其中的任意 4 颗以上的卫星信号进行定位，而不要求必须与基准站观测完全相同的卫星，因而放宽了使用限制，使伪距差分定位法得到广泛的应用。

与位置差分相似，伪距差分也能将基准站和用户站的公共误差抵消，但随着用户站和基准站之间距离的增加将引入新的系统误差，这种误差很难消除，用户站和基准站之间的距离对用户站的定位精度有决定性的影响。

3. 载波相位差分

载波相位差分法的基本原理是：基准站实时地将载波相位信息和基准站精确坐标传输给用户站；用户站接受来自导航卫星和基准站的信息，建立载波相位差分观测模型，并实时给出厘米级的定位结果。这种定位模式被称为实时动态载波相位差分技术(real time kinematic，RTK)。如果基准站和用户站之间没有安装无线电传输设备，可以分别记录两站的原始观测数据，再处理得到高精度测量结果。

根据基准站发送信息不同，用户站可采用逼近法或求差法实现载波相位差分定位。

1) 逼近法

这种方法也被称为准 RTK 技术。与伪距差分相似，基准站将载波相位修正值和精确位置坐标发送给用户站，以改正用户站的载波相位观测值，然后求解用户站的坐标。

基准站利用卫星星历计算出卫星的位置，再根据基准站的已知精确坐标，计算出卫星至基准站的真实距离 R_b^i，从而求出基准站的伪距改正数。

$$\Delta d_b^i = R_b^i - d_b^i \tag{7-32}$$

其中，$R_b^i = \left|\boldsymbol{X}^i - \boldsymbol{X}_b\right|$ 为基准站至第 i 颗卫星的真实距离，可由基准站坐标和卫星星历求得；d_b^i 为基准站对第 i 颗导航卫星的测相伪距观测值，$d_b^i = \lambda(N_b^i + \varphi_b^i)$，$N_b^i$ 为相位初始整周模糊度，φ_b^i 为载波相位观测值，λ 为载波波长。

用 Δd_b^i 对用户站的伪距 d_u^i 进行修正：

$$\Delta d_b^i + d_u^i = \left|\boldsymbol{X}^i - \boldsymbol{X}_u\right| + d_\rho \tag{7-33}$$

其中，d_ρ表示伪距残差，主要由基准站和用户站接收机钟差的一次差引起。

将式(7-32)代入基准站和用户站的观测方程式(7-33)，可得

$$R_b^i + \lambda(N_u^i - N_b^i) + \lambda(\varphi_u^i - \varphi_b^i) = \left|\boldsymbol{X}^i - \boldsymbol{X}_u\right| + d_\rho \tag{7-34}$$

其中，N_b^i为用户站观测第i颗卫星的整周模糊度；φ_u^i为用户站对卫星i的载波相位观测值。显然，当同时观测多颗卫星时，求解式(7-34)的最关键问题是如何求解相位整周模糊度。

2)求差法

求差法是指基准站将载波相位观测值和精确坐标信息发送给用户站，用户站经差分处理消除或削弱绝大多数误差，获得精密定位结果。求差法在实际中得到广泛应用。

载波相位差分可以在卫星间求差，可以在接收机间求差，也可以在不同历元之间求差，求差的结果与先后次序无关。将观测值直接相减称为一次差，即单差；在一次差的基础上继续求差，便可以得到二次差，也称双差；二次差仍可以继续求差，称为三次差。求差法在实际使用时通常采用在接收机间求一次差，在接收机和卫星间求二次差，在接收机、卫星和观测历元之间求三次差的方式，如图7-11所示。

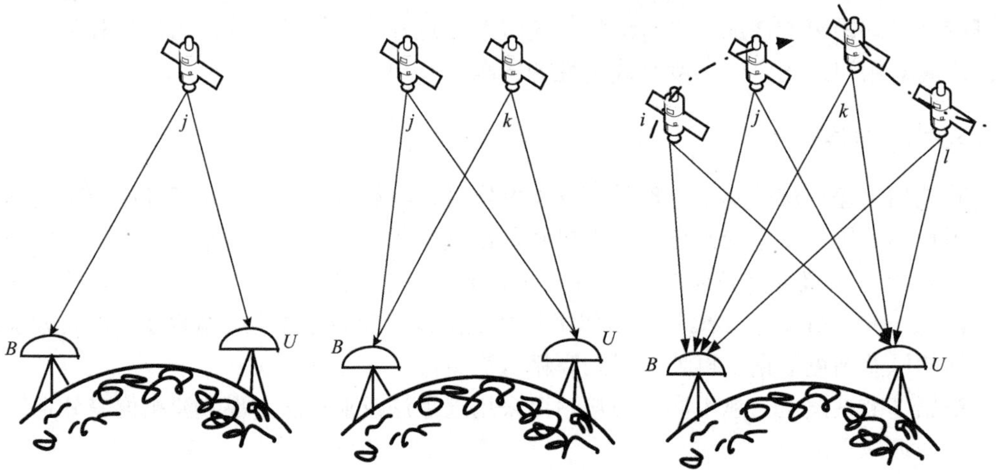

(a) 求一次差　　(b) 求二次差　　(c) 求三次差

图7-11　载波相位差分定位

7.3　GPS卫星的导航定位信号

导航卫星向广大用户发送的导航定位信号是一种已调波[13]。它有别于常用的无线电广播电台发送的调频调幅信号，利用伪随机噪声码传送导航电文的调相信号，因此是卫星导航电文和伪随机噪声码的组合码。本节主要对GPS卫星信号进行简单介绍，包括载波、测距码(重点介绍C/A码、P码)、数据码(即导航电文)。

7.3.1　GPS 导航定位信号概述

GPS 卫星信号包含 3 种信号分量，即载波、测距码和数据码。

(1)载波：GPS 卫星使用 L 频段两种频率的电磁波作为载频，即

L1 载波：$f_{L1}=154\times f_0$=1575.42 MHz；波长 λ_{L1}=19.03 cm。

L2 载波：$f_{L2}=120\times f_0$=1227.60 MHz；波长 λ_{L2}=24.42 cm。

其中，f_0 为 GPS 信号的基准时钟频率，且 f_0=10.23MHz。

两种载频之间的间隔为 347.82MHz，等于 L2 的 28.3%。L1 载波频率为 P 码码率的 154 倍，而 L2 载波频率为 P 码码率的 120 倍，之所以选择这两个载波，是为了利用双频法测量出由于电离层效应而引起的延迟误差，以便对定位结果加以修正，提高定位精度。

(2)测距码：测距码包括 C/A 码、P 码、L2M 码、L2C 码、L 码、L1 码和其他加密后的军用码。GPS 卫星所采用的测距码均属于伪随机噪声(pseudo-random noise，PRN)码。在 GPS 中，由 C/A 码和 P 码形成的扩频信号具有很强的多址工作能力。所有 GPS 卫星采用的测距码的码长、周期和码速率均相同，不同的 GPS 卫星采用的测距码码序不同，GPS 利用不同码序的扩频信号实现对 24 颗卫星的识别和跟踪。尽管 24 颗卫星采用同一种载频信号，但可以按不同的伪随机码加以识别。

(3)数据码：数据码又称导航电文或 D 码。它是利用 GPS 进行导航和定位的基础，包含了有关卫星的星历、卫星工作状态、时间系统、卫星钟运行状态、轨道摄动改正、大气折射改正和由 C/A 码捕获 P 码等的导航信息。

7.3.2　GPS 信号测距码

1)C/A 码的特点及产生方法

C/A 码是 GPS 中的粗测距码[12]，它具有一定的抗干扰能力，是结构公开的明码。GPS 信号中使用了伪随机码编码技术来识别和分离各颗卫星信号，C/A 码本身就是序列长度为 1023 位的戈尔德码(Gold 码)。Gold 码是 m 序列的复合码，由两个码时钟速率相同且码长相等的 m 序列优选对的模 2 和构成。Gold 码有优良的自相关、互相关特性，且构造简单，产生的序列数目较多，所以被广泛地应用于码分多址(code division multiple access，CDMA)系统。

GPS 信号中 C/A 码的码速率为 1.023MHz，周期 1ms(1023/1.023MHz=0.001s)，其中每个基码码片的宽度为 1ms/1023=977.5ns。C/A 码的产生原理如图 7-12 所示。

由图 7-12 可见，m1 和 m2 序列产生器分别产生 G1 序列和 G2 序列，G2 序列经过相位选择器后，输入一个与 G2 序列平移等价的 m 序列，再与 G1 序列经过模 2 加法器产生 C/A 码序列，即每颗卫星专门的 C/A 码是经过时延的 G2 输出序列和 G1 序列直接异或的结果。输出序列、G1 序列和 G2 序列的特征多项式分别为

$$\mathrm{G}(t)=\mathrm{G1}(t)\oplus\mathrm{G2}(t+N_i\tau_0) \tag{7-35}$$

$$\mathrm{G1}(t)=1+x^3+x^{10} \tag{7-36}$$

$$\mathrm{G2}(t)=1+x^2+x^3+x^6+x^8+x^9+x^{10} \tag{7-37}$$

其中，τ_0 为码元对应的时间 1/1023 ms；N_i 为 G1 和 G2 间相位偏置的码元数。

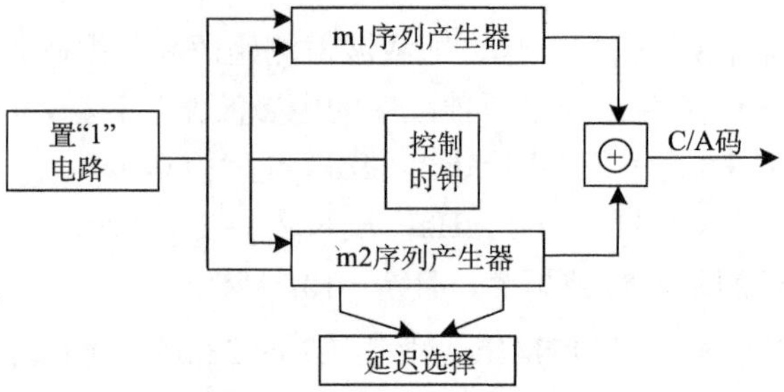

图 7-12　C/A 码产生原理图

不同卫星的 C/A 码通过 G2 不同的时延确定，时延效果由 G2 不同的抽头位置进行异或作为输出来完成，见图 7-13。如第一颗 GPS 卫星的 G2 抽头为 2、6，第二颗为 3、7 等，具体的卫星信号对应的抽头及相应的延迟码片数见表 7-3。

C/A 码的频率为 1.023MHz，周期为 1ms，码长为 1023bit。由于其周期短，速率低，易于被接收机相关捕获，但是测量误差较大，因此 C/A 码被称为粗捕获码。

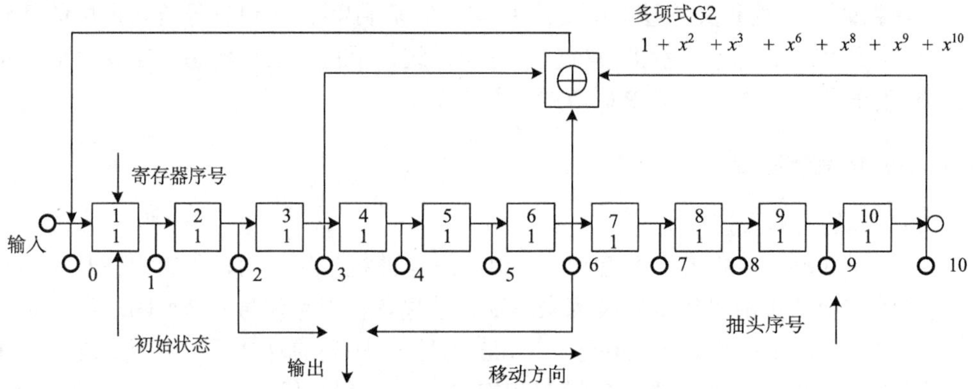

图 7-13　移位寄存器 G2 的结构图(第一颗卫星)

表 7-3　1~5 号卫星 C/A 码和 P 码的参数

卫星序号	卫星伪随机序列序号	码相选择		码片延迟		前 10 位码片(八进制)C/A	前 12 位码片(八进制)P
		C/A 码(G2*i*)	P 码(X2*i*)	C/A 码	P 码		
1	1	2 ⊕ 6	1	5	1	1440	4444
2	2	3 ⊕ 7	2	6	2	1620	4000
3	3	4 ⊕ 8	3	7	3	1710	4222
4	4	5 ⊕ 9	4	8	4	1744	4333
5	5	1 ⊕ 9	5	17	5	1133	4377

2) P 码的特点及产生方法

P 码是复杂的伪随机噪声序列，其频率为 10.23MHz，每个基码码片宽度为 97.7ns，是 C/A 码基码码片宽度的 1/10，码宽等效距离为 29.3m。相对于 C/A 码，P 码具有高测距精度，故被称为精码。由于 P 码捕获难度大，有利于保密，所以通常用作精密测距、抗干扰以及保密的军用码。P 码由两组各包含两个 12 级的反馈移位寄存器组合产生，其原理与 C/A 码相似，但是线路设计复杂度远远高于 C/A 码。

P 码是由两个 12 级反馈移位寄存器产生的 X1 和 X2 两个子码构成的复合噪声码，其原理如图 7-14 所示。12 级的反馈移位寄存器生成的 m 序列的码元总数为 $2^{12}-1=4095$，将两个 m 序列采用截短法截短为单个周期码元数为素数的截短码。若 X_{1a} 码元数目是 4092，X_{1b} 码元数目是 4093，在将 X_{1a} 和 X_{1b} 通过模 2 和或者波形相乘，得到周期是 4092×4093 的长周期码，再截短乘积码，截出周期 1.5s 的子码 X1；同理，在另一组中，两个 12 级的移位寄存器产生 X2。两个子码的码长分别为

$$N_1 = 10.23\times10^6\times1.5 = 15.345\times10^6 \tag{7-38}$$

$$N_2 = 15.345\times10^6 + 37 \tag{7-39}$$

因此，P 码码元数目为

$$N = N_1\cdot N_2 = 2.35\times10^4 \tag{7-40}$$

其码元周期为

$$T_p = \frac{N}{f_p} \approx 267\ (\text{天}) \approx 38\ (\text{周}) \tag{7-41}$$

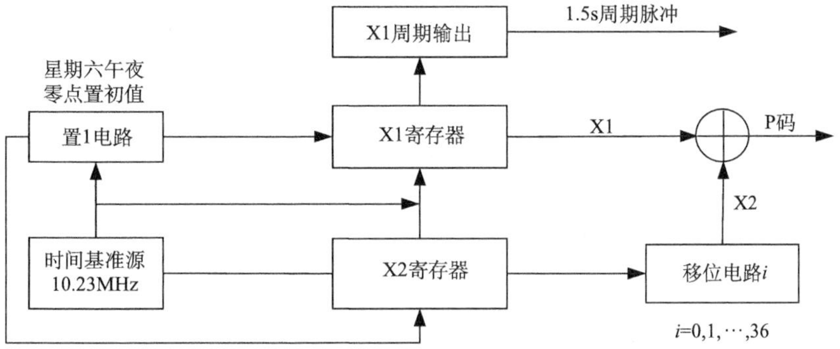

图 7-14　P 码生成原理图

在乘积码 $PN_1(t)PN_2(t+i\mu)$ 中，i 可取 0，1，2，…，36，则可得到 37 种 P 码。实际上，截取乘积码中周期为一星期的一段，可得到 37 种结构相异、周期相同的 P 码，并规定在每个星期六的午夜零点将 P 码置“1”，作为起点。

因为 P 码的码长约为 6.19×10^{12} bit，若逐个码元依次进行搜索，当搜索速度仍为 50 码元/s 时，那将是无法实现的，因为所需的时间太长。因此，一般都是先捕获 C/A 码，然后根据导航电文中给出的有关信息捕获 P 码。

C/A 码与 P 码的特征对比见表 7-4。

表 7-4　C/A 码与 P 码的特征对比

特征指标	C/A 码	P 码
产生物理单元	10 级反馈移位寄存器	12 级反馈移位寄存器
码长	1023bit	2.35×10^{14}bit
频率	1.023MHz	10.23MHz
码宽	0.97752μs	0.097752μs
周期	1ms	267d
码宽等效距离	293.1m	29.3m
测距误差	29.3～2.9m	2.93～0.29m
特征	粗码、开放、二值	精码、保密、二值

7.3.3　导航电文

卫星导航电文是用户利用 GPS 进行导航定位的数据基础，电文中包括卫星星历、时钟改正参数、电离层延迟改正参数、遥测码，以及由 C/A 码确定 P 码信号时的交接码等参数。导航电文以二进制的形式发送，码率为每秒 50bit，每个二进制码为 20ms。电文按帧传送，每个子帧 10 个字码，每个字码 30bit 电文，一子帧电文的持续播发时间为 6s。第 1、2、3 子帧每 30s 重复一次，内容每小时更新一次。第 4、5 子帧各 25 页，750s 重复一次，卫星注入新的导航数据后内容更新。第 1、2、3 子帧与第 4、5 子帧的每一页构成一帧电文，每 25 帧导航电文组成一个主帧。

导航电文的内容包括遥测码、转换码、数据块 I、数据块 II 和数据块 III 共 5 部分，图 7-15 所示是其结构示意图。

(1) 遥测码：每一个子帧的第 1 个字码都是遥测码，作为捕获导航电文的前导。其中所含的同步信号为各子帧提供了一个同步起点，便于用户解释电文数据。

(2) 转换码：每一个子帧的第 2 个字码都是转换码，它的主要作用是帮助用户从已捕获的 C/A 码转换到 P 码。

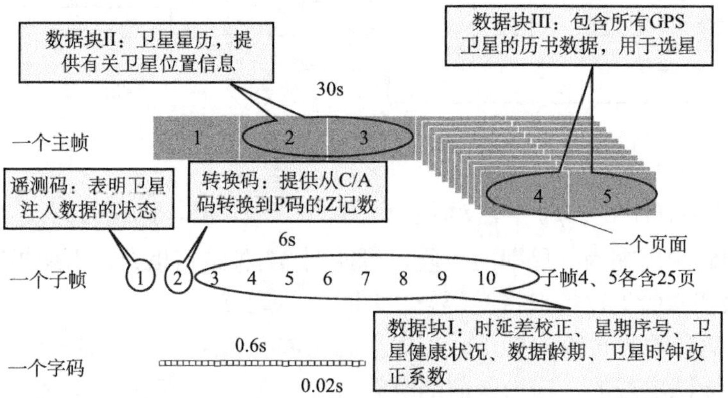

图 7-15　一帧导航电文的内容

(3) 数据块 I：子帧 1 的第 3～10 个字码为数据块 I，它的主要内容是：标志码(指明载波 L1 的调制波类型、星期序号、卫星的健康状况)、数据龄期、卫星时钟改正系数。

(4) 数据块 II：数据块 II 含在子帧 2 和子帧 3 内，它载有卫星的星历，即描述有关卫星运行轨道的信息。这是 GPS 定位中最常用的数据。

(5) 数据块 III：数据块 III 含在子帧 4、5 内，它提供 GPS 卫星的历书数据。当接收机捕获到某颗卫星后，利用数据块 III 的信息可以得到其他卫星的概略星历、时钟改正、码分地址和卫星状态等数据。

当采用 GPS 进行定位解算时，可通过上述导航电文获取 GPS 卫星的各种轨道参数，在此基础上准确计算卫星的瞬时位置。

7.4　GPS 信号接收机

GPS 信号接收机是 GPS 导航卫星的用户设备，是实现 GPS 卫星导航定位的终端仪器，它是一种能够接收、跟踪、变换和测量 GPS 卫星导航定位信号的无线电接收设备，既具有常用无线电接收设备的共性，又具有捕获、跟踪和处理卫星微弱信号的特性。本节将介绍接收机的基本结构及其工作原理。

7.4.1　GPS 信号接收机的基本结构

GPS 信号接收机的基本结构，从仪器结构的角度来分析，可概括为天线单元和接收单元两大部分。两个单元被分别装成两个独立的部件，以便天线单元能够安设在运动载体或地面的适当点位上，接收单元置于运动载体内部或测站附近的适当地方，用天线电缆将两者连接成一个整机，仅由一个电源对该机供电。现对两个单元中的部件功能分别予以介绍。

1. 天线单元

天线单元也被称为前端，它由接收机天线和前置放大器两个部件组成[14]，作用是将接收到的 GPS 电磁波变换成电信号，并将微弱的 GPS 电信号予以放大。因此，GPS 天线前端除了具有较理想的接收和放大功能以外，还必须具有较强的抗干扰能力。图 7-16 是 GPS 天线前端的基本结构。

GPS 信号接收天线的类型如下：

(1) 分体式：天线单元和接收单元分别装配成两大部件，用长达 10~100m 的电缆将它们连接成一个整机。

(2) 连体式：天线单元和接收单元被装配成一个整机，多用于手持式 GPS 信号接收机。

GPS 信号接收天线必须具有下列特性：

(1) 具有波束半宽带大于 70° 的半球状天线方向图；

(2) 电波右旋圆极化；

(3) 精确定义和稳定的相位中心；

(4) 较强的多径效应抑制能力；

(5)能够接收多个载波频率的 GPS 信号；

(6)高度稳定的机械性能。

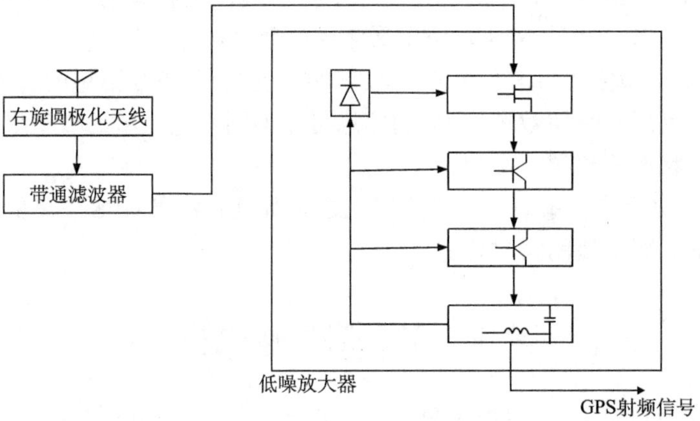

图 7-16　GPS 天线前端的结构框图

2. 信号波道

信号波道是接收单元的核心部件。它不是一种简单的信号通道，而是一种软硬件相结合的有机体，故用波道名称予以区别。按照捕获伪噪声码的不同方式，信号波道被分成相关型、平方律和码相位三种。

相关型波道采用伪噪声码互相关电路实现对扩频信号的解扩，解析卫星导航电文，如图 7-17 所示。

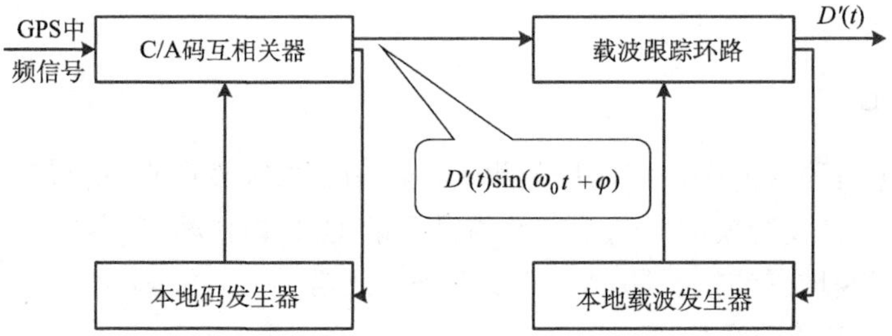

图 7-17　相关型波道释义

平方律波道采用 GPS 信号自乘电路，仅能获得二倍于原载频的重建载波，抑制了数据码，无法获取卫星导航电文。

码相位波道采用 GPS 信号时延电路和自乘电路相结合的方法，获取 P 码或 C/A 码的码率正弦波，仅能测量码相位，无法获取卫星导航电文。

按跟踪 GPS 信号的不同方式，信号波道可分为平行跟踪式、序贯跟踪式和多重跟踪式，见图 7-18。

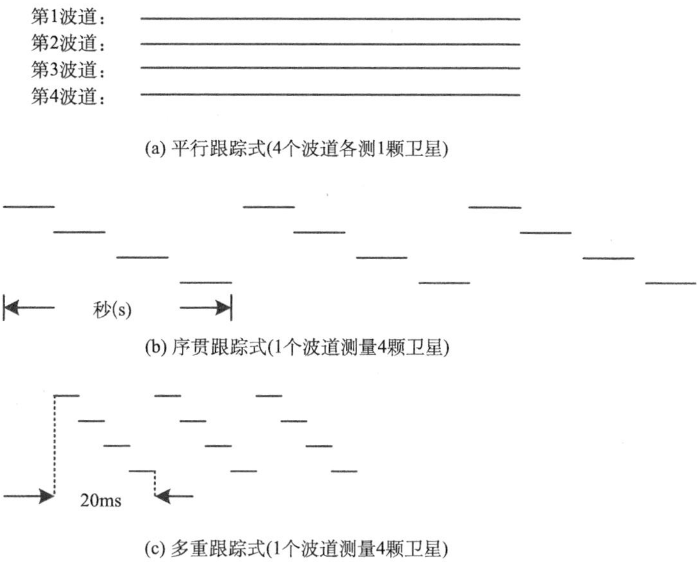

图 7-18　信号波道的跟踪模式

平行跟踪式波道采用 4~12 个波道同时捕获、跟踪和测量来自各卫星的 GPS 信号(L1)，每一个波道连续而固定地跟踪一颗特定的 GPS 卫星。

序贯跟踪式波道采用一个或多个波道(定时转换)捕获、跟踪和测量来自不同卫星的 GPS 信号。当跟踪和测量某颗 GPS 卫星时，其他能见卫星到达接收单元的 GPS 信号均被拒之于“波道”之外。某颗卫星“处于”波道内的持续时间，称为“闭锁时间”。只有这颗卫星被测量完毕后，波道才自动转换到另一颗 GPS 卫星闭锁测量。换言之，序贯波道对 GPS 卫星的跟踪和测量，是开关式的，其闭锁测量时间一般为 0.16~2s。

多重跟踪式波道是一种快速转换型波道，它类似于序贯跟踪式波道，依次转换而逐一测量所有能见的 GPS 卫星。但是，多重式波道的闭锁测量时间比较短促，仅为 20ms。近年来，平行跟踪式波道已成为应用的主流，特别是中高动态环境下的 GPS 信号接收机几乎均采用平行跟踪式波道。

3. 存储器

为了实现差分导航和获得相对定位的测后数据，许多接收机能够将导航定位现场所采集的伪距、伪距变化率、载波相位测量和人工量测的数据，以及所解释的 GPS 卫星星历，都存储在接收机内部存储器中，或者通过外接微型计算机直接存储在磁盘上，图 7-19 为 GPS 数据的存储形式。

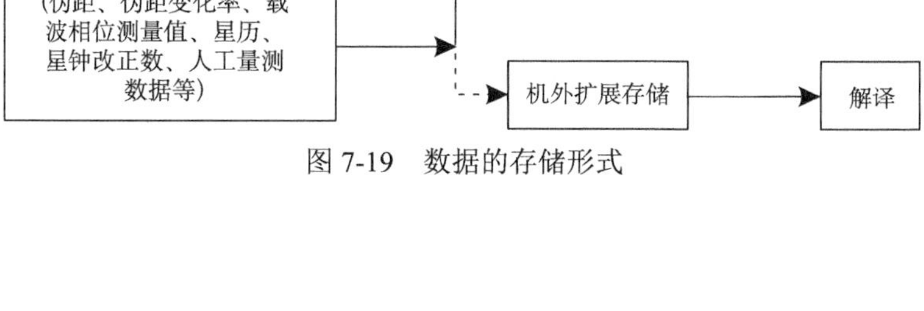

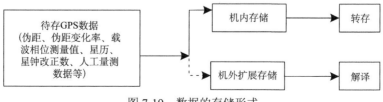

图 7-19　数据的存储形式

4. 计算与显控

显控器通常包括一个视屏显示窗和一个控制键盘，它们均安设在接收单元的面板上。也有不少产品使用触摸屏，将显示和控制界面合二为一。在作业过程中，使用者通过键盘按键的控制，从视屏显示窗上读取所要求的数据和信息，这些数据和信息是由微处理机及其相应软件提供的。接收机内的处理软件是实现 GPS 导航定位数据采集、波道自校检测的重要部分，主要用作信号捕获、环路跟踪和点位计算。在机内软件的协同下，微处理机主要完成下述计算和处理：

(1) 当接收机接通电源后，各个波道即开始自检，并在视屏显示窗内显示自检结果，并测得、校正和储存各个波道的时延值。

(2) 根据跟踪环路所输出的数据码，解释出 GPS 卫星星历。连同所测得的 GPS 信号到达接收天线的传播时间及其变化率，计算出测站的三维位置和速度，并按照预置的位置数据更新率，不断更新点位坐标和速度。

(3) 用已测得的点位坐标和 GPS 卫星星历，计算所有在轨卫星的升落时间和方位，并能为用户提供在视卫星数量及其正常工作与否的状态，以便用户选用状态健康的、分布适宜的定位星座，达到提高点位精度的目的。

5. 频率合成器

频率合成器的基本结构见图 7-20，它用一个独立的基准频率源，在压控振荡器的支撑下运行信号的分频和倍频功能，获得一系列与基准频率稳定相同的信号输出，即用一个频率合成器可以获得多个高稳定的输出信号。

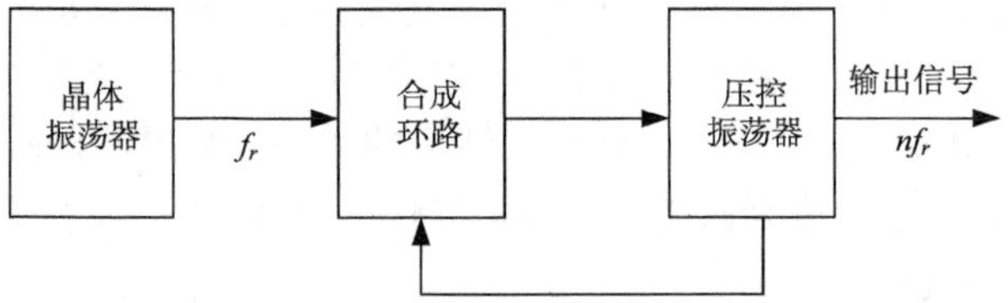

图 7-20　频率合成器的基本结构

7.4.2　GPS 信号接收机的工作原理

在导航定位测量时，GPS 信号接收机一般需要实施下列主要作业程序[15]：检校接收机的自身性能，捕获和跟踪可视待测卫星，校正接收机时钟，采集和记录导航定位数据，不断选用适宜的定位星座，实时算得点位坐标和行驶速度。随着超大规模集成电路和固件技术的迅速发展，许多接收机不仅能够自动地按序完成这些作业程序，而且还能够实行无人值守地采集 GPS 导航定位数据，并将它们传送到数据处理中心或导航数据处理器。

1. 捕获 C/A 码识别 GPS 信号

用 24 颗卫星组成的 GPS 星座进行导航定位测量时，若某个用户能够同时接收到 4～

12 颗卫星发送的 GPS 信号，则有 8～24 个导航定位信号同时到达用户的全向接收天线。因此，如何从这些载波频率相同的接收信号中解析出各自需要的第一或第二 GPS 导航定位信号，是 GPS 信号接收机必须解决的首要问题。

GPS 信号接收机先捕获和跟踪 C/A 码。在 C/A 码 1ms 的时间周期共有 1023 个码元，若以 50bit/s 的速率搜索 C/A 码，只需 20.46s 就能够完成一个周期 C/A 码的搜索。不过，C/A 码的捕获需要两步才能完成。

第一步称为逐元搜索，目的是迫使 C/A 码步入跟踪区间。在搜索状态下，存在下述两种 C/A 码：一种是接收到的来自 GPS 卫星的 C/A 码，叫做接收码；另一种是接收机 C/A 码发生器所产生的 C/A 码，称之为本地码。与此相对应，还存在接收载波和本地载波。由于 GPS 卫星运行所导致的多普勒效应，接收载波的频率是随时间而不断变化的。因此，搜索 C/A 码的目的，既要迫使本地码基本上对准接收码，又要迫使本地载波频率锁定在接收载波频率上。图 7-21 给出了一个二维区间内搜索 C/A 码的示意图，其中的列距是一个 C/A 码元宽度，而行距是中频滤波器的频带宽度。

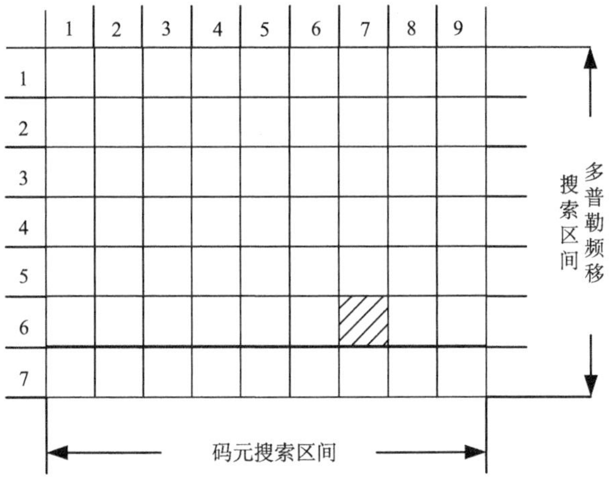

图 7-21 C/A 码的搜索空间

C/A 码的搜索采用如图 7-21 的方式逐个搜索单元(方格)，一行行地逐步迫使本地码和本地载波去分别“对准”接收码和接收载波。简言之，搜索过程是逐元逐行地进行，使得本地码步入跟踪区间。从第一行第一个单元开始搜索，若没有信号输入到搜索/跟踪控制电路(图 7-22)，保持载波频率不变，但是将本地码移动一个码元，从而进入第二个搜索单元。如果仍然没有信号输入，搜索/跟踪控制电路采用同样的方式步入第三个搜索单元，依此类推，直到第一行的最后一个搜索单元。如果仍无信号输入，搜索/跟踪控制电路不仅使本地码移动一个码元，而且本地载波增加一个频带宽度，转入到第二行的第一个搜索单元。重复上一行的搜索步骤，逐元逐行地搜索，直到有信号输入到搜索跟踪控制电路为止。如果搜索到有信号输入，则表示本地码和本地载波已基本“对准了”接收码和接收载波，码压控时钟和载波压控振荡器(VCO)将分别转为伪噪声码跟踪环路和载波跟踪环路(Costas 环)的输出信号予以控制。

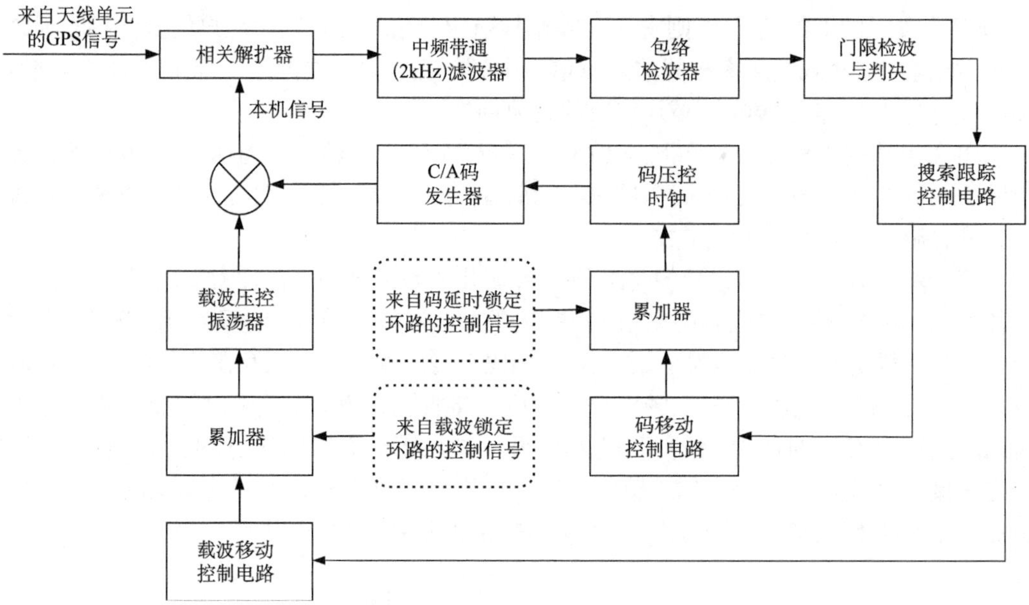

图 7-22　C/A 码的搜索和跟踪电路框图

第二步是精细调节，目的是利用双跟踪环路解译出 D 码。C/A 码的上述搜索，只能解决让本地码和本地载波基本上分别对准接收码和接收载波。换言之，只能解决 GPS 信号接收机的“冷启动”问题。两者的一一精确对齐还需依靠伪噪声码跟踪环路和载波跟踪环路(Costas 环)，它们也是相关型波道的主要组成部分。

2. 基于 Z 计数的 P 码捕获和跟踪

P 码是一个具有 2.35×1014 个码元的长码，即使截短成了周期为 7 天的截短 P 码，其码元仍有$(7\times24\times3600\times10230)\times10^3$个$(6.187\times10^{12}$个)，根本不能用逐元搜索的方法去捕获它，而是依据 C/A 码解译出的导航电文中的 Z 计数，实现对 P 码的捕获和跟踪。

Z 计数是从一个星期开始起算的 1.5s 的数目，该星期周末的 Z 计数为$7\times24\times60\times60\div1.5=403200$。然而，P 码的子码的时间周期也为 1.5s，且因导航电文(D 码)、P 码、C/A 码和载波均源于同一个稳定度为1×10^{-13}的振荡器，因此，Z 计数就是 P 码子码 X1 的时间周期的数目，它们的相互关系如图 7-23 所示，图中的 HOW 表示转换码。只要知道了 Z 计数，P 码子码 X1 在任一个周期内的时元就被确定了，依此可激发本地 P 码发生器产生相应的 P 码，这就相当于完成了 P 码搜索。

从上文可知，GPS 信号接收机工作原理的关键，在于如何识别和锁定来自不同 GPS 卫星的导航定位信号，并逐一测量它们到达接收天线的传播时间。对于动态用户所用的码接收机，是通过搜索、捕获和跟踪仅有 1023 个码元的 C/A 码识别来自不同卫星的 GPS 信号的。每颗 GPS 卫星所提供的“历书”数据，可以显著地缩短，甚至越过搜索过程，从而加速 C/A 码的捕获。因此，不少厂家将 GPS 卫星历书数据存于 GPS 信号接收机，以便开机即可进行导航定位测量，这被称为“热启动”。反之，没有存储 GPS 卫星历书数据的则被叫做“冷启动”。实际上，只要 GPS 信号接收机进行过一次导航定位测量，它就往往存储着历书数据，后续的开机作业都是“热启动”，开机作业的间隔时间越短，启动(捕获 C/A 码)就越快，这对动态用户是很有益处的。

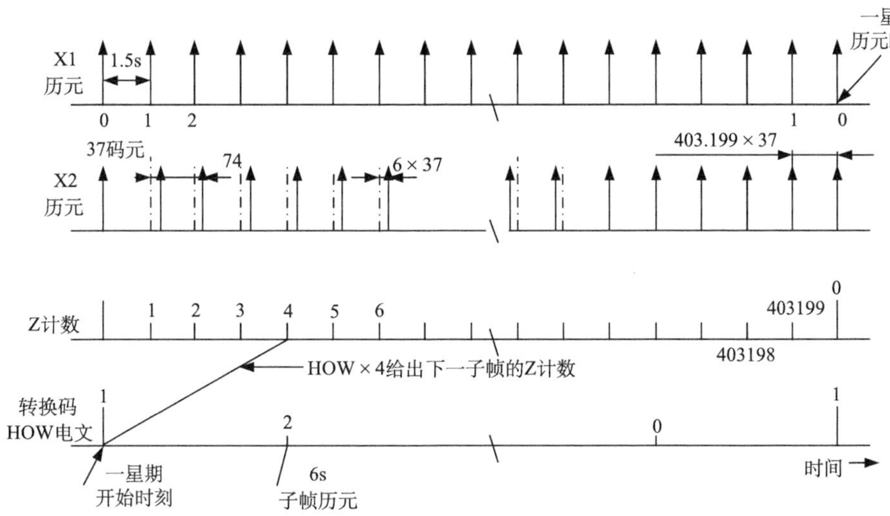

图 7-23　P 码子码 X1 与 Z 计数的相互关系

7.5　整周模糊度

由于 GPS 信号结构的限制，接收机在实际相位测量中只能确定相位差的非整数周部分，即小数部分，因此总是包含一个未知的初始的相位整周 N。这个未知数为初始观测历元时刻卫星和观测站间距离相对于载波波长的整数，且不随时间变化，所以称为相位整周模糊度[16]，本节主要讨论整周模糊度解算问题，重点介绍双频伪距/载波组合法以及 LAMBDA 算法，前者是一种观测值域内方法，后者是一种模糊度域内的模糊度搜索技术。

7.5.1　整周模糊度概述

整周模糊度可以用公式表示为

$$\varphi_i^j = N_i^j(t_0) + N_i^j(t - t_0) + \delta\varphi_i^j(t) \tag{7-42}$$

其中，φ_i^j 表示测站 i 和卫星 j 之间载波相位的变化；t_0 表示载波相位被锁定的时刻，即初始观测历元；$N_i^j(t_0)$ 表示初始时刻 t_0 的整周模糊度；$N_i^j(t-t_0)$ 表示由相位被锁定时刻 t_0 算起至某时刻 t 相位变化的整周计数；$\delta\varphi_i^j(t)$ 表示相位观测值中非整数周的小数部分。整周模糊度示意图如图 7-24 所示。

在不发生周跳或失锁的情况下，如果对某一个卫星进行连续观测，则后续所有的载波相位观测值中都含有相同的初始历元整周模糊度。显然在利用载波相位观测值定位中，已知整周计数和非整周部分的值后，只有正确地解算出整周模糊度的情况下，才能实现高精度定位。一旦正确固定模糊度，则能得到毫米级的伪距观测值。错误的整周模糊度将产生极大的误差，L1 载波上一周大小的整周模糊度偏差对其他参数可能会造成最大 19cm 的误差。

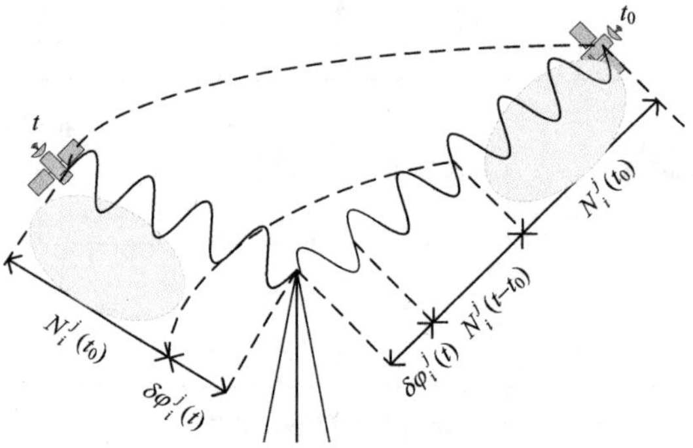

图 7-24　整周模糊度示意图

整周模糊度解算技术可划分为三类，即观测值域内的模糊度解算技术、坐标域内的模糊度搜索技术和模糊度域内的模糊度搜索技术。

(1) 观测值域内的模糊度解算技术。此类方法通过载波相位-测码伪距组合来确定模糊度。随着宽巷(wide lane，WL)、超宽巷技术的出现，该方法的使用得到巨大发展。宽巷、超宽巷观测值的波长分别达到 86cm 和 5.86m，因此短时平滑后取整就可得到整周模糊度。不过这类方法需要多频观测数据，硬件成本较高。

(2) 坐标域内的模糊度搜索技术。此类方法在模糊度为整数的前提下，在一个坐标搜索空间中确定最优的坐标估值。典型方法是模糊度函数法，它利用余弦函数对 2 的整数倍不敏感的特性，将模糊度域内的搜索转化为坐标域内的搜索，但计算量通常较大。

(3) 模糊度域内的模糊度搜索技术。目前，大部分模糊度解算技术都倾向于此类方法，典型的算法有 FARA 法、LSAST 法、FASF 法及 LAMBDA 法。这类模糊度解算方法以整数最小二乘法为基础。整数最小二乘法主要基于以下三个步骤：浮点解、整周模糊度估计与固定解。

7.5.2　观测值域内方法

这里介绍基于双频伪距/载波组合法，它是一种观测值域内的模糊度求解技术。本方法只需利用单颗卫星观测值，只需 10~15min 的观测值就能精确确定整周模糊度。它首先利用双频伪距和载波相位观测值构成线性组合，来求得其组合观测值的整周模糊度，然后再进一步分别求得 L1、L2 载波相位的整周模糊度。求得的整周模糊度的精度与线性组合观测值的波长有关，波长越长，计算得到的模糊度越精确。常用的线性组合方法有宽巷(WL)组合、窄巷(narrow lane，NL)组合、无电离层组合、M-W 组合(双频伪距和相位组合)及与几何距离无关的线性组合等。其中宽巷组合的表达式分别为

$$\begin{cases}\varphi_W=\varphi_1-\varphi_2\\ f_W=f_1-f_2=347.82\text{MHz}\\ \lambda_W=\dfrac{c}{f_W}=89.19\text{cm}\\ N_W=N_1-N_2\end{cases}\tag{7-43}$$

其中，φ_W 为宽巷组合相位观测值；f_W 为其频率；λ_W 为其波长；N_W 为其模糊度。

窄巷组合的表达式分别为

$$\begin{cases}\varphi_N=\varphi_1+\varphi_2\\ f_N=f_1+f_2=2803.02\text{MHz}\\ \lambda_N=\dfrac{c}{f_N}=10.70\text{cm}\\ N_N=N_1+N_2\end{cases}\tag{7-44}$$

其中，φ_N 为窄巷组合相位观测值；f_N 为其频率；λ_N 为其波长；N_N 为其模糊度。

由式(7-43)和式(7-44)可知，宽巷观测值的波长相比窄巷观测值的波长要长很多，达 89cm；而且可以看出它的模糊度仍然保持整周特性，其电离层延迟仅为载波 L1 的–0.238 倍，即当载波 L1 的电离层延迟为一周时，宽巷观测值受到的延迟仅为–0.238 周，因而很容易准确地确定其整周模糊度。

在这里，主要为了消除电离层延迟中的模糊度组合值 N_c，可推导为

$$N_c=N_1-\frac{f_1}{f_2}N_2=\left(\varphi_1-\frac{f_1}{f_2}\varphi_2\right)-\frac{f_2^2-f_1^2}{f_2^2}\Delta\varphi_{f_1}\tag{7-45}$$

为了确定模糊度 N_c 的值，可以首先分别利用 L1 和 L2 载波相位观测值进行基线解算，确定出 L1 和 L2 的模糊度 N_1 和 N_2，然后代入上式中计算出 N_c 的值。虽然这种方法理论上是正确的，但在实践中仅适用于短基线模糊度的确定，且容易受到电离层折射的影响，难以固定 L1 和 L2 的模糊度 N_1 和 N_2。

根据宽巷组合观测值 W 的波长较长、容易确定模糊度的优点，利用其宽巷观测值进行基线解算，确定出 N_W 的模糊度，将问题转换为确定 N_1 的值，然后两值相减就能得到 N_2 的值，相对单独求解 N_1 和 N_2 的精度略有提高。

7.5.3 LAMBDA 方法

Teunissen 教授于 1993 年提出了最小二乘模糊度降相关平差法，简称 LAMBDA 方法。该方法经过多年来的发展和完善，是目前快速静态定位中最成功的一种模糊度搜索方法。LAMBDA 方法主要是对原始模糊度参数进行整数变化，降低模糊度参数之间的相关性，从而达到缩小搜索范围，加快搜索过程的目的。

1) 整数变换

在 LAMBDA 中，需要先对模糊度的初始解中的实数参数 $\hat{\boldsymbol{N}}=(\hat{N}_1,\cdots,\hat{N}_n)$ 及其协因数阵 $\boldsymbol{Q}_{\hat{N}}$ 通过整数变换矩阵 $\boldsymbol{Z}=\begin{bmatrix}1\\ \alpha\end{bmatrix}\begin{bmatrix}1 & 0\end{bmatrix}$ 分行整数变换[17]，然后才能对整数模糊度参数

进行搜索，如下表达式所示：

$$\hat{\boldsymbol{z}} = \boldsymbol{Z}^{\mathrm{T}} \hat{\boldsymbol{N}} \tag{7-46}$$

$$\boldsymbol{Q}_{\hat{z}} = \boldsymbol{Z}^{\mathrm{T}} \boldsymbol{Q}_{\hat{N}} \boldsymbol{Z} \tag{7-47}$$

由于转换后得到的模糊度必须保持整数值，因而矩阵 $\boldsymbol{Z}$ 必须满足 3 个条件：

(1) 转换矩阵 $\boldsymbol{Z}$ 的元素必须为整数。

(2) 转换必须保持矩阵大小不变。

(3) 转换必须使所有模糊度方差的乘积减小。

另外，转换矩阵 $\boldsymbol{Z}$ 的逆矩阵必须仅由整数所组成，因为对整数模糊度再次进行转换时，还必须保持模糊度的整数特性。

2) 搜索算法

通过 $\boldsymbol{Z}$ 变换将模糊度去相关后，需要找到新参数 $\hat{z}$ 的整数最小二乘解，实际上就是要搜索能满足式(7-48)的整数组合 $\boldsymbol{z}=\left(z_1,\cdots,z_n\right)$ 。

$$(\hat{\boldsymbol{z}} - \boldsymbol{z})^{\mathrm{T}} \boldsymbol{Q}_{\hat{z}}^{-1} \left(\hat{\boldsymbol{z}} - \boldsymbol{z}\right) = \min \hat{z} \tag{7-48}$$

由于上式无法直接求解，故一般都采用搜索算法从备选组中选择出满足式(7-48)的整数组合 $\boldsymbol{z}$。由于变换后的新参数的方差及参数间的互相关性均较前大大减小，故搜索工作将更为简便迅速。

求得最优的整数组合 $\boldsymbol{z}$ 后，再进行逆变换：

$$\boldsymbol{N} = (\boldsymbol{Z}^{\mathrm{T}})^{-1} \boldsymbol{z} \tag{7-49}$$

变换后的参数 $\boldsymbol{N}$ 满足下列公式：

$$(\hat{\boldsymbol{N}} - \boldsymbol{N})^{\mathrm{T}} \boldsymbol{Q}_{\hat{N}}^{-1} \left(\hat{\boldsymbol{N}} - \boldsymbol{N}\right) = \min \hat{z} \tag{7-50}$$

逆变换后求得的参数 $\boldsymbol{N}$ 就是最初要寻找的最佳的整数模糊的向量。

最后对 LAMBDA 方法解算整周模糊度进行总结，可分为四个步骤：

(1) 利用标准最小二乘法平差产生基线分量和模糊度浮点解。

(2) 采用 $\boldsymbol{Z}$ 变换对模糊度搜索空间进行重新参数化，对浮点解去相关。

(3) 对整数模糊度进行估计，通过逆变换 $\boldsymbol{Z}^{-1}$ 将模糊度重新转换回原来的模糊度空间(所给出基线向量的空间)。由于 $\boldsymbol{Z}^{-1}$ 仅由整数元素构成，因此模糊度的整数特性得到保留。

(4) 将整周模糊度作为整数固定，确定最终的基线向量。

7.6 GPS 定位中的误差源

7.6.1 GPS 误差分类

GPS 的误差按其性质可以分为系统误差和随机误差两大类[18]，其中系统误差无论从误差的大小还是对定位结果的危害来看，都比随机误差大得多，并且也有规律可循，可以采取一定的方法和措施来加以消除。根据 GPS 测量中出现的误差来源，可将系统误差分为三类：与卫星有关的误差、与信号传播有关的误差、与接收机有关的误差。

1. 与卫星有关的误差

1) 卫星星历误差

当卫星在空中运行时，其运行轨迹会受到不同类型的摄动力的干扰，地面监控站对这些摄动力的测量难以达到精确的程度，使得测量的卫星轨道会有误差[17]。此外用户得到的卫星星历并非是实时的，是采用广播星历参数推算出的卫星位置，与卫星实际位置会有误差，此即卫星星历误差。

星历误差是当前 GPS 定位的重要误差来源之一。为了消除这类误差，人们提出了多种处理方法，其中同步观测求差法就是一种效果较好的方法。这种方法利用两个以上的观测站对同一颗卫星观测量进行求差处理，这样就可以减弱卫星星历误差的影响。由于同一颗卫星的位置误差对于不同观测站的影响具有相关性，所以可以利用求差法消除站间的共同误差。当两站之间距离比较近时，该方法消除误差的效果更加明显。

2) 卫星钟差

虽然卫星上使用了高精度的原子钟，但是这些钟与 GPS 标准时间之间会有偏差，并且这些偏差还随着时间推移发生变化。这将导致星钟与 GPS 标准时间之间产生偏差，即卫星钟差。由于卫星的位置是时间的函数，因此，GPS 的观测量均以精密的测时为依据，与卫星位置有关的时间信息是通过卫星信号传送给接收机的。在 GPS 定位中，无论是测码伪距观测，还是载波相位观测，均要求卫星钟与接收机钟保持严格的同步。如果卫星钟偏差达到 1ms，由此产生的等效距离误差可达 300km。

为了消除这种偏差，在 GPS 播发的导航电文中，包含有描述卫星钟差的二阶多项式系数。卫星钟差的表达式可以写为

$$\delta^s = a_0 + a_1(t-t_0) + a_2(t-t_0)^2 \tag{7-51}$$

其中，a_0 为卫星钟在参考历元的钟差；a_1 为卫星钟的钟速；a_2 为卫星钟的钟速变化率。这些数值由 GPS 主控站测定，并通过卫星的导航电文发送给用户。卫星钟经过以上钟差模型改正后，各卫星钟间的同步差可保持在 20ns 内，由此引起的等效距离之差不会超过 6m，经修正后的残余误差，可以利用接收机间的差分技术进行消除。上述误差对测码伪距观测值和载波相位观测值的影响是相同的。

2. 与信号传播有关的误差

1) 电离层延迟

电离层(含平流层)是高度在 60～1000km 间的大气层[12]。在太阳紫外线、X 射线、γ 射线和高能粒子的作用下，该区域内的气体分子和原子将产生电离。带电粒子的存在将影响无线电信号的传播，使传播速度发生变化，传播路径产生弯曲，从而使得信号传播时间与真空中光速的乘积不等于卫星至接收机的几何距离，产生所谓的电离层延迟。电离层延迟取决于信号传播路径上的总电子含量 TEC 和信号的频率 f。而 TEC 又与时间、地点、太阳黑子数等多种因素有关。

数值计算表明：对于 C/A 码和 L1 载波，单位 TEC 引起的等效距离延迟为 0.16m。

对于 L2 载波，单位 TEC 引起的延迟为 0.267m。测码伪距观测值和载波相位观测值所受到的电离层延迟大小相同，但符号相反。

2) 对流层延迟

对流层是高度在 50km 以下的大气层，整个大气层中的绝大部分质量集中在对流层中。GPS 卫星信号在对流层中的传播速度为$v=c/n$，其中c为真空中的光速，n为大气折射率，其值取决于气温、气压和相对湿度等因子。此外，信号的传播路径也会产生弯曲。上述原因使距离测量值产生的系统性偏差称为对流层延迟。对流层延迟对测码伪距和载波相位观测值的影响是相同的。

3) 多路径误差

经某些物体表面反射后到达接收机的信号，如果与直接来自卫星的信号叠加干扰后进入接收机，就将使测量值产生系统误差，这就是所谓的多路径误差。多路径误差对测码伪距观测值的影响要比对载波相位观测值的影响大得多。多路径误差取决于测站周围的环境、接收机的性能以及观测时间的长短。

3. 与接收机有关的误差

1) 接收机的钟误差

与卫星钟一样，接收机钟也有误差。由于接收机大多采用的是石英钟，因而其钟误差比卫星钟更为显著。该项误差主要取决于钟的质量，与使用时的环境也有一定关系。它对测码伪距观测值和载波相位观测值的影响是相同的。

2) 接收机的位置误差

在进行授时和定轨时，接收机的位置是已知的，其误差将使授时和定轨的结果产生系统误差。进行 GPS 基线解算时，需已知其中一个端点在 WGS-84 坐标系中的近似坐标，近似坐标的误差过大也会对解算结果产生影响。该项误差对测码伪距观测值和载波相位观测值的影响是相同的。

3) 接收机的测量噪声

用接收机进行 GPS 测量时，由仪器设备及外界环境影响而引起的随机测量误差，其值取决于仪器性能及作业环境的优劣。一般而言，测量噪声的值远小于上述的各种偏差值。观测足够长的时间后，测量噪声的影响通常可以忽略不计。

7.6.2　减少或消除误差的措施

1) 改进测站部署方法

(1) 测站不宜选择部署在山坡、山谷和盆地内，应远离大面积平静水面，其附近不应有高层建筑物、广告牌等。测站应选择反射能力较差的粗糙地面，以减小多路径误差。另外，延长观测时间、选择配有抑径板的接收天线也可减小多路径误差。

(2) 选择适当的截止高度角，既可延迟和降低电离层、对流层的影响，又能尽量多接收几颗卫星的信号，以增加卫星观测数，改善几何图形。

(3) 在不同测段之间重新整平对中仪器，以减少接收机的整平对中误差。同时还要求天线盘方向标志指北(偏差在$\pm5^\circ$内)[19]，便于对接收机相位中心偏差进行改正。

2) 改进测量方法

(1) 用载波相位测量法代替伪距测量法。由于载波波长很短，因此，载波相位测量比伪距测量精度高 2~3 个数量级，用双频改正还能减少或消除电离层延迟误差。

(2) 用相对定位代替绝对定位。两点(站间距<100km)或两点以上的同步相对定位与单点的绝对定位相比，可减小卫星星历误差、卫星钟差、大气延迟误差。

(3) 采用区域差分技术或广域差分技术不但能减小基准站和用户站共同的误差，而且可使站间距从 100km 增加到 2000km。

3) 改进数据处理方法

(1) 用精密星历代替或部分代替广播星历。授权用户可由因特网随时下载精密星历提供给解算软件，达到减小与星历有关的误差影响。

(2) 采用适当的起算数据。有 3 种可行方案：首先与国家 GPS 网 A、B 级控制点或其他高级 GPS 网控制点联测，精度可达米级；其次，将原有国家级已知点的坐标转换到 WGS-84 坐标系中，精度在米级；最后，如果没有条件与其他控制点联测，也可用不少于观测 30min 的单点定位结果做起算数据，其精度为 10~15m。

(3) 载波相位测量中采用适当的线性组合。如分别在接收机、卫星、历元间求一次差，可分别消除卫星钟误差、接收机钟误差和整周模糊度。在接收机、卫星间求二次差，可同时消除卫星钟误差和接收机钟误差。在三者间求三次差，可得到只有坐标差未知数的方程。

参 考 文 献

[1] 刘基余. GPS 卫星导航定位原理与方法(第二版)[M]. 北京：科学出版社, 2008.

[2] bit_kaki. GNSS 原理及技术（一）——GNSS 现状与发展[EB/OL]. https://blog.csdn.net/bit_kaki/article/ details/ 81129418[2018-7-20].

[3] 刘艳亮, 张海平, 徐彦田, 等. 全球卫星导航系统的现状与进展[J]. 导航定位学报, 2019, 7(1): 18-21.

[4] U. S. Force Air. GPS Overview[EB/OL]. https: //www.gps.gov/systems/gps/[2019-10-6].

[5] 梁久祯. 无线定位系统[M]. 北京：电子工业出版社, 2013.

[6] weixin_34174105. GPS 用户部分[EB/OL]. https://blog.csdn.net/weixin_34174105/article/details/86379384 [2011-10-14].

[7] Information and Analysis Center for Positioning, Navigation and Timing. SC GLONASS current position[EB/OL]. https: //www.glonass-iac.ru/en/index.php[2019-10-6].

[8] 赵琳, 丁继成, 马雪飞. 卫星导航原理及应用[M]. 西安：西北工业大学出版社, 2010.

[9] 北斗网. 北斗卫星导航系统介绍[EB/OL]. http://www.beidou.gov.cn/xt/xtjs/201710/t20171011_280.html [2017-3-16].

[10] 中国卫星导航系统管理办公室. 北斗卫星导航系统发展报告(3.0 版)[EB/OL]. http://www.beidou.gov.cn/xt/ gfxz/201812/P020181227529525428336. pdf[2018-12].

[11] 田安红, 付承彪, 赵珊. 一种改进的 GPS 测码伪距单点定位算法[J]. 重庆邮电大学学报(自然科学版), 2009, 21(6): 736-740.

[12] 杨一洲. GPS 载波相位定位算法研究[D]. 西安：西安电子科技大学, 2011.

[13] 孙婷. GPS 信号的捕获与跟踪技术研究[D]. 西安：西安电子科技大学, 2013.

[14] 刘基余. GPS 信号接收机的工作原理解析——GNSS 导航信号的收发问题之十二[J]. 数字通信世界,

2015(6): 22-26.
[15] 汪金萍. BDS/GPS 定位解算算法研究[D]. 西安: 西安科技大学, 2019.
[16] 雷飞. 动态单历元整周模糊度解算方法对比分析[D]. 成都: 西南交通大学, 2018.
[17] 苏焕荣. 基于测码伪距的高动态高精度卫星导航事后处理技术研究[D]. 南京: 南京航空航天大学, 2018.
[18] 刘基余. 多路径误差——GNSS 导航定位误差之五[J]. 数字通信世界, 2019, (8): 1-2, 5.
[19] 王应东. GPS 误差分析和精度控制[J]. 测绘与空间地理信息, 2011, 34(6): 235-236.

第 8 章　特殊场景的无线定位

在一些特殊的物理空间内，无线定位面临的挑战与普通场景可能存在较大差别，因此在这些场景进行无线定位必须处理这些特殊的难题。同时，这些物理空间可能存在一些对定位有用的空间约束、拓扑约束甚至人员行进规律，从而可以设计出一些针对性的定位方法。本章将主要介绍煤矿场景、水下环境和救灾场景的无线定位技术。

8.1　煤矿场景的无线定位

煤矿是一个涵盖采煤、掘进、机电、运输、通风、排水等多个流程的复杂巨系统，对矿井中的设备和人员进行精确定位是煤矿安全高效生产的重要保障[1, 2]。只有知道了目标的位置信息，才能弄清在什么位置发生了什么事件，帮助煤矿企业合理地调配资源，并在发生矿难之时帮助救灾人员确定受困矿工的具体位置，快速制订营救方案。对于工作面而言，精确定位还可以辅助确定支架一次移架的距离、支撑的强度、人员的距离、割煤的高度和深度，起到对生产过程进行调度监控的作用。

8.1.1　煤矿场景无线定位的特点

矿井移动目标定位系统一般采用如图 8-1 所示的系统结构[3]。首先，通过某种测距方法测得待定位目标与信标节点之间的距离(基于测距的方法，range-based)或获得网络拓扑(非基于测距的方法，range-free)等信息。随后，根据三角法、三边法等方法计算目标位置。求得目标位置后，还可通过最优化理论等方法对估计到的位置作进一步优化，提高定位精度。

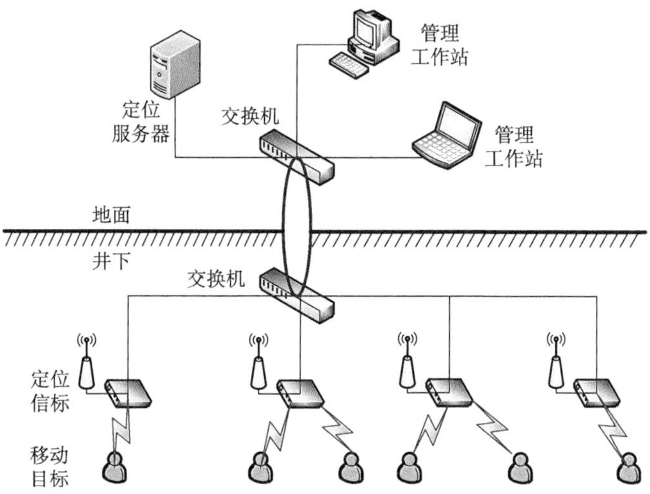

图 8-1　矿井定位系统的组成结构

移动目标的测距信息或拓扑信息一般通过无线方式传输到定位信标，由定位信标将定位所需信息传输到井下交换机，进而通过骨干网络(比如工业以太环网)传输到地面定位服务器。从通信角度看，不同的矿井移动目标定位手段的主要不同之处在于：定位信标(或称锚节点、定位基站)与移动目标(或称未知节点、待定位节点)之间的通信方式，目前使用得较多的通信技术是 Wi-Fi、RFID、ZigBee 等无线通信技术。

对于基于 Wi-Fi 的系统，定位信标为 AP(access point)，移动目标携带遵循 Wi-Fi 标准的定位标签。Wi-Fi 的常用工作频率为 2.4GHz，带宽远远高于 RFID 和 ZigBee，抗干扰能力强，设备体积小，成本低，移动目标只需要携带标签，即可与 AP 实现定位。此外，这种方式的系统在为移动目标提供定位服务的同时，还可以提供无线宽带服务能力。因此，当井下 AP 与地面交换机断缆的时候，AP 服务区内的移动节点仍然可以彼此通信，抗故障能力较强。

对于基于 RFID 的系统，定位信标为读卡器或兼有读卡器与定位分站功能的一体设备，它以应答方式工作，实现远距离自动识别和区域定位。为了提高系统可靠性，一个标签通常需要两个甚至两个以上的读卡器覆盖，因此一个标签可能会同时收到多个读卡器的信号。与此相似，多个标签也可同时进入某个读卡器范围，致使一个读卡器收到多个标签的信号。这两种情况都会导致信号的冲突，使得消息发送失败。目前，解决冲突的方法一般采用时分多路的方法，让不同的读卡器在不同的时隙发送数据。

对于基于 ZigBee 的矿井定位系统，定位信标除了与遵循 ZigBee 标准的移动目标交换信息以采集定位数据之外，还充当网关，将定位信息进行协议转换后传输到交换机。ZigBee 是一种使用非常广泛的无线传感器网络(wireless sensor network，WSN)标准，各节点之间可以自组成网，在矿井定位中也有较深入的研究。比如，基于三维可视化与 ZigBee 的真三维煤矿人员定位系统，它将所采集到的移动节点数据信息、无线信号强度、读卡器编号等信息传输到地面监控中心，选择出权重最大的 3 个读卡器参与定位计算，将计算出的位置信息通过信息表格或三维可视化的方式展示。又比如，基于无线传感器网络的两层式井下人员定位系统，第一层根据分站的位置进行区域定位，第二层利用信号强弱与距离的函数关系判断移动目标的位置。

除了 RSSI 之外，基于测距的定位通常需要特定的硬件，增加了成本和能耗；多步求精定位、协作定位和优化定位需要与邻居节点进行多次通信，通信开销和计算开销都较大，收敛速度缓慢。因此，如何在精度、能耗、通信和计算开销之间平衡考虑十分重要。此外，测距手段均有误差，而节点的位置计算与距离存在依赖关系，进而带来误差累积。同时，这些误差一般是非线性的，使得误差控制更加困难。

已有的针对地面环境的定位方法，要么有预定的参数假设，要么不符合矿井的应用环境，多数不具备直接在矿井中使用的能力。众所周知，煤矿巷道中的横截面形状与尺寸、设备、人员、粉尘和瓦斯等因素，都会导致无线信道模型的改变，造成信号的非可靠传输或中断，要求用于定位的无线通信技术必须能够适应高粉尘、多分支、有限空间的环境。虽然 GPS 技术非常成熟并已广泛用于交通、航海、军事等领域，但它只能用在有卫星覆盖的区域，对煤矿井下的目标定位无能为力。在已有的煤矿定位系统所使用的通信技术中，红外、超声由于传输距离等限制，使用得很少。主要使用的射频电磁波需要更多的考虑多径、衰落等问题，虽然也可以测量加速度和速度等惯性量来导航，但是将它用于矿井定位还需要与里程计、多普勒等设备配合。在矿井定位中，需要结合实际环境设计相应的定位方法，以规避巷道环境中各种因素对通信信道的不利影响。

矿井中信号的多径传播将引起信号高度相关和相干，导致信号在时间、频率和空间三个域的扩展，严重影响着接收信号的处理。在自由空间中，目前已有一些用于解决多径问题的解相干算法，比如空间平滑法、空间差分法、基于信号子空间的方法、基于数据空间样本的矩阵束方法等。不过，自由空间解决多径问题的技术远远不能满足煤矿巷道这类非自由空间的要求，需要寻找更适用于非自由空间的技术方案，比如智能天线的方法。在存在多径干扰和相干平坦衰落的情况下，对智能天线阵列的输出信干噪比(signal to interference plus noise ratio，SINR)的累积分布函数(cumulative distribution function，CDF)进行近似分析，在概率密度函数已知的条件下，可以得到智能天线的最佳合成器的误码率性能。通过对各天线的输出进行加权求和，就可以将方向图导向到某个方向。调整加权求和的权因子，就可以指向不同的方向。在二维 DOA 估计中，阵元的阵型选择很重要，它决定了估计的精度、计算的复杂度等。同时，多径传播中的衰落系数估计也很重要，这些都是矿井定位中有待研究的问题。

另外，在井下目标定位系统中，不同移动目标间还会存在多址干扰。如果多个目标同时进入某个定位节点的覆盖范围，那么该定位节点将同时收到多个目标的信号，从而导致信号的冲突(比如上文描述的 RFID 定位系统)。解决多址干扰的最简单方法是采用时分多路的方法，让不同目标在不同的时隙发送数据。这种方法虽然容易实现，但是没有冲突监测机制，也没有冲突后的恢复机制。为了保证对矿井中的众多移动目标进行高精度的实时定位，必须在设计定位算法的时候加以充分考虑。

最后，目标的运动会造成定位误差的增大。考虑到跟踪的能量消耗、精度、鲁棒性和反应时间等性能因素，可以在子空间分解更新技术基础上，采用基于前后向空间平滑的自适应 DOA 跟踪算法，对子空间区域内的信号实时更新以便对目标进行追踪锁定。当目标节点远离当前信标节点进入另一个信标节点的覆盖范围时，就进行节点间的信息协作交换，以便对目标进行协作跟踪，解决该问题的关键在于如何选择合适的信标节点参与下一时刻的定位跟踪活动，以及在信标节点间交换跟踪信息的方法。

综上，地面定位系统虽然已经比较成熟，但多数无法直接用于煤矿井下，因为矿井环境空间狭长、分支多、高粉尘，设备、煤壁、其他移动目标等会产生强干扰，同时由于缺少矫正手段，很容易造成误差累积。虽然已有数十种用于煤矿人员和机车等移动目标的定位系统，比如 KJ133、KJ139、KJ90、KJ222(A)、KJ236、KJ69 等，但是在定位精度、环境适应性方面还有很大提升空间。特别地，工作面中的目标定位需要顾及通信空间的动态推进特性，因为频繁变化的工作面空间使得通信信道处于时变状态，许多假定物理通信空间不变的定位算法的定位效果不佳甚至失效。同时，考虑到人员和机车定位系统已在煤矿中广泛使用，从部署角度看，新方法和新系统应尽量避免或少替换现有设备。因此，研究具有较强环境适应能力的矿井移动目标定位方法和系统，具有十分重要的理论意义和应用价值。

8.1.2 基于双标签节点的目标定位

基于 RSSI 的测距方法的精确度受衰落效应的影响非常明显，致使采用单标签的矿井定位系统的精度低下，定位结果不稳定，存在严重的位置漂移[4]。矿井运动目标可根据其外形分成两类，即与巷道平行的长条状对象，如矿车、采煤机，此处称为第一类矿井运动目标；与巷道垂直的长条状对象，如人员、猴车，此处称为第二类矿井运动目标。这些装备和人员完全可以安装两个甚至多个定位标签，利用多个标签之间的空间约束提高定位精度；这些标签还可以自组成网，借用体域网的最新成果规划标签之间的数据路由和共享策略。此处采用双标签的方法进行矿井运动目标定位。

先研究第一类矿井运动目标。以矿车为例，在矿车的车头和车尾各安装一个定位标签 U_1 和 U_2 (图 8-2)，它们之间的距离是已知的，用 L 表示。由于矿车是刚性物体，因此只要定位出任何一个标签，即可知道矿车在巷道中的位置。每个标签都能同时与两个安装巷道顶板中线的定位基站 B_1 和 B_2 通信，U_1 和 U_2 到直线 B_1B_2 的垂足分别为 P_1 和 P_2，$|U_1P_1|=|U_2P_2|=H$ 为标签到顶板中心的高度，为已知条件。由于目标在巷道中宽度维上的意义不大，因此可以建模为一维定位，这里不妨以直线 U_1U_2 为横轴，令 U_1 的横坐标为 x，则 U_2 的横坐标为 $x+L$；纵轴为与巷道纵向中分平面向上的方向。只要求解出 x 在满足一定优化条件下的 x_{opt} 值，就实现了矿车的定位。

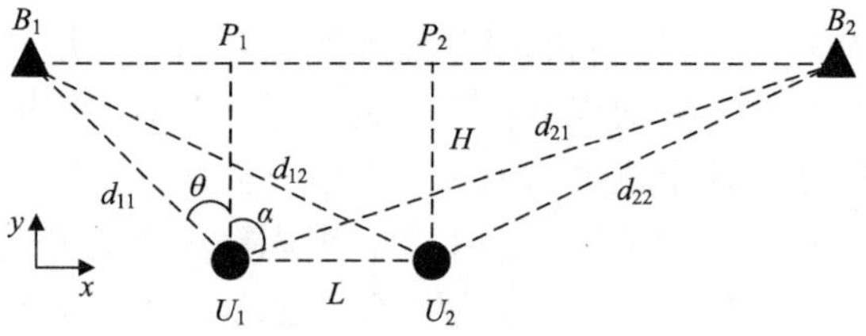

图 8-2 第一类矿井运动目标双标签定位

定位基站的坐标 (x_B,H) 和 (x_B+L_B,H)、基站之间的距离 $|B_1B_2|=L_B$ 是已知的。设 U_1 和 U_2 的坐标分别为 $(x,0)$ 和 $(x+L,0)$。显然，$x_B \leqslant x \leqslant x_B + L_B$。设 B_1 与标签 U_1 和 U_2 的距离分别为 d_{11} 和 d_{12}，B_2 与标签 U_1 和 U_2 的距离分别为 d_{21} 和 d_{22}，$\angle B_1U_1P_1=\theta$，$\angle P_1U_1B_2=\alpha$。

构造优化函数 $f(x)$：

$$f(x)=\sum_{i=1}^{2}\sum_{j=1}^{2}\left[\left(x_{U_i}-x_{B_j}\right)^2+\left(y_{U_i}-y_{B_j}\right)^2-d_{ij}^2\right]^2 \tag{8-1}$$

式(8-1)右边平方的目的是为了保证每一项都为正，以免求和的时候正负抵消。其中，$\left(x_{U_i},y_{U_j}\right)$ 为标签 $U_i, i=1,2$ 的坐标，且 $x_{U_1}=x, x_{U_2}=x_{U_1}+L, y_{U_1}=y_{U_2}=0$；$\left(x_{B_j},y_{B_j}\right)$ 为定位基站 $B_j, j=1,2$ 的坐标，且 $x_{B_1}=x_B, x_{B_2}=x_{B_1}+L_B, y_{B_1}=y_{B_2}=H$。这些量中，$\left(x_{U_i},y_{U_i}\right)$ 是已知条件，d_{ij} 可通过链路衰减模型得到，因此式(8-1)中只有 x 是未知量。

将 U_1、U_2、B_1、B_2 和 d_{ij} 代入式(8-1)，得

$$f(x)=\left[(x-x_B)^2+H^2-d_{11}^2\right]^2+\left[(x-x_B-L_B)^2+H^2-d_{21}^2\right]^2$$
$$+\left[(x+L-x_B)^2+H^2-d_{12}^2\right]^2+\left[(x+L-x_B-L_B)^2+H^2-d_{22}^2\right]^2 \tag{8-2}$$

如果定位结果是无偏估计，则 $|U_iB_j|=d_{ij}$，从而使得 $f(x)=0$；如果是有偏估计，应取能够使得 $f(x)$ 最小的 x，即矿车位置 x_{opt} 可以通过求解使得 $f(x)$ 最小的 x 值获得

$$x_{\text{opt}}=\min f(x) \tag{8-3}$$

可以通过求 $f(x)$ 一阶导数 $f'(x)$，并令 $f'(x)=0$ 求解式(8-3)的最小值，不过非常繁琐。这里提出一种简便的迭代式求解方法。迭代法需要一个迭代初值 x_0，这可以通过常见的单标签矿井目标定位方法获得。由于 $\sin\theta=(x-x_B)/d_{11}$，$\cos\theta=H/d_{11}$，$\sin\alpha=(x_B+L_B-x)/d_{21}$，$\cos\alpha=H/d_{21}$，因此

$$\cos(\angle B_1U_1B_2)=\cos(\theta+\alpha)=\cos\theta\cos\alpha-\sin\theta\sin\alpha$$
$$=(H/d_{11})(H/d_{21})-\left[(x-x_B)/d_{11}\right]\left[(x_B+L_B-x)/d_{21}\right]$$
$$=\left[x^2-(2x_B+L_B)x+L_Bx_B+x_B^2+H^2\right]/(d_{11}d_{21})$$

针对 $\Delta B_1U_1B_2$，根据余弦定理，有

$$L_B^2=d_{11}^2+d_{21}^2-2d_{11}d_{21}\cos(\theta+\alpha)$$
$$=d_{11}^2+d_{21}^2-2\left[x^2-(2x_B+L_B)x+L_Bx_B+x_B^2+H^2\right] \tag{8-4}$$

利用一元二次方程求根公式解方程(8-4)，并令其为迭代初值 x_0，得

$$x_0=\frac{-b\pm\sqrt{b^2-4ac}}{2a}=\frac{1}{2}\cdot\left(2x_B+L_B\pm\sqrt{2d_{11}^2+2d_{21}^2-4H^2-L_B^2}\right) \tag{8-5}$$

其中，$a=1$，$b=-(2x_B+L_B)$，$c=L_Bx_B+x_B^2+H^2+\frac{1}{2}L_B^2-\frac{1}{2}d_{11}^2-\frac{1}{2}d_{21}^2$。根据 $x_B\leqslant x\leqslant x_B+L_B$，可以消除一个解，得到唯一的迭代初值。

随后，以 x_0 为起始点，令 $x_{i+1}=x_i\pm\Delta x, i=0,1,2,\cdots,N$，代入式(8-2)求得第 i+1 次迭代的 $f(x)$ 值 $f_{i+1}(x_i)$。其中，N 为预设的最大迭代次数，Δx 为迭代步长，若 Δx 前取正号，则向 B_2 的方向迭代(右向迭代)，反之则向 B_1 的方向迭代(左向迭代)。

迭代起始的时候，$x_{\text{opt}}=x_0$。在迭代过程中，若 $f_{i+1}(x_i)<f_i(x_i)$，则令 $x_{\text{opt}}=x_{i+1}$，否则保持不变。为了加快迭代速度，这里采用双向迭代，即令 $x_{i+1}^r=x_i^r+\Delta x$，$x_{i+1}^l=x_i^l-\Delta x$ 分别进行右向迭代和左向迭代。

迭代遇到下列条件结束：①迭代次数超过阈值 N，整个迭代过程终止；②若 $x_{i+1}^r\geqslant x_B+L_B$ 但 $x_{i+1}^l>x_B$，则右向迭代结束，只进行左向迭代；若 $x_{i+1}^l\leqslant x_B$ 但 $x_{i+1}^r<x_B+L_B$，则左向迭代结束，只进行右向迭代；③ $x_{i+1}^r\geqslant x_B+L_B$ 且 $x_{i+1}^l\leqslant x_B$，整个迭代过程终止；④当 $f(x)\leqslant f_{\text{th}}$ 的时候，整个迭代过程终止，其中 f_{th} 是给定的迭代误差阈值。

考虑到迭代初值虽然不是目标的精确位置，但是应该位于精确位置附近，因此可用

非线性迭代步长的方法，即越靠近 x_0， Δx 越小。非线性迭代可以在保证定位精度的同时加快迭代速度。

现在研究第二类矿井运动目标(图 8-3)。以人员为例，分别在人员头灯、腰部电池中各安装一个定位标签 U_1 和 U_2，基站部署方法、定位标签与基站间距离 d_{ij} 表示方法与第一类矿井运动目标类似。在矿井定位系统中，矿工的身高差别可以忽略，因此 $|U_1U_2|$ 可看成常量。假定 $|U_1U_2|=L$， U_1 到 B_1B_2 的垂足 P 的距离 $|U_1P|=H$， $|B_1B_2|=L_B$。因此，可以采用与式(8-3)相同的优化函数和与式(8-5)相同的迭代初值进行迭代求解 x_{opt}。

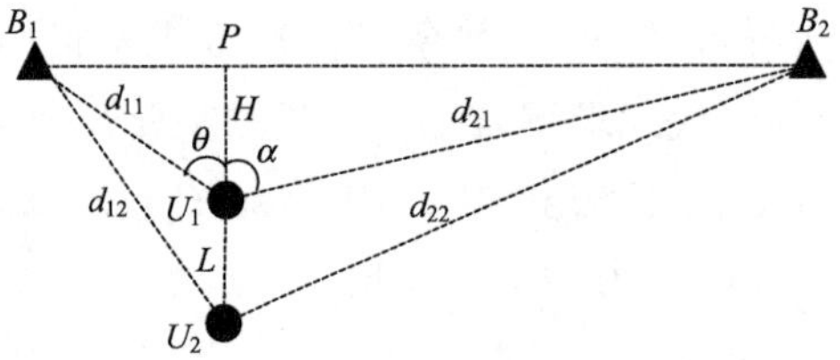

图 8-3　第二类矿井运动目标双标签定位

从图 8-4 可以看出，无论是单标签定位，还是双标签定位，定位误差都是先增大、再减小，然后再次增大、减小，类似于 M 形。另外，无论目标位于巷道的哪个位置(即标签位置，因为标签节点随待定位目标一起运动)，双标签法的定位误差始终比单标签法的小得多，体现出较优越的定位性能。

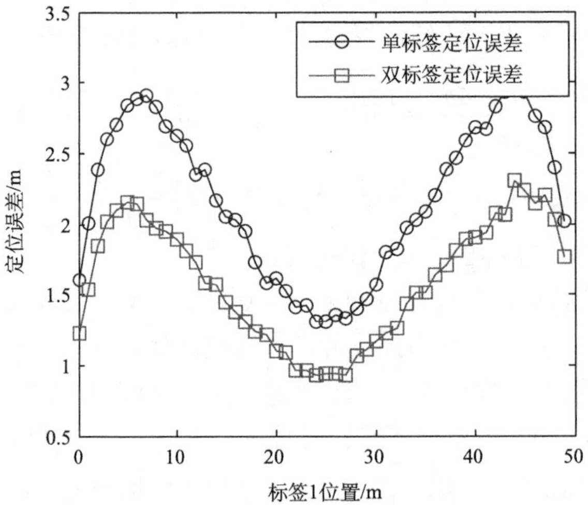

图 8-4　默认参数下单/双标签的定位误差

8.1.3　基于证人节点的目标定位

本节介绍一种基于证人节点的非替代性增强定位方法(enhanced localization method based on witness nodes, WitEnLoc)[5]，它从部署好的感知节点中选择出部分节点充当“证人”，证明目标是否处于定位系统给出的位置，使得定位精度更高、结果更加可信。

由于在矿井运动目标的定位中，宽度维上的意义不大[4]，因此将定位结果投影到巷道中线上，用 V_1 表示该投影点，其坐标为 WitEnLoc 的定位初值。随后，基站将定位初值通过通信网络传输到地面物联网管控平台(图 8-5)。若定位初值是精确的，那么该位置附近的其他感知节点必然能够“看到”它，这里的“看到”指的是目标节点能够收到感知节点的信号。因此，需要找到能够证明目标节点是否位于定位初值位置附近的“证人节点”，证明目标是否位于定位初值所指定的位置，帮助现有定位系统提高定位精度。

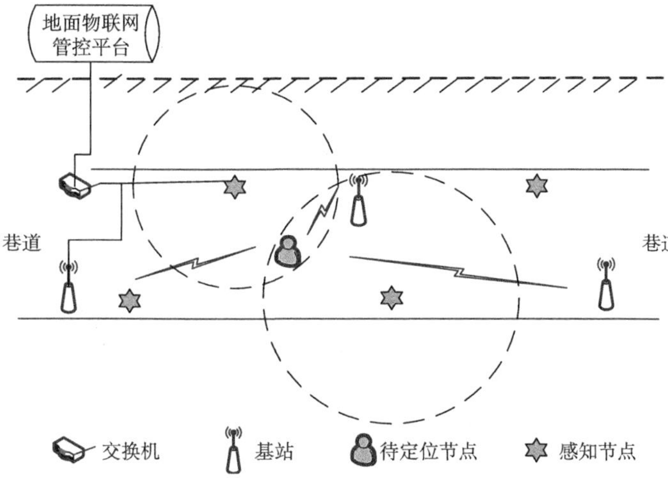

图 8-5　基于证人节点的非替代性增强定位系统

证人节点的确定可以通过物联网管控平台完成，因为管控平台不但是整个矿山物联网的操控平台，也是矿山物联网设备的管理平台，它知晓所有感知节点的安装位置。物联网管控平台得到定位初值之后，可以从数据库中查询到位于初值附近的感知节点，作为备用的证人节点。随后，由证人节点通过迭代的方式执行目标节点搜索，并对搜索结果进行修正，以增强定位精度。证人节点增强定位的基本思路可以用图 8-6 来表示，关键步骤是目标节点搜索和搜索结果的修正。目标节点搜索是证人节点发起的，称为证人节点驱动的目标搜索；搜索结果修正需要两个证人节点或者“辅助”证人节点的参与，称为基于双证人节点的搜索结果修正。

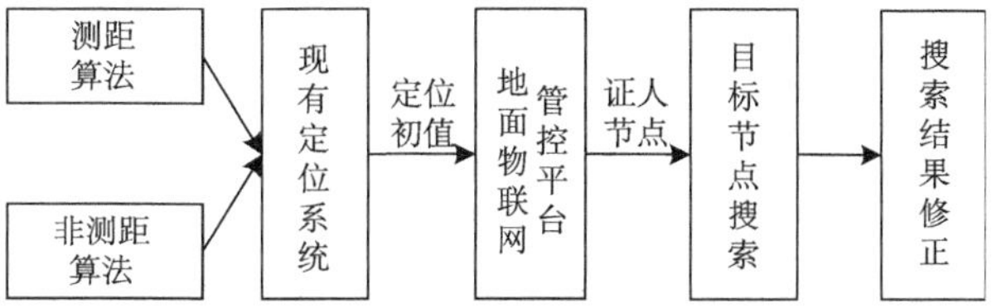

图 8-6　证人节点增强定位的基本思路

令感知节点集为 $\boldsymbol{S}=\{s_1, s_2,\cdots,s_N\}$，备选证人节点集为

$$\boldsymbol{W}_{\mathrm{p}}=\left\{s_i \,\middle|\, \left\|\boldsymbol{s}_i-\boldsymbol{V}_{\mathrm{I}}\right\| \leqslant d_s, s_i \in \boldsymbol{S}\right\} \tag{8-6}$$

其中，$\boldsymbol{s}_i$和$\boldsymbol{V}_{\mathrm{I}}$分别是$s_i$、$V_{\mathrm{I}}$的位置矩阵；$d_s$为管控平台查询证人节点的查询半径。

WitEnLoc 的关键是目标节点搜索和搜索结果的修正。如果备选证人节点数量$N=\left|\boldsymbol{W}_{\mathrm{p}}\right|=0$，就放弃后续过程，直接用$V_{\mathrm{I}}$作为最终定位结果$V_{\mathrm{F}}$；否则，执行后文的目标节点搜索算法和定位初值修正算法。搜索结果修正需要两个证人节点或者“辅助”证人节点的参与，称为基于双证人节点的搜索结果修正，这里用$\boldsymbol{W}=\left\{w_i \,\middle|\, w_i \in \boldsymbol{W}_{\mathrm{p}},\ i=1,2\right\}$表示证人节点。

为了证明目标是否位于V_{I}所指出的位置，证人节点向该位置发射无线电信号。如果目标位于该位置，目标节点必然能够收到该信号；否则，证人节点就以证人节点与目标节点之间的估计距离d_i为起始半径，分别减小或增大发射无线电信号半径，进行内向搜索或外向搜索。

假定感知节点的最大通信半径为$d_{\max}$。先讨论$N=1$的情况，此时直接将该感知节点作为证人节点，用w表示。

证人节点w以自己为圆心、d_i为初始搜索半径发送搜索信号，若目标节点能够监听到该信号，说明目标节点位于以w为圆心、d_i为半径的圆(搜索圆)内；否则执行外向搜索。先假定目标节点位于搜索圆内，为了进一步缩小目标范围，继续以w为圆心、d_i-mr_0为搜索半径进行搜索，直到搜索不到目标节点或搜索半径小于阈值为止，其中m为搜索次数，r_0为搜索半径增量。这里将这种逐步减小搜索半径、向内搜索目标节点的方式称为内向搜索。

内向搜索有两种可能结果：①在第$m-1$次搜索到目标节点，第m次搜索不到。②搜索半径小于阈值r_{th}导致搜索过程停止。第一种情况说明目标节点位于第$m-1$次和第m次的两个搜索圆之间的圆环内，如图 8-7 所示。考虑到巷道的宽度一般比搜索半径小，因此可以进一步将目标节点的位置锁定在图 8-7 所示的两个阴影区域。定位初值修正阶段将会消除其中一个阴影区域，唯一确定目标节点所在区域。

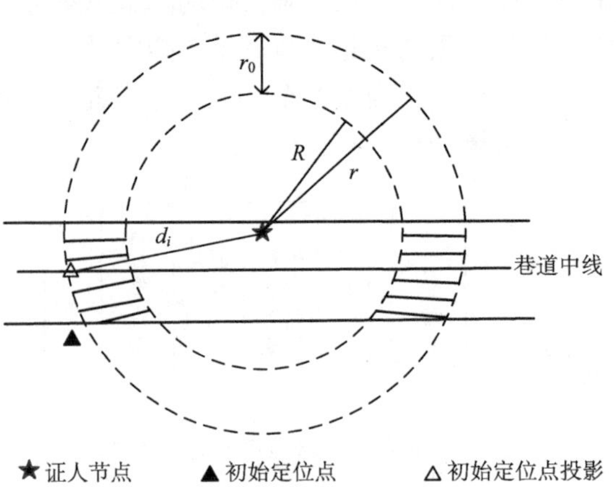

图 8-7　内向搜索目标位于搜索圆的圆环内

令目标节点坐标为(x_i, y_i)，则有

$$R^2 \leqslant (x-x_i)^2+(y-y_i)^2 \leqslant r^2 \tag{8-7}$$

其中，r 和 R 别是第 $m-1$ 次和第 m 次的搜索圆半径，即 $r=d_i-(m-1)\times r_0$，$R=d_i-m\times r_0$，且 $d_i \geqslant m\times r_0$。

下面讨论搜索半径小于阈值 r_{th} 导致搜索过程停止的情况，它说明目标节点位于最内层的搜索圆内，如图 8-8 所示。

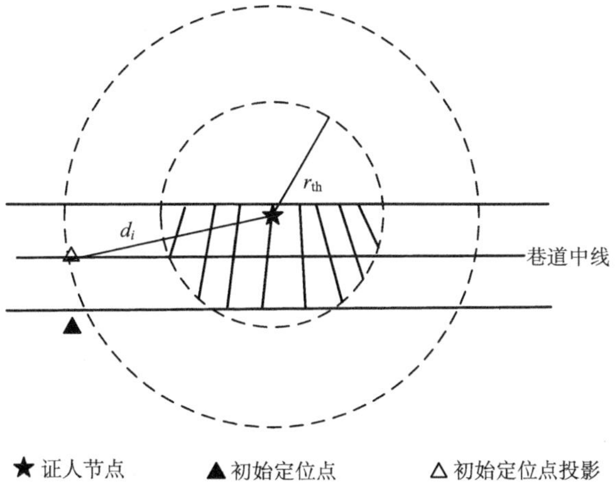

图 8-8　内向搜索目标位于最内层搜索圆内

此时，目标节点的坐标满足：

$$(x-x_i)^2+(y-y_i)^2 \leqslant r^2 \tag{8-8}$$

其中，r 为最内层搜索圆的半径，即 $d_i-(m-1)\times r_0 \geqslant r_{\text{th}}$ 且 $d_i-m\times r_0 < r_{\text{th}}$；$m$ 为搜索次数。

当证人节点以 d_i 为半径进行初次搜索没有发现目标节点，就增大搜索半径重新搜索。如果仍然搜索不到，就继续增加搜索半径，直到发现目标节点或者搜索半径大于 $d_{\max}$ 为止。这里将这种逐步扩大搜索半径、向外搜索目标节点的方式称为外向搜索。

外向搜索也有两种可能结果：①在第 $m-1$ 次搜索不到目标节点，第 m 次搜到。②搜索半径大于 $d_{\max}$ 导致搜索停止。第一种情况说明目标节点位于第 $m-1$ 次和第 m 次的两个搜索圆之间的圆环内，与内向搜索相似，目标节点位于图 8-9 中的两个阴影区域内，这种二值歧义将在定位初值修正阶段被消除。

此时，目标节点的坐标满足：

$$r'^2 \leqslant (x-x_i)^2+(y-y_i)^2 \leqslant R'^2 \tag{8-9}$$

其中，r' 和 R' 分别是第 $m-1$ 次和第 m 次的搜索圆半径，即 $r'=d_i+(m-1)\times r_0$，$R'=d_i+m\times r_0$，且 $(d_i+m\times r_0) \leqslant d_{\max}$。

如果搜索半径大于 $d_{\max}$ 而停止搜索，将无法搜索到目标节点，此时满足：

$$(d_i+m\times r_0) > d_{\max} \tag{8-10}$$

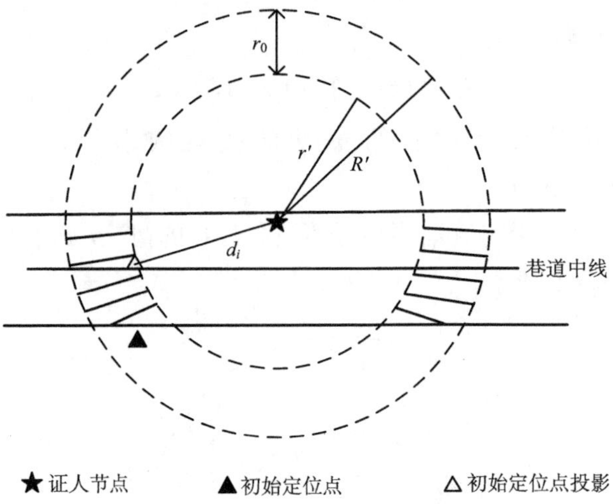

图 8-9　外向搜索目标位于搜索圆环内

目标搜索阶段所确定的可能目标区域有两个(图 8-7 和图 8-9)，修正目标初值前必须先消除这种二值歧义。为此，引入另外一个证人节点，方法是：①如果 $N=0$ (N 为证人节点数目)，直接采用定位初值作为最终定位结果，即 $V_{\mathrm{F}}=V_{\mathrm{I}}$；②如果 $N=1$，将该节点作为一个证人节点，同时选取距离 V_{I} 最近的基站作为一个辅助证人节点；③如果 $N\geqslant 2$，则选取距离 V_{I} 最近的两个感知节点作为证人节点。

确定好双证人节点之后，令 $w_i, i=1,2$ 分别执行目标搜索，并按照下面三种情况对搜索结果进行修正：

(1) 两个证人节点的搜索结果同时满足式(8-10)。

两个证人节点都无法搜索到目标节点，无法对定位初值进行任何增强，因此定位结果为 $V_{\mathrm{F}}=V_{\mathrm{I}}$。

(2) 只有一个证人节点的搜索结果满足式(8-10)。

只有一个证人节点搜索到目标节点，不妨令这个节点为 w_1，w_2 为无效证人节点。如图 8-10 所示，该图的左边证人节点即为 w_1。若 w_2 的搜索圆与 w_1 的右阴影圆环区域存在交叉，说明目标节点一定位于左边的阴影圆环区域，此时过 w_1 作一条与巷道中线平行的直线 l，它与 w_1 左圆环区域的两个圆各存在一个交点，取这两个交点所构成直线段的中点，表示为 A_u。如果 w_2 的搜索圆与 w_1 的右阴影圆环区域不存在交叉或者存在部分交叉，则无法消除搜索结果的歧义，此时选择距离定位初值较近的一个阴影区域作为目标节点所在的区域，并用同样方法得到 A_u。

(3) 两个证人节点的搜索结果都不满足式(8-10)。

两个证人节点都能有效起到“证人”的作用，如图 8-11 所示。连接 w_1 和 w_2 得到直线段 w_1w_2，若两个证人节点的搜索结果区域存在重叠，则 w_1w_2 与重叠区域的两段圆弧各存在一个交点，取这两个交点所构成直线段的中点，表示为 A_u。若两个证人节点的搜索结果区域没有交叉，则取左证人节点的右结果圆环的内圆弧、右证人节点的左结果圆环的内圆弧，w_1w_2 与这两个圆弧各有一个交点，同理得到 A_u。

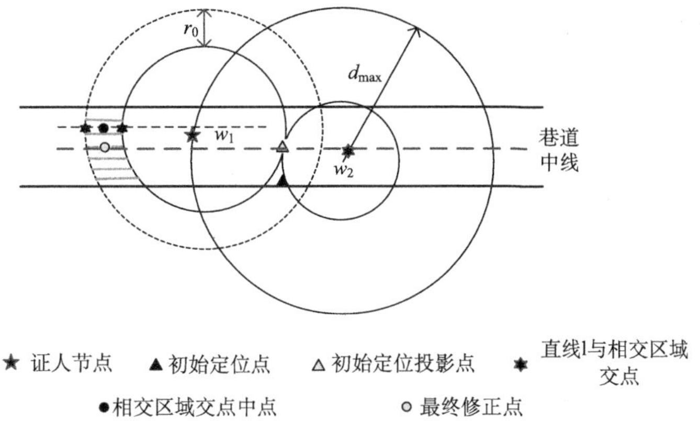

图 8-10　只有一个证人节点搜索到目标节点

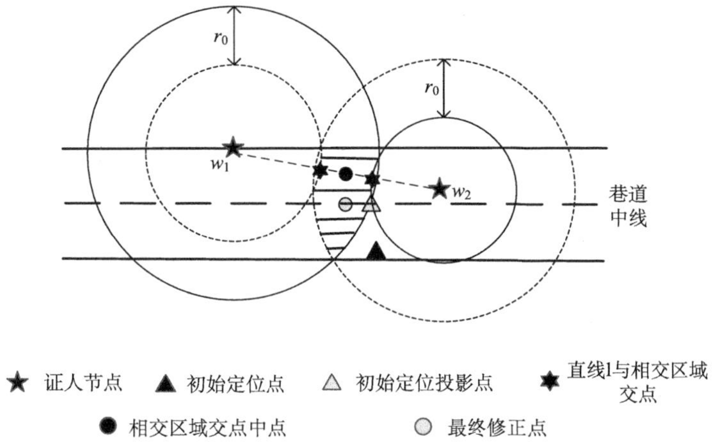

图 8-11　两个证人节点都搜索到目标节点

最后，将 A_u 与定位初值 V_I 按照式(8-11)进行加权，得到 A_u'

$$A_u' = \alpha A_u + (1-\alpha) V_\mathrm{I} \tag{8-11}$$

其中，α（$1 \geqslant \alpha \geqslant 0$）为 A_u 与 V_I 的调节权值。将 A_u' 投影到巷道中心，即为定位终值 V_F。

由图 8-12 可知，WitEnLoc 对 RSSI_LS 和 TDOA_Chan，修正后的平均定位误差分别为 1.3633m 和 1.3360m，精度分别提高了 73.95%和 35.91%，这说明无论现有定位系统采用 RSSI_LS 还是 TDOA_Chan，WitEnLoc 均有较强的定位精度增强能力；原系统定位精度越低，增强效果越明显。

8.1.4　基于煤矿巷道特征的定位

煤矿巷道为定位带来了许多有利的几何特征，这里选取有代表性的三例。先介绍基于距离约束的煤矿井下目标定位方法[6]，其基本原理如图 8-13 所示。

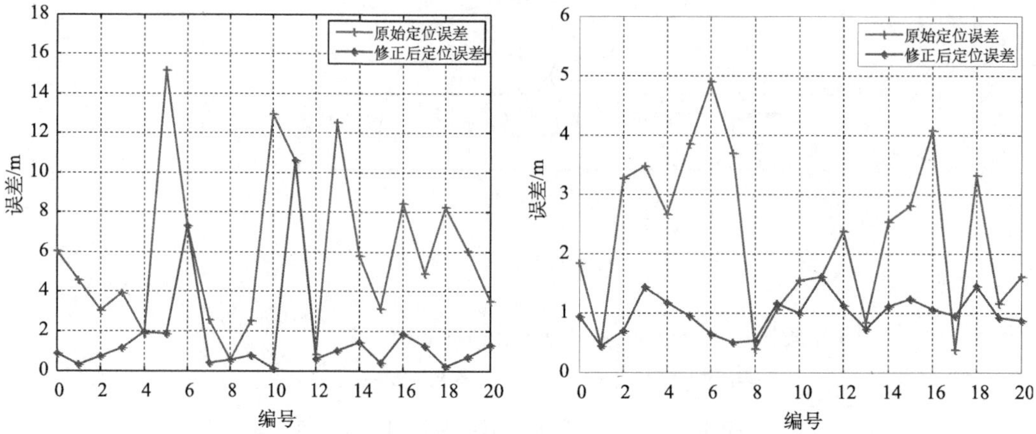

(a) 对RSSI_LS的增强效应　　(b) 对TDOA_Chan的增强效应

图 8-12　WitEnLoc 对现有定位系统的精度增强效应

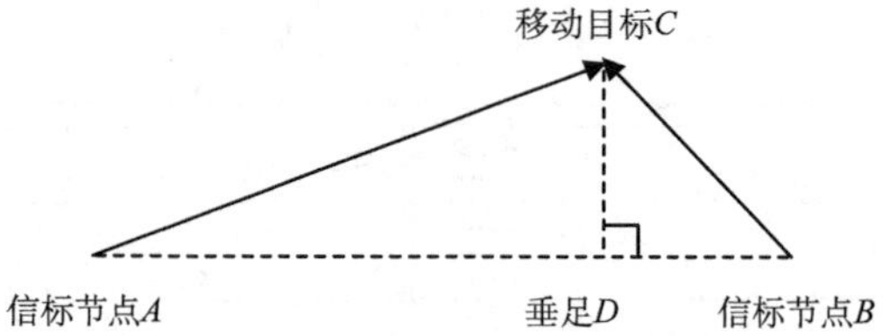

图 8-13　两个信标节点定位一个移动目标

由于

$$\frac{AC}{BC}=\frac{\sqrt{AD^2+CD^2}}{\sqrt{BD^2+CD^2}} \tag{8-12}$$

当 A、B 相隔很远(比如 50m)，那么 CD 相对 AD 和 BD 的长度可以忽略。

在这种距离约束的思路下，分别在巷道两个侧壁安装信标节点，将巷道分成一个个矩形区块，每个矩形块由 4 个信标节点确定，如图 8-14 所示，图中将 E 点作为坐标原点、EG 作为 x 轴，EF 作为 y 轴。

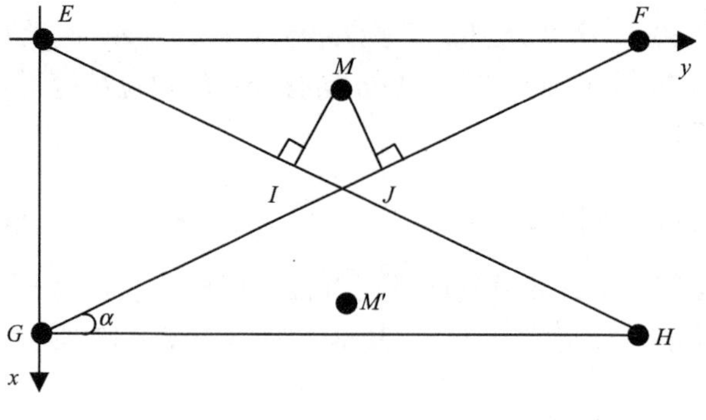

图 8-14　基于距离约束的目标节点位置计算

令线段 FG 的长度为 l'，$\lambda_1=-\dfrac{l'/2-EI}{|l'/2-EI|}$，$\lambda_2=-\dfrac{l'/2-FG}{|l'/2-FG|}$，$a=\left|\dfrac{l'}{2}-EI\right|$，$b=\left|\dfrac{l'}{2}-FJ\right|$，$I_x=\lambda_1 a\sin\alpha+\dfrac{l'}{2}\sin\alpha$，$I_y=\lambda_1 a\cos\alpha+\dfrac{l'}{2}\cos\alpha$，$J_x=\lambda_2 b\sin\alpha+\dfrac{l'}{2}\sin\alpha$，$J_y=-\lambda_2 b\cos\alpha+\dfrac{l'}{2}\cos\alpha$。对于向量 $\boldsymbol{EI}=(I_x,I_y)$，$\boldsymbol{MI}=(I_x-M_x,I_y-M_y)$，$\boldsymbol{GJ}=(J_x-l'\sin\alpha,J_y)$，$\boldsymbol{MJ}=(J_x-M_x,J_y-M_y)$，由于 EI 和 MI 垂直，GJ 和 MJ 垂直，因此有 $\boldsymbol{EI}\cdot\boldsymbol{MI}=0$，$\boldsymbol{GJ}\cdot\boldsymbol{MJ}=0$，也就是

$$\begin{cases}I_x(I_x-M_x)+I_y(I_y-M_y)=0\\(J_x-l'\sin\alpha)(J_x-M_x)+J_y(J_y-M_y)=0\end{cases}\tag{8-13}$$

将测距过程中测得的数据代入式(8-13)，即可解得移动节点的坐标。但是，这种方法在移动节点靠近信标的时候定位精度较差，特别是横向定位精度很差，其原因是此时的 CD 的长度已经不能忽略。

田子健等则提出了一种联合电磁波及超声波测距、利用巷道特征进行目标位置求解的方法[7]，它利用基于超声波的渡越时间(time of flight，TOF)测量巷道横向距离和底板距离，利用 RSSI 的方法测量纵向距离，从而确定移动节点的二维坐标。

如图 8-15 所示，在巷道顶板沿中线安装信标节点，假设离目标节点 B 最近的信标节点为 A，F 为巷道中点，H、G、I 均是巷道壁上的点，过点 B 作与巷道底板平行的平面，BC 和 DE 分别是 AB 在移动节点平面和巷道底板上的投影。由于 A 沿顶板中线部署，因此 CF 是目标节点所在平面中线。

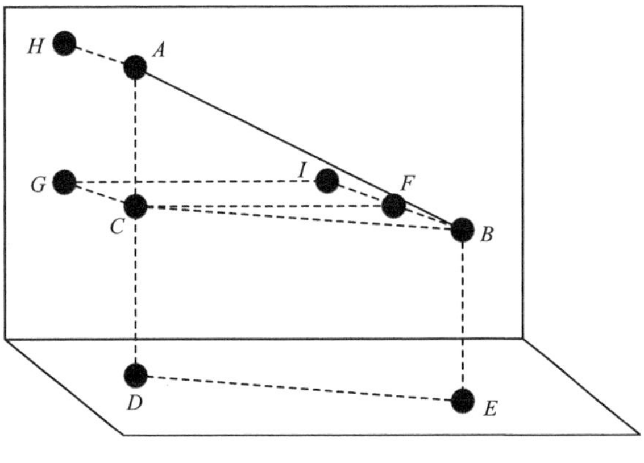

图 8-15　电磁波与超声波联合定位立体示意图

令 l 表示长度，那么

$$l_{CF}=\sqrt{l_{BC}^2-l_{BF}^2}=\sqrt{l_{AB}^2-(l_{AD}-l_{BE})^2-(l_{BI}-l_{AH})^2}$$

令巷道宽度为 m，它是已知条件，显然 $l_{AH}=m/2$。于是，移动节点的坐标为

$$\left(m-l_{BI}, y+(-1)^k \times \sqrt{l_{AB}^2-(l_{AD}-l_{BE})^2-(l_{BI}-m/2)^2}\right) \tag{8-14}$$

其中，l_{BI} 为移动目标与侧壁的距离，目标节点向该侧壁发射超声波信号，通过测量回波与发射波的时间差，即可计算出该距离；l_{AB} 为信标节点与目标节点之间的距离，通过向信标节点 A 发射电磁波信号，利用 RSSI 测距法就能测量出来；l_{AD} 为巷道高度，为已知量；l_{BE} 为目标节点到巷道底板的距离，通过向底板发射超声波测得。

郭继坤等则提出一种基于双 Mach-Zehnder 干涉仪结构的矿井定位系统[8]，它将光缆埋在巷道下，当发生矿难时，被困人员挖开巷道，直接敲击光缆产生震动信号，实现对人员的定位。该定位系统的光缆中包括 3 条单模光纤，其中两条光纤构成传感器的两个传感臂，另外一条光纤传输信号。

双 Mach-Zehnder 干涉仪结构的矿井定位系统的原理如图 8-16 所示，光源 LD 发出的信号经过耦合器 C1 时被分成两束。传感光缆检测到敲击的振动信号后，沿着方向 1 经耦合器 C3 分光后在耦合器 C4 处产生干涉，该干涉信号经信号传输光纤 F3 传输到耦合器 C5，由探测器 D2 检测到该信号，设为 $y1$；同理，探测器 D1 可以监测到沿着方向 2 的干涉信号 $y2$。计算 $y1$、$y2$ 的到达各检测器的时间差 $\Delta\tau$ 即可实现定位，即

$$x=\frac{c\Delta\tau}{2n} \tag{8-15}$$

其中，c 为光速；n 为光纤的折射率；它们均是已知量。

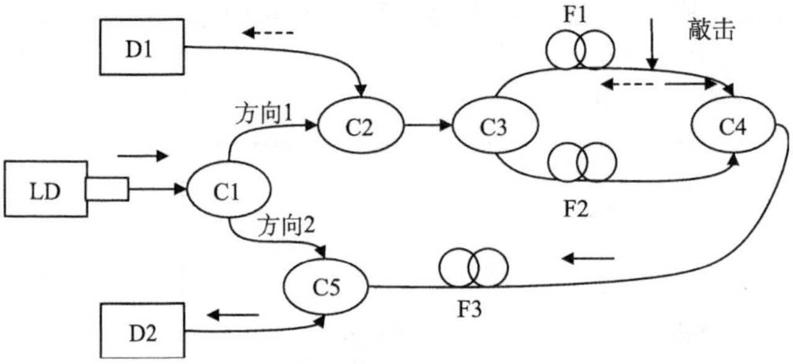

图 8-16　双 Mach-Zehnder 干涉定位原理图

8.2　水下场景的无线定位

近年来，随着各沿海国家对领海主权的日益重视和海洋资源争夺的日益白热化[9]，以及水下传感网在海洋环境监测、海洋资源开发与利用、地质灾害预报及海洋国防安全等领域的重要应用价值，水下传感网技术的理论研究及应用得到越来越多的关注。在水下传感网中，传感器均需关联相应精度的位置信息来匹配水下传感网的任务，并且在网络协议、协同探测等方面，传感器位置信息亦具有重要价值。然而，由于海洋环境中温度、压力、波浪、海洋生物等因素的影响，绝大部分陆地无线传感器网络定位技术无法直接应用于水下传感网，需要结合其独特的海洋声传播环境进行研究。

8.2.1　水下场景无线定位的特点

水下传感网(underwater wireless sensor networks，UWSNs)主要由自主式潜水器(autonomous underwater vehicle，AUV)、遥控潜水器(remote operated vehicle，ROV)、潜艇等各类潜器组成的动态节点、各类潜浮标等组成的静态节点构成，节点之间以水作为通信信道。由于无线电波在水中衰减速度太快[10]，因此一般通过水声的方式实现信息的交互。这种网络的带宽十分有限，信道受到多径和阴影效应的影响非常大，其传播时延比无线电波高出 5 个数量级，且误码率较高。

与应用于非海洋环境的普通传感器网络相比，由于水下传感网以声波为信息载体、以海水为传播介质，因此其信号传播环境要复杂得多，水下传感网节点定位具有如下方面特点：

(1) 时变空变的声速。海水中的声速受温度、盐度、压力等因素的影响，呈现出时变空变的特点，声速变化范围在 1400～1600 m/s 之间，使得精确测量距离难度增大，而仪器自身误差以及网络长时间、大范围观测通常会影响通过预测量声速剖面来补偿声线弯曲的效果。

(2) 网络时延高。声音在海水的传播速度约为 1500 m/s，远低于无线电波在空气中的传播速度，且节点间通信距离远(通常为几百米至几十公里)、通信延迟大；而水声通信链路的可靠性也远低于无线电传感器网络，加剧了网络延迟。

(3) 通信带宽小。水下无线传感器网络可用带宽严重受限，通常根据信道的条件可用带宽从几十赫兹到十几千赫兹不等。

(4) 高精度的地理坐标传递难度大。由于海洋声信道的复杂性，通过水面 GPS 向海底传递地理位置代价大。通常水下传感网希望通过用尽可能少的已知信标节点位置获得高精度的目标节点位置。

(5) 拓扑结构稀疏。相对于陆地上的无线传感器网络而言，由于水下布设节点成本高、作业复杂，因此部署的节点通常不多，使得水下传感网拓扑结构呈现出稀疏的特性。

(6) 能源有限。水下节点能源主要依靠电池供给，不易更换，而水下节点的声发射耗能远高于陆地的无线传感器网络节点，因此在水下传感网定位协议设计中，节能是需要着重考虑的因素。

水下传感网节点定位所面对的上述挑战，致使绝大部分陆地无线传感器网络定位技术无法直接应用于水下传感网，需要结合其独特的海洋声传播环境进行研究。国内外专家相继提出了许多应用于水下传感网的定位方法，见表 8-1 [11]。ALS、ARTL、UPS、LSLS、USP 等算法用于静止水下网络，其中 ALS 和 ARTL 属于集中式定位算法，而 UPS、LSLS 和 USP 属于分布式定位算法。CL、MASL、3DUT 等是集中式的移动式水下网络，DNRL、MSL、AAL、SLMP 和 MP-PSO 等方法则是分布式的移动式水下网络定位算法。

水下传感网定位有单点定位技术、大规模网络、高覆盖率的定位技术、系统误差修正技术、定位协议、网络定位性能评价等关键技术，目前仍有如下几方面的发展趋势需要予以关注：

表 8-1　典型水下传感网定位算法

算法名称	锚节点类型	网络结构	分布式/集中式	是否基于距离	时间同步	通信方式
ALS	静态信标节点	静态网络	集中式	否	否	主动
ARTL	静态信标节点	静态网络	集中式	是	否	主动
UPS	静态信标节点	静态网络	分布式	是	否	静默
LSLS	静态信标节点和参考节点	静态网络	分布式	是	否	迭代
USP	静态信标节点	静态网络	分布式	未制定	否	静默
CL	不需要	动态网络	集中式	是	是	主动
MASL	不需要	动态网络	集中式	是	是	主动
DNRL	移动信标节点	动态网络	分布式	是	是	静默
MSL	移动信标节点和参考节点	动态网络	分布式	是	是	迭代
SLMP	浮标节点、信标节点和参考节点	动态网络	分布式	是	是	迭代
MP-PSO	浮标节点、信标节点和参考节点	动态网络	分布式	是	是	迭代
UDB	AUV	混合网络	分布式	否	否	静默
LDB	AUV	混合网络	分布式	否	否	静默

(1) AUV 配备的传感器种类与水平越来越高，水下作业向精细化发展趋势明显，要求单节点定位，精度、协同探测定位精度也越来越高。目前有关水下网络定位精度的研究尚缺乏系统性，特别是与海洋信道、平台运动性以及网络协议影响密切相关的水下网络定位精度模型缺乏深入研究。

(2) 水下 AUV 群作业模式越来越受到重视，如何依赖水声网络技术实现网络内大规模节点的位置确定，对水下网络定位技术提出强烈挑战，精确快速的网络定位算法与相适应的网络协议需求强烈。

(3) 对定位性能的评价研究不够，包括定位精度、可靠有效定位覆盖和水声网络中可定位性等问题的研究，既决定了水下传感网定位技术的适用范围，也是定位算法及协议设计的重要标准。

(4) 对网络定位的参考节点定位方法与性能的研究没有引起足够的重视，这是提升网络定位精度性能的关键所在，特别是围绕深海高精度网络定位的需求。

(5) 目前网络定位的实验研究尚缺乏系统性的评估技术指导，致使许多网络定位协议与算法缺乏一致性的实验检验手段。

8.2.2　基于 AHP 和灰度理论的水下目标定位

图 8-17 给出了一个典型的 UWSNs 定位场景，其中信标节点(beacon node，BN)可以分成 5 种类型：①水面浮标，悬浮在水面的节点，可以直接从北斗或 GPS 获得位置信

息；②固定悬浮节点，悬浮在静止的水中，其坐标位置已知；③周期上浮节点(Dive'N' Rise，DNR)，周期性上浮到水面更新位置信息；④海底节点，固定在海底，其坐标位置已知；⑤锚固节点，锚固在海床上，可随洋流发生受限漂移。

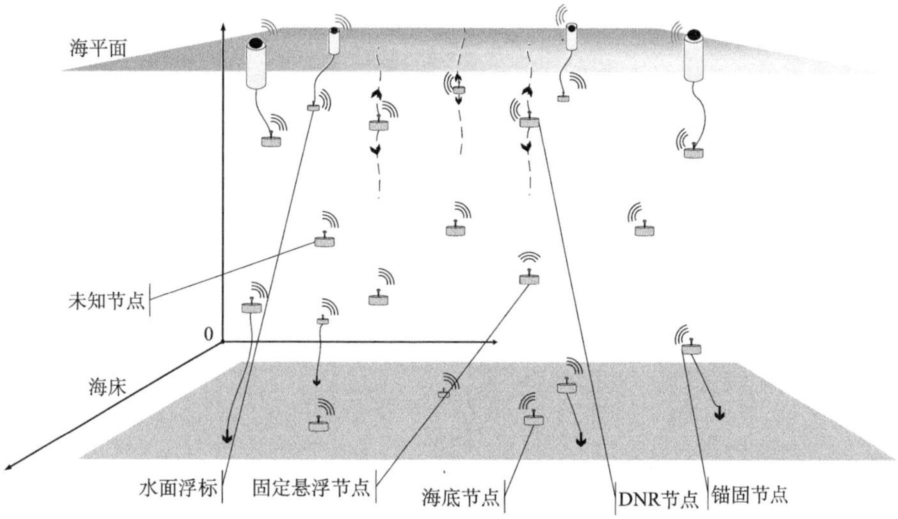

图 8-17　水下传感网的构成

在这种 UWSNs 定位场景中，各种信标节点都有可能随着洋流等因素而偏离原来位置，称为信标漂移。如果还是使用漂移前的位置进行定位，势必带来很大的定位误差。本节介绍一种水下定位评估策略(underwater localization evaluation scheme，ULES)[12]，用以提高漂移场景下的目标定位精度。由于信标在定位中的作用相同，因此后文不再区分是哪种类型的信标。

ULES 包括 3 个步骤(图 8-18)：①评估信标的可靠性；②水下目标定位；③迭代。其中，步骤 1 是整个算法的关键，用以选择出漂移场景中用于定位的信标节点。选择出信标节点后，可以采用任何已有定位算法进行定位，比如最小二乘法。步骤 3 的目的是解决信标节点数量不足的难题，因此在完成一轮定位后，将定位出来的未知节点转化为临时信标节点，从而帮助 ULES 对其他未知节点进行定位。下文主要介绍步骤 1。

为了解决信标漂移带来的定位误差，ULES 引入水下漂移因子，根据节点间的位置变化评估信标发生漂移的可能性。将各种漂移因子构建成如图 8-19 所示的层次结构模型(analytic hierarchy process，AHP)。顶层为目标层，其中信标节点根据可靠性排序。第二层为网络层，它包括 3 个独立的网络特征，即水下漂移、水下环境和水下声音信道，其中水下漂移是决定性因素。第三层为节点层，它将来自网络层的指标按照微观的角度进行解译。在最底层中，利用上述因子对各个候选信标进行评估。影响因子的选择有两个原则：一是尽量综合选择，二是影响因子对应的数值可以测得或计算得到。

先考虑网络层的水下漂移因子。信标节点自身无法判断其通信范围内的其他信标节点是否发生漂移，这里通过判断节点之间的距离来判断是否漂移。

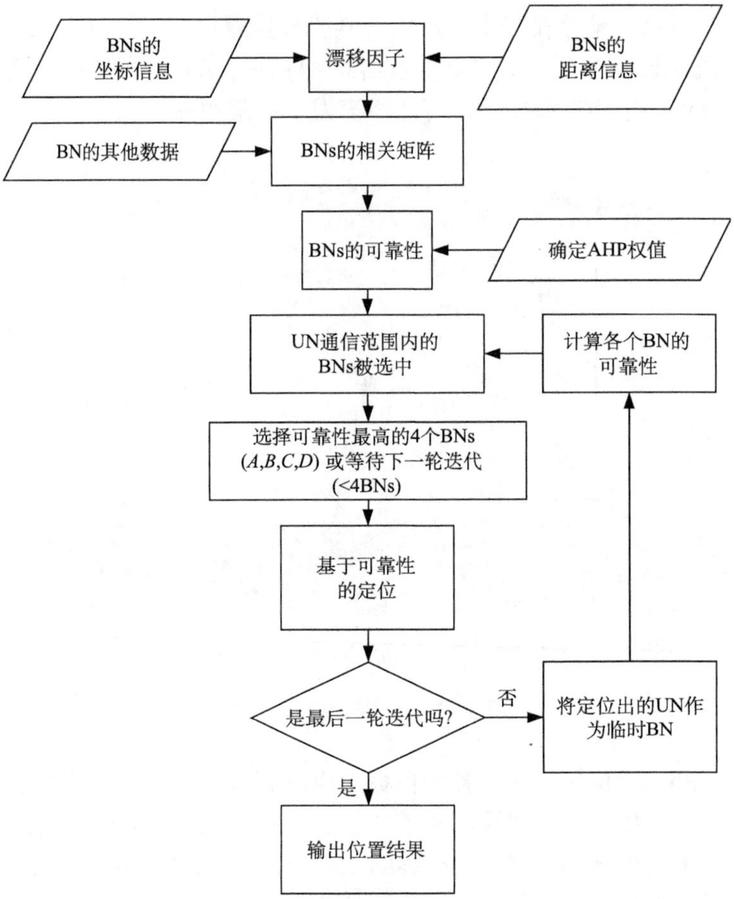

图 8-18　ULES 的定位流程

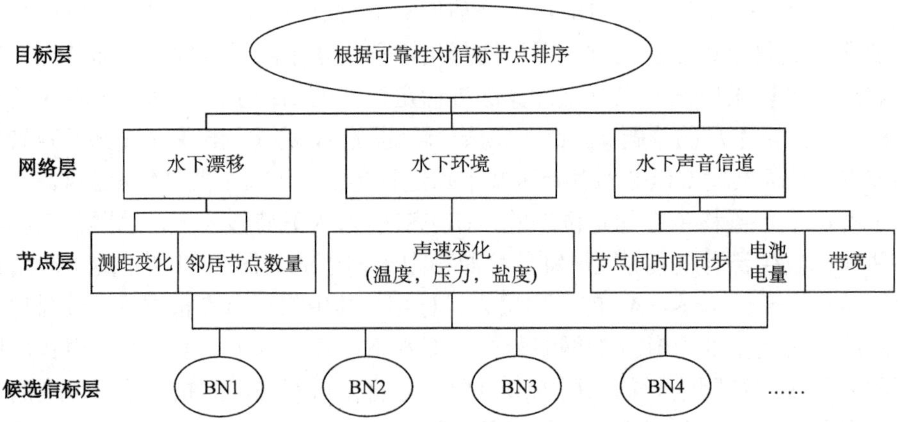

图 8-19　信标漂移影响因子 AHP 层次模型

如图 8-20 所示，假定有 A、B、C、D 四个信标节点，实线是漂移后的当前位置，虚线是漂移前位置。那么信标 M 与 A、B、C、D 四个信标节点间的距离变化可以表示为

$$
\begin{aligned}
\Delta D_1 &= \left|D_{MA} - D_{ma}\right| \\
\Delta D_2 &= \left|D_{MB} - D_{mb}\right| \\
\Delta D_3 &= \left|D_{MC} - D_{mc}\right| \\
\Delta D_4 &= \left|D_{MD} - D_{md}\right|
\end{aligned}
\tag{8-16}
$$

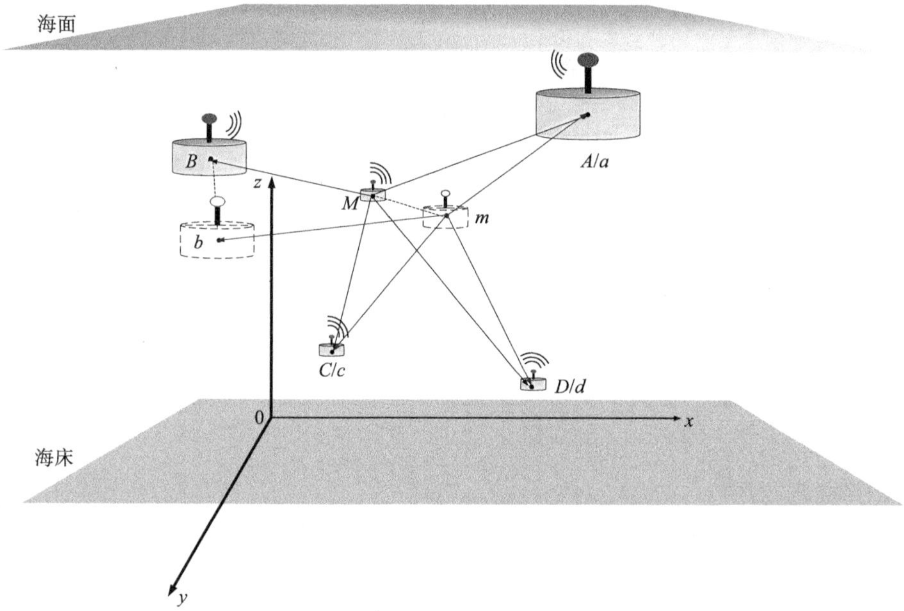

图 8-20　信标漂移示意图

在节点间距离变化的基础上，可以定义节点 M 的漂移因子，它是节点 M 与邻居信标 ΔD_i 的平均值：

$$
I_{\text{drift}} = \frac{\sum_{i=1}^{n} \Delta D_i}{n} \tag{8-17}
$$

显然，I_{drift} 越大，则节点位置变化越大，因此节点 M 发生漂移的可能性越大。

网络层的水下环境因素，主要考虑温度、压力和盐度。温度会影响声音传播速度，当温度到达合适值的时候，速度达到最大值，这里根据实际情况设定为 1500m/s。水下压力越大，声速越快；盐度越高，声速也越快。

网络层的水下声音信道，主要考虑节点间时间同步、电池能量和带宽。

为了对节点按照可靠性进行排序，首先根据层次分析法(AHP)计算各个因子的权重，然后利用灰度相关分析法(grey correlation analysis)对各因子进行归一化处理。

1. 利用 AHP 计算因子权重

先介绍如何计算因子的权重，步骤如下：

1)构建判断矩阵

在网络层和节点层中，因子值来自判断矩阵 $\boldsymbol{A}$，其元素 a_{ij} 的值根据表 8-2 得出。假

定共有 n 个因子，那么 $\boldsymbol{A}$ 可以表示为

$$\boldsymbol{A}=\left(a_{ij}\right)_{n\times n}=\begin{bmatrix} a_{11} & a_{12} & \cdots & a_{1n} \\ a_{21} & a_{22} & \cdots & a_{2n} \\ \vdots & \vdots & & \vdots \\ a_{n1} & a_{n2} & \cdots & a_{nn} \end{bmatrix} \tag{8-18}$$

表 8-2 判断矩阵的标度

标度	含义
1	两个因子相比，具有相同重要性
3	两个因子相比，前者比后者稍重要
5	两个因子相比，前者比后者明显重要
7	两个因子相比，前者比后者强烈重要
9	两个因子相比，前者比后者重要得多
2,4,6,8	上述相邻判断的中间值
倒数	若因子 i 与因子 j 的重要性之比为 a_{ij}，那么因子 j 与因子 i 重要性之比为 $a_{ji}=1/a_{ij}$

2) 计算权值向量

利用矩阵 $\boldsymbol{A}$ 的最大的若干特征值 $\lambda_{\max}$ 构建特征向量 $\boldsymbol{W}$，即 $\boldsymbol{W}=\{w_1,w_2,\cdots,w_n\}$，且 $\sum_{i=1}^{n} w_i=1$。

3) 一致性测试

由于 $\lambda_{\max}$ 对 a_{ij} 具有连续依赖，因此 $\lambda_{\max}-n$ 越大，矩阵 $\boldsymbol{A}$ 的不一致性越强，而不一致度与判断误差成正比。因此，可用 $\lambda_{\max}-n$ 表示矩阵 $\boldsymbol{A}$ 的不一致度。进一步定义不一致因子 $\mathrm{CI}=(\lambda_{\max}-n)/(n-1)$ 和随机的一致因子 RI，例如，对于 n =1,2,3,4,5,6,7,8,9,10,11，其随机一致因子为RI= 0, 0, 0.58, 0.9, 1.12, 1.24, 1.32, 1.41,1.45,1.49,1.51。

2. 利用灰度相关分析法进行处理

1) 灰度相关生成

在灰度相关分析法中，得分将被归一化，称为灰度相关生成。在上述因子中，漂移因子、节点间时间同步越小越好，而其他因子越大越好。对于越小越好的因子，采用如下方法进行归一化：

$$x_k(i)=\frac{\max y_k(i)-y_k(i)}{\max y_k(i)-\min y_k(i)} \tag{8-19}$$

其中，$x_k(i)$ 是灰度相关生成的输出；$y_k(i)$ 是信标节点 k 的第 i 个因子；min(*) 和 max(*) 分别是最小值和最大值。

对于越大越好的因子，采用如下方法进行归一化：

$$x_k(i)=\frac{y_k(i)-\min y_k(i)}{\max y_k(i)-\min y_k(i)} \tag{8-20}$$

2) 灰度相关系数

灰度相关系数表示期望数据与实际数据之间的相关性。灰度相关系数 $\xi_k(i)$ 可以计算如下：

$$\xi_k(i)=\frac{\Delta_{\min}+\lambda\Delta_{\max}}{\Delta_{ok}(i)+\lambda\Delta_{\max}}$$
$$\Delta_{ok}(i)=\left|x_o(i)-x_k(i)\right| \tag{8-21}$$

其中，λ 是一个在 0～1 的系数，通常设定为 0.5；$x_o(i)$ 是第 i 个因子的最优参考值，$\Delta_{\min}$ 和 $\Delta_{\max}$ 分别是 Δ_{ok} 的最小值和最大值。

3) 灰度相关等级

在对灰度相关系数求平均之后，可以求出灰度相关等级 γ_k 为

$$\gamma_k=\sum_{i=1}^{n}\xi_k(i)\times w_i \tag{8-22}$$

得出的 γ_k 便可以作为信标 k 的可靠度 R_k。这样便可以根据可靠度对信标节点进行排序，进而选择出可靠度高的节点作为用于定位的信标节点。

8.2.3　水下 AUV 定位

根据是否有缆，可将水下机器人分为两大类[13]：一类是有缆式，通常称为遥控潜水器 ROV；另一类是无缆式，习惯称为自主式潜水器 AUV。AUV 由于省去了远端控制及连线的限制[14]，被广泛用于自动化船体检验、自动水下洞穴探测、水下考古地址确定、水下环境监测等。在 AUV 作业过程，对其进行定位导航是保证任务正确执行和成功回收 AUV 的核心保障。

现有的 AUV 定位和导航系统通常基于惯性测量装置(inertial measurement unit, IMU)、信标节点、地球物理学等信息进行。IMU 一般包括加速度、陀螺仪和磁力计等传感器，可以估计 AUV 的速度、三维姿态、行进方向，其主要缺陷是存在误差累积。信标节点提供的定位信息主要是通过 TOA、AOA 等测距信息获得，缺点是节点移动性、多径效应和水声速度等会对其造成很大影响；地球物理学信息采用基于指纹定位类似的方法，但是需要昂贵的传感器和复杂的监测、识别和分类程序，且外部环境是动态变化的，因此并不能保证精度。

这里介绍 LASL 算法[14]，图 8-21 给出了其定位示意图。假设 AUV 装备有 IMU，用来测量速度、估计位置，并通过与信标节点周期性通信进行重定位，以消除累积误差。在每次重定位中，AUV 重复广播定位请求信息，接收到该请求的信标节点在下一轮通信周期内随机选取一个时间点广播自身位置信息。当接收到的位置信息数目超过特定数目时，AUV 停止广播定位请求，随后把收集到的信标节点信息及传播时间发送给任意一个信标节点，信标节点结合测量的洋流信息计算出 AUV 的位置。LASL 通过至多 N+2 轮通信即可对 AUV 进行 N 维定位。同时，由于 AUV 的移动，其相对于同一信标节点的

距离在不同时间可能是不一样的，因此当 AUV 周围只有一个信标节点时，也可以对其进行定位。

假设 AUV 中装备有深度传感器，因此其 Z 坐标无须通过定位获得，而只需要计算 X 和 Y 坐标。令 AUV 的坐标为 $\boldsymbol{\eta}=[x,y]$，第 n 个信标节点的坐标为 $\boldsymbol{\xi}_n=[x_n,y_n]$，$\tau_i$ 为第 i 条测量消息的传播时间，ω_i 是测量误差。简便起见，假定第 i 条测量消息来自第 i 个信标节点。于是有如下等式成立：

$$\tau_i\times(\boldsymbol{v}_c+\boldsymbol{c})=d(\boldsymbol{\eta},\boldsymbol{\xi}_i)+\omega_i,\ i=1,2,\cdots,n \tag{8-23}$$

其中，$\boldsymbol{c}$ 是水声速度；$\boldsymbol{v}_c$ 为洋流速度；$d(\boldsymbol{\eta},\boldsymbol{\xi}_i)$ 是 AUV 到第 i 个信标节点的欧氏距离。

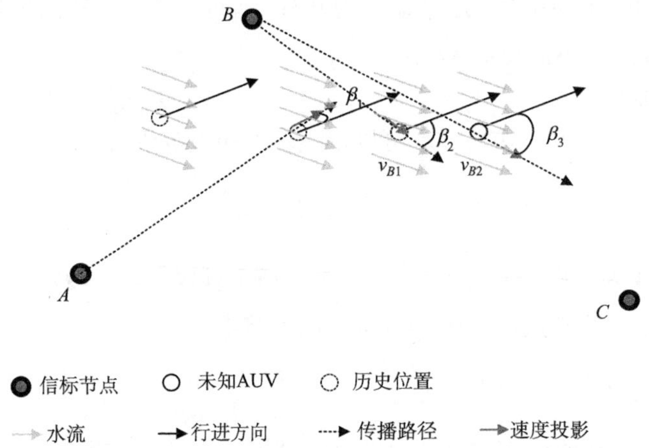

图 8-21 水下 AUV 定位示意图

由于水声是一种机械波，因此水下声音的传播速度为洋流与声音速度的合速度，即 $\boldsymbol{v}_c+\boldsymbol{c}$。因此式(8-23)代表了信号传播的几何学约束，即信号传播距离应该等于 AUV 与对应信标节点之间的距离。考虑到声学信号不沿直线传播的特性，需要对该公式进行一定的修改，通过测量声学信号在不同深度水域的传播速度以及信标节点的深度信息、AUV 的深度信息、定位信息的传播延迟，可以估算出 AUV 与传感器节点的距离，即

$$d(\boldsymbol{\eta},\boldsymbol{\xi}_i)=f(\boldsymbol{\eta},\boldsymbol{\xi}_i,Z_\eta,Z_{\xi_i},\tau_i,p) \tag{8-24}$$

其中，Z_η 为 AUV 的深度信息；Z_{ξ_i} 是第 i 个信标节点的深度信息；p 为水声传播速度特征。

由于水声传播速度较慢，且 AUV 在不断移动中，因此 AUV 收到不同定位消息时可能在不同位置。为了更精确地描述上述现象，对每条消息都引入一组 AUV 位置变量 $\boldsymbol{\eta}^i=[x^i,y^i]$，它表示 AUV 在接收到第 i 条消息时的位置坐标。由于引入新的变量，因此导致方程数目少于变量个数，不能求解出一个确定解。为此，使用 AUV 坐标与速度和时间的关系来减少变量个数，具体如下：

$$\boldsymbol{\eta}^i=\boldsymbol{\eta}^1+\int_0^{\Delta t_i}(\boldsymbol{v}+\boldsymbol{v}_c)\mathrm{d}t \tag{8-25}$$

其中，Δt_i 为第 i 条定位消息与第一条定位消息的时间间隔。

将式(8-24)和式(8-25)代入式(8-23)，并以总测量误差最小为目标，可以求解出 AUV 在收到第一条消息时的位置坐标：

$$\min \sum_{i=1}^{n} |\omega_i| \tag{8-26}$$

为了减小 IMU 带来的速度估计误差，这里通过数据融合的方式提升 AUV 定位精度。水下消息传递需要的时间为秒级，假设 AUV 在这个期间没有发生速度变化。根据式(8-26)求解出的 AUV 坐标，可以计算出接收到第 i 条定位消息时第 i 个信标节点到 AUV 的方向向量 $\boldsymbol{e}_i$。于是有

$$\boldsymbol{v}_D = \boldsymbol{v}'_d \cdot \boldsymbol{e}_i \tag{8-27}$$

其中，$\boldsymbol{v}'_d$ 是使用多普勒频移估计出来的 AUV 速度；$\boldsymbol{v}_D$ 是 AUV 速度在 $\boldsymbol{e}_i$ 方向上的投影。由于基于多普勒频移估计的方式可以较为精准地测量出节点间的相对速度，因此可用 $\boldsymbol{v}'_d$ 来代替 $\boldsymbol{v}$，重新求解优化问题式(8-26)，并不断更新速度信息，直到迭代次数超过一定阈值或最终坐标变化在一定界限内。

通过上述方法可以使用精准的速度估计来补偿 AUV 运动带来的定位不确定性，通过加入洋流的因素可以进一步提高定位精度。下面开始探讨洋流的估计问题。

海洋声层析成像(ocean acoustic tomography，OAT)是一种经典的测量海洋环境变化的技术。OAT 的目的是通过测量水声传播时间或其他水声通信属性来获取海洋状态。近年来，使用基于 OAT 技术的分布式水下传感器网络(distributed networked underwater sensor，DNUS)系统被用来检测大规模海域的海洋变化规律。DNUS 使用层析反演的方式估计洋流，为了更加准确地估算声音信号的传播延迟，这些节点上一般都装备有原子时钟以确保时钟同步，这将导致这些系统非常昂贵。利用信道模型的方法可以估计消息传播时间。

由于通过 IMU 获取的 AUV 速度是相对于周围水流的速度，而 AUV 相对于海床的速度是洋流速度和自身速度的合速度，因此可以用 IMU 速度 $\boldsymbol{v}_s$ 和洋流速度 $\boldsymbol{v}_o$ 作为输入，计算出 AUV 相对于海床的速度 $\boldsymbol{v}_s + \boldsymbol{v}_o$。同时由于水声信号是一种机械波信号，介质的速度严重影响水声信号的传播，因此可以使用洋流速度估计值来修正水声的传播速度。

通过多普勒频移也可以估算 AUV 与信标节点之间的相对速度。多普勒频移能够反映发送节点与接收节点之间的相对速度，因此可以通过在接收端测量多普勒频移来补偿节点运动带来的定位不准确。假设传感器节点被固定在海床中，假设传感器节点的移动速度为 0，那么节点与 AUV 的相对速度即为 AUV 相对于海床的相对速度在节点到 AUV 方向上的投影。因此通过多角度的多普勒频移测量，即可计算出 AUV 相对于海床的速度。

8.3　救灾场景的无线定位

我国地域辽阔，地质条件复杂，地震、崩塌、滑坡和泥石流等地质灾害频度高、分布广、强度大[15]。对于深部开采而言，复杂的工程地质条件使得断层岩脉纵横交错，易

发生井下火灾、瓦斯爆炸、突水等灾害，同时易导致地面塌陷、采场边坡失稳、滑坡与岩崩等。实施灾害监测对于灾前事件按需实时观测、灾中事件演变过程聚焦观测、灾后救援和灾损评估具有十分重要的意义。这里主要探讨灾害发生后的应急救援问题，及时准确地掌握事故发生地点、事故区域环境参数及其变化情况和影响范围，探测被困人员位置并了解其身心状态，是进行救援决策的重要依据。

8.3.1　救灾场景无线定位的特点

从大的方面而言，灾害有工业生产导致的灾害事故，比如煤矿生产中的煤与瓦斯突出、突水、火灾等；也有自然现象导致的灾害，如地震、台风、山体滑坡等。位置属性在矿井事故救援中具有十分重要的用途[16]：①若感知对象是事故的演化态势，感知结果的位置信息可以用于推断潜在次生事故的发生地点；②若感知对象是被困人员或救援人员，感知节点的位置属性可用于确定人员位置；③若感知对象是环境参数，位置信息可以辅助确定救援策略和救援防护措施；④节点位置属性还有助于研究灾后重构网络的数据传输策略。然而，事故区域中的节点可能在事故中偏离原位置，急需通过节点重定位获得节点的当前坐标。

灾害事故类型不同，救灾场景的无线定位特点也有差别。以煤矿事故为例，煤矿事故通常会造成部分井下人员因巷道堵塞或受伤严重等原因而无法主动撤离，不得不在井下等待救援。不失一般性，此处以巷道堵塞为例进行说明(图 8-22)。方便起见，将救援人员、救灾机器人在地面指挥中心的指挥下，开展救援工作的巷道称为救援巷道，被困人员所处的巷道称为被困巷道，救援巷道和被困巷道统称事故区域。

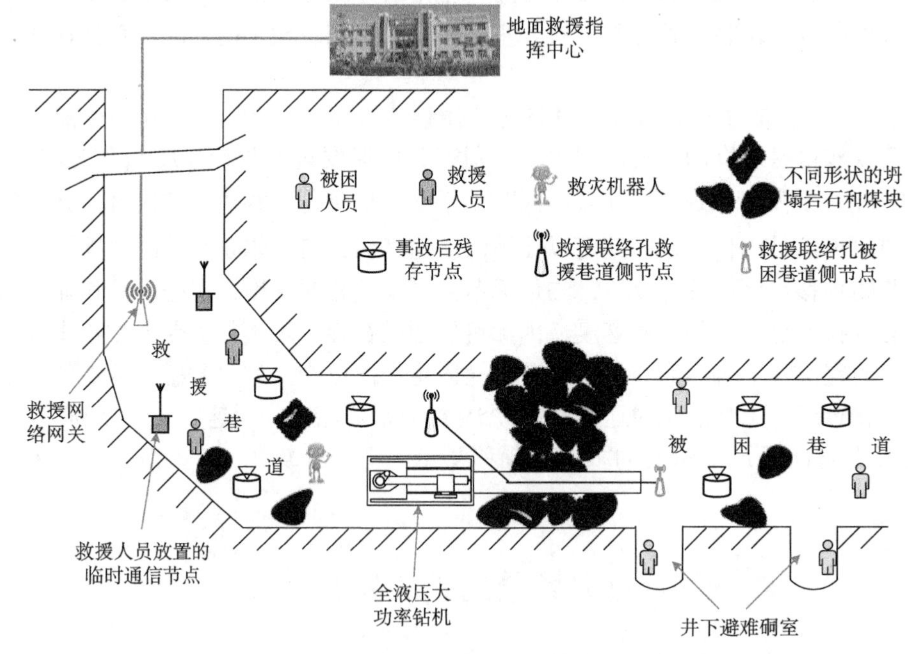

图 8-22　煤矿事故后的应急救援场景

根据《煤矿安全规程》的规定，事故救援前必须进行灾区侦察，根据探测到的事故地点、波及范围、灾区人员分布、潜在危险因素制订救援方案和实施救援。在灾区侦察和事故救援过程中，迫切需要：①建立救援人员和地面救援指挥中心的通信联系；②确定被困人员或事故位置；③帮助救援指挥人员掌握现场态势。尽管以煤矿物联网为代表的信息化基础设施在生产监测控制和灾害预测预警中发挥了巨大作用，但是一旦发生事故，事故区域的部分通信节点和感知节点将会在事故中损毁，导致有线通信线路中断，无线节点难以组网，进而导致沟通联络没有保障，人员位置无从知晓，现场感知难以进行。显然，为救援工作大规模部署有线或无线设施不太现实，亟须研究新颖的煤矿物联网灾后重构机制与态势感知方法，利用残存资源和少量新添设备，满足事故救援所需的沟通联络等需求。

事故发生后，若能尽快利用灾后残存物联网节点(简称残存节点)、井下备用通信设施(简称备用节点)重构事故区域煤矿物联网，将有望重新建立起事故现场与地面指挥中心的通信联系，在专业救援人员到达事故矿井前或井下巷道暂时不适合救援人员进入的情况下，为初步了解现场态势提供“尽力而为”的感知和通信服务。在救援人员进行灾区探测和救援时，可以携带一定数量的临时通信节点(简称临时节点)，并放置于巷道交叉口或节点损毁严重区域。此外，救援人员、救灾机器人、救灾设施都可携带或安装通信终端，他们具有移动能力，可作为重构组网的移动节点，用以增加组网节点数量，提高组网成功率和连通度。加入移动节点后，即使有少部分区域无法连通，也可利用移动节点的移动，为这些不连通区域提供机会连通路径，实现机会组网。

方便起见，将救援人员、救灾机器人在地面指挥中心的指挥下开展救援工作的巷道称为救援巷道，被困人员所处的巷道称为被困巷道，救援巷道和被困巷道统称事故区域。此外，将只由残存节点和备用节点进行的重构称为基本型灾后网络重构，简称基本型重构，重构得到的网络称为基本型灾后重构网络；而在基本型重构基础上加入临时节点、移动节点后的重构称为增强型灾后网络重构，简称增强型重构，重构得到的网络称为增强型灾后重构网络。基本型灾后重构网络和增强型灾后重构网络统称为灾后重构网络。临时节点和移动节点增加了事故区域节点数量，从而增大了组网成功率和网络连通度。此外，移动节点可在少部分不连通区域间充当数据使者，为不连通区域提供机会链路。因此，增强型重构有望大幅提高重构的成功率和可靠度。为了增强移动节点能力，可为部分救援人员或救灾机器人配备或安装便携激光雷达，称为增强型移动节点。鉴于激光雷达已实现了微型化和廉价化，为救援人员或救灾机器人配备或安装激光雷达，没有任何技术性或实践性难题。

在实际救援中，地面救援指挥中心根据救援需要产生感知需求，由应急救援决策系统抽取出感知需求特征，并利用感知节点可理解的语言进行描述，见图 8-23。感知需求通过井上网络和灾后可用有线网络传输到救援网络网关，进而通过灾后重构网络将感知需求传输到事故区域，调度事故区域的残存感知节点实施协同感知。协同感知结果通过灾后重构网络、灾后可用有线网络、井上网络传输到地面救援指挥中心，供救援指挥人员进行救援决策。救援决策命令按照与感知需求相似的传输路径传输给井下救援人员、救灾机器人和被困人员。

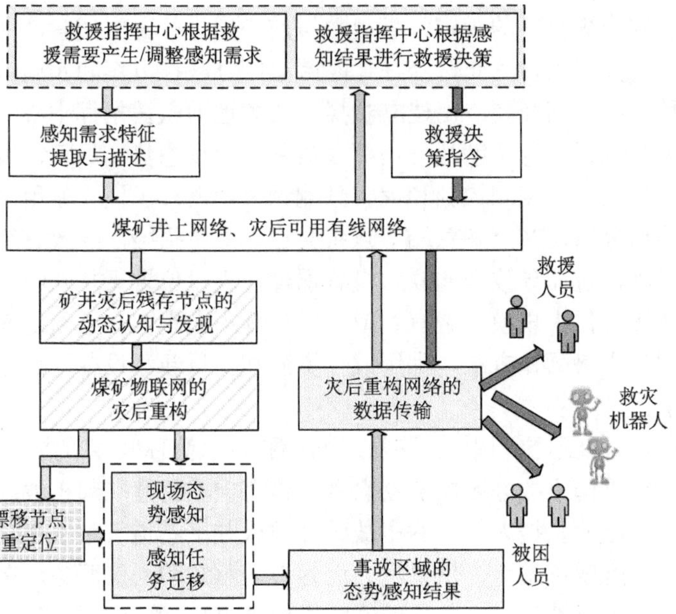

图 8-23 面向事故救援的煤矿物联网灾后重构与态势感知

为了确定被困人员和其他目标位置，可以利用现有任何矿井定位算法进行位置解算，它们多采用基于距离测量的方式，要求具有位置已知的节点作为信标节点。然而，包括信标节点在内的残存节点通常会在事故中偏离原位置，称为节点漂移，以漂移前坐标为基准对当前目标进行定位无法给出正确结果。

不过，事故区域的节点位置虽然是未知量，但是利用被动定位技术可粗略确定它们之间的相对空间关系。另外，考虑到激光雷达的小型化和低廉价格，可为部分救援人员或救灾机器人配备激光雷达，利用 RSSI 数据和 SLAM 技术绘制事故区域无线信号强度地图，进而确定节点的相对空间位置。由于临时节点、救援网络网关等节点的绝对坐标是已知的，以它们的坐标为基准对相对定位结果实施坐标变换，可得到残存节点绝对坐标。另外，地面煤矿物联网平台存储有井下所有节点的初装位置，通过将初装位置与变换得到的绝对坐标比较，即可判断是否漂移，从而选择出没有发生漂移和漂移程度较小的节点作为重定位信标。与传统的矿井定位系统自成体系不同，这里选择的重定位信标节点，不但可以是原矿井定位系统的信标节点，也可以是灾后重构网络中的感知节点和通信节点，因此大大增加了候选信标节点数量。基于所选择的重定位信标，利用现有的矿井定位方法便能实现漂移节点的重定位。

8.3.2 基于加权 DS 证据理论的救灾场景定位

在灾害场景下，部分信标节点可能受到外部因素的影响而偏离原来位置，即信标漂移。一旦发生漂移，信标节点将偏离原来位置(图 8-24)，再利用其初始安装位置进行定位会出现较大误差，甚至完全错误。因此，在信标节点漂移场景下，选择那些没有发生漂移或漂移量较小的节点作为新的信标节点，并确定这些选择出的信标节点的可信度，是重新进行目标定位(简称重定位)的关键。

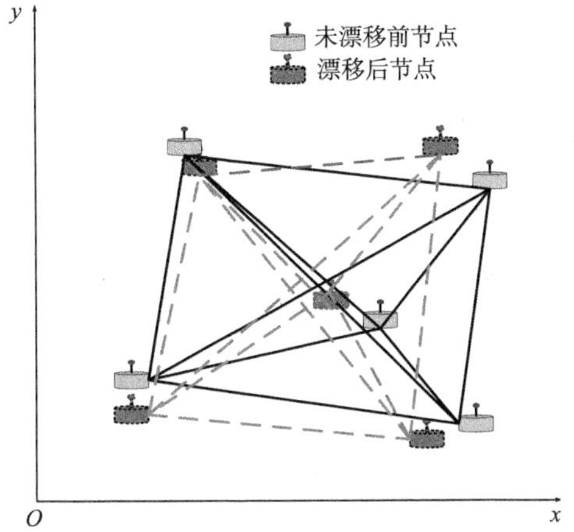

图 8-24　节点漂移示意图

本节介绍一种基于加权 DS 证据理论的漂移节点重定位算法[17]，根据加权 DS 证据理论计算节点是否发生漂移以及漂移的可信度，选取未发生漂移或漂移小的节点作为重定位的信标节点，对网络中节点进行重定位，减小重定位误差。

DS 证据理论是一套基于“证据”和“组合”来处理不确定性推理问题的数学方法。令 U 表示证据理论的样本空间，则函数 $m:2^u \to [0,1]$ 满足下列条件：① $m(\varphi)=0$；② $\sum_{A\subseteq U} m(A)=1$，$m(A)$ 称为 mass 函数。那么对于 $\forall A\subseteq U$，U 上的 n 个 mass 函数 $m_1,m_2,\cdots,m_n$ 的 Dempster 组合规则为

$$(m_1 \oplus m_2 \oplus \cdots \oplus m_n)(A)=\frac{1}{K}\sum_{A_1\cap A_2\cap\cdots\cap A_n=A} m_1(A_1)\cdot m_2(A_2)\cdots m_n(A_n) \tag{8-28}$$

其中，K 为归一化常数

$$\begin{aligned} K &= \sum_{A_1\cap\cdots\cap A_n\neq\varphi} m_1(A_1)\cdot m_2(A_2)\cdots m_n(A_n) \\ &=1-\sum_{A_1\cap\cdots\cap A_n=\varphi} m_1(A_1)\cdot m_2(A_2)\cdots m_n(A_n) \end{aligned} \tag{8-29}$$

如何选取重定位信标节点是重定位问题的关键。只有合适选取重定位信标节点，才能准确确定待定位节点的坐标位置，其难点是无法预先知晓哪些节点发生了漂移以及漂移的程度。为此，需要对区域内节点进行漂移检测，选取未发生漂移或漂移程度小的节点作为重定位信标节点，进而确定区域内其他待定位节点坐标位置。

漂移检测可通过如下步骤完成：

(1) 通过信息交互采集各个节点之间的 RSSI 值，根据无线信号传输损耗模型求得节点 i 和节点 j 之间的距离 d_{ij}；

(2) 将 d_{ij} 与未漂移前的节点间距离 d_{ij}' 进行对比，得到各个节点的距离变化

$\Delta d_{ij} = \left| d_{ij} - d_{ij}' \right|$；

(3) 利用式(8-30)求解节点i的漂移度：

$$I_{\text{drift}\_i} = \frac{\sum_{j=1}^{n-1} \Delta d_{ij}}{n-1} \tag{8-30}$$

其中，n为定位区域中节点的总数。

在式(8-31)的基础上，根据漂移度构造参考数列，它是一个距离变化矩阵：

$$\boldsymbol{x}_0 = [I_{\text{drift}\_1} \quad I_{\text{drift}\_2} \quad \cdots \quad I_{\text{drift}\_n}] \tag{8-31}$$

接下来考虑环境因素的影响。假定共有m个环境因素可能导致节点漂移，对每一个影响因素都构造一个单因素影响度矩阵$\boldsymbol{I}_i = [a_{i1} \quad a_{i2} \quad \cdots \quad a_{in}]$，$i = 1,2,\cdots,m$，进而利用$m$个单因素影响度矩阵构造综合影响度矩阵

$$\boldsymbol{I} = \begin{bmatrix} \boldsymbol{I}_1' & \boldsymbol{I}_2' & \cdots & \boldsymbol{I}_m' \end{bmatrix} = \begin{bmatrix} a_{11} & a_{21} & \cdots & a_{m1} \\ a_{12} & a_{22} & \cdots & a_{m2} \\ \vdots & \vdots & & \vdots \\ a_{1n} & a_{2n} & \cdots & a_{mn} \end{bmatrix} \tag{8-32}$$

其中，$\boldsymbol{I}_i'$为$\boldsymbol{I}_i$的转置。

为了研究各节点在不同环境下的漂移情况，这里引入离线漂移率的概念，记为$dp_i, i = 1,2,\cdots,n$，其获得方法是离线阶段通过给测试节点施加各种环境因素影响，统计节点发生漂移的概率。

在实际工作中(即在线阶段)，根据式(8-33)求得环境因素对各个节点产生漂移的影响权值w_i，$i = 1,2,\cdots,n$，进而得到权值矩阵$\boldsymbol{w} = [w_1 \quad w_2 \quad \cdots \quad w_n]$。将$w$这些权值分别与综合影响度矩阵$\boldsymbol{I}$的每一列相乘，得到加权综合影响度矩阵$\boldsymbol{II}$，进而得到各影响因素情况下各节点的漂移概率，见表8-3。该漂移概率又称为在线漂移率，简称漂移率。

表 8-3　节点在不同影响因素发生漂移的概率

节点编号	mass 函数				
	$m_1(\ )$	$m_2(\ )$	$m_3(\ )$	…	$m_t(\ )$
Node_1	I_{drift_1}	$w_1 \cdot a_{11}$	$w_1 \cdot a_{21}$	…	$w_1 \cdot a_{m1}$
Node_2	I_{drift_2}	$w_2 \cdot a_{12}$	$w_2 \cdot a_{22}$	…	$w_2 \cdot a_{m2}$
⋮	⋮	⋮	⋮		⋮
Node_n	I_{drift_n}	$w_n \cdot a_{1n}$	$w_n \cdot a_{2n}$	…	$w_n \cdot a_{mn}$

$$w_i = \frac{(1 - dp_i)\sum_{i=1}^{n} \left(\frac{a_{ij}}{\sum_{j=1}^{m} a_{ji}} \right)}{n}$$

$$\boldsymbol{II}=\begin{bmatrix} w_1\cdot a_{11} & w_1\cdot a_{21} & \cdots & w_1\cdot a_{m1} \\ w_2\cdot a_{12} & w_2\cdot a_{22} & \cdots & w_2\cdot a_{m2} \\ \vdots & \vdots & & \vdots \\ w_n\cdot a_{1n} & w_n\cdot a_{2n} & \cdots & w_n\cdot a_{mn} \end{bmatrix} \tag{8-33}$$

随后，对表 8-3 利用加权 DS 证据理论计算各个节点的可信度r_i，$i=1,2,\cdots,n$，见式(8-34)和式(8-35)。

$$\begin{aligned} r_i &= (m_1\oplus m_2\oplus\cdots\oplus m_n)(\text{Node}_i) \\ &= \frac{1}{K}\cdot m_1(\text{Node}_i)\cdot m_2(\text{Node}_i)\cdots m_n(\text{Node}_i) \end{aligned} \tag{8-34}$$

$$K=\sum_{i=1}^{n} m_1(\text{Node}_i)\cdot m_2(\text{Node}_i)\cdots m_t(\text{Node}_i) \tag{8-35}$$

选取可信度高(漂移程度小)的节点作为重定位信标节点，对区域内其他待定位节点进行重定位，通过计算误差分析基于加权 DS 证据理论的目标重定位方法对漂移节点重定位的影响。

一旦确定出重定位信标节点，便可利用三边定位法等经典方法解算出目标的空间位置。下面结合图 8-25，描述本节提出算法的完整流程。

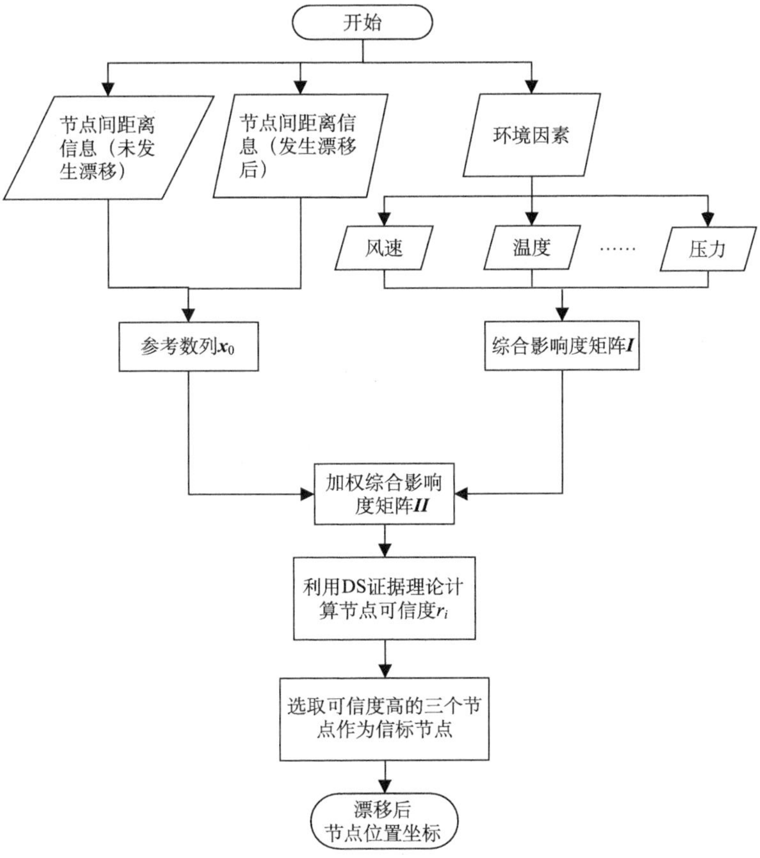

图 8-25　算法流程图

(1) 通过节点之间的信息交换计算漂移后节点之间的距离 d_{ij}，将其与漂移前的节点间距离 d_{ij}' 做比较，利用式(8-30)和式(8-31)得到参考数列 $\boldsymbol{x}_0$。

(2) 根据节点所部署区域的环境因素构造综合影响度矩阵 $\boldsymbol{I}$，随后利用离线漂移率 dp_i 计算各个影响因素的权值 w_i，得到加权综合影响度矩阵 $\boldsymbol{II}$。

(3) 对表 8-3 利用加权 DS 证据理论计算各个节点的可信度 r_i，$i=1,2,\cdots,n$。

(4) 重定位：选取可信度高的节点作为重定位信标节点，计算发生漂移后各个节点的位置坐标。

从图 8-26(其中 Normal 表示的是仅根据距离的变化大小作为可信度选取重定位信标节点)可知，不同方法重定位的误差都随着漂移率的增大而变大，由于基于加权 DS 证据理论方法选取的重定位信标节点漂移距离最小，因此降低了定位误差，提高了定位精度。

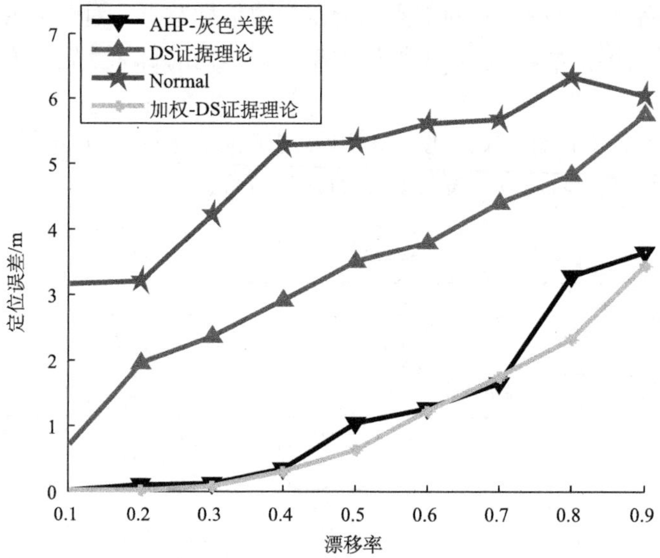

图 8-26 定位误差对比

8.3.3 基于智能手机的灾后受困人员定位

这里介绍一种用于自然灾害(如地震)救援场景的基于智能手机的受困人员定位方法，简称 SmartVL[18]。智能手机由受困人员携带，智能手机不断扫描基站的无线电环境，监测一些参数，如控制消息间隔、通信量的突然变化、来自基站的关于灾害的播报等，从而检测是否有自然灾害发生。一旦检测到，马上就将手机切换到预设的灾害模式上，从而自动向附近发送求救信号，以通知附近那些同样工作在灾害模式上的应急人员或救援人员前来救援。所发出的求救信号中包含了被困人员的位置信息，因此可以帮助救援人员快速确定救援区域。

受困人员的定位可以在基站的辅助下完成，也可以在没有基站的情况下完成。如果有基站辅助，可直接采用传统的蜂窝系统定位的方法。如果基站损毁或拥塞导致基站不可用，则智能手机需要执行邻居发现或聚集过程(确定 ad-hoc 通信组的成员)。在此将邻居发现建模为一个多信道聚集问题，其目标是将受困人员的求救信息传输到救援人员或幸存人员的智能手机上，路由算法可以采用 AODV 算法。

首先讨论如何检测灾害的发生，此处通过监测和估计通信小区的通信量和负载的变化来检测地震之类的灾害是否发生。理想情况下，蜂窝的负载受接入的用户数量影响，一般而言，用户越多负载越大。但是，这并不能给出网络的物理资源到底被使用了多少的比例情况。这里考虑 LTE-A(long term evolution-advanced)网络，LTE 能够分配给用户终端(UE)的最小资源单位称为物理资源块(physical resource block，PRB)，每个 PRB 包括 12 个子载波和 7 个 OFDM 符号。用户终端在空闲状态的时候监测 PDCCH 信道(physical download control channel)来确定分配了多少个 PRB，蜂窝的负载率即是使用了的 PRB 占总的 PRB 的比例。令 $\mathrm{RB}_m(t)$ 和 $\mathrm{RB}_m^k(t)$ 分别表示第 m 个蜂窝的 PRB 总数和已经使用了 PRB 数目，那么第 m 个蜂窝在 t 时刻的负载为

$$L_m(t)=\mathrm{RB}_m^k(t)/\mathrm{RB}_m(t) \tag{8-36}$$

然而，在一些场景下无法解码 PDCCH 信息，此时可以测量每个 PRB 的总的 RSSI 值。如果测得的 RSSI 高于一定阈值，则 PRB 可以被分配，否则不可以。因此，用户终端通过测量所有 PRB 的 RSSI 的方式有望确定蜂窝的当前负载。

$$\mathrm{RSSI}=\sum_{x=1}^{X}\mathrm{RSSI}_x(t) \tag{8-37}$$

$$\begin{aligned}\mathrm{RSSI}_x(t)=&\,2\left(\mathrm{RSRP}_{x\_c}(t)+\sum_{l=1}^{L}\mathrm{RSRP}_{N_L}(t)\right)\\&+10\alpha\left(\mathrm{RSRP}_{x\_c}(t)+\sum_{l=1}^{L}\mathrm{RSRP}_{N_L}(t)\mathrm{RB}_{x\_N_L}+N_n(t)\right)\end{aligned} \tag{8-38}$$

$$\mathrm{RB}_{x\_c}(t)=\begin{cases}\text{已分配，} & 10\alpha\left(\mathrm{RSRP}_{x\_c}(t)+\sum_{l=1}^{L}\mathrm{RSRP}_{N_L}(t)\mathrm{RB}_{x\_N_L}+N_n(t)\right)>\lambda\\ \text{不分配，} & \text{否则}\end{cases} \tag{8-39}$$

其中，RSRP 指的是参考信号的 RSSI 测值；x_c 是当前为用户终端服务的蜂窝；N 为邻居蜂窝；λ 是设定的阈值。

假定每隔 T_s (通常 T_s 为 1s 左右)估计一次，用于产生用户终端与基站之间的连接采样 $L_m(t),L_m(t+T_s),L_m(t+2T_s),\cdots$，直到采样个数达到某个阈值(比如 M 个)为止。

受困人员的定位等同于邻居发现或 D2D 通信中的设备聚合问题，首先必须发现是彼此相邻的。如果知道网络的拓扑信息，则可以进行协同式发现，但是在灾害场景不现实，因为基站可能受到损毁或根本没有基站。此时将成为一个多信道环境，用户终端将扫描无线电环境，选择出未被占用的信道使用。

在多信道环境中，邻居发现是一个随机信道跳变(channel hopping，HP)过程，并且一个设备没有任何有关邻居位置的信息。这是一种非协作的发现方法，发现过程比较耗时。假定有两个或更多个 UE 处于搜索区域，其中搜索区域可以定义为一系列非重叠的

信道。假定共有 N 个信道，用户 i 和用户 j 观测到的信道集合分别为 $C_i = C_0^i, C_1^i, C_2^i, \cdots, C_{N-1}^i$ 和 $C_j = C_0^j, C_1^j, C_2^j, \cdots, C_{N-1}^j$，那么邻居发现/聚合问题可以定义为：找到合适的搜索序列，使得用户 i 和用户 j 可以在最短的时间内遇见彼此。搜索序列可以写成一个二元序列 $A = (0, a_0), (1, a_1), \cdots, (i, a_i), (t, a_{t-1})$，其中第一个元素表示时间，第二个元素表示信道，$i \in (0, N-1)$ 表示信道索引。为了让 A 和 B 能够汇合，那么它们各自的搜索序列至少需有一个重叠的部分，即对于 $\forall A, B;\ |A \cap B| \neq \varnothing$。

这里考虑一个基于信道质量的邻居发现方法，设备可以通过感知和设计 CH 序列来收集网络信息，该信息被用来对信道进行排序，从而缩小搜索区域。信道的排序可以视为一个线性组合凸优化问题，目标函数是使得信道的加权平均可用率最大，权值最大的信道被认为是最好的信道。假定一个 UE 观测到 3 个信道，将其排序为 $C_3 / C_1 / C_2$。这里对认知无线电网络中的跳变停留(jump stay，JS)会聚协议加以改进，称为改进的跳变停留(modified JS)协议。与 JS 一样，MJS 有两种模式，即跳变模式和停留模式。跳变模式是停留模式的 3 倍时间长，即每个停留周期之后会有 3 个跳变周期。在跳变周期中，UE 不断地从一个信道跳变到另一个信道，在停留周期的时候停留在该信道上。CH 序列的两种模式可以通过如下方法生成：

(1) 跳变模式：UE 首先停留在最好的信道上，然后在一个时隙后跳变到下一个信道 $\left(\text{Channel Index}\left(\text{rank}\left(\text{i}\right)\right) + \text{step length} - 1\right)\text{mod}\left(\text{total number of channel}\right) + 1$，它将持续 $3P$ 个时隙，其中 P 是大于信道数的最小质数。

(2) 停留模式：在停留模式的时候，UE 始终停留在最好的信道上，持续时间为 P。

如果 UE 在第一轮序列跳变过程中没能汇合，它将增加 i 的大小，然后继续之前的步骤，其基本思想是为最好的信道分配更多的时隙。邻居节点在不同的信道上，质量经历相似的信道质量的可能性是很高的，这就意味着信道的排序表具有很强的相关性，从而导致跳变序列也具有很强的相关性。

举个例子，假定有 3 个信道，信道的排序结果为 $C_3 / C_1 / C_2$，步长为 2，于是完整的跳变序列就为

C_3	C_1	C_2	C_3	C_1	C_2	C_3	C_1	C_2	C_3	C_3	C_3

假定有两个用户 A 和 B，它们的信道观测值分别为 $C_3 / C_1 / C_2$ 和 $C_2 / C_1 / C_3$，因此 A 和 B 的信道序列如图 8-27 所示。

时隙	1	2	3	4	5	6	7	8	9	10	11	12
用户 A(l=2)	C_3	C_1	C_2	C_3	C_1	C_2	C_3	C_1	C_2	C_3	C_3	C_3
用户 B(l=2)	C_2	C_1	C_3	C_2	C_1	C_3	C_2	C_1	C_3	C_2	C_2	C_2
RDV		X			X			X				
用户 A(l=2)	C_3	C_1	C_2	C_3	C_1	C_2	C_3	C_1	C_2	C_3	C_3	C_3
用户 B(l=1)	C_2	C_3	C_1	C_2	C_3	C_1	C_2	C_3	C_1	C_2	C_2	C_2
RDV		未获得										
用户 A(l=2)	C_1	C_3	C_2	C_1	C_3	C_2	C_1	C_3	C_2	C_1	C_1	C_1
用户 B(l=1)	C_1	C_2	C_3	C_1	C_2	C_3	C_1	C_2	C_3	C_1	C_1	C_1
RDV	X			X			X			X	X	X

图 8-27　基于 MJS 协议的用户 A 和 B 的信道跳变序列

参 考 文 献

[1] 胡青松, 张申. 矿井动目标精确定位新技术[M]. 徐州: 中国矿业大学出版社, 2016.

[2] 胡青松, 张申, 吴立新, 等. 矿井动目标定位：挑战、现状与趋势[J]. 煤炭学报, 2016, 41(5): 1059-1068.

[3] 张长森, 李赓, 王筱超, 等. 基于 RFID 的矿井人员定位系统设计[J]. 河南理工大学学报(自然科学版), 2009, 28(6): 742-746.

[4] 胡青松, 曹灿, 吴立新, 等. 面向矿井目标的双标签高精度定位方法[J]. 中国矿业大学学报, 2017, 46(2): 437-442.

[5] Hu Q, Ding Y, Wu L, et al. An enhanced localization method for moving targets in coal mines based on witness nodes[J]. International Journal of Distributed Sensor Networks, 2015, 1-10.

[6] 刘晓阳, 李宗伟, 方轲, 等. 基于距离约束的井下目标定位方法[J]. 煤炭学报, 2014, 39(4): 789-794.

[7] 田子建, 李宗伟, 刘晓阳, 等. 基于电磁波及超声波联合测距的井下定位方法[J]. 北京理工大学学报, 2014, 34(5): 490-494.

[8] 郭继坤, 马鹏飞, 赵肖东. 煤矿井下救援定位系统研究[J]. 吉林大学学报(信息科学版), 2015, 33(2): 168-172.

[9] 孙大军, 郑翠娥, 崔宏宇, 等. 水下传感器网络定位技术发展现状及若干前沿问题[J]. 中国科学:信息科学, 2018, 48(9): 1121-1136.

[10] Akyildiz I F, Pompili D, Melodia T. Underwater acoustic sensor networks-research challenges[J]. Ad Hoc Networks, 2005, 3(3): 257-279.

[11] 陈梦. 水下传感器网络节点运动预测模型及定位机制研究[D]. 天津：天津大学, 2018.

[12] Chen Z, Hu Q, Li H, et al. ULES: Underwater Localization Evaluation Scheme Under Beacon Node Drift Scenes[J]. IEEE Access, 2018, 6: 70615-70624.

[13] 张火带, 韩冰, 刘丽强. 海底观测新技术[M]. 北京: 海洋出版社, 2019.

[14] 王兴旺. 水下无线传感器网络中的时钟同步、定位与数据传输研究[D]. 长春：吉林大学, 2018.

[15] 胡青松. 监测传感网节能数据传输技术[M]. 北京: 科学出版社, 2017.

[16] 胡青松, 杨维, 丁恩杰, 等. 煤矿应急救援通信技术的现状与趋势[J]. 通信学报, 2019, 40(5): 163-179.

[17] 胡青松, 程勇. 信标漂移场景下基于加权 DS 证据理论的目标定位[J]. 中国矿业大学学报, 2019, 48(5): 1047-1053.

[18] Hossain A, Ray S K, Sinha R. A Smartphone-Assisted Post-Disaster Victim Localization Method[C]. IEEE 18th International Conference on High Performance Computing and Communications, Sydney, Australia, 2016.